普通高等教育“十一五”国家级规划教材
高职高专电子商务专业课程改革规划教材

网 络 营 销

第2版

主 编 潘维琴

副主编 梁玉芬

参 编 杨光伟 张志萍 李玲弟

席清才 陈 晨

主 审 王忠诚

机 械 工 业 出 版 社

本书主要讲述网络营销的基本知识与实际应用。全书分基础篇和实战篇，共13章，分别介绍了网络营销概述、网络营销环境、网络消费者市场及购买行为分析、网络营销中的目标市场分析、网络营销战略概述、网络营销价格策略、网络营销产品策略、网络分销渠道策略、网络营销服务、网络营销的管理与控制、网络信息搜集与整理、网络推广、客户关系管理策略等内容。根据每章的具体内容还安排了相应的练习与技能训练。

本书内容新颖，结构合理，从案例分析入手，讲解深入浅出，实用性强，突出对基本理论、基本技能的掌握和对技术应用能力的培养。

本书可作为电子商务专业、市场营销专业、计算机应用专业、计算机信息管理专业、工商管理专业和经贸专业的教材，也可作为有关电子商务的培训及企业管理人员和市场人员的用书。

图书在版编目（CIP）数据

网络营销/潘维琴主编．—2版．—北京：机械工业出版社，2010.6

普通高等教育“十一五”国家级规划教材．

高职高专电子商务专业课程改革规划教材．

ISBN 978-7-111-30963-5

Ⅰ.①网…　Ⅱ.①潘…　Ⅲ.①电子商务－市场营销学－高等学校－教材　Ⅳ.①F713.36

中国版本图书馆CIP数据核字（2010）第107294号

机械工业出版社（北京市百万庄大街22号　邮政编码100037）

策划编辑：王玉鑫　　责任编辑：李大国

责任校对：常天培　　封面设计：王伟光

责任印制：李　妍

北京富生印刷厂印刷

2010年8月第2版第1次印刷

184mm×260mm·17印张·475千字

0001－4000册

标准书号：ISBN 978-7-111-30963-5

定价：28.00元

凡购本书，如有缺页、倒页、脱页，由本社发行部调换

电话服务

社服务中心：(010)88361066

销 售 一 部：(010)68326294

销 售 二 部：(010)88379649

读者服务部：(010)68993821

网络服务

门户网：http://www.cmpbook.com

教材网：http://www.cmpedu.com

封面无防伪标均为盗版

第 2 版前言

本书第 1 版出版后，得到了多家高职高专院校电子商务及其他相关专业师生的广泛好评，并被教育部评为普通高等教育“十一五”国家级规划教材。

在广泛吸纳各方面建议的基础上，我们对全书的内容进行了修订。第 2 版教材保留了第 1 版教材的主体框架和基本特色，吸收了网络营销领域的最新研究成果，新增了实战篇。主要内容包括网络营销概述、网络营销环境、网络消费者市场及购买行为分析、网络营销中的目标市场分析、网络营销战略概述、网络营销价格策略、网络营销产品策略、网络分销渠道策略、网络营销服务、网络营销的管理与控制、网络信息搜集与整理、网络推广、客户关系管理策略等内容。根据每章的具体内容还安排了相应的练习与技巧训练。

本书主要讲述网络营销的基本知识与实际应用，分为基础篇和实战篇。基础篇从案例分析入手，讲解深入浅出，实用性强，突出对基本理论、基本技能的掌握和对技术应用能力的培养。实战篇基于工作过程设计教学内容和工作任务，设计的每个工作任务都涵盖了完成该类任务的知识点和操作技能，并具有可拓展性，使学生在能完成该工作任务后，能够完成其他的相关任务。

本书内容丰富、形式简练，既可作为高职高专院校的教材，也可作为网络营销人士的学习用书及专业培训用书。

本书由辽宁机电职业技术学院潘维琴担任主编，北京城市学院梁玉芬担任副主编，辽宁机电职业技术学院王忠诚担任主审，具体分工如下：潘维琴编写了第 1 章、第 5 章、第 11 章、第 12 章、第 13 章的 13.5 节、13.6 节；北京市供销学校杨光伟编写了第 2 章、第 3 章；济源职业技术学院张志萍编写了第 7 章的 7.3 节、7.4 节；济源职业技术学院李玲弟编写了第 4 章、第 7 章的 7.1 节、7.2 节；安徽财贸职业学院的席清才编写了第 6 章、第 13 章的 13.1、13.2、13.3、13.4 节；梁玉芬编写了第 8 章、第 9 章；北京联合大学的陈晨编写了第 10 章。全书由潘维琴负责统稿、修改、补充、校对和定稿。

本书在编写过程中参考或引用了一些专家学者的论著、图书及网站资料，作者已尽可能在参考文献中列出，谨在此对他们表示衷心的感谢，若有疏漏，也在此表示歉意。

由于编者水平有限，加之多人编写，书中难免有不妥之处，敬请读者批评指正。

编　者

第1版前言

网络营销是借助现代信息技术与网络技术实现企业营销目标的新型营销方式，具有极强的生命力和广阔的发展前景。网络营销的价值在于可以使商品从生产者到消费者的价值交换更便利、更充分、更有效。它的独特之处在于利用网络技术，并且面向特殊的网上虚拟市场环境。它的价值与特征已经深刻地影响了企业未来的生存方式。随着信息技术的飞速发展和网络设施的进一步改进，以及相关配套体系的逐步完善，网络营销将成为现代营销的基本形式。因此，无论是传统行业还是新兴行业，开展网络营销活动都是必然的。

网络营销是电子商务的重要环节之一。在电子商务交易链中，从交易前的商品展示、商务沟通到交易中的网络谈判、网上签约直至交易后的网上支付和网上配送都或多或少、或独立或协同地与网络营销相联系。当然，网络营销从总体上说属于电子商务交易链的第一、第二环节，但这却是电子商务的基础和关键性环节。如果没有充分的、以客户为导向的网上商品和服务的充分展示、推介，没有围绕商品和服务的买卖双方或多方的充分沟通，电子商务的交易、支付、配送等环节和过程就无从谈起，也无法实现。

本书主要讲述网络营销的基本知识与实际应用。主要内容为网络营销概述、网络营销环境、网络消费者市场及购买环境分析、网络营销调研、网络营销中的目标市场分析、网络营销策略概述、网络营销产品策略、网络营销价格策略、网络营销渠道策略、网络营销促销策略、客户关系管理策略、网络营销服务、网络营销的管理与控制等内容。根据每章的具体内容还安排了相应的练习与实训题。

由于本书是面向高职高专学生的教材，所以在理论上以够用为度，并从案例分析入手，突出对基本理论、基本技能的掌握和技术应用能力的培养，使学生尽快掌握在互联网环境中从事有效经营活动所需要的知识与技能。本书内容丰富、形式简练，既可作为高职高专院校的教材，也可作为网络营销人士的学习用书及专业培训用书。

本书由辽宁机电职业技术学院潘维琴担任主编，北京城市学院梁玉芬担任副主编，辽宁机电职业技术学院赵学峰担任主审，具体分工如下：潘维琴编写了第1章、第6章；北京市供销学校杨光伟编写了第2章、第3章；济源职业技术学院张志萍编写了第4章、第7章的7.3节、7.4节；济源职业技术学院李玲弟编写了第5章、第7章的7.1节、7.2节；安徽财贸职业学院的席清才编写了第8章、第11章；梁玉芬编写了第9章、第12章；北京联合大学的陈晨编写了第10章、第13章。全书由潘维琴负责统稿、修改、补充、校对和定稿。

本书在编写过程中参考或引用了大量专家学者的论著、图书及网站资料，作者已尽可能在参考文献中列出，谨在此对他们表示衷心的感谢，若有疏漏，也在此表示歉意。

由于编者水平有限，加之多人编写，书中难免有不妥之处，敬请读者批评指正。

编　者

目　录

第 2 版前言

第 1 版前言

第一篇　基　础　篇

第 1 章　网络营销概述 1

1.1　网络营销内涵 2

1.1.1　网络营销的概念 2

1.1.2　网络营销的特点 3

1.1.3　网络营销产生的基础 4

1.1.4　网络营销的优势 5

1.1.5　网络营销的劣势 6

1.1.6　网络营销的内容 7

1.1.7　网络营销与传统营销 9

1.2　网络营销现状与未来 15

1.2.1　网络营销的发展 15

1.2.2　网络营销的现状及面临的问题 16

1.2.3　制约网络营销发展的因素 19

1.2.4　网络营销的未来 21

1.3　网络营销理论基础 23

1.3.1　网络直复营销理论 23

1.3.2　关系营销理论 25

1.3.3　软营销理论 25

1.3.4　整合营销理论 27

1.3.5　数据库营销 28

本章小结 29

习题 29

第 2 章　网络营销环境 31

2.1　网络营销的宏观环境 32

2.1.1　政治法律环境 32

2.1.2　经济环境 34

2.1.3　科技环境 35

2.1.4　社会文化环境 36

2.1.5　其他因素 38

2.2　微观环境 39

2.2.1　企业内部环境 39

2.2.2　竞争者 39

2.2.3　供应商 40

2.2.4　营销中介组织 41

2.2.5　顾客 42

本章小结 43

习题 43

第 3 章　网络消费者市场及购买行为分析 45

3.1　网络消费者分析 45

3.1.1　网络消费者的总体特征 46

3.1.2　网络消费者的类型 47

3.1.3　网络消费者的行为分析 48

3.1.4　网络消费需求的特征 49

3.2　影响消费者购买行为的主要因素 52

3.2.1　影响普通消费者的因素 52

3.2.2　影响网络消费者的因素 54

3.2.3　网络消费者的购买动机 55

3.3　网络消费者的购买决策过程 56

3.3.1　唤起需求 57

3.3.2　收集信息 57

3.3.3　比较选择 58

3.3.4　购买决策 58

3.3.5　购后评价 60

本章小结 60

习题 60

第 4 章　网络营销中的目标市场分析 62

4.1　网络市场细分 63

4.1.1 网络市场细分的作用 63
4.1.2 网络市场细分的原则 63
4.1.3 市场细分的一般方法 64
4.1.4 市场细分的标准 65
4.2 网络目标市场选择 69
4.2.1 目标市场的内涵 69
4.2.2 怎样选择目标市场 69
4.2.3 目标市场策略 70
4.3 网上市场定位 73
4.3.1 市场定位的依据 73
4.3.2 市场定位策略 74
4.3.3 网上市场定位 75
本章小结 76
习题 77

第5章 网络营销战略概述 80

5.1 网络营销战略分析 80
5.1.1 营销战略的概念和特征 80
5.1.2 网络营销战略目标与模式 81
5.1.3 网络营销战略计划的制订 83
5.1.4 市场竞争战略 86
5.1.5 市场发展战略 90
5.1.6 网络营销战略 91
5.1.7 网络营销战略实施与控制 95
5.2 网络营销组合策略 96
5.2.1 市场营销组合 96
5.2.2 网络营销组合 97
5.3 网络营销组织创新战略 99
5.3.1 网络营销组织创新的目标、方式与特点 100
5.3.2 网络营销组织的创新 101
5.3.3 企业内部组织创新 105
5.3.4 企业外部组织创新 108
本章小结 111
习题 111

第6章 网络营销价格策略 113

6.1 网络营销定价概述 113
6.1.1 网络营销定价内涵 113
6.1.2 网络营销定价的方法 114
6.1.3 网络营销定价的特点 117
6.1.4 定价技巧 118
6.1.5 产品组合定价策略 120
6.2 网络营销定价 121
6.2.1 低价渗透定价策略 121
6.2.2 捆绑销售定价策略 122
6.2.3 拍卖竞价策略 122
6.2.4 定制营销定价策略 123
6.2.5 免费价格策略 123
本章小结 126
习题 126

第7章 网络营销产品策略 128

7.1 产品整体概述 130
7.1.1 营销产品的概念 130
7.1.2 产品的生命周期 131
7.1.3 商标策略 134
7.1.4 包装策略 136
7.2 网络产品概述 137
7.2.1 网络产品的特点 137
7.2.2 网络产品的分类 140
7.2.3 网络营销品牌策略 141
7.3 网络营销新产品开发 142
7.3.1 网络营销新产品开发概述 143
7.3.2 网络营销新产品开发程序 143
7.4 产品支持服务策略 145
7.4.1 产品支持服务策略概述 145
7.4.2 电子邮件在顾客服务中的运用 146
7.4.3 鼓励顾客对话 148
7.4.4 网上顾客服务成功案例分析 149
本章小结 150
习题 150

第8章 网络分销渠道策略 153

8.1 分销渠道概述 153
8.1.1 分销渠道的内涵及其发展 153
8.1.2 传统分销渠道与网络分销渠道的对比分析 154
8.1.3 网络分销渠道的功能 156
8.1.4 网络分销渠道的类型 157
8.1.5 新型电子中间商的类型 158
8.2 网络分销渠道的建设 159

8.2.1 选择电子中间商 159
8.2.2 确定分销渠道模式 160
8.2.3 分析产品特性 160
8.2.4 合理设计订货系统 161
8.3 网络营销中的物流模式 162
8.4 网络营销时代的物流配送 165
8.4.1 网络营销时代物流配送的特征 165
8.4.2 物流配送的一般流程 166
8.4.3 物流配送中心的运作类型 167
8.5 物流解决方案应用案例 168
本章小结 170
习题 170
第9章 网络营销服务 172
9.1 网络营销服务概述 172
9.1.1 从传统服务到网络服务 172
9.1.2 网络顾客需求的时代特征 172
9.2 网上产品服务 173
9.2.1 网上产品的分类 173
9.2.2 网上产品服务 174
9.2.3 网上顾客服务的内容 174
9.3 网上个性化服务优势及内涵 175
9.3.1 个性化服务的优势 175
9.3.2 网络营销个性化的含义 177
本章小结 177
习题 178
第10章 网络营销的管理与控制 179
10.1 网络营销实施过程的决策管理 180
10.1.1 企业网络营销的实施过程 180
10.1.2 企业网络营销实施过程中的决策 180
10.2 网络营销系统评估 182
10.2.1 网络营销评价的意义 182
10.2.2 网络营销评价的步骤 183
10.2.3 网络营销评价途径 183
10.2.4 网络营销评价类型 183
10.2.5 网络营销评价标准 184
10.3 网络营销经营风险及其控制 185
10.3.1 网络经营风险 185
10.3.2 网络经营风险的控制 185
10.3.3 网络营销风险的消费者保护 186
10.3.4 网络营销的信用管理 186
习题 188

第二篇 实 战 篇

第11章 网络信息搜集与整理 189
11.1 网络信息搜集 189
11.1.1 网络信息资源的特点 189
11.1.2 网络信息资源的主要种类 190
11.1.3 网络信息搜集方法 191
11.2 搜索引擎 192
11.2.1 搜索引擎概念、分类 192
11.2.2 搜索引擎工作原理 193
11.2.3 常用搜索引擎介绍 194
11.3 常用搜索引擎的使用 196
11.4 实战训练 201
工作任务1：网络信息搜索体验 201
工作任务2：搜索引擎比较与搜索技巧训练 202
工作任务3：网络市场调研 203
第12章 网络推广 205
12.1 网络推广基本知识 205
12.2 典型网络推广方式 206
12.3 网络公关 213
12.4 其他网络推广方式 214
12.5 实战训练 219
工作任务1：网络推广方案制订 219
工作任务2：网络推广方案实施 221
12.6 案例 224
案例一：“大堡礁”用一次“招聘”撬动全球 224
案例二：“少林寺”网络营销秘籍 226
案例三：大众汽车“只有20，只有在线”的互动营销活动 228

案例四：东风日产树营销经典“骊威连连看” 229
案例五：汉堡王 Burger King 的“听话的小鸡”视频互动游戏 229
案例六：可口可乐+腾讯的营销威力 230
案例七：茅台的病毒式营销 230

第 13 章 客户关系管理策略 232

13.1 客户关系管理概述 233
13.1.1 客户关系管理的产生和发展 233
13.1.2 客户关系管理的定义、内涵及其作用 234
13.2 CRM 中的客户服务 236
13.2.1 客户服务的特点及客户服务新理念 236
13.2.2 企业与客户关系 237
13.2.3 客户生命周期与客户终生价值 238
13.2.4 识别高价值的客户 239
13.2.5 加强客户关系策略 240
13.3 CRM 应用系统 242
13.3.1 CRM 应用系统的结构 242
13.3.2 CRM 应用系统的功能模块 242
13.3.3 CRM 应用系统的特点 244
13.4 呼叫中心 245
13.4.1 呼叫中心（Call Center）的发展史 245
13.4.2 呼叫中心的涵义 246
13.4.3 呼叫中心在 CRM 系统中的应用 246
13.4.4 呼叫中心在各行业中的应用 247
13.4.5 引入思路 248
13.5 实战训练 248
工作任务 1：设计网站客户体验 248
工作任务 2：制作网站客户体验设计诊断书 249
13.6 案例 250
案例一：“区别对待”挖掘客户价值 250
案例二：盖茨发出公开信激励客户和股东 252
案例三：花旗银行用服务赢得顾客 253
案例四：施美文仪办公用品商城 CRM 应用案例 256
案例五：索尼互动服务之道 257

习题答案 260

参考文献 264

第一篇 基 础 篇

第1章 网络营销概述

本章主要内容

- 网络营销的概念及特点
- 网络营销与传统营销的关系
- 网络营销的现状与未来
- 网络营销的相关理论

案例：海尔网络营销

作为中国家电企业的一面旗帜，海尔在网络营销上也走在了很多企业的前面。

早在2002年，海尔就建立起了网络会议室，在全国主要城市开通了9999客服电话，这使得海尔可以在“非典”时期如鱼得水般地坐在了视频会议桌前调兵遣将，真正体现出它巨大的商业价值和独有的战略魅力。

在要么触网、要么死亡的互联网时代，海尔作为国内外一家著名的电器公司，迈出了非常重要的一步。海尔公司2000年3月开始与SAP公司合作，首先进行企业自身的ERP改造，随后便着手搭建BBP采购平台。从平台的交易量来讲，海尔集团可以说是中国最大的一家电子商务公司。

通过BBP交易平台，海尔每月接到销售订单6 000多个，定制产品品种逾7 000种，采购的物料品种达15万种。新物流体系将呆滞物资降低了73.8%，库存占压资金减少了67%。

海尔集团首席执行官张瑞敏在评价该物流中心时说：“在网络经济时代，一个现代企业如果没有现代物流就意味着没有物可流。对海尔来讲，物流不仅可以使我们实现3个零的目标，即零库存、零距离和零营运资本，更给了我们能够在市场竞争取胜的核心竞争力。”在海尔，仓库不再是储存物资的水库，而是一条流动的河，河中流动的是按单采购的生产必需的物资，也就是按订单来进行采购、制造等活动，这样就从根本上消除了呆滞物资、消灭了库存。

海尔通过整合内部资源，优化外部资源使供应商由原来的2 336家优化至978家，而国际化供应商的比例却上升了20%，从而建立起强大的全球供应链网络，有力地保障了海尔产品的质量和交货期。不仅如此，一批国际化大公司已经以其高科技和新技术参与到海尔产品的前端设计中，目前可以参与产品开发的供应商比例已高达32.5%，实现三个JIT（Just In Time，即时），即JIT采购、JIT配送和JIT分拨物流的同步流程。

目前通过海尔的BBP采购平台，所有的供应商均在网上接受订单，并通过网上查询计划与库存，及时补货，实现JIT采购；货物入库后，物流部门可根据次日的生产计划利用ERP信息系统进行配料，同时根据看板管理4小时送料到工位，实现JIT配送；生产部门按照B2B、B2C订单的需求完成订单以后，满足用户个性化需求的定制产品通过海尔全球配送网络送达用户手中。目前，海尔在中心城市实行8小时配送到位，区域内24小时配送到位，全国4天以内到位。

在企业外部，海尔CRM（客户关系管理）和BBP电子商务平台的应用架起了与全球用户资源网、全球供应链资源网沟通的桥梁，实现了与用户的零距离。目前，海尔100%的采购订单在网上下达，使采购周期由原来的平均10天降低到3天；网上支付已达到总支付额的20%。在企业内部，计算机自动控制的各种先进物流设备不但降低了人工成本、提高了劳动效率，还直接提升了物流过程的精细化水平，达到质量零缺陷的目的。计算机管理系统搭建了海尔集团内部的信息高速公路，使得电子商务平台上获得的信息可以迅速转化为企业内部的信息，并以信息代替库存，从而达到零营运资本的目的。

海尔在物流方面所做的探讨与成功，尤其是国际先进协同电子商务系统的采用，进一步提升了海尔的核心竞争力。

1.1 网络营销内涵

20世纪90年代初，Internet的飞速发展在全球范围内掀起了互联网应用热。世界各大公司纷纷利用互联网提供信息服务和拓展公司的业务范围，并且按照互联网的特点积极改组企业内部结构和探索新的管理营销方法。网络营销由此应运而生。

网络营销的产生是科技发展、消费者价值变革、商业竞争等因素综合促成的。进入21世纪以来，互联网受到各行各业和全社会的青睐。随着中国加入世界贸易组织，全球经济一体化趋势日趋显著。企业网络化、信息化发展进程的加速，使得企业网络营销（Cyber-marketing）随着互联网的产生发展而日渐走向成熟，成为企业借助于网络技术和信息技术来实现营销目标的一种新的营销方式。

1.1.1 网络营销的概念

与许多新兴学科一样，“网络营销”目前还没有一个公认的、完整的定义，而且在不同时期、从不同的角度对网络营销的认识也有一定的差异，这种状况主要是因为网络营销环境在不断发展变化，各种网络营销模式不断出现，并且网络营销涉及多个学科的知识，不同研究人员具有不同的知识背景，因此，在对网络营销的研究方法和研究内容方面都会有一定的差异。

从“营销”的角度出发，我们将网络营销定义为：网络营销是企业整体营销战略的一个组成部分，是建立在互联网基础之上、借助于互联网来更有效地满足顾客的需求和欲望，从而实现企业营销目标的一种手段。据此定义，可以得出下列认识。

1. 网络营销不是网上销售

网上销售是网络营销发展到一定阶段的产物。网络营销是为实现网上销售而进行的一项基本活动。网络营销本身并不等于网上销售，这可以从两个方面来说明：

① 因为网络营销的效果可能表现在多个方面，例如企业品牌价值的提升；加强与客户之间的沟通；增加客户的忠诚度。作为一种对外发布信息的工具，网络营销活动并不一定能实现网上直接销售的目的，但是很可能有利于增加总的销量。

② 网上销售的推广手段也不仅仅靠网络营销，往往还要采取许多传统的方式，如传统媒体广告、发布新闻、印发宣传册等。

2. 网络营销不仅限于网上

因为互联网本身还是一个新生事物，在我国，上网人数占总人口的比例还很小，即使对于已经上网的人来说，由于种种因素的限制，有意寻找相关信息，在互联网上通过一些常规的检索办法，不一定能顺利找到所需信息。何况，对于许多初级用户来说，可能根本不知道如何去查询信息。因此，一个完整的网络营销方案，除了在网上做推广之外，还很有必要利用传统营销方法进行网下推广。这可以理解为关于网络营销本身的营销，正如关于广告的广告。

3. 网络营销不是孤立存在的

因为网络营销是企业整体营销战略的一个组成部分，所以网络营销活动不可能脱离一般营销环境而独立存在。网络营销理论是传统营销理论在互联网环境中的应用和发展。对于不同的企业，网络营销所处的地位有所不同，如在传统的工商企业中网络营销通常只处于辅助地位，而在以经营网络服务产品为主的网络公司，则更加注重于网络营销策略。因此，网络营销与传统市场营销策略之间并没有冲突，但由于网络营销依赖互联网应用环境而具有自身的特点，因而有相对独立的理论和方法体系。在企业营销实践中，往往是传统营销和网络营销并存的。

4. 网络营销不等于电子商务

网络营销只是一种手段，无论传统企业还是互联网企业都需要网络营销，但网络营销本身并不是一个完整的商业交易过程。电子商务的定义强调的往往是电子化交易的基础或形式，也可以简单地理解为电子商务就是电子交易。所以，也可以说网络营销是电子商务的基础，在具备开展电子商务的条件之前，企业同样可以开展网络营销。

1.1.2 网络营销的特点

随着技术发展日渐成熟，互联网像一种“万能胶”，将政府、企业以及个人跨时空联结在一起，使得它们之间信息的交换变得“唾手可得”。市场营销中最重要也最本质的是企业和个人之间进行信息传播和交换，如果没有信息交换，交易也就成为无本之源。正因为如此，互联网也使得网络营销具备了以下特性：

1. 跨时空

营销的最终目的是占有市场份额。由于互联网具有超越时间和空间限制进行信息交换的特点，因此使得脱离时空限制达成交易成为可能。企业可以有更多时间和更大的空间进行营销，随时随地提供全球性营销服务，以达到尽可能多地占有市场份额的目的。

2. 多媒体

互联网被设计成可以传输多种媒体的信息，如文字、声音、图像等，使得为达成交易进行的信息交换可以以多种形式存在和交换，从而可以充分发挥营销人员的创造性和能动性。

3. 交互式

互联网可以展示商品型号，提供有关商品信息的查询，可以和顾客做互动沟通，可以收集市场情报，进行产品测试与消费者满意调查等。它是产品设计、商品信息提供以及服务的最佳工具。

4. 人性化

互联网上的促销是一对一的、理性的、消费者主导的、非强迫性的、循序渐进式的，而且是一种低成本与人性化的促销。不仅避免了推销员强势推销的干扰，还可以通过信息提供与交互式交谈与消费者建立长期良好的关系。

5. 成长性

互联网使用者数量快速成长并遍及全球，而使用者多属年轻、中产阶级、高教育水准的档次，由于这部分群体购买力强而且具有很强的市场影响力，因此互联网成为一项极具开发潜力的市场渠道。

6. 整合性

互联网上的营销可由商品信息至收款、售后服务一气呵成，因此它是一种全程的营销渠道。另一方面，企业可以借助互联网将不同的传播营销活动进行统一设计规划和协调实施，以统一的传播资讯向消费者传达信息，避免传播不一致性产生的消极影响。

7．超前性

互联网是一种功能最强大的营销工具，它同时兼具渠道、促销、电子交易、互动顾客服务，以及市场信息分析与提供的多种功能。它所具备的一对一营销能力，正是企业营销的未来趋势。

8．高效性

计算机可储存大量的信息，可传送的信息数量与精确度远超过其他媒体。通过及时更新产品或调整价格，可以有效了解并满足顾客的需求。

9．经济性

通过互联网进行信息交换，代替以前的实物交换，可以减少印刷与邮递成本，实现无店面销售，不仅可以节约水电与人工成本，还可以减少由于迂回多次交换带来的损耗。

10．技术性

网络营销是建立在高技术支撑的互联网基础上的，企业实施网络营销必须有一定的技术投入和技术支持，改变传统的组织形态，提升信息管理部门的功能，引进懂营销与计算机技术的复合型人才，只有这样，未来才能具备市场的竞争优势。

1.1.3 网络营销产生的基础

20世纪90年代，随着互联网的飞速发展，世界各国企业纷纷利用这一机遇拓展业务范围并对传统企业进行改造，实现营销手段的创新。经济、社会、科技的发展改变了信息传播和分配方式，信息沟通更倾向于双向信息交流模式，人们学习、工作、生活的变化也要求企业积极利用网络手段来改变企业的经营理念，正如流水线的应用所带来的大量生产观念一样。同时随着生产力的发展，市场也由卖方市场向买方市场转变，消费者地位增强，市场竞争越来越激烈。网络营销为企业提供了摆脱困境和获得竞争优势的手段和技术，是现代营销理念和营销策略的具体体现。

总之，网络营销的产生和发展是特定条件下技术基础、观念基础和现实基础等因素共同作用的结果。

现在，我们可以方便地通过网站购买自己需要的物品。当某个产品在使用过程中遇到问题时可以随时到服务商网站上获取信息，如产品使用说明书、技术指标、产品行情等。如果你在某个网站上订阅了自己感兴趣的信息，当有最新的商品上市时，你很快便可以通过电子邮件了解到有关信息，甚至还可以获得服务商提供的特别优惠措施，如免费送货上门服务等。这些都是厂商开展网络营销为消费者带来的便利。由于与传统营销方式相比，厂商为顾客提供这些服务成本更低，从而增加了收益。可见网络营销对厂商和消费者双方都有价值。

网络营销信息已经同各种广告信息一样对消费者产生了巨大的影响。当打开一个大型门户站点时，会看到各种各样的网络广告；如果要检索某个商品，可能会出现许多同类产品的厂商信息；如果打开电子邮箱，其中会有很多产品推广的邮件，这些都足以说明网络营销信息的丰富程度，但是，网络营销诞生至今，只有10年左右的历史，在企业得到广泛应用更是近几年的事情。

网络营销是随着互联网进入商业应用而逐渐扩展开来的，尤其是在万维网（WWW）、电子邮件、搜索引擎等得到广泛应用之后，网络营销的价值才越来越明显。电子邮件虽然早在1971年就已经诞生，但在互联网普及应用之前，并没有被应用于营销领域，到了1993年才出现基于互联网的搜索引擎，1994年10月网络广告诞生，1995年7月全球最大的网上商店亚马逊成立。1994年被认为是网络营销发展的重要一年，因为网络广告出现的同时，基于互联网的知名搜索引擎Yahoo、Webcrawler、Infoseek、Lycos等也相继在1994年出现，可以认为网络营销诞生于1994年。

1.1.4 网络营销的优势

随着科学技术的迅猛发展，计算机已进入了千家万户，图形界面让人们远离了枯燥乏味的指令，互联网上丰富的信息资源更吸引着人们在网上遨游，各地网吧的兴起无疑证明了上网正成为一种时尚。与传统的营销手段相比，网络营销无疑具有许多明显的优势：

1．有利于企业取得未来的竞争优势

中国的许多家庭购买计算机都为了供孩子学习，使他们能跟上时代的脚步。而好奇心极强的孩子们大都对计算机甚为着迷，如果能抓住他们的心，当十几年以后，他们成长为消费者时，早先为他们所熟知的产品无疑会成为他们的首选，也就是说，抓住了现在的孩子，也就抓住了未来的消费主力，也就能顺利地占领未来的市场。从长远来看，网络营销能带给商家长期的利益，在不知不觉中培养一批忠实顾客。

2．使消费者的决策更具便利性和自主性

现在的人们生活在信息充斥的社会中，无论是报纸、杂志、广播还是电视，无不充满着广告，而最让人痛恨的莫过于精彩的电视剧中也被见缝插针地安进了广告，让人们躲都躲不开，不得不被动地接受各种信息。在这种情况下，广告的到达率和记忆率之低也就可想而知了。于是，商家感慨广告难做，消费者抱怨广告太多。网络营销则全然不同，人们不必面对广告的轰炸，而只需根据自己的喜欢或需要去选择相应的信息，如厂家、产品等，然后加以比较，做出是否购买的决定。这种轻松自在的选择，不必受时间、地点的限制，24 小时皆可，浏览的信息可以是国内外任何上网的信息，不用一家家商场跑来跑去比较质量、价格，更不必面对售货员的“热情推销”，完全由自己做主，只需操作鼠标而已。这样的灵活、快捷与方便，是商场购物所无法比拟的，尤其受到许多没有时间或不喜欢逛商场的人士的喜爱。

3．有利于企业取得成本优势

首先，运用网络营销可以降低企业的采购成本。企业原材料采购往往是一项程序繁琐的过程。通过网络进行商务活动，企业可以加强与主要供应商之间的协作关系，将原材料的采购与产品的制造过程有机地配合起来，形成一体化的信息传递和信息处理体系，从而降低采购成本。

在网上发布信息，代价有限。将产品直接向消费者推销，可缩短分销环节，发布的信息谁都可以自由地索取，节省了促销费用，从而降低成本，使产品具有价格竞争力。前来访问的大多是对此类产品感兴趣的顾客，受众准确，避免了许多无用的信息传递，也可节省费用。还可根据订货情况来调整库存量，降低库存费用。例如网上书店，其书目可按通常的分类，分为社科类、文学类、外文类、计算机类、电子类等，还可按出版社、作者、国别等来进行索引，以方便读者的查找，还可以开辟专栏介绍新书及内容简介，而信息的更新也很及时、方便，以较低的场地费、库存费提供更多更新的图书，来争取客源。

4．有利于企业和顾客的良好沟通

商家可以制作调查表来收集顾客的意见，让顾客参与产品的设计、开发和生产，使生产真正做到以顾客为中心，从各方面满足顾客的需要，从而避免不必要的浪费。而顾客对参与设计的产品会倍加喜爱，如同是自己生产的一样。商家可设立专人解答疑问，帮助消费者了解有关产品的信息，使沟通人性化、个别化。比如汽车生产，厂家可提供各式各样的发动机、转向盘、车身颜色等供顾客挑选，然后在计算机上试安装，使顾客能看到成型的汽车，并加以调整，从而汽车也可大量定制，商家也可由此得知顾客的兴趣、爱好，并依此进行新产品的开发。

5．有利于企业提供更优质的服务

人们最怕遇到两种售货员，一种是“冷若冰霜”，让人不敢买；另一种是“热情似火”，让人不得不买，即使推销成功，顾客也会心中留怨。网络营销的一对一服务，留给顾客更多自由考虑的空间，避免冲动购物，可以更多地比较后再作决定。网上服务可以是24小时的服务，而且更加快捷，有个例子，一个人买了惠普公司的打印机，老是出现问题，通过咨询得知是打印程序的问题，于是他找到惠普公司的站点，下载了打印程序，问题便解决了，惠普公司也因此节省了一笔费用。不仅是售后服务，在顾客咨询和购买的过程中，商家便可及时地提供服务，帮助顾客完成购买行为。通常售后服务的费用占开发费用的67%，而提供网络服务可降低此项费用。

6．有利于企业提高产品促销的多媒体效果

网络广告既具有平面媒体的信息承载量大的特点，又具有电视媒体的视、听觉效果，可谓图文并茂、声像俱全。而且，广告发布不需印刷，节省纸张，不受时间、版面限制，顾客只要需要就可随时索取。

7．有利于提高企业营销策略

从商品买卖的过程来看，在传统的购物活动中，一般需要经过唤起需要——收集信息——看样——选择商品——确定所需购买商品——付款结算——包装商品——取货（或送货）等一系列过程。这个买卖过程大多数是在售货地点完成的，再加上购买者为购买商品所占用的路途时间等，无疑使他们必须付出很大的精神和体力成本，短则几分钟，长则数小时。消费者希望付出较小的购物成本完成购物，节省更多的时间和精力从事一些有益于身心健康的活动，充分享受生活。网络营销的优势在于能够改变这种局面，使购物过程不再是一种沉重的负担。

（1）售前　销售方通过网络向消费者提供生动丰富的商品信息及相关资料，如专家评价、用户意见、质量认证等，而且网站的界面友好，操作方便。顾客的购物环境不受干扰，可以通过互联网理智地比较同类产品的各项指标，然后再做出购买决定。

（2）售中　消费者坐在家中的计算机前即可逛虚拟购物商店。通过互联网进行购物或网络营销，一切都变得非常简单。

（3）售后　顾客在购买后若发生了问题，可以随时与厂家联系，得到来自卖方及时的技术支持和服务，如订单查询、售后服务等。

总之，网络营销简化了购物环境，节省了消费者的时间和精力，将购买过程中的麻烦减到最小，购买的过程方便快捷，同时提高了买卖双方的交易效率。

8．有利于企业提高市场占有率

网络营销可以突破经营的时空界限。与传统企业每天的营业时间一般是7～11小时相比，网络购物的时间可以是24小时。这种24小时不间断的服务有利于增加企业与顾客的接触机会，更好地发挥潜在销售能力。通过互联网可以突破地理位置的障碍，可以及时连通国际市场，减少市场壁垒，真正形成全球社区。企业的市场覆盖范围大大提高了，销售量增大了，企业的市场占有率就提高了。

1.1.5　网络营销的劣势

凡事有利也有弊，网络营销也不例外。与传统的营销相比，网络营销的主要劣势体现在以下几个方面。

1．缺乏信任感

人们仍然信奉眼见为实的观念，买东西还是要亲眼瞧瞧，亲手摸摸才放心。这也难怪，许多商家信誉不好，虽是承诺多多，却说一套，做一套，让消费者不得不货比三家，只怕买回家的和介绍的不同，虽然麻烦一点，但总比退货、换货时看人脸色要强。还有那句“本活动解释权在本公司”，更让人不得

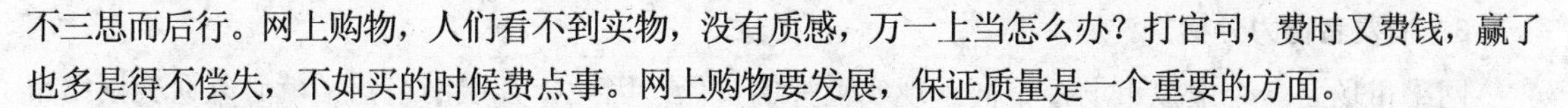

不三思而后行。网上购物，人们看不到实物，没有质感，万一上当怎么办？打官司，费时又费钱，赢了也多是得不偿失，不如买的时候费点事。网上购物要发展，保证质量是一个重要的方面。

2. 缺乏趣味感

网上购物，面对的是冷冰冰、没有感情的机器，它没有商场里优雅舒适的环境氛围，缺乏三五成群逛街的乐趣，也没有精美的商品可供欣赏，有时候，逛街的目的不一定是购物，它可以是一种休闲和娱乐，也可以是享受。网上购物还存在着试用的不便，消费者没有实地的感受，也没法从推销者的表情上来判断真假，实物总是比图像来得真实和生动。所以，对许多人来说，网上购物缺乏足够的吸引力。

3. 缺乏安全感

我国网络发展水平不高，覆盖率低，再加上硬件环境低下，人员水平参差不齐，以及信息管理与分析能力的缺乏，从很大程度上制约了网络发展。特别是通过电子银行或信用卡付款，一旦密码被人截获，消费者将损失很大，这也是网络购物发展所必须解决的大难题。

4. 缺乏价格操作感

充分的网上信息，使消费者不必再走东窜西的比较价格，只需浏览一下商家的站点即可货比三家，而对商家而言，则易引发价格战，使行业的利润率降低。对一些价格存在一定灵活性的产品，如有批量折扣的，由于在网上不便讨价还价，所以可能贻误商机。

5. 缺乏广告效果感

虽然网络广告具有多媒体的效果，但由于网页上可选择的广告位以及计算机屏幕等限制，其色彩效果不如杂志和电视，声音效果不如电视和广播，因此创意有很大的局限。

6. 缺乏促销主动感

网上的信息只能等待顾客上门索取，不能主动出击，实现的只是点对点的传播，而且它不具有强制收视的效果，主动权掌握在消费者的手中，他们可以选择看与不看，商家无异于在守株待兔。

作为一种全新的营销和沟通的方式，网络营销还有待于完善和发展，相信随着网络技术的发展和互联网的普及，网络必将成为除报纸、杂志、广播、电视四大媒体之外的第五大媒体，成为商家做广告的选择之一。

1.1.6 网络营销的内容

网络营销是直接销售的新形式，是以网络为依托的新的营销方式和手段，其实质是利用网络对产品售前、售中、售后的各个环节进行跟踪服务，有助于企业在网络环境下实现占领市场，扩大销售的营销目标。网络营销涉及的范围较广，所包含的内容丰富，具体地说，网络营销包括下面一些主要内容：

1. 网上市场调研分析

网上市场调研是指企业利用互联网和企业站点的交互性来收集消费者和竞争对手的市场信息。主要包括网络数据库的利用、网上调查问卷、网上市场分析等。网上市场调研具有调查周期短、成本低的特点。网上调研不仅为制定网络营销策略提供支持，也是整个市场研究活动的辅助手段之一，合理利用网上市场调研手段对于制定市场营销策略具有重要价值。

2. 网络环境分析

网络环境分析是网络营销存在的基础。由于网络媒体的特殊性，网络营销环境与传统市场的经营环境截然不同。主要包括网络营销技术环境、政策法律环境及网络营销的相关基础环境。

3. 消费者行为分析

网络市场是一个虚拟市场，不同于现实世界的市场。因此，开展网络营销就必须研究网络市场的发展和特性。网络消费者作为一个特殊的消费群体，由于兴趣和爱好等原因在网上形成了众多的虚拟社区，网络营销就是要研究他们的需求特征、购买动机和购买行为模式，分析他们的群体特征和偏好。

4. 网站策略的建立

企业网络站点是开展网络营销的主要场所，是企业与消费者交流的平台，是网络营销的基石。内容主要有域名策略、网站内容策略和网站推广策略。

获得必要的访问量是网络营销取得成效的基础，尤其对中、小型企业，由于经营资源的限制，发布新闻、投放广告、开展大规模促销活动的机会比较少，因此，通过互联网手段进行网站推广的意义就更为重要，这也是中小企业对网络营销更为热衷的主要原因。即使对于大型企业，网站推广也是非常必要的，事实上许多大型企业，虽然有较高的知名度，但网站访问量并不高。因此，网站推广是网络营销最基本的职能之一，是网络营销的基础工作。

5. 网络营销策略的制定

由于不同的企业在市场中所处的地位是不同的，所以企业在采取网络营销实现企业营销目标时，必须制定与企业相适应的营销策略。企业实施网络营销需要进行投入，并且也会有一定的风险，所以企业在制定本企业的网络营销策略时，应该考虑各种因素对网络营销策略制定的影响，如产品周期对网络营销策略的影响等。

6. 网络营销产品策略

随着社会的网络化和信息化，产品策略中信息因素所占的比重越来越大，传统的产品策略开始发生倾斜，逐步演变为满足消费者需求的营销策略。在网上进行产品和服务营销，必须重新考虑对产品的设计、开发、制造、包装及产品品牌策略。

网络营销的重要任务之一就是在互联网上建立并推广企业的品牌，使该企业的网下品牌在网上得以延伸和拓展。网络营销为企业利用互联网建立品牌形象提供了有利的条件，无论是大型企业还是中小企业，都可以用适合自己企业的方式展现品牌形象。网络品牌价值是网络营销效果的表现形式之一。通过网络品牌的价值转化，可实现持久的顾客关系和更多的直接收益。

7. 网络营销产品价格策略

传统产品定价策略基本上是成本加利润，企业对价格的制定起主导作用。由于网络自由、平等、开放的特点，网络营销的产品价格策略多采取免费和低价策略。所以，制定网络营销价格策略时，必须考虑到互联网对企业产品的定价影响和互联网本身独特的免费特征。

8. 网络营销的渠道策略

互联网络对企业营销活动的最大影响就是企业营销渠道的改变。网络拉近了企业与消费者的距离，减少了渠道的中间环节，从而改变了传统渠道的多层次选择和管理的状况，所以企业应根据网络营销的特点改变传统的经营管理模式。

9. 网络营销促销与沟通策略

互联网具有双向的信息沟通的特点，可以使沟通的双方突破时空限制进行直接的交流，操作简单、高效，并且费用低廉。互联网的这一特点使得在网上开展促销活动十分有效，但是在网上开展促销活动必须遵循在网上进行信息交流与沟通的规则，特别是要遵守一些虚拟社区的规定。网络广告是进行网络营销最重要的促销工具，网络广告作为新兴的产业已经得到了迅猛的发展，其交互性和直接性使得网络广告具有在报纸杂志、无线电广播和电视等传统媒体上发布广告无法比拟的优势。

10. 顾客服务与顾客关系

互联网提供了更加方便的在线服务手段，从形式最简单的FAQ（常见问题解答），到电子邮件、在线论坛和各种即时信息服务等。在线顾客服务具有成本低、效率高的优点，在提高顾客服务水平方面具有重要作用，同时也直接影响到网络营销的效果，因此，在线顾客服务成为网络营销的基本组成内容。

顾客关系对于开发顾客的长期价值具有至关重要的作用，以顾客关系为核心的营销方式成为企业创造和保持竞争优势的重要策略。网络营销为建立顾客关系、提高顾客满意度和忠诚度提供了更为有效的手段。

11. 网络营销管理与控制

因为网络营销依托互联网开展营销活动，所以它必将面临传统营销活动无法碰到的许多新问题，如网络产品的质量保证问题、消费者隐私保护问题以及信息的安全问题等，这些都是网络营销必须重视和进行有效控制的问题，否则企业开展网络营销的效果就会适得其反。

1.1.7 网络营销与传统营销

网络营销是在传统市场营销的基础上发展起来的，是借助于互联网络来实现营销目标的一种新的市场营销方式，是营销的创新和创新的营销，是市场营销学的新理论和新实践。网络营销是市场营销的重要组成部分。网络营销的手段和市场不同于传统的营销手段和市场，网络营销有自己的特点，传统营销理论已不能胜任对网络营销的指导。

1. 网络营销与传统营销的关系

18世纪中叶，随着第一次产业革命在英国的勃兴，机械化大生产的社会生产方式在一些资本主义国家迅速得到了确立，这标志着工业经济时代的诞生。在过去的两个多世纪里，这种生产方式深刻地改变着人类的生活方式与消费方式，进而导致了营销理论的不断创新。在工业经济时代，企业营销理论先后经历了生产观念、产品观念、推销观念、市场营销观念、社会营销观念以及生态营销观念。在这一演变过程中，推动营销观念更新的主要力量是生产方式与消费方式的变化。当前，网络经济已初露端倪，而作为推动网络经济发展的科学技术，以其巨大的威力深刻地影响着人类的生产和消费方式，由此，也必然引起企业营销观念的创新。

（1）传统的营销观念不能适应现代生产方式的变化　营销观念的产生总是基于一定的生产方式与消费方式，若片面强调营销观念对生产的指导作用，而不对生产方式对市场营销观念的决定性作用加以研究，那将是一种因果倒置的思维。工业经济时代的营销观念，从生产观念到市场营销观念，都是服从于大规模、标准化这一生产方式的。从根本上说，这些营销观念只有适应、支持并帮助这一生产方式实现其应有的规模效益，才能成为主流性的营销观念，并得到当时企业界的认同和运用。以信息化为基本特征的网络经济已经深刻地影响着生产方式，工业经济时代的营销观念越来越显得与这种新型生产方式不相符合。具体来说，表现在以下几个方面：

1）工业经济时代的营销观念与现代企业战略管理理念不符。现代企业的战略管理重点是培养和发展能使企业在未来市场竞争中居有利地位的核心竞争力。在战略管理过程中，企业应首先考察现有资源和核心竞争力及其在适当市场机会中的价值，然后确定这种机会与能力的差距，最后做出如何弥补差距的战略决策。核心竞争力应具有充分的用户价值、独特性和延展性，应该能为企业打开多种产品市场提供支持。传统营销强调的是产品组合（如4P的扩展），而网络经济时代则注重资源组织，以打破资源型障碍，提高核心资源和竞争力优势。作为战略，传统营销理论强调单一企业的自身产品营销，而在网络经济的生产方式下，企业则往往以联合的身份出现，即由几个互相提供具有核心竞争力含义的产品构成一个面向用户的产品，并且这种强强联合（如微软公司与英特尔公司的联合）将在市场营销中占据越来越重要的地位。

2）工业经济时代的营销观念与全球化的生产方式不相符合。全球化是依托信息化的发展自 20 世纪 80 年代以后在发达国家迅速发展起来的，跨国公司是全球化经营的先锋。目前人们普遍认为全球化经营可以带来以下好处：增加市场份额；提高价格水平（顾客得到的价值增加）；对地方竞争对手造成压力。

这种全球化经营方式的兴起给企业营销提出了众多有挑战性的课题：对不同国家消费需求的预测；如何适应不同国家文化环境、法律环境；如何克服贸易壁垒，使产品顺利进入不同的国家；在营销管理上，如何实现国际化等。面对这些问题，许多国家的企业准备都不充分。

3）传统市场营销理论中实物产品观念与网络经济时代的生产形态大相径庭。在信息化社会里，服务产品正以前所未有的速度增长。如在英国，20 世纪 80 年代初期，制造业在国内生产总值中所占份额是服务业份额的 10 倍，然而到 20 世纪 90 年代初期，其份额降到 1.5 倍。另一项资料显示，1996 年美国信息产业占国民生产总值的比重达 33%，1997 年上升到 40%，现在美国有 70%以上的就业劳动力在信息业和服务业工作。

4）网络经济对传统分销渠道的挑战。传统营销理论中所说的分销渠道往往以各级批发和零售商业为主渠道，依赖储运设备进行实物分销，而实际上互联网的兴起为商流注入了新的内容，生产者与消费者可以通过电子数据迅速达成交易。由于生产者与消费者的信息交换成本很低，因此中间商越来越受到威胁，那种起源于 20 世纪 50 年代为零售商需要而设计的包装方式也正受到严峻考验。

5）“柔性”化生产对工业经济时代的大批量、标准化生产的冲击。工业经济时代的生产经营活动往往包括企业的市场调查、新产品开发与设计、新产品试销以及产品销售，甚至包括产品的售后服务。这样的一个全能型生产者在大批量、标准化生产时代是一种经济的有效率的行为，它的深层次原因是企业内部信息传递成本较低，强化内部管理比外部企业合作更具优势，因而越是大型企业，就越是综合化。但是，从理论上分析，这样的一个多职能综合体，除了产品对外，内部各职能部门间的交易都是对内的，往往产生内部资源的浪费。一种较为理想的现代生产者之间的布局是企业内部职能实体化，传统的工业企业将沦为加工中心，它只是社会生产的配角，而主角则是众多的专业设计公司，它们与消费群共同设计出符合某一消费群特定需要的商品或服务。因此有必要建立起非标准化的效率标准，即小批量、多品种的效率标准。应用计算机辅助制造，按事先编好的程序，在一条生产线上，一个产品就是一个型号。从某种意义上说，标准多到“没有标准”了，所以非标准化生产即是“柔性”化生产。

6）网络经济下信息成本的大幅度下降对传统生产方式的冲击。信息成本的大幅度下降使信息不对称导致的效率损失大为减少，市场进一步细分，并最终走向个性化产品的生产。信息完全对称是经济学中完全竞争市场运行的一个基本条件，信息不对称必然产生效率损失，但这是就全社会而言的。

对于一个具体的企业来说，信息不对称则有可能产生两个相反的作用。一方面，有的企业往往利用生产者与消费者之间的信息不对称，将自己占据的信息优势成为获得超额利润的重要手段；另一方面，由于信息不对称，也使得企业带有很大的盲目性，高效率产出与大额库存并存，最终导致企业资源的浪费。但随着信息革命的推进，生产者与生产者之间、生产企业内部、生产者与销售者之间以及消费者之间的信息传递成本大为减少。例如，以计算机和电信为例，成本的大幅度下降以及最近家庭会议和电子邮件这样的技术的广泛采用已经使得对范围广泛的经营活动的协调不仅更加可行，而且更加可靠和具有高效率。由于信息化能使企业及时准确地掌握消费者需求信息，为企业进行市场细分提供依据，并能给企业提供较为准确的潜在顾客群，所以有助于该企业进行细分市场的利润分析。信息化为市场细分提供了新的机遇。

（2）传统的营销理论不能完全适应网络经济条件下的消费方式　研究营销观念不能不研究消费方式。实际上，随着消费方式变化速度的加快，市场营销理论越来越加强了对消费者行为的分析。传统营销理论与现代消费方式存在以下几方面的不适应性：

1）工业经济下的市场营销理论只将消费者当成纯粹的消费者，而网络经济时代的消费者实质上是“产消者”。从生产与消费合一，到生产与消费分离，再到生产与消费合一，反映了人类自由时间的解放与劳动人性化，阿尔文·托夫勒在其所著的《第三次浪潮》一书中指出，在第一次浪潮时期，即农业经济社会，绝大多数人消费的只是他们自己所生产的东西。他们既不是通常意义上的生产者，也不是一般意义上的消费者，可称之为“产消者”。工业革命把上述两种职能分离开来，由此出现了所谓的生产者和消费者，人类由“为使用而生产”发展到“为交换而生产”。但是，随着消费水平与消费能力的提高，消费者参与生产，从而再次投入到为“使用而生产”的经济内容将大为增加，人类再次进入更高的消费层次。从开放式的电脑操作系统与各种软件到家庭装饰和时装设计，消费者越来越多地参与了生产过程。实际上，这一为使用而参与生产本身就构成了消费的一部分，是消费的开端，或者说，消费者因为成为生产者而达到了预期使用效果而获得心理满足。工业经济下的营销理论因为只将消费者看成纯粹的产品使用者，因而也只能从消费者使用后的感觉来验证其产品满足消费者的程度，这是后验性的。网络经济时代的消费方式要求产品效果的测定是先验性的，即在产品生产之前及之中，消费者就能评估这一产品的使用效果。

2）工业经济下的市场营销理论无法满足个性化需求。新的营销观念要有满足人的内在需求的必然性，就必须实现个性化需求。在工业经济时代，消费者并不能真正直接地表达其消费需求，消费者个体需求信息必须进行加工、整理，以符合批量生产的要求，如果达不到批量生产的要求，那么消费者需求就无法得到满足，或者消费者只能付出更高的代价来得到该种产品。这一规律是由工业经济时代的生产水平决定的。传统市场营销实践只能帮助生产企业完成这种行为，而无法真正满足个性需求。比如，消费者在市场上买到的服装是否合意，主要看该消费者的身体条件是否最接近于服装所要依此加工的模特儿，也就是说单一消费者只能作为某一服装加工企业的市场定位中所确定的总体中的一个样本。按照统计学原理，个体差异会随着统计整理的进行而逐步减小以至消失。另外一个典型的事例是，消费者的审美追求得不到足够的尊重与满足，生产者、商业经营者并非天然不尊重消费者对美的追求，而且，从当代的营销理论来看，消费者的需求是企业的中心。但是，工业经济时代，如果要满足多样化的审美需求，势必导致成本的大幅度上涨。因此，生产企业在设计产品时，对审美的追求也只能根据统计的原则来进行。在市场细分中，将收入、职业、宗教、审美等差异很大的指标进行规范化并加以综合，从科学的眼光来审视这种综合的逻辑，显然可以认为这是错误的。但是，现实与经济学理想的一个巨大差异是，现实的经济活动中，生产者、商业经营者控制了更多的资源，凭借着这些资源，以各种媒体作为载体，消费者被引进了生产经营者所设计的对美的定义。

3）工业经济下营销理论无法满足消费者最大需求。工业经济时代，由于大规模生产的发展，一方面大大增加了消费者选择商品的可能性；另一方面专业化分工的结果使工商分工越来越细，商业获得了空前的发展，消费者在商业的不断发展中获得了一些便利，但是，这也可能导致消费者寻找、挑选成本的提高，消费者为比较产品之间微小差别所花时间和金钱也在增加。这与满足消费者最大需求之间产生了矛盾，而这一矛盾在工业经济时代是无法克服的。

（3）网络营销观念的基本内涵　网络经济的核心特征是信息化给生产方式和生活方式带来了巨大

影响。这些影响的结果也必将给市场营销观念带来革命性的变化。这种变化来自一种新经济的内部，是不以人的意志为转移的。如果能顺应这种变化，企业就有可能获得竞争优势，否则，若以传统的营销观念去参与网络经济时代的竞争，则必将使企业营销方向发生错误。归纳起来，网络经济时代的新营销观念大致包含以下内容：

1）综合性企业将被拥有核心营销能力的专业性企业所代替。尽管综合性企业（拥有完整的从产品设计到产品销售以至售后服务的企业）在未来很长时间内仍然是市场的主角，但是它们存在的前提是要有不断扩大的市场才能满足效率要求，正因如此，全球化经营是综合大型企业的首要追求，综合性企业的解体与专业性企业的兴起是一个更为重要的趋势。市场调查公司专门负责市场需求的调查，而专业设计公司希望出售产品设计，甚至是概念产品。传统企业因为拥有生产设备而沾沾自喜的时代已经过去，产品加工中心是一种新崛起的、为众多企业加工产品的新型经济组织，它们不仅仅加工自身企业所设计的产品，更重要的是它们为不同品牌的企业提供生产服务。这是一个重要的趋势，阿尔文·托夫勒在 1975 年为贝尔电报电话公司提供的一份咨询报告中指出，贝尔电报电话公司应重点发展其研究功能，以此作为企业核心竞争力，而将加工、组装电话的功能出售。这份建议引起贝尔公司管理高层的重视，贝尔公司要求每一部门都重视咨询报告的价值。同时，网络经济时代必将产生一种新的营销企业，即信息服务企业，其主要功能是经济地将消费者信息集中起来，然后出售这类信息给专业设计公司，只有这样，消费者个性化消费才有可能实现。

2）营销客体——产品概念的拓展。将产品限定为实物产品是工业经济时代营销的重大缺陷。在网络经济时代，服务作为营销客体，与实物产品具有同等性质，同样需要研究其营销手段。这样，营销学必将在更多的领域被运用，如金融、注册会计师事务所以及快递等公司，服务产品的营销引起了一系列问题，包括服务产品在不同国家的准入制度，服务产品价值制定标准，服务产品销售网络以及促销策略等。因而，引入服务产品为整个营销领域注入了新的活力。

3）营销活动的载体——市场从有形趋向无形。许多营销专家都认为，有形市场难以满足服务产品的销售，因而需要一个跨越时空的无形市场。网络商业的兴起为无形市场的发展提供了契机，更多的产品将被搬上网络，这一趋势的必然结果是传统的商流—从厂家到批发企业，然后通过零售商业送到消费者手中的渠道将被改变，生产厂家可以通过网络直接与消费者完成交易，这样做还带来了另一个好处，即消费者直接表达了对商品的评价，生产者与消费者之间的沟通程度大大提高了。

4）市场营销任务从满足需求到创造需求。网络经济时代的到来，产品和服务的科技含量已大为提高，消费者在消费过程中，已不单纯地享受产品带来的物质感受，更重要的是消费产品的同时又是一个学习的过程，这一学习过程不但可以满足消费该产品的需要，而且使消费者的素质得到提高，素质的提高又可以为消费者充当生产者角色时提高效率而打下基础。这种营销观念是从计算机产品的销售中得到启发的。消费者通过学习计算机知识，从而购买计算机，通过计算机的消费不但可以得到精神的享受——欣赏图片、新闻、游戏等，更重要的是，计算机也是消费者生产活动不可或缺的部分。通过对计算机的消费，消费者提高了生产效率。可见，教育消费者是营销活动的开端，也是创造需求的重要前提。

5）网络时代的营销性质是品牌营销，而品牌战略则是先锋品牌战略。先锋品牌是指第一个进入市场的品牌。在网络经济时代，由于生产能力的大幅度提高。信息成本的大幅度下降，企业开发新产品的能力大为提高。消费者识别新产品往往注重品牌，注重整体产品价值，而对产品内部零配件的来源并不会太多关注。先锋品牌往往成为产品的形象代言人，买它更觉可靠。由于先锋品牌的这一功能，必将大大打击模仿者，企业唯一的出路是提高研究开发能力。

6）市场营销中的竞争态势更趋激烈。在网络经济时代，传统的市场领导者、市场挑战者等角色之间只有一步之遥，企业之间的竞争往往不以规模取胜。哪怕是很小的企业，只要拥有一项核心技术或能力，通过一定的机制与方法，都可以迅速从市场中聚集资源，成为大企业的竞争对手。微软公司依靠软件核心技术成为全球最大的企业，原来人们普遍预计微软公司将是无法超越的，但最近数据显示，思科公司将有可能成为全球最大的企业。

（4）网络营销与传统营销的融合　虽然网络营销能给企业和消费者带来种种好处，但网络营销与传统营销并非替代关系，应互相融合。

1）传统营销是网络营销的基础。网络营销作为一种新的营销方式或技术手段，是营销活动中的一个组成部分。如果想用网络手段产生价值，就必须将网络与传统的企业方式结合起来，看在多大程度上节省了成本和促成了价值生成，也就是产生了多大的价值。否则仅一个信息手段来做商务必将因为对行业的不理解和资源缺乏而没有任何的优势可言。网络营销与传统营销相比，既有相同之处，又有其显著区别。消费者的需求是多样的，尽管网络购物方便，但并不是对所有的消费者都具有同等的诱惑力。传统营销和网络营销之间没有严格的界限，网络营销理论也不可能脱离传统营销理论基础。网络营销与传统营销都是企业的一种经营活动，且都需要通过组合运用来发挥功能，而不是单靠某一种手段就能够达到理想的目的地。两者都把满足消费者的需要作为一切活动的出发点。网络营销环境下，“4P”模式被发展演变为“4C”模式，随着网络营销的发展，“C”的数量可能还会不断增加，但是，如果忽略对“P”的重视，多数“C”也就无从谈起。

现代企业应清楚地看到，无论用什么手段开展营销，首要的问题是要了解自己的顾客和潜在顾客的需求，然后采取一定的措施满足用户的需求。必须明白一个前提，那就是互联网实际上是一种信息中介，互联网最能获得利润的本来就在于信息服务，互联网不可能完全取代传统的行为模式，大量的交易还是要通过离线方式进行。网络只是一种营销手段，而并不是营销活动的全部。网络经济的主体是利用互联网提供的便利大幅度降低交易成本和向消费者提供更好服务的传统公司，研制、生产、销售或提供互联网和网络公司所需设备、软件及其服务的制造商和服务商。也就是说，只有传统公司利用网络技术改造价值链，降低生产成本和交易费用，互联网经济才能有足够的支撑。

2）网络营销不可能完全替代传统营销。尽管网络飞速发展及普及，但网络营销还不能完全替代传统营销。这主要是由于：

首先，消费是一种行为，而不仅仅是一种商业活动。从心理学的角度看，消费行为至少有两个动机：一是真的产生了购买的需要，这种情况只要能够及时地、安全地使消费者的需求得到满足就可以，这种动机的需求可以通过网络实现。另一种消费并不仅仅是为了购买，而是为了享受消费的过程，这种动机的消费者则是把整个挑选、试货等过程看做是一种享受，不会愿意把这个过程缩短。传统营销过程中的这种优点是网络营销所无法取代的。

其次，消费者购物往往有“眼见为实”的心理。在商品的挑选上，传统营销比网络营销有更大的自主性。消费者到商场购物，常常会对所需商品的各方面进行仔细查看，以确定它是否符合自己的需要，这种选择是完全自主的，你可以了解到想知道的几乎所有信息。但网络营销方式的商场是虚拟的，从网上对商品的了解程度在于营销人员输入到计算机中的信息量。有些信息，如商品的质量、重量、大小等不一定会在网上全部介绍。即使能了解到所有索要的信息，消费者购买某些产品时也会有一种不踏实的感觉，也确曾发生通过网上购物方式获得的食品已过了保质期的现象。所以对有的产品、有的企业来说，完全用网络营销取代传统营销，并不能取得预期的效果。

最后，网络营销还要面对许多传统领域无法体会的问题。网络给人们带来了种种便利，同时也带给人们更多的烦恼。尽管电子商务日趋普及和完善，但网络依然存在着其安全的脆弱性。目前的金融结算体系还不能完全适应电子商务的要求，无法消除用户对交易安全性的顾虑。网上交易首先要防黑客，还要防诈骗，尤其在 C2C 方面网络诈骗已经到了比较严重的地步。国内有些电子商务站点存在一些具有普遍性的严重安全漏洞，攻击者可以轻易盗取用户账号、交易密码，并可使用用户资金进行网上交易。这些安全漏洞将直接影响电子商务站点的信誉，对国内电子商务的发展进程产生重大影响。由于买卖双方都素未谋面彼此毫无了解，网站对上传信息无法确认以及跟踪交易，为诈骗提供了肥沃的土壤。网上支付、网上信用等都造成了人们不会完全改变传统消费方式的事实。

2. 网络营销与传统营销的区别

在电子商务环境下，网络营销较之传统营销，从理论到方法都有了很大的变化，主要表现在以下几个方面：

（1）营销理念的转变　网络营销已经从传统的大规模目标市场向集中型、个性化营销理念转变，因为网络营销的出现，使得大规模目标市场向个人目标市场转化成为可能。而在传统的营销中，不管是无差异策略还是差异化策略，其目标市场的选择都是针对某一特定消费群，很难把每一个消费者都作为目标市场。在互联网发达的今天，企业可以通过网络收集大量信息以了解消费者的不同需求，从而使企业的产品更能满足顾客的个性化需求。海尔集团在最近几年快速发展，并受到消费者的好评，固然原因是多方面的，但满足消费者的个性化需求，无疑是一个不可忽视的原因。Amazon、当当书店、淘宝网等的成功，也要部分归功于其提供的个性化服务。

（2）以现代信息技术为支撑　这是网络营销与传统营销最大的不同点。网络营销是一种在现代科学技术基础上发展起来的新的营销模式。它的核心是以计算机信息技术为基础，通过互联网和企业内部网络实现企业营销活动的信息化、自动化与全球化。网络营销时代，企业营销活动从信息收集、产品开发、生产、销售、推广，直至用户售后服务与售后评价等一系列过程，均需要以现代计算机信息技术为支撑。

（3）供求平衡发生了变化　网络营销缩短了生产者和消费者之间的距离，节省了商品在流通中经历的诸多环节，有利于降低流通费用和交易费用。以往，当企业无法对产品的配置和数量加以精确规划时，供应商不清楚客户何时需要他们的产品，不得不建立库存以应对各种局面，从而造成库存常有积压，带来清理库存的损失。网络经济使这种现象逐渐得到改善。

（4）市场环境发生变化　网络营销面对的是完全开放的市场环境，互联网的出现与广泛应用已将企业营销引导至一个全新的信息经济环境。传统市场营销活动所必需的物理距离，将在很大程度上被网络上的电子空间距离所取代，目前各方相隔的“时差”届时将几乎不复存在。由于互联网的开放性和公众参与性，从而使得网络营销所面临对的市场环境也是完全开放的，并因其丰富多彩的内容和灵活、便利的商业信息交流，吸引着越来越多的网络用户。

（5）沟通方式的转变　传统的营销在沟通方式上只能做到信息输送的单向性，信息传送后，企业难以及时得到消费者的反馈信息，因此，生产经营策略和企业营销方式的调整必然滞后，这最终会影响到企业目标和企业盈利的实现。另一方面，在传统的媒体上，尤其是在电视上做广告，尽管企业投入的可能是巨额资金，但所达到的营销目标也许只是企业的形象宣传，对产品的性能、特征、功效无法进行深入的描述与刻画，而消费者也总处于被动地位，只能根据广告等在媒体中出现的频率、广告的创意等来决定购买意向，很难进一步得到有关产品功能、性能等的指标。

基于互联网的电子商务的出现，将在很大程度上弥补上述传统营销在沟通方式上的不足。互联网使传统的单向信息沟通模式转变为交互式信息沟通模式，信息的沟通是双向性的，网络营销直接针对消费者。通过互联网，企业可以为用户提供丰富、翔实的产品信息。同时，用户也可以通过网络向企业反馈信息。

（6）营销策略的改变　由于网络营销具有双向互动性，真正实现了全程营销，即必须在产品的设计阶段就开始充分考虑消费者的需求与意愿。在互联网上，即使是小型企业也可以通过电子公告栏、在线讨论广场和电子邮件等方式，以极低的成本在营销的全过程对消费者进行及时的信息收集。消费者则有机会对从产品设计到定价以及服务的一系列问题发表意见。这种双向交互式沟通方式，提高了消费者的参与性和积极性，更重要的是它能使企业的决策有的放矢，从根本上提高消费者的满意度。

（7）时空界限发生变化　网络营销比传统营销更能满足消费者对购物方便的需求。网络营销消除了传统营销中的时空限制，网络上的电子空间距离使各方相隔的“时差”几乎不复存在。由于网络能够提供 24 小时服务，消费者可随时查询所需商品或企业的信息，并在网上购物。查询和购物程序简便、快捷，这种优势在某些特殊商品的购买过程中尤为突出。

值得指出的是，尽管同样是网络营销，网络公司与传统企业的理解会有所不同，网络营销的内容也不相同。对于传统企业来说，网络营销是一种辅助性的营销策略。建立网站、网址推广、利用网站宣传自己的产品和服务等，都是网络营销的内容。网站为人们提供了一个了解企业的窗口。但对于传统企业来说，网站的形象与企业形象之间并不一定完全一致，因为企业的品牌形象在建立企业网站之前就已经确立了。然而，对于网络公司而言，网站代表着网络公司的基本形象，人们有时甚至不去考虑一个网络公司的全部内容。因此，对于网络企业来说，网站的品牌形象远比传统企业的网站重要。互联网公司跟任何其他行业的公司一样，需要制定有效、合理的市场营销方案。

1.2　网络营销现状与未来

1.2.1　网络营销的发展

网络营销不等于网上销售，更不是简单的建立企业网站，或者利用网络做一个广告。网络营销是指利用互联网技术最大限度地满足客户的需求，来达到开拓市场，增加赢利的经营过程。目前，企业的内部资源管理、决策系统，企业外部的信息发布、收集信息系统乃至企业间通过互联网进行的营销行为基本上还处于彼此独立的状态中。尽管这些部分在现有的状况下，仍然取得了一定的效率与收益，但是与那种彼此连接的理想状态相比还存在很大差别。网络营销是未来企业发展的新模式，现在看来虽然还比较遥远，但正是这种逐渐完善的新营销模式，使企业面临新的商机。从研究成果来看，网络营销的发展可分成三个层次：初级、中级和高级层次。

1. 初级层次

初级层次是指企业开始在传统营销过程的一部分中引入计算机网络信息处理与交换，代替企业内部或外部信息的储存和传递方式。例如，企业建立内部网络进行信息共享和一般商务资料的储存和处理（如建立企业自己的内联网 Intranet）；通过互联网传输电子邮件；在互联网上建立网页，宣传产品和企业形象等。

在初级层次，企业虽然利用网络进行了信息处理和信息交换，但所做的一切并未构成交易成立的有效条件，或者并未构成商务合同履行的一部分。企业实施网络营销的初级阶段投资成本低、易操作。这一层次并不涉及复杂的技术问题和法律问题。

现有的网络营销活动，尤其是国内企业的网络营销实务，多半还处在较为初级的层次。一是内涵狭隘，网络营销基本上等同于网络销售，而销售的商品和提供的服务内容也多集中在 IT 及相关行业；二是营业量小，页面的点击数和实际销售之间存在太大的反差；三是企业营销策略单调，网络营销的形象也因此大打折扣。

尽管在这一层次消费者还不可能在网上实现真正意义的网上购物，但它的出现使消费者购物时多了一种获取信息的渠道，可以更透彻地了解企业和产品，特别是一些难以购买到的物品，不仅能得到生产厂家的呼应，还能得到众多网民的帮助。

2．中级层次

中级层次是指企业利用网络的信息传递功能，部分地代替某些合同成立的有效条件，或者构成履行商务合同的部分义务。例如，企业实施网上在线式交易系统，网上有偿信息的提供，贸易伙伴之间约定文件或单据的传输等。在某种程度上，中级层次的网络营销使企业走上建立外联网（Extranet）的道路。在中级层次，虽然有些网络系统传输的信息处理并不十分复杂，但它还需要不同程度的人工干预，如在线销售环节与产品供应不能有效衔接，仍需要部分传统方式的操作。但在这一层次，网络营销的操作要涉及交易成立的实质条件，或已构成商务合同履行的一部分。因此，这时的网络营销就要涉及一些复杂的技术问题（如信用安全）和法律问题（如法律有效性）等。这一层次的实施需要社会各界相互配合，是世界各国近期主要发展的目标。

从消费者的角度看，他们从何处购物多了一种选择，购物更趋便利。消费者可以通过网络选择和定购自己所需的物品。

3．高级层次

高级层次是网络营销发展的理想阶段。在企业内部和企业之间，从交易的达成，到产品的生产、原材料供应、贸易伙伴之间单据的传输、货款的清算、产品和服务的提供等均实现了一体化的网络信息传输和信息处理。

在强大的信息处理技术与全面的顾客资料数据库的基础上，企业可以根据各个细分市场，甚至是每一个顾客的独特需求来为他们设计“度身定制”的产品。高度细分化、定制化的产品更有利于提高顾客满意度和忠诚度，巩固和提高市场占有率。高级阶段是将 B to C、B to B 甚至 B to G（企业对政府）有机地结合起来，实现企业最大程度的内部办公自动化和外部交易的电子化连接。这一层次的实现将有赖于全社会对网络营销的认同，以及整个环境的改善。在这一阶段，与传统购物相比较，“顾客是上帝”得到真正的体现。

1.2.2 网络营销的现状及面临的问题

目前企业对网络营销的认识和利用还处于初级阶段。虽然对互联网和网络营销有一定程度的了解，但对互联网和网络营销的兴起究竟会对企业产生什么样的影响，网络营销究竟是什么，以及如何根据企业自身的特点及实际情况构建网络营销模式等问题还缺乏深入的研究。具体表现为：

1．大多数企业知道网络营销，但只停留在初步的认识阶段

大多数企业对网络营销有一定的知晓，在 305 家受访企业中，知道网络营销，听说过和有一点知道的企业占 87.5%，不知道的企业占 12.5%。对网络营销到底是什么，选择依次为：网上交易（43.1%），网络营销（30.3%），网上销售（17.8%）和网上订单（8.8%）。特别是有 56.2%的企业认为网络营销的主要作用是给企业带来更多信息，而认为能给企业降低生产成本的只占 3.3%。这说明多数企业虽然已知道网络营销，但对网络营销的本质并不十分了解，尤其是对网络营销会对企业产生怎样的影响缺乏深入的认识。

2．需求、人才和资金是阻碍企业实施网络营销的主要原因

在调查中，当被问及没有实施网络营销的原因时，有 58%的企业认为时机还不成熟；8.6%的企业想做但不知如何做；6.5%的企业认为没人操作；认为没有必要、作用不大或没想到的占 26.8%。由此可以发现，阻碍企业实施网络营销的主要原因有企业内外两方面，从企业外部因素看，主要有消费购物观念、购物习惯还难以改变，安全与信用存在问题，电信费用高，以及相关的法律法规不健全等主要的因素；从企业内部因素看，缺乏相关人才，领导观念滞后以及资金实力欠缺等是其主要原因。

3．网络营销初现端倪，但涉及领域窄、占总业务比重小

调查显示，有24.8%的企业已有某种形式的网络营销活动，网上订购原材料、零部件的占11.5%，进行网上销售和到网上商场销售的分别占到70.4%和12.3%。从网上销售取得的销售额占公司总销售额的比例来看，80.5%的企业少于2%，14.3%的公司在20%～40%，仅有5.2%的企业的网上销售额占到公司的总销售额的40%～60%。由此看来，企业对网络营销的认识和利用主要还是以宣传和销售产品为主，一小部分企业开始尝试通过网络向供货商下单并管理销售渠道，即实施所谓的供应链管理，但从总体来看，还是处于起步阶段。

4．实施网络营销的潜力巨大

当问及未实施网络营销的企业打算何时进行网络营销时，23.9%的企业准备在一年内实施，44.7%的企业打算在两至三年内进行，打算在三年后实施的企业有31.4%。因此未来企业实施网络营销的市场潜力是巨大的。

对未实施网络营销的企业的调查显示，多数企业对网络营销的实施往往从简单方式入手，因此在选择实施网络营销方式时，62.5%的企业会首选建网页，实行网上销售，19.7%的企业会选择先到网上商场去销售，8.6%的企业会选择在网上订购原材料和零部件。

5．实施网络营销的人员以企业内部员工为主

当问及企业以何种人员组织方式实施网络营销时，已实施的企业中有48.5%是招聘相关专业的大学生来进行的，32.1%是对企业相关技术人员培训后来实施的，专业公司帮助实施的占 18.4%。而未实施的企业有 60.9%提出要招聘相关专业的大学生来进行，21.7%的公司准备对企业相关的技术人员培训后来实施，有17.4%的企业打算请专业公司帮助实施网络营销。由此看来，大多数企业由于资金实力的欠缺或由于对专业公司的不信任态度，往往会选择由企业内部人员来实施。

6．解决物流的主要方式是开设分公司或与专业速递公司合作

调查显示，目前已实施网络营销的企业解决物流这个网络营销的瓶颈问题主要采取以下几种方式：在各大城市设立分公司占38.5%，与专业速递公司合作占32.1%，与大型连锁企业合作占10.2%，其他方式如自备车运输等占19.2%。

1996 年末，北京四十四中初三学生张博迁在“瀛海威时空”开设的“电子超市”上订购了新知书店的《互联网使用秘诀》。于是，中国的商家通过计算机网络卖出了第一件商品，中国商品流通的历史也悄悄地进入了一个新时代——网络营销时代。而同年的冬天，对中国的一些著名企业家来说忽然有了一种紧迫感，因为他们发现其企业的商标或名称已被中国香港几家企业抢先在互联网上注册为自己的域名。这些著名企业包括长虹、全聚德、荣宝斋、同仁堂、中华、红塔山、999、中国 505、海信、中外运等；甚至一些内地著名的城市的名称，也被这几家中国香港企业抢先注册成自己的域名。北京亚都公司在试图入网时发现自己的商标被一家中国香港企业注册为其域名，因而不得不采取相应措施才能入网。而与此同时，这家中国香港企业主动向亚都公司表示，可以将“亚都”这一域名租给亚都公司使用，租金每年1.5万美金，而在网上2年的正常费用不过3 000元人民币。

目前，网络营销虽然发展很快，也已能够赚取利润，但除了个别成功例子外，大部分还处于摸索阶段。一方面启动成本较高，这个成本是相对于不懂信息技术的商家或制造商来说的，建立网页成本就已经很高了，再加上每天的维护和资料更新成本，就更显得高了。如果用户上网查询，次日不能得到回复，就会让人产生服务不好的印象。但毋庸置疑的是，网络营销浪潮席卷了全球各个行业，随着企业国际化进程的加快，互联网将成为现代化企业必不可少的部分，网络信息处理的能力将决定企业的存亡，互联网成为企业未来延续发展的生命线。

当网络经济、电子商务热及全球时，许多学者和企业家认为传统营销已过时，网络营销将全面替代传统营销现在；而纳斯达克的暴跌，粉碎了无数梦想家的美梦，一时间，网络经济末日来临的论调甚嚣尘上，网络营销也随之销声匿迹。但企业网络营销并没有因人们对它的期待或失望，或全面替代传统营销，或全面废止，有24.8%的企业在传统营销的基础上，实行了网络营销的初级形式：网上订单和网上销售。

从网络营销诞生之日起，四大国际性难题就一直伴随着它的成长和发展，至今尚未被完全解决。

1．网络安全问题

从技术上讲，网络营销发展的核心和关键问题是交易的安全性。由于互联网本身的开放性，使网上交易面临种种风险。尽管 ARPAnet 创造出一种不怕攻击的网络系统，它的设计者们却没有考虑到网上交易的产生发展：网上交易安全吗？企业与消费者同样担心。消费者害怕自己的信用卡号码被盗，而企业害怕收款出现问题。如果没有可靠的安全体系，网上营销的发展终究会受到限制。

以 Aeon World 为例，它的网上商场由 IBM 建立和管理，AeonWorld 信贷财务负责市场推广及交易结算，三菱商社负责为网上商场罗致商家。使用该网上商场购物，从进入网站、浏览货品以致付款、收费及安排送货服务，完全是由一个端口到另一个端口的方案处理。购物过程在网上及时完成，消费者无需打电话订货或另外办理付款手续。网上个人资料的保密问题，Aeon World 的财务交易将通过安全电子交易（Secure Electronic Transaction，SET）标准来处理，令信用卡付款能在安全保密的环境下由结算银行处理。SET 是 IBM 保安电子商务产品 Commerce Point 核心技术的一环，由 VISA、WASTECARD 金融机构与多家科技公司共同开发，为一套通用标准。开业以来，已成交的生意在几百万元之间，还没有发生过安全问题，据悉，这个规范所提供的安全标准按目前的计算机技术，在 20 年内不会被破译。

2．税收问题

商家看中了网络工具潜在的商机，不失时机地在互联网上开展营销活动，通过它向顾客出售商品。这固然大大方便了消费者，但也给税务当局带来了一项新的课题。主要的问题有以下三方面。

（1）税收管辖权不易确定　由于互联网没有一个固定的地址，当一项交易发生时，应由哪个地区的税务机构对它行使税收管辖权难以确定。例如，美国一个住在加利福尼亚的顾客向位于西雅图的一个网上商店购买了一份软件，该店通过互联网上得克萨斯州的一台计算机将该商品发送给顾客。这时，究竟应由哪个州对这一网上商店所获利润予以课税呢？虽然互联网上商品销售额到 2000 年只有近 70 亿美元，但微软公司的联动服务部的约翰·尼尔森认为，不出 30 年，30%的消费活动都将在网上进行。因此，届时如果说税收管辖权问题仍不能得到很好的解决，必然会对销售方面的税收问题及消费行为产生很大的影响。

（2）课税操作问题多　当今许多国家如欧洲各国大都对商品销售征收增值税，但如何对网上交易的商品进行课税呢？显然，还存在不少问题。比如，许多荷兰人通过互联网向国外小公司购买 CD 盘。因为这些公司不征收增值税，所以它们的 CD 盘便宜，这极大地冲击了荷兰国内市场。为杜绝这种情况，1996 年 12 月，荷兰政府下令对所有可疑邮包进行开包检查，但是随着网络业务的拓展，海关官员又能打开多少打入国内的网上售货邮件，并对它们补征税款呢？而且也不可能期望这些小公司去向消费者征收增值税，并把收入情况向世界各国的相关税务机构如实申报。因此，若像目前加拿大那样，让所有通过互联网购物的消费者自己主动申报应缴增值税，那必然存在巨大的税收漏洞。

美国情况则有所不同。美国税法规定，对发往外埠的邮售商品公司的销售收入免征增值税。比如，加利福尼亚的一家公司通过互联网向纽约一客户销售了一箱葡萄酒，其所得的收入毋须缴纳增值税，因此，这种税法规定将会刺激这类企业的发展。

（3）检查稽核难度大 首先，用网络销售产品，其边际成本几乎为零。这就使得税务机构不能用投入与产出的内在联系等老办法来检查稽核公司的纳税申报情况。其次，互联网还降低了传统的中介机构如银行和经纪人的作用。这些中介机构不仅向税务当局申报各项交易情况，还帮助税务检查核实个人申报的从银行取得的利息所得。然而通过互联网交易不需要中间人，因此税务当局也就无从检查稽核。最后，互联网上所用的电子货币与现金一样是匿名的，税务机构无法跟踪，所以难以查清纳税人的收入与支出情况。而在以前，税务机构可以通过银行账户或信用卡报表来进行检查。

3．商业惯例问题

消费者的采购行为习惯也影响网上商品的卖出。在传统商业中，消费者通过看、闻、摸等多种感觉来判断与选择商品。而在网上购物，只提供了一种可能：看。另外，消费者对上网购物所持的态度也会因人而异，有些人认为上网购物是积极的活动，有些人则视为休闲，而仍有相当一部分人对网上购物兴趣不大，觉得在网上购物失去了上街闲逛购物的乐趣。如何减少网上购物的不足，势必是网上售货成功与否的重要因素。

4．商业信用问题

从人类社会诞生之日起，资源稀缺就制约着经济的无限发展。对具体的国家、企业、个人来说，也是如此。要解决两者之间的矛盾，就必须引入借贷行为。而借贷关系的规范与管理，则要求整个社会信用体系的建立、完善。市场经济作为一种经济运行模式，因其有效配置资源以及自由、平等、竞争等原则，而被现代社会广泛接受。但是，商业欺诈、假冒伪劣等行为会损伤这些原则，并降低社会效率。根治这些行为的法律法规（如合同法、反不正当竞争法等），就成为维护市场正常运行的制度保障。随着信息技术蓬勃发展以及互联网的日益普及，整个社会步入网络时代。人们的生活、工作等越来越紧密地与互联网联在一起。而当人们身处网络之中的时候，却会发现这样一个问题：互联网的虚拟性增强了商业欺诈的可能性。对买卖双方来说，所拥有的商品信息在交易过程中是不同的，也就是通常说的信息不对称。互联网的虚拟化，无疑使信息的不对称性增强，交易的风险性增加。传统交易模式下，消费者可以看到实物，用自己的经验和知识去辨别真伪。但对那些在线购物的消费者来说，仅凭网上的商品介绍和几幅图片来判断真假，可谓难上加难。

另外，现实中降低不对称性的方法在网上都很难用得上，像试用、试穿根本无法实现。而网上的保质、保修承诺更像是空头支票，倒让人觉得有“此地无银”的味道。对贩卖假冒伪劣商品的厂家来说，有了互联网作掩护，商业欺诈变得更容易。

实际上，互联网从一开始就对社会信用体系提出了更高的要求。互联网自身的技术特点增强了交易信息的不对称性，并造成物流与资金流的分割以及非同步发生。于是，电子交易过程的顺利完成，就有赖于社会信用体系，以及用来惩治违约行为的法律法规（如合同法、知识产权法等）。所以，信用体系建设滞后的状况若得不到改善，新兴的网络营销很可能会被扼杀在摇篮之中。反之，只有信用体系建立、完善起来，人人都讲信用，利用信息不对称性进行的商业欺诈，以及物流、资金流的非同步性诱发的违约行为才会减少；而相应法律法规的健全，会惩治违约行为，保护消费者利益。这样，网络营销才能真正迎来阳光灿烂的明天。

1.2.3 制约网络营销发展的因素

制约企业网络营销发展的因素有很多，但主要可分为企业外部的宏观因素和企业内部的微观因素两方面。

1．企业外部的宏观因素

制约企业网络营销发展的外部宏观因素主要有商业支付体系不完善、社会化信用体系不健全、网络基础设施不完备、法律和法规不健全、商家与消费者的观念问题、网络建设与发展用户数量的问题以及具体操作问题等方面。

（1）商业支付体系不完善　目前企业对网上交易最担心的问题之一是支付的安全问题，有三分之一的企业对网上交易的安全性表示担心。这主要是因为目前缺乏满足网络营销所要求的交易费用支付和结算手段，银行的电子化水平不高，安全性差，银行之间相对封闭，尚未能承担支付网络电子交易费用的角色。虽然已经有中国银行、招商银行等先行者，但距离全面的网络营销应用，特别是企业与企业之间安全资金结算的要求尚有很长的一段路要走。因此，建立一个安全的交易环境将是网络营销亟待解决的问题。

（2）社会化信用体系不健全　目前，市场经济体系还不健全，不规范，假冒伪劣商品屡禁不止，坑蒙拐骗时有发生，市场行为缺乏必要的自律和严厉的社会监督。市场信誉的不理想，使得消费者不敢贸然涉足，担心将款汇出后得不到应有的商品。因此，要发展网络营销，必须加速培育市场，创造比较成熟和规范的社会信用环境。

（3）网络基础设施不够完备　互联网用户数的快速膨胀使带宽拥挤、速度太慢，距开展全方位网络营销尚有一定差距。这主要表现在3个方面：网络的带宽；ISP对用户的接入速率；互联网的网费。但随着中国联通、中国网通等介入互联网络建设和商业服务，竞争将加快推动网络基础设施的建设。

（4）法律和法规不健全　网络营销这种崭新的商务活动方式，不可避免地会带来一系列的法律问题，比如电子合同，数字签名的法律效力问题、网上交易的经济纠纷问题、计算机犯罪问题等。在我国，网上交易本身缺乏法律的认可和保护。网上交易是交易方式的电子化，经营者与消费者不直接见面，消费者与商品没有直接接触，这将会引发一系列相应的法律问题。例如，购买者得到的商品与选购的商品不一致、网上欺诈行为、经营者被无理拒付等。在立法方面，应吸收和借鉴国际上比较成熟的经验，立法先行，防患于未然。

（5）商家与消费者的观念问题　网络营销作为一种新型的营销方式，不但需要经营者，而且需要消费者观念上的认同。任何新事物的出现都有一个适应过程的认同期，任何一种改革都会涉及利益的重新调整。从目前我国企业的经营体制来看，经营者更多考虑的是短期利益和自身利益，尽管有更新更好的经营方式，如果有违于现实利益，也只能束之高阁。开展网络营销活动，需要企业经营者资金、技术和人才的投入，而在经营初期，只能是低利润甚至是亏损的经营，短期利益不佳，这会令一部分经营者望而却步。从消费者来看，不成熟的市场经济中出现的某些弊端，使人们总有“一朝被蛇咬，十年怕井绳”之感，对新的东西总是过分理论化或带有一种不信任感，同时，人们宁可多花钱、多跑路、多费时间，也要“眼见为实”的心态，也会制约网络营销活动的发展。

（6）网络建设与发展用户数量的问题　我国的通信业虽经历连续十余年的大发展，尤其是通信网的建设，为我国国民经济信息化奠定了网络基础，但是，这与流通网络化的未来发展要求比起来，还是远远不够的。网络的建设是网络营销开展的一个必要条件。互联网是全球通用的信息基础设施，但由于我国地广人多，各地区经济、科技发展、文化素质均有差异，所以，要使互联网在短期内覆盖到所有地区及每个人，是一件不太可能的事。

网络用户的数量也是网络营销发展的必要条件。发展网络用户，一方面靠的是网上经营者自身的行销策略；另一方面有待于计算机的普及和上网用户的增加。网络用户越多，网络的渗透功能就越强，网上交易就越具有效益。

（7）具体操作问题　网上交易有两个需要一开始就逐步解决的问题：一是在有购买需求，特别是在异地需求的情况下，如何配送发货；二是结算问题。上网交易后，求购信号来自互联网络覆盖的各个区域，经营者应有足够的能力为购者配送发货，这些配送点如果设置不当，会给企业带来诸多不便，以至于影响企业的效益。在国外，这些大多数是由连锁企业来完成的。为了适应这种配送要求，企业连锁化也成为必然趋势。甲地企业在网上成交后，可以从本企业设在乙地的连锁店送货，也可以委托乙地的其他企业送货，彼此再进行结算，或由若干个企业联合组建配送中心，实施社会化服务。结算问题涉及结算的方式、结算效率及结算的安全性。如结算是否可用支票、信用卡或电子货币？若可以，如何保障结算的安全性？异地结算如何适应网上交易的效率？从某种意义上讲，这些问题还有待于金融方式和手段的现代化，我国的电子银行业务还处于发展阶段，但一些网上企业已开始与金融部门联合行动，在网上交易的付款方式迈出了可喜的一步。

2. 企业内部的微观因素

制约企业网络营销发展的内部的微观因素主要有观念上的问题、物流配送问题、人才储备和企业信息基础建设等方面的问题，以及缺乏对网络营销的研究、推广和宣传等方面的因素。

（1）观念上的问题　一方面，企业管理层的网络营销意识差，对经营信息化的重要性未给予足够重视；另一方面，消费者的观念和消费习惯尚未转变，这使得企业和消费者的网络营销意识薄弱，企业信息化只成为理论界和信息界的热点。

（2）物流配送问题　目前网络营销配送需求尚没有达到物流企业所需的最低规模化运作要求，加之由于互联网的无边界性特点导致了网络营销客户区域的分散与不确定性，少量的供给和过于分散的配送网络使物流企业无法分摊较高的固定成本而难以降低服务价格。

（3）人才储备、企业信息基础建设等方面相当落后　有的企业连基本的企业管理都无法实现计算机化，而有的企业即使配置了十几台最先进的计算机，但整个企业只有一两个人会使用，还是一知半解，没有技术人员帮助其向互联网转型。面对网络提供的种种机会，企业只能“望网兴叹”了。

（4）缺乏对网络营销的研究、推广和宣传，使网络营销平台没有发挥作用　许多企业上网，仅仅是在网上建一个主页，一张企业全景照片，几行总经理致词，一段企业发展历史，几个部门设置和一些相关产品介绍，这些信息甚至几个月不更新。可想而知，企业从网上非但没有得到好处，反而付出了不少人力、物力和财力，给企业背上了包袱，从而造成不少企业领导对上网缺乏信心。

1.2.4　网络营销的未来

在网络上唯一保持不变的特性就是“变化”，网络上的所有情况都处于不断的变化中。由于变化速度极快，所以即使在很短的时间内发生的变化数量也将是惊人的。在这种情况下，没有办法准确地预测未来，只能对其未来发展作一个趋势性的展望。正如雷·海蒙德在其著作《数字化商业——如何在网上生存和发展》里所述：“它（网络）的发展速度比我看到的任何技术改变都要快。我生活在网上——我每天都有很多小时在网上——但我还是跟不上网络的发展”。因此，建立在网络之上的网络营销发展将主要有如下几个方面：

1. 网络媒体和网络技术将在产品销售方面发挥更大的作用

E-mail 将会趋于完善。首先，用户能够调控 E-mail 的字体和颜色，这意味着能够根据不同的受众来设计销售信息的式样和感觉。这样，满世界巡回的 E-mail 更像一份直接邮件或整版的印刷广告，也许这种混合形式的发展能将直接邮件这种媒体带上一个新水平。其次，E-mail 文件将能够发送声音、图像和立体效果。这种发展将消除早期 E-mail 印刷体的单调风格。

再想像一下电话技术与互联网的结合。随着网景公司和微软公司这两大浏览器销售商的互联网电话产品的免费分配，网络用户可以通过互联网发送和接收电话信息，其成本仅为本地 ISP 的电话费用。利用互联网电话的廉价特性来进行顾客服务，其成本仅是长途电话费用的一小部分。商家可以利用广播传达信息，自然也可以在个人的信息中心留言。这样，即使打电话时对方不在，也可以在对方方便的时候收到信息。如在杂志上，登载了一则夏威夷旅行广告。一位潜在顾客看到了广告之后，向邮件自动回复系统发了一份E-mail。很快，他收到了回复信息，看到了旅馆的富有吸引力的照片。但是，这仍不能满足他的信息需求，他点击超链接，给顾客服务代表打电话，于是他们用互联网电话展开了交谈：首先，顾客服务代表发送夏威夷音乐的有声文件，以改变顾客的心境，而顾客在接受解答的同时，在自己的房间里就能观赏到夏威夷风景，阅读到美食家饭店的菜单，看到旅馆房间设备的真实的照片。如果他确信有度假计划，那么在他将信用卡号码告知顾客服务代表后，交易便大功告成了。这个剧情并不难以置信，现存的网络技术已能使它变成现实。

2. 有声技术在广告和顾客服务方面将得到更大的利用

随着越来越多的计算机配备高速的调制解调器和立体声音响，网上有声广告市场已经成熟。有声技术能够创建一种情境，使顾客具有身临其境的感觉。有声技术、立体技术、文本超链接的结合，使顾客服务中心可以通过互联网发送更符合顾客需要的信息。利用有声技术，人们可以听到他们问题的回复，并且录下来，当需要时回放这些信息。

营销决策更趋理性化：网络营销将使营销决策更加趋向理性化、信息化和科学化，主要体现在以下两个方面：

(1) 需要更准确的人口统计数字　不同调查机构做出的网络用户的人口统计数字常常是矛盾的，而且差幅很大。有的调查表明互联网上有30亿用户，而有的调查却表明只有10亿用户。由于网络营销者为了制定网络营销战略计划将会花钱购买更精确的数据，相应的，人口统计学也应更加准确以适应这种需要。同样，出版业、调查机构也希望人口统计数字精确化的这天早日到来，他们正在创建新的测试工具、设计更高水准的鉴别消费者和其人口统计资料的方法，而同时许多公司也正努力开发这些产品。

(2) 有关网上销售说服技巧的深入研究　现在在营销者中盛行的说法是网上销售不起作用，所以公司又倾向于不在互联网上销售任何产品。没有人知道哪种说服方式是最有效的，这个问题的解决需要做更多、更深入的调查。谁也没有一点根据能证明在网上销售不灵，为什么大家都当做真理一样接受它？当人们掌握了网上销售的说服技巧后，这种新的销售方式一定会焕发出它应有的光彩，相应地做出的营销决策也将更加理性。

3. E-mail、电话、网页和传真的结合在个人通知单（Personal Notification）中的应用

E-mail、电话、网页和传真将会结合起来以便以顾客偏好的方式即时发送个人通知单（像新闻、存货限额、所要求的广告信息等），为了分担这项服务的费用，信息提供者可以在信息的某处登载广告。

4. 网络广告将大有可为

制造商将会认识到在互联网上做广告的价值，从而制定包括建立网址、链接到制造商主页的广告等在内的整体广告计划。正如前面所述，网络广告技术也在不断地演进、发展。

5. 顾客化网址的重要性将日益显著

在公司网页的空白处依据顾客的记录数创建顾客的个人网址，对于公司的营销目的将日益重要，而这也是顾客所期望的。这个策略将会超越今天有限的技术，计算机将会记住人们所感兴趣的产品而提供相应的新产品的信息。

6. 小企业联盟的必要性日益突出

虽然网络的特性使网上企业大小无碍，但是越大的企业在网络上越占有重要的位置。因此，为了

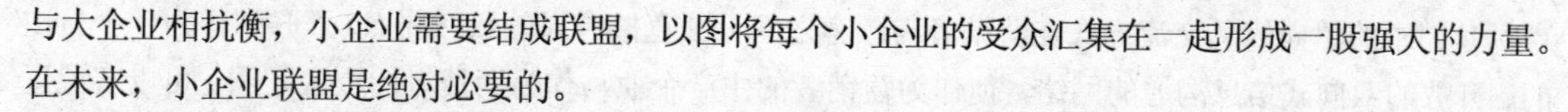

与大企业相抗衡，小企业需要结成联盟，以图将每个小企业的受众汇集在一起形成一股强大的力量。在未来，小企业联盟是绝对必要的。

7. 信息中心与互联网的结合

在网络上分销产品、服务的公司，其产品报价的每次变动、新产品的每次发布等信息均通过互联网来进行。利用网络，公司的信息中心将会削减大笔的发布成本，而顾客也能及时获得更新的信息。

8. 会员制营销日渐风行

会员制营销来源于美国。在美国，这种网络营销手段被证明为有效的方式，为众多网上零售网站所采用。国内也有几个电子商务网站推出了会员制营销的形式，虽然看起来还很幼稚，带有太多复制国外网站的痕迹。会员制营销在中国的前景如何，取决于多个方面的因素，如网站的技术水平和管理能力，会员网站的理解和努力程度，以及整个网上消费市场规模等，但仍不失为一种值得尝试的好方法。

9. 导入客户关系管理（CRM）

客户关系管理的指导思想是通过先进的软件技术和优化的管理方法对客户进行系统化的研究，通过识别有价值的客户、客户挖掘、研究和培育等，以便改进对客户的服务水平，提高客户的价值、满意度、赢利性和忠实度，并缩减销售周期和销售成本，寻找扩展业务所需的新的市场和渠道，为企业带来更多的利润。此外，网络营销中的物流瓶颈将会很快地被突破，与网络营销相适应的电子银行、法律法规、安全认证、资质认证等外部要素将日趋完善。毋庸置疑，网络将在21世纪的经济中扮演越来越重要的角色。可以肯定地说，网络营销带给企业的是一个全新的视角。

1.3 网络营销理论基础

网络营销区别于传统营销的根本原因是网络本身的特性和消费者需求的个性化。在这两者的综合作用下，使得传统营销理论不能完全胜任对网络营销的指导。因此，需要在传统营销理论的基础上，从网络的特性和消费者需求的演化这两个角度出发，对营销理论进行重新演绎和创新。但不管怎样，网络营销理论仍然是属于市场营销理论的范畴，它不过是市场营销理论这棵老树上的一朵新花。事实上，网络营销只是在某些方面强化了传统市场营销理论的观念，但在有些地方也改写了现代工业化大规模生产时代市场营销理论的一些观点。下面将从网络的特点和消费者需求个性化的角度，来论述网络营销的理论基础。

1.3.1 网络直复营销理论

所谓直复营销（Direct Marketing），是依靠产品目录、印刷品邮件、电话或附有直接反馈的广告以及其他相互交流形式的媒体的大范围营销活动。根据美国直复营销协会（ADMA）为直复营销下的定义，直复营销是一种为了任何地方产生可度量的反应和（或）达成交易而使用一种或多种广告媒体的相互作用的市场营销体系。比起传统的从批发商到零售商的分销方式，直复营销具有很大的优点，如减少了中介，可提供充分的商品信息，减少了销售成本，无地域障碍，优化了营销时机，可以以顾客的反馈信息开发和改善产品，精确控制成本和业务量等。

计算机技术，更确切地说新兴的网络信息技术，对直复营销的发展起了很大的作用。网络作为一种交互式的可以双向沟通的渠道和媒体，使传统意义上的企业与顾客之间随时地建立个人化和精确化的联系成为可能。网络可以很方便地在企业与顾客之间架设起桥梁。顾客可以直接通过网络订货和付款，企业可以通过网络收到订单、安排生产，并直接将产品送到顾客手上。基于网络的直复营销将更加符合直复营销的理念，这里所说的网络是互联网。在互联网上的网络直复营销具体表现在以下几个方面：

1. 直复营销的互动性

直复营销作为一种相互作用的体系，特别强调营销者与顾客之间的双向信息的交流，以克服传统市场营销中的单向信息交流方式在营销者与顾客之间无法直接沟通的致命弱点。互联网作为一个自由的、开放的双向式信息沟通的网络，使作为营销者的生产企业与作为消费者的顾客之间，可以实现直接的一对一的信息交流与沟通。在互联网上，企业可以根据目标顾客的需求，直接进行商品的生产和营销决策，在最大限度地满足顾客需求的同时，提高企业营销决策的效率和效用。

2．直复营销的跨时空特征

直复营销活动强调的是在任何时间、任何地点都可以实现营销者与顾客的双向信息交流。互联网的持续性和全球性的特征，使得消费者可以通过互联网，在任何时间、任何地点直接向作为营销者的生产企业提出服务请求或反映问题；企业也可以利用互联网，低成本地跨越地域空间和突破时间限制与顾客实现双向交流。

3．直复营销的一对一服务

直复营销活动最关键的是为每个目标顾客，提供直接向营销者反映情况的通道。这样企业可以根据顾客反应，找到自己的不足之处，为下一次直复营销活动做好准备。互联网的方便、快捷性，使得顾客可以方便地通过互联网直接向企业提出购买需求和希望得到的服务，找出企业的不足，帮助企业改善经营管理，提高服务质量。

例如，世界饮料巨头可口可乐公司为了从与顾客的交互中获得信息，在其网站调查栏目中设计了以下一批问题：

- 你最常访问哪些类站点(科学、商业、政府、卫生、教育、新闻、运动、娱乐、游戏、地理……)？
- 你是如何找到可口可乐公司站点的（搜索引擎、从报纸或杂志上看到、从朋友处听到、从一个你本人不太喜欢的人处听到、本人是可乐迷专程找上门来的、只是偶然撞上、从别的站点链接过来的）？
- 你最后一次访问本站是（昨天、上周、上个月、很久以前）？
- 你访问过本站几次（1至2次、3至6次、6次以上）？
- 你最喜欢本站哪些页面或栏目（选择栏目……）？
- 你认为本站点还应增加哪些内容（游戏、不同品牌的信息、可下载的新资料和旧素材、建站者信息……）？
- 你认为本站点在网上排名第几（你所访问过的前5%以内、前10%以内、排名再后些）？

所有这些数据对于任何认真开展网络营销、同时又拥有一支数据分析队伍的企业来说，是一笔不可估量的财富，它将在站点改进、建立顾客数据库、开展精确营销、个性化服务和培养顾客忠诚度、增强品牌竞争力等方面发挥巨大的作用。

4．直复营销的效果可测定

直复营销的一个最重要的特性，就是营销活动的效果是可测定的。互联网作为最直接、简单的沟通工具，可以很方便地为企业与顾客提供沟通支持和交易平台。通过数据库技术的网络控制技术，企业可以很方便地处理每一位顾客的购物订单和需求，而不用考虑顾客的规模大小、购买量的多少。这是因为互联网的沟通费用和信息处理成本非常低廉。因此，通过互联网可以最低成本、最大限度地满足顾客需求，同时还可以了解顾客的需求，细分目标市场，提高营销效率和效用。

网络营销作为一种有效的直复营销策略，源于网络营销的可测试性、可度量性、可评价性和可控制性。因此，利用网络营销这一特性，可以大大改进营销决策的效率和营销执行的效用。麦考林国际邮购有限公司就是一例。

麦考林国际邮购有限公司成立于1996年1月8日，是中国第一家获得政府批准的从事邮购业务的三资企业，提供女装、男装、童装、首饰、化妆品、保健品、日常用品、家用电器等多种产品的邮购业务。该公司主要通过专门的产品目录、杂志广告、互联网等媒体向顾客介绍产品。在中国，麦考林国际邮购有限公司每年发放“欧梦达邮购目录”和“欧风世家邮购目录”多达百万余册。2000 年 3 月 15 日，该公司推出了它的电子商务站——“麦网”（http//www.m18.com），为中国消费者提供全面的互联网电子商务服务，在线销售商品多达 5 万种，并提供全国快递送货服务和多种便捷的网上直接支付方式。互联网使一家传统的直复营销公司的业务延伸到了线上百货商店，成为一个网络直复营销公司。

互联网也直接催生了一些网络直复营销商，如美国的 My Points 早已成为美国网上消费者最喜欢的直复营销网站之一。

“中文利网”（http//www.chinabonus.com）则是中国的互联网直接催生的网络直复营销商。

在中文利网中，顾客首先应申请加入成为中文利网的会员，中文利网会对其获准的会员发送顾客感兴趣的商业信息，对信息进行反馈的会员将获得积分奖励。在基于会员购买商品的积点活动中，顾客花费越多，则积分也越多，会员所积累的点数可以通过兑换系统兑换实物或现金。先进的网络直复营销技术不但能够向用户汇报顾客的整体分布情况，更能对某一次具体的网上广告活动给出详细的报告。

1.3.2 关系营销理论

关系营销理论是 1990 年以来受到重视的营销理论。它主要包括两个基本点：在宏观上，认识到市场营销会对范围很广的一系列领域产生影响，包括顾客市场、供应市场、内部市场、相关者市场以及影响者市场（政府、金融市场）；在微观上，认识到企业与顾客的关系不断变化，市场营销的核心应从过去的简单的一次性交易关系转变到注重保持长期的关系上来。企业是这个经济大系统中的一个子系统，企业的营销目标要受到众多外在因素的影响，企业的营销活动是一个与消费者、竞争者、供应商、分销商、政府机构和社会组织发生相互作用的过程。正确理解这些人与组织的关系是企业营销的核心，也是企业成败的关键。

关系营销的核心是保持顾客，为顾客提供满意的产品和服务价值，通过加强与顾客的联系，提供有效的顾客服务，保持与顾客的长期关系，并在与顾客保持长期关系的基础上开展营销活动，实现企业的营销目标。研究表明，争取一个新顾客的营销费用是保持老顾客费用的 5 倍。因此，加强与顾客关系并建立顾客的忠诚度，是可以为企业带来长远利益的。关系营销提倡的是企业与顾客双赢策略。互联网作为一种有效的双向沟通渠道，使企业与顾客之间可以实现低成本的沟通和交流，是企业与顾客建立长期关系的有效保障。这是因为：首先，利用互联网企业可以直接接受顾客的订单，顾客可以直接提出自己个性化的需求，为顾客在消费产品和服务时创造更多的价值。企业也可以从顾客的需求中了解市场、细分市场和锁定市场，最大限度地降低营销费用，提高对市场的反应速度。其次，利用互联网企业可以更好地为顾客提供服务和与顾客保持联系。互联网的不受时间和空间限制的特性能最大限度地方便顾客与企业进行沟通，顾客可以借助互联网在最短时间内获得企业的服务。同时，通过互联网交易方式可以实现对产品质量、服务质量和交易、服务过程的全程质量控制。

另一方面，通过互联网企业还可以与相关的企业和组织建立关系，实现双赢发展。互联网作为最廉价的沟通渠道，能够以低廉成本帮助企业与企业的供应商、分销商等建立协作伙伴关系。联想集团就是通过建立电子商务系统和管理信息系统实现了与分销商的信息共享，降低了库存成本和交易费用，同时密切了双方的合作关系。

1.3.3 软营销理论

所谓软营销理论，实际上是针对工业经济时代的以大规模生产为主要特征的“强势营销”而提出的新理论。它强调企事业在进行市场营销活动时，必须尊重消费者的感受和体验，让消费者主动地接受企业的营销活动。

1. 网络软营销和传统的强势营销的区别

在传统的营销活动中最能体现强势营销活动特征的是两种常见的促销手段：传统广告和人员推销。对传统广告，人们常常会用“不断轰炸”这个词来形容，它试图以一种信息灌输的方式在消费者的心目中留下深刻印象，至于消费者是否愿意接受、需不需要这类信息则从不考虑，这就是一种强势。人员推销也是如此，它根本就不考虑被推销对象是否需要，也不征得用户的同意，只是推销人员根据自己的判断，强行展开推销活动。

在互联网上，由于信息交流是平等、自由、开放和交互的，它强调的是相互尊重和沟通，用户都比较注重个人的体验和隐私。例如，曾经有一家公司在网上对其用户强行发送 E-mail 广告，结果招致用户的一致反对，众多用户约定同时给该公司服务器发送 E-mail 进行报复，结果使得该公司的 E-mail 邮件服务器一度处于瘫痪状态，最后该公司不得不进行道歉以平息众怒。因此在网络中这种以企业为主动方的强势营销无论是有直接商业目的的推销行为，还是没有直接商业目的的主动服务，都会遭到唾弃并可能遭到报复。

网上这种现象的产生，可以从网络特点和消费者个性化需求这两角度来解释。在网络发展的初期是杜绝一切商业行为的，因为网络发展的基本目的和原因之一就是为了信息的共享，降低信息交流的成本，这与商业的目的性是不相吻合的。当今自由开放的互联网空间是建立在信息充分共享、交流成本低廉、传递速度快捷等特点基础上的，如果没有一定的控制机制，没有良好的自我约束力，就有可能造成信息泛滥。假如网络营销仍然允许类似传统营销的强势广告，那么当你每次打开 E-mail 信箱时，可能会发现一大堆垃圾广告，每天都如此，你的感觉将如何？或者说，你正在进行科学计算或查阅有关资料，屏幕上突然出现一幅不相干的商业广告（只要你的计算机连到互联网上就有可能出现这种情况），你会不烦恼吗？网络的这种现象，决定了在网上提供信息必须遵循一定的社区（网络社区）规则，这一网上的行为规则，被称为“网络礼仪（Netiquette）”。网络礼仪是网上的行为规则，网络营销也不例外。软营销的特征主要体现为在遵守网络礼仪的同时，通过对网络礼仪的巧妙运用，获得一种微妙的营销效果。

概括地说，软营销与强势营销的根本区别在于：软营销的主动方是消费者，而强势营销的主动方是企业。消费者在心理上要求自己成为主动方，而网络的互动特性又使他们真正变为主动方成为可能。作为一个网上的消费者，他们通常不欢迎那些不请自到的广告，但是他们也会在某种个性化需求的驱动下，主动到网上去寻找相关的信息或商品广告。这时企业会在那静静地等待消费者的寻觅，一旦有消费者找上了某个营销站点，企业就应该活跃起来，使出浑身解数把顾客留住，让消费者能满意而归。

2. 网络软营销中的两个重要概念

网络社区（Network Community）和网络礼仪是网络营销理论中所特有的两个重要的基本概念，是实施网络软营销的基本出发点。所谓社区是指单位或个人因某一目的按一定组织规则形成的一定区域性的社会团体。社区有其社会功能和地域性限制，而网络社区则更强调其作用和组织规则，没有地域的限制。

网络社区是指那些具有相同兴趣和目的、经常相互交流和互利互惠、能给每个成员以安全感和身份意识等特征的互联网上的单位或个人所组成的团体。在网上人们利用 E-mail、网络论坛、新闻组等网络工具，就共同感兴趣的话题展开讨论，形成如计算机网络、程序员、游戏、园艺爱好者、摄影爱好者、甚至某球星的球迷等社区。要指出的是，网络社区是用户自己创建的而不是网络本身创建的，网络仅提供了创建社区的工具和场所。网络服务商还会对他们服务范围内的社区进行维护，由专职工作人员、志愿人员和社区内畅言无忌的批评者组织讨论，安排文章发布，阻止不合乎网络礼仪的商业广告的发送。而网络社区的每一位成员则享有充分的参与自由，对有些论坛，人们光顾过一次后可能以后永远不再访问，而对另外一些论坛，则可能每天都要访问几次，或在上面提问，或为他人解答问题。

网络社区也是一个互利互惠的组织。在互联网上，今天你为一个陌生人解答了一个问题，明天他也许能为你回答另外一个问题，即使你没有这种功利性的想法，仅怀着一腔热心去帮助别人也会得到回报。由于你经常在网上帮助别人解决问题，会逐渐为其他成员所知而成为网上名人，有些企业也许会因此而雇用你。另外，网络社区成员之间的了解是靠他人发送信息的内容，而不像实现社会中两人间的交往。在网络上，如果你要想隐藏你自己，就没人会知道你是谁、你在哪里，从而增加了你在网上交流的安全感，因此在网络社区这个公共论坛上，人们会就一些有关个隐私或他人公司的一些平时难以直接询问的问题而展开讨论。基于网络社区的特点，不少敏锐的营销人员已在利用这种普遍存在网络社区，使之成为企业利益来源的一部分。例如，专营运动和健美体育用品的 Reebok 公司，创建了 Reebok 的 Web 站点（www.planetreebok.com）。

Reebok 是最早的网络社区创建者之一，在专为女性提供有关多功能训练（包括体操、气功等女性在健美中心经常参加的体育训练项目）丰富信息的网站上，建立网络社区，他们把体育明星引进实时交谈，为那些有共同兴趣的人群提供信息和讨论交流的场所，将该消费群体吸引到它的网络社区中，从而为企业带来更大的商机。

1.3.4 整合营销理论

在当前工业化社会中，第三产业服务业的发展是经济主要的增长点，传统的以制造为主的经济正向服务型经济发展，新型的服务业如金融、通信、交通等产业如日中天。工业社会要求企业的发展必须以服务为主，必须以顾客为中心，为顾客提供适时、适地、适情的服务，最大限度地满足顾客需求。互联网是跨越时空传输的“超导体”媒体，利用它企业可以在顾客所在地为其提供及时的服务，同时利用互联网络的交互性企业可以了解顾客需求并提供针对性的响应，因此互联网可以说是消费者时代最具有魅力的营销工具。

互联网在市场营销中，可以与 4P’S（产品/服务、价格、分销、促销）结合发挥重要作用。利用互联网可以使传统的 4P’S 营销组合更好地与顾客为中心的 4C’S（顾客、成本、方便、沟通）相结合。

1．产品和服务以顾客为中心

由于互联网具有很好的互动性和引导性，用户通过互联网络在企业的引导下对产品或服务进行选择或提出具体要求，企业可以根据顾客的选择和要求及时进行生产并提供服务，使得顾客跨时空得到满足其要求的产品和服务；另一方面，企业还可以及时了解顾客需求，并根据顾客要求及时组织生产销售，提高企业的生产效益和营销效率。如美国 PC 销售公司 DELL 公司，在 1995 年还是亏损的，但在 1996 年，他们通过互联网来销售计算机，业绩得到 100%的增长。这是由于顾客可以通过互联网在公司设计的主页上进行选择和组合计算机，公司的生产部门马上根据要求组织生产，特别是在计算机部件价格急剧下降的年代，零库存不但可以降低库存成本，还可以避免因高价进货带来的损失。

2．以顾客能接受的成本定价

传统的以生产成本为基准的定价在以市场为导向的营销中是必须抛弃的。新型的价格应是以顾客能接受的成本来确定，并依据该成本来组织生产和销售。企业以顾客为中心定价，必须测定市场中顾客的需求以及对价格的认同标准，否则以顾客接受成本来定价格就成了空中楼阁。企业在互联网上可以很容易实现这些要求，顾客可以通过互联网提出接受的成本，企业根据顾客的成本提供柔性的产品设计和生产方案供用户选择，直到顾客认同确认后再组织生产和销售，所有这一切都是顾客在公司的服务器程序的引导下完成的，并不需要专门的服务人员，因此成本极其低廉。目前，美国的通用汽车公司允许顾客在互联网上通过公司的有关引导系统自己设计和组装满足自己需要的汽车，用户首先确定接受价格的标准，然后系统根据价格的限定，从中显示满足要求式样的汽车，用户还可以进行适当的修改，公司最终生产的产品恰好能满足顾客对价格和性能的要求。

3. 产品的分销以方便顾客为主

网络营销是一对一的分销，是跨时空进行销售的，顾客可以随时随地利用互联网络订货和购买产品。以法国钢铁制造商犹齐诺·洛林公司为例，该公司由于采用了电子邮件和世界范围的订货系统，从而把加工时间从15天缩短到24小时。目前，该公司正在使用互联网，以提供比竞争对手更好、更快的服务。该公司通过内部网与汽车制造商建立联系，从而能在对方提出需求后及时把钢材送到对方的生产线上。

4. 压迫式促销转向加强与顾客沟通和联系

传统的促销是以企业为主体，通过一定的媒体或工具对顾客进行压迫式的灌输，以加强顾客对公司和产品的接受度和忠诚度。顾客在此时似乎是被动的，公司缺乏与顾客的沟通和联系，同时公司的促销成本很高。互联网络上的营销是一对一和交互式的，顾客可以参与到公司的营销活动中来，因此借助互联网络企业更能加强与顾客的沟通和联系，更能了解顾客和需求，更容易引起顾客的认同。美国的新型明星公司雅虎公司（Yahoo!），开发了一种能在互联网络上对信息进行分类检索的工具。由于该产品具有很强的交互性，用户可以将自己认为重要的分类信息提供给雅虎公司，雅虎公司马上将该分类信息加入产品中供其他用户使用，因此不用作宣传其产品就广为人知。在短短两年之内，该公司的股票市场价值达到几十亿美元，增长速度极快。

1.3.5 数据库营销

所谓数据库营销，就是利用企业经营过程中收集、形成的各种顾客资料，经分析整理后作为制订营销策略的依据，并作为保持现有顾客资源的重要手段。数据库营销在企业营销战略中的基本作用表现在下列方面：

（1）更加充分地了解顾客的需要。

（2）为顾客提供更好的服务　顾客数据库中的资料是个性化营销和顾客关系管理的重要基础。

（3）对顾客的价值进行评估　通过区分高价值顾客和一般顾客，对各类顾客采取相应的营销策略。

（4）了解顾客的价值　利用数据库的资料，可以计算顾客生命周期的价值，以及顾客的价值周期。

（5）分析顾客需求行为　根据顾客的历史资料不仅可以预测需求趋势，还可以评估需求倾向的改变。

（6）市场调查和预测　数据库为市场调查提供了丰富的资料，根据顾客的资料可以分析潜在的目标市场。

与传统的数据库营销相比，网络数据库营销的独特价值主要表现在三个方面：动态更新、顾客主动加入和改善顾客关系。

（1）动态更新　在传统的数据库营销中，无论是获取新的顾客资料，还是对顾客反应的跟踪都需要较长的时间，而且反馈率通常较低，收集到的反馈信息还需要繁琐的人工录入，因而数据库的更新效率很低，更新周期比较长，同时也造成了过期、无效数据记录比例较高，数据库维护成本相应也比较大。网络数据库营销具有数据量大、易于修改、能实现动态数据更新、便于远程维护等多种优点，还可以实现顾客资料的自我更新。网络数据库的动态更新功能不仅节约了大量的时间和资金，同时也更加精确地实现了营销定位，从而有助于改善营销效果。

（2）顾客主动加入　仅靠现有顾客资料的数据库是不够的，除了对现有资料不断更新维护之外，还需要不断挖掘潜在顾客的资料，这项工作也是数据库营销策略的重要内容。在没有借助互联网的情况下，寻找潜在顾客的信息一般比较难，要花很大代价，比如利用有奖销售或者免费使用等机会要求顾客填写某种包含有用信息的表格，不仅需要投入大量资金和人力，而且又受地理区域的限制，覆盖的范围非常有限。

在网络营销环境中，顾客数据增加要方便得多，而且往往是顾客自愿加入网站的数据库。最新的调查表明，为了获得个性化服务或获得有价值的信息，有超过50%的顾客愿意提供自己的部分个人信息，这对于网络营销人员来说，无疑是一个好消息。请求顾客加入数据库的通常的做法是在网站设置一些表格，在要求顾客注册为会员时填写。但是，网上的信息很丰富，对顾客资源的争夺也很激烈，顾客的要求是很挑剔的，并非什么样的表单都能引起顾客的注意和兴趣，顾客希望得到真正的价值，但肯定不希望对个人利益造成损害，因此，需要从顾客的实际利益出发，合理地利用顾客的主动性来丰富和扩大顾客数据库。在某种意义上，邮件列表可以认为是一种简单的数据库营销，数据库营销同样要遵循自愿加入、自由退出的原则。

（3）改善顾客关系　顾客服务是一个企业能留住顾客的重要手段。在电子商务领域，顾客服务同样是取得成功的最重要因素。一个优秀的顾客数据库是网络营销取得成功的重要保证。在互联网上，顾客希望得到更多个性化的服务，比如，顾客定制的信息接收方式和接收时间，顾客的兴趣爱好、购物习惯等等都是网络数据库的重要内容。根据顾客个人需求提供针对性的服务是网络数据库营销的基本职能，因此，网络数据库营销是改善顾客关系最有效的工具。

网络数据库由于其种种独特功能而在网络营销中占据重要地位。网络数据库营销通常不是孤立的，因此应当从网站规划阶段开始考虑，并列为网络营销的重要内容。另外，数据库营销与个性化营销、一对一营销有着密切的关系，顾客数据库资料是顾客服务和顾客关系管理的重要基础。

本章小结

本章主要讨论了网络营销的产生、发展，网络营销的优势、劣势，网络营销的现状及未来，并研究了网络营销的相关理论。

习　题

一、填空题

1．网络营销具有________、________、________、________、________、________、________、________、________、________等特点。

2．网络营销诞生于________年。

3．制约网络营销发展的因素有很多，主要可分为________和________两方面。

4．关系营销的核心是________，为顾客提供满意的________和________。

5．与传统的数据库营销相比，网络数据库营销的独特价值主要表现在______、______、______。

二、选择题

1．对网络营销的认识，以下说法中正确的是（　　）。

A．网络营销就是网上销售　　B．网络营销不仅限于网上

C．网络营销不是孤立存在的　　D．网络营销等于电子商务

2．网络营销的发展可分为（　　）个层次。

A．3　　B．4　　C．5　　D．6

3．困扰网络营销发展的国际性难题有（　　）。

A．网络安全问题　B．税收问题　C．商业惯例问题　D．商业信用问题

4．整合营销理论主要指（　　）。

A．产品和服务以顾客为中心　B．以顾客不能接受的成本定价

C．产品的分销以方便顾客为主　D．压迫式促销转向加强与顾客沟通和联系

三、判断题

1．网络营销的产生和发展是特定条件下技术基础、观念基础和现实基础等综合因素作用的结果。（　　）

2．网络营销不包括网络营销管理与控制。（　　）

3．网络营销可以完全替代传统营销。（　　）

4．直复营销的效果可以测定。（　　）

四、简答题

1．什么是网络营销？网络营销产生的基础是什么？

2．网络营销有哪些优势和劣势？

3．什么是直复营销？

4．试述网络营销与传统营销的关系。

五、实训题

1．键入 URL（http://www.haier.com）进入海尔集团网站，了解海尔集团的网络营销的运作情况，熟悉主页的内容，体会各部分内容安排的营销意义。

2．键入 URL（http://www.amazon.com）进入亚马逊公司网站，体验无时空界限的感受。

第 2 章　网络营销环境

本章主要内容

- 网络营销的宏观环境
- 网络营销的微观环境

网络营销环境是指对企业的生存和发展产生影响的各种外部条件，即与企业网络营销活动有关联因素的部分集合。营销环境是一个综合的概念，由多方面的因素组成。环境的变化是绝对的、永恒的，随着社会的发展，特别是网络技术在营销中的运用，使得环境更加变化多端。虽然对营销主体而言，环境及环境因素是不可控制的，但它也有一定的规律性，可以通过营销环境的分析对其发展趋势和变化进行预测和事先判断。企业的营销观念、消费者需求和购买行为，都是在一定的经济社会环境中形成并发生变化的。

对于公司里的营销人员来说，其主要的责任就是要随时关注市场的变化，注意从市场的变化及营销环境的变化里来寻找和追踪商机，并且还要花费更多的时间去研究顾客和竞争对手。这一点对于网络营销人员来说是极为重要的。然而，许多公司并没有把环境的变化作为商机来把握，忽略了一些重要的环境变化，未能及时根据营销环境的变化来调整自己的战略、结构、体制和组织文化，从而导致公司在竞争中落伍并最终被淘汰。

请看下列案例并分析：

2000 年 9 月 18 日，世界第二大超市集团“家乐福”位于中国香港杏花村、荃湾、屯门及元朗的 4 所大型超市全部停业，并撤离中国香港。

法资“家乐福”集团，在全球共有 5 200 多家分店，遍布 26 个国家和地区，全球的年销售额达 363 亿美元，盈利达 7.6 亿美元，员工逾 24 万人。家乐福在深圳、北京、上海的大型连锁超市，生意均蒸蒸日上，为何独独兵败中国香港？其中因素耐人寻味。

家乐福声明其停业原因是，由于中国香港市场竞争激烈，又难以在香港觅得合适地方开办大型超级市场，短期内难以在市场中争取到足够占有率。但其实仔细分析，“家乐福”集团兵败中国香港，还是由于其本身未能对香港的周边环境进行慎重分析所引起的。首先，“家乐福”超市采用“一站式”的购物方法，其购物理念是要求地方宽敞，而这恰恰与中国香港寸土寸金的社会环境背道而驰。“家乐福”超市在适应中国香港社会环境方面表现出明显的不足和欠缺，它仅在屯门、元朗、荃湾及杏花村开了 4 家分店，而在人口最为密集的九龙区却无立足之地。其次，“家乐福”超市在投资前准备不足，它在香港没有物业，仅靠租用面铺经营，背负了庞大的租金包袱。当其渐成声势之时却适逢租约已满，此时竞争对手乘虚而入，使其无法继续施展手脚。第三，“家乐福”超市在中国香港仅有几家分店，未能形成配送规模，也直接导致了其配送成本的增长。

“家乐福”超市的失败原因均是由于对营销环境分析不当所致。由此可见，企业要想在激烈的竞争中取得先机，对营销环境进行分析是十分必要的。而企业要实现网络营销的成功，对网络营销的环境分析也是十分必要的。互联网络自身构成了一个市场营销的整体环境，从环境的构成上来讲，它具有以下五个方面的要素。

1．提供资源

信息是市场营销过程的关键资源，是互联网的血液。通过互联网可以为企业提供各种信息，指导企业的网络营销活动。

2．全面影响力

环境要与体系内的所有参与者发生作用，而非个体之间的互相作用。每一个上网者都是互联网的一分子，他可以无限制地接触互联网的全部，同时在这一过程中要受到互联网的影响。

3．动态变化

整体环境在不断变化中发挥其作用和影响。不断更新和变化正是互联网的优势所在。

4．多因素互相作用

整体环境是由互相联系的多种因素有机组合而成的，涉及企业活动的各因素在互联网上通过网址来实现。

5．反应机制

环境可以对其主体产生影响，同时，主体的行为也会改造环境。企业可以将自己的信息通过公司网站存储在互联网上；也可以通过互联网上的信息进行决策。

因此，互联网已经不只是传统意义上的电子商务工具，而是成为独立的、新的市场营销环境，而且它以其范围广、可视性强、公平性好、交互性强、能动性强、灵敏度高、易运作等优势，给企业市场营销创造了新的发展机遇与挑战。

2.1 网络营销的宏观环境

网络营销的宏观环境是指一个国家或地区的政治、法律、人口、经济、社会文化、科学技术等因素影响企业进行网络营销活动的宏观条件。宏观环境对企业短期的利益可能影响不大，但对企业长期的发展具有很大的影响。所以，企业一定要重视对宏观环境的分析研究。宏观环境主要包括以下几个方面的因素。

2.1.1 政治法律环境

政治法律环境是指一个国家或地区的政治制度、体制、政治形势、方针政策、法律法规等方面。包括国家政治体制、政治的稳定性、国际关系、法制体系等。在国家和国际政治法律体系中，相当一部分内容直接或间接地影响着经济和市场。政治因素像一只无形之手，调节着企业营销活动的方向。法律则为企业规定商贸活动行为准则。政治与法律相互联系，共同对企业的市场营销活动发挥影响和作用，所以要认真加以分析和研究。

1．政治环境

政治环境指企业市场营销活动的外部政治形势和状况以及国家方针政策的变化对市场营销活动带来的或可能带来的影响。

（1）政治局势　政治局势是指企业营销所处的国家或地区的政治稳定状况。一个国家的政局稳定与否会给企业营销活动带来重大的影响。如果政局稳定，生产发展，人民安居乐业，就会给企业造成良好的营销环境。相反，政局不稳，社会矛盾尖锐，秩序混乱，则不仅会影响经济发展和人民的购买力，而且对企业的营销心理也有重大影响。战争、暴乱、罢工、政权更替等政治事件都可能对企业营销活动产生不利影响。

（2）方针政策　各个国家在不同时期，根据不同需要颁布一些经济政策，制定经济发展方针，这些方针、政策不仅会影响本国企业的营销活动，而且还会影响外国企业在本国市场的营销活动。目前，国际上各国政府采取的对企业营销活动有重要影响的政策和干预措施主要有：

1）进口限制。进口限制是指政府所采取的限制进口的各种措施，如许可制度、外汇管制、关税、配额等。政府进行进口限制的主要目的在于保护本国企业，确保本国企业在市场上的竞争优势。

2）税收政策。政府在税收方面的政策措施会对企业经营活动产生影响。比如对某些产品征收特别税或高额税，则会使这些产品的竞争力减弱，给经营这些产品的企业效益带来一定影响。

3）价格管制。当一个国家发生了经济问题时，如经济危机、通货膨胀等，政府就会对某些重要物资，以至所有产品采取价格管制措施。政府实行价格管制通常是为了保护公众利益，保障公众的基本生活，但这种价格管制直接干预了企业的定价决策，从而影响企业的营销活动。

4）外汇管制。外汇管制是指政府对外汇买卖及一切外汇经营业务所实行的管制。它往往是对外汇的供需与使用采取限制性措施。外汇管制对企业营销活动特别是国际营销活动产生重要影响。例如，实行外汇管制，使企业生产所需的原料、设备和零部件不能自由地从国外进口，企业的利润和资金也不能或不能随意汇回本国。

5）国有化政策。国有化政策是指政府由于政治、经济等原因对企业所有权采取的集中措施。例如，为了保护本国工业避免外国势力阻碍等原因，将外国企业收归国有。

（3）国际关系　国际关系是指国家之间的政治、经济、文化、军事等关系。发展国际经济合作和贸易关系是人类社会发展的必然趋势。企业在其生产经营过程中，都可能或多或少地与其他国家发生往来，开展国际营销的企业更是如此。因此，国家间的关系也就必然会影响企业的营销活动。

2．法律环境

法律是体现统治阶级意志、由国家制定或认可、并以国家强制力保证实施的行为规范的总和。对企业来说，法律是评判企业营销活动的准则，只有依法进行的各种营销活动，才能受到国家法律的有效保护。因此，企业开展市场营销活动，必须了解并遵守国家或政府颁布的有关经营、贸易、投资等方面的法律、法规。如果从事国际营销活动，企业不仅要遵守本国的法律制度，还要了解和遵守市场国的法律制度和有关的国际法规、国际惯例和准则。这方面因素对国际企业的营销活动有深刻影响。

一些国家对外国企业进入本国经营设定各种限制条件。日本政府曾规定，任何外国公司进入日本市场，必须要找一个日本公司同它合伙。也有一些国家利用法律对企业的某些行为作特殊限制。美国《反托拉斯法》规定不允许几个公司共同商定产品价格，一个公司的市场占有率超过 20%就不能再合并同类企业。除上述特殊限制外，各国法律对营销组合中的各种要素，往往有不同的规定。

各国法律对产品的纯度、安全性能有详细甚至苛刻的规定，目的在于保护本国的生产者而非消费者。美国曾以安全为由，限制欧洲制造商在美国销售汽车，以致欧洲汽车制造商不得不专门修改其产品，以符合美国法律的要求；英国也曾借口法国牛奶计量单位采用的是公制而非英制，将法国牛奶逐出本国市场；而德国以不符合噪声标准为由，将英国的割草机逐出德国市场。

在网络营销中，政府发挥着两方面的作用：一是促进商品的生产；二是制约和规范企业的营销行为。而法律、法规则发挥着更加重要的作用：一是保护企业间的公平竞争，制止不公平竞争；二是保护消费者的利益，制止企业非法牟利；三是保护全社会的整体利益和长远利益，防止对环境的污染和破坏。

新法律的问世和执法手段的变化都对网络营销的宏观环境产生大的影响，都会直接影响到营销人员营销的方法和计划的实施。请看下面案例：

美国在线于 1998 年 11 月斥资 100 亿美元买下了当时红极一时、一度占据浏览器统治地位的网景公司。此后，为了对付微软公司，美国在线与太阳公司联合，打算共同打造面向个人计算机用户的软件帝国。但这些举措都没有阻止网景浏览器市场份额的一路下滑。美国在线的股价由最高峰时的 90

美元骤降至只有 15 美元—— 3 000 亿美元化为乌有，公司债务高达 260 亿美元。最终，美国在线与美国微软爆发了 20 世纪 90 年代举世闻名的“浏览器大战”。美国在线指控微软在其 Windows 操作系统中捆绑销售 Internet Explorer 软件，因而使网景的 Netscape 浏览器难以与其垄断的地位进行竞争。美国在线声称，微软公司利用反竞争商业手段，使其开发的网上浏览器 IE 在市场上领先。2002 年 1 月，美国在线代表旗下的网景公司提起了反垄断诉讼。经过长期的、激烈的法律纠纷，至 2003 年 6 月，微软公司被迫向美国在线支付高达 7.5 亿美元的巨资，以换回美国在线的撤诉，并最终达成和解。

2004 年，美国微软公司还支付了 5.36 亿美元给 Novell 公司以了结其针对 Netware 软件的反垄断诉讼。至此，由于反垄断法，微软多支付出十至十五亿美元用于诉讼和解。

2.1.2 经济环境

经济环境是指企业网络营销过程中所面临的各种经济条件、经济特征、经济联系等客观因素。它是内部分类最多、具体因素最多，并对市场具有广泛和直接影响的环境内容。经济环境不仅包括经济体制、经济增长、经济周期与发展阶段以及经济政策体系等大的方面的内容，同时也包括收入水平、市场价格、利率、汇率、税收等经济参数和政府调节取向等内容。

1. 直接影响营销活动的经济环境因素

市场不仅需要人口，而且需要购买力。实际的经济购买力取决于消费者的收入等因素。营销者必须密切注意以上各种因素，在考察经济环境时，必须考察一个国家或地区居民的收入水平、人口状况、经济制度与市场结构等。

（1）消费者收入水平的变化　消费者收入是指消费者个人从各种来源中所得的全部收入，包括消费者个人的工资、退休金、红利、租金、赠予等收入。消费者的购买力来自消费者的收入。但需要注意的是，消费者并不是把全部收入都用来购买商品或劳务，购买力只是收入的一部分。通常来说，个人可支配的收入是在个人收入中扣除税款和非税性负担后所得的余额，这部分能够构成实际的购买力。

（2）消费者支出模式和消费结构的变化　随着消费者收入的变化，消费者支出模式会发生相应变化，继而使一个国家或地区的消费结构也发生变化。西方一些经济学家常用恩格尔系数来反映这种变化。恩格尔系数表明，在一定的条件下，当家庭个人收入增加时，收入中用于食物开支部分的增长速度要小于用于教育、医疗、享受等方面的开支增长速度。食物开支占总消费量的比重越大，恩格尔系数越高，生活水平越低；反之，食物开支所占比重越小，恩格尔系数越小，生活水平越高。

（3）消费者储蓄和信贷情况的变化　消费者个人收入不可能全部花掉，总有一部分以各种形式储蓄起来，这是一种推迟了的、潜在的购买力。我国居民有勤俭持家的传统，长期以来养成储蓄习惯。1979 年，日本电视机厂商发现，尽管中国人可任意支配的收入不多，但中国人有储蓄习惯，且人口众多。于是，他们决定开发中国黑白电视机市场，不久便获得成功。当时，西欧某国电视机厂商虽然也来中国调查，却认为中国人均收入过低，市场潜力不大，结果贻误了时机。

美国篮球协会（The National Basketball Association）对纽约麦迪逊广场的球票票价作出规定，前排座位的票价为 1 000 美元一张，其他位置依次降低，平均票价为 200 美元一张。然而，考虑到纽约不同地区的居民收入状况，有些家庭将无法承担 200 美元的平均价格，NBA 的营销人员设计了一些低价票区，专门为低收入人群开放。而且，营销人员还安排一些篮球展览等活动以扩大 NBA 的球迷队伍。

2. 间接影响营销活动的经济环境因素

除了上述因素直接影响企业的市场营销活动外，还有一些经济环境因素也对企业的营销活动产生或多或少的影响。

（1）经济发展水平　企业的市场营销活动要受到一个国家或地区的整个经济发展水平的制约。经济发展阶段不同，居民的收入不同，顾客对产品的需求也不一样，从而会在一定程度上影响企业的营销。例如，以消费者市场来说，经济发展水平比较高的地区，在市场营销方面，强调产品款式、性能及特色，品质竞争多于价格竞争；而在经济发展水平低的地区，则较侧重于产品的功能及实用性，价格因素比产品品质更为重要。

（2）经济体制　世界上存在着多种经济体制，有计划经济体制，有市场经济体制，有计划—市场经济体制，也有市场—计划经济体制等等。不同的经济体制对企业营销活动的制约和影响不同。例如，在计划经济体制下，企业是行政机关的附属物，没有生产经营自主权，企业的产、供、销都由国家计划统一安排，企业生产什么，生产多少，如何销售，都不是企业自己的事情。在这种经济体制下，企业不能独立地开展生产经营活动，因而也就谈不上开展市场营销活动。而在市场经济体制下，企业的一切活动都以市场为中心，市场是其价值实现的场所，因而企业必须特别重视营销活动，通过营销，实现自己的利益目标。

（3）地区与行业发展状况　我国地区经济发展很不平衡，逐步形成了东部、中部、西部三大地带和东高西低的发展格局。同时在各个地区的不同省市，还呈现出多极化发展趋势。这种地区经济发展的不平衡，对企业的投资方向、目标市场以及营销战略的制订等都会带来巨大影响。

2.1.3　科技环境

进入 20 世纪以来，科学技术日新月异，科学技术在现代生产中起着主导作用。技术是改变人类命运的最重要的因素之一。技术创造了许多奇迹，如青霉素、心脏手术、急救药品；技术也创造了恐怖的魔鬼，如氢弹、神经性毒气、枪械弹药；技术还创造了许多福祸兼备的东西，如汽车、电子游戏机等。每种技术的诞生都会产生长期的重大影响，在今天供应的普通产品中，有许多是 40 年前闻所未闻的。科学技术的发展对于社会的进步、经济的增长和人类社会生活方式的变革都起着巨大的推动作用。现代科学技术是社会生产力中最活跃的和决定性因素，它作为重要的营销环境因素，不仅直接影响企业内部的生产和经营，而且还与其他环境因素相互依赖、相互作用，影响企业的营销活动。

科学技术对经济社会发展的作用日益显著。科技的基础是教育，因此科技与教育是客观环境的基本组成部分。在当今世界，企业环境的变化与科学技术的发展有非常大的关系，特别是在网络营销时期，两者之间的联系更为密切。在信息等高新技术产业中，教育水平的差异是影响需求和用户规模的重要因素，已被提到企业营销分析的议事日程上来。

1. 科技环境对企业营销的影响

1）科学技术的发展直接影响企业的经济活动。在现代，生产率水平的提高主要依靠设备的技术开发，创造新的生产工艺、新的生产流程。同时，技术开发也扩大和提高了劳动对象的利用广度和深度，不断创造新的原材料和能源。这些不可避免地影响到企业的管理程序和市场营销活动。科学技术既为市场营销提供了科学理论和方法，又为市场营销提供了物质手段。

2）科学技术的发展和应用影响企业的营销决策。科学技术的发展，使得每天都有新品种、新款式、新功能、新材料的商品在市场上推出。因此，科学技术进步所产生的效果，往往借助消费者和市场环境的变化而间接影响企业市场营销活动的组织。营销人员在进行决策时，必须考虑科技环境带来的影响。

3）科学技术的发明和应用，可以造就一些新的行业、新的市场，同时又使一些旧的行业与市场走向衰落。例如，太阳能、核能等技术的发明应用，使得传统的水力和火力发电受到冲击。太阳能、核能行业的兴起，必然给掌握这些技术的企业带来新的机会，又给水力、火力发电行业带来较大的威胁。再如，晶体管取代电子管，后又被集成电路所取代；复印机工业打击复写纸工业；电视业打击电影业；化纤工业冲击传统棉纺业等等。这一切无不说明，伴随着科学技术的进步，新行业替代、排挤旧行业，这对新行业技术拥有者是机会，对旧行业却是威胁。

4）科学技术的发展，使得产品更新换代速度加快，产品的市场寿命缩短。今天，科学技术突飞猛进，新原理、新工艺、新材料等不断涌现，使得刚刚炙手可热的技术和产品转瞬间成了明日黄花。这种情况下，就要求企业不断地进行技术革新，赶上技术进步的浪潮。否则，企业的产品就会因为跟不上更新换代的步伐，跟不上技术发展和消费需求的变化，而被市场无情地淘汰。

5）科学技术的进步，将会使人们的生活方式、消费模式和消费需求结构发生深刻的变化。科学技术是一种"创造性的毁灭力量"。它本身创造出新的东西，同时又淘汰旧的东西。一种新技术的应用，必然导致新的产业部门和新的市场出现，使消费对象的品种不断增加，范围不断扩大，消费结构发生变化。例如，在美国，汽车工业的迅速发展，使美国成了一个"装在车轮上的国家"，现代美国人的生活方式，无时无刻不依赖于汽车。再如，电子计算技术的发展使人们改变了传统的笔算和拨算盘珠的做法，甚至在日常生活中也逐渐离不开电子计算机和微型计算器。这些生活方式的变革，如果能被企业深刻认识到，主动采取与之相适应的营销策略，就能获得成功。所以，企业在组织市场营销时，必须深刻认识和把握由于科学技术发展而引起的社会生活和消费的变化，看准营销机会，积极采取行动，并且要尽量避免科技发展给企业造成的威胁。

6）科学技术的发展为提高营销效率提供了更新、更好的物质条件。首先，科学技术的发展，为企业提高营销效率提供了物质条件。例如，新的交通运输工具的发明或旧的运输工具的技术改进，使运输的效率大大提高；信息、通信设备的改善，更便于企业组织营销，提高营销效率。而利用高级电子计算机对消费者及其需求的资料进行模拟和计算，分析和预测，更能及时、准确地为企业提供相关资料，作为企业营销活动的客观依据。

2. 互联网对营销的影响

互联网作为跨时空传输的"超导体"媒体，能够克服营销过程中时空的限制，可以为市场中所有顾客提供及时的服务，同时通过互联网的交互性可以了解不同市场顾客的特定需求并针对性地提供服务，因此，互联网可以说是营销中满足消费者需求最具魅力的营销工具之一。

网络技术的诞生、发展和成熟，为营销人员开辟了一个施展身手的崭新天地。通常一些企业都认为自己很重视网络营销手段，他们依赖于阿里巴巴等综合性 B2B 交易平台和本行业的门户网站，但是发现收效甚微。目前，绝大多数的重视网络营销的企业均属于上述情况，他们重视却不知如何入手。应该说，网络技术的成熟，特别是网络搜索引擎的成熟使网络营销不再仅仅依靠新浪、搜狐等门户网站的一些 LOGO 动画。据第 25 次 CNNIC 的调查结果显示，73.3%的用户是通过搜索引擎的途径来得知新网站消息的，而且搜索引擎越来越成为网民们查询需求信息的利器。在中国已经有 1 796 万商业决策相关人员经常使用互联网的搜索引擎来收集商业决策的信息。关注并重视网络营销的企业可以利用新的技术环境，将营销的核心阵地放在搜索引擎上，以少量的资金投入换取在主要搜索引擎上的前 10 名排名位置，以获得最佳的收益。

2.1.4 社会文化环境

企业存在于一定的社会环境中，同时企业又是由社会成员组成的一个小的社会团体，从而不可避免地受到社会环境的影响和制约。企业在采取营销手段时也要考虑到社会环境的影响。人文与社会环境的内容也很丰富，在不同的国家、地区、民族之间差别非常明显。人们赖以成长和生活的社会形成了人们的基本信仰、价值观念和生活习惯，人们也在不自觉中就接受了制约着他们的世界观。

企业在营销过程中首先要注意的第一个因素就是人口。因为市场是由人组成的，营销人员必须要研究并熟悉不同城市、地区和国家的人口特征。在营销竞争手段向非价值、使用价值型转变的今天，营销企业必须重视人文与社会环境的研究。

1．教育水平

教育水平是指消费者受教育的程度。一个国家、一个地区的教育水平与经济发展水平往往是一致的。不同的文化修养表现出不同的审美观，不同的购买商品的选择原则和方式。一般来讲，教育水平高的地区，消费者对商品的鉴别力强，容易接受广告宣传和接受新产品，购买的理性程度高。因此，教育水平高低影响着消费者心理、消费结构，影响着企业营销组织策略的选取，以及销售推广方式方法的差别。例如，在文盲率高的地区，用文字形式做广告，难以收到好效果，而用电视、广播和当场示范表演形式，就容易为人们所接受。又如，在教育水平低的地区，适合采用操作使用、维修保养都较简单的产品，而教育水平高的地区，则需要先进、精密、功能多、品质好的产品。因此，在产品设计和制订产品策略时，应考虑当地的教育水平，使产品的复杂程度、技术性能与之相适应。

2．语言文字

语言文字是人类交流的工具，它是文化的核心组成部分之一。不同国家、不同民族往往都有自己独特的语言文字，即使同一国家，也可能有多种不同的语言文字，即使语言文字相同，也可能表达和交流的方式不同。美国汽车公司的“Matador”（马塔多）牌汽车，通常是刚强、有力的象征，但在波多黎各，这个名称意为“杀手”，在交通事故死亡率较高的地区，这种含义的汽车肯定不受欢迎。国产“白象”牌电视在国内也较畅销，出口到西方国家却无人问津，因为“白象”一词在英语中的含义是：花了心力，耗费了金钱，但又没有多少价值。

3．价值观念

价值观念是人们对社会生活中各种事物的态度、评价和看法。不同的文化背景下，人们的价值观念差别是很大的，而消费者对商品的需求和购买行为深受其价值观念的影响。例如，东方人将群体、团结放在首位，所以广告宣传往往突出人们对产品的共性认识；而西方人则注重个体和个人的创造精神，所以其产品包装装潢也显示出醒目或标新立异的特点。我国人民重人情，求同步，消费偏于大众化，这些东方人的传统习俗，也对企业营销产生广泛的影响。

4．审美观念

审美观通常指人们对事物的好坏、美丑、善恶的评价。不同的国家、民族、宗教、阶层和个人，往往因社会文化背景不同，其审美标准也不尽一致。有的以“胖”为美，有的以“瘦”为美，有的以“高”为美，有的则以“矮”为美，不一而足。不同的审美观对消费的影响是不同的，企业应针对不同的审美观所引起的不同消费需求，开展自己的营销活动，特别要把握不同文化背景下的消费者审美观念及其变化趋势，制订良好的市场营销策略以适应市场需求的变化。

5．风俗习惯

风俗习惯是人们根据自己的生活内容、生活方式和自然环境，在一定的社会物质生产条件下长期形成，并世代相袭而成的一种风尚和由于重复、练习而巩固下来并变成需要的行动方式等的总称。它在饮食、服饰、居住、婚丧、信仰、节日、人际关系等方面，都表现出独特的心理特征、伦理道德、行为方式和生活习惯。不同的国家、不同的民族有不同的风俗习惯，它对消费者的消费嗜好、消费模式、消费行为等具有重要的影响。例如，不同的国家、民族对图案、颜色、数字、动植物等都有不同的喜好和不同的使用习惯，企业营销者应了解和注意不同国家、民族的消费习惯和爱好，做到“入境随俗”。可以说，这是企业做好市场营销尤其是国际经营的重要条件。如果不重视各个国家、各个民族之间的文化和风俗习惯的差异，就可能造成难以挽回的损失。

在国际市场营销中，很多企业感到不同国度的文化差异是一个较难把握的问题。注重对目标市场所在地文化背景的研究，开发顺应当地消费者消费习惯的产品，往往决定了国际市场营销的成败。

通用汽车曾经想让其高档品牌凯迪拉克打开日本市场，不过具有强烈美国特征的、象征美国精神和文化的凯迪拉克并未赢得日本国人的欢心，在日本经营惨淡。后来，通用汽车公司的营销人员研究发现，日本人的用车习惯与其他国家有很大差异。比如，他们喜欢豪华车的后座椅靠背倾斜度大一些，深一些，因为日本人坐车时更喜欢半坐半躺姿势；他们还希望豪华车的座椅用高级的天鹅绒包裹，而非豪华的真皮。在日本人眼中，真正的豪华车不是雷克萨斯、奔驰，而是丰田的世纪、日产的总统。这些品牌在日本国内已享有几十年的盛誉，早已形成了很强的东方文化特征——稳重、内敛，与欧美的豪华车风格相去甚远。

法国著名的汽车公司雪铁龙进入中国市场时也遇到了尴尬。“雪铁龙”这一响亮的品牌曾被认为是最成功、最富诗意的本土化译名。然而，1997 年试产的“富康”到 2000 年的销量仅有 5.2 万辆，只是其生产能力的三分之一，销售状况一直落后于“捷达”。究其原因，主要还是由于“富康”车的两厢造型。中国人在刚刚启动私车消费的时候，还是希望买一辆看上去更气派的三厢车。很多人为了“体面”而放弃了两厢设计的富康车，这使富康损失掉很大一块市场。

2.1.5 其他因素

营销环境还受其他多种因素，包括自然环境、人口结构等多方面的影响。

1. 自然环境

自然环境是指一个国家或地区的客观环境因素，主要包括自然资源、气候、地形地质、地理位置等。虽然随着科技进步和社会生产力的提高，自然状况对经济和市场的影响整体上是趋于下降的趋势，但自然环境制约经济和市场的内容、形式则在不断变化。

企业经营者要了解政府对资源使用的限制和对污染治理的措施，力争做到既能减少环境污染，又能保证企业发展，提高经济效益。企业开展营销活动，也必须要考虑当地的气候与地形地貌，使其营销策略能适应当地的地理环境。

随着世界绿色浪潮的兴起，绿色食品（国外称为有机食品）营销的国际市场环境已经形成。目前我国市场上旺销的商品均不同程度地使用着绿色食品的标志，内蒙古大草原的奶制品、黑龙江的绿色大米热销全国，山东的绿色蔬菜成为蔬菜地区的主要经济来源。到 2001 年底，我国共有 1 217 家企业开发了 2400 个绿色食品产品，年销售额突破 500 亿元，其中出口创汇突破 4 亿美元。绿色食品正在成为一项新兴产业。现在，国际性的绿色组织日渐成熟，有近 100 个国家参加，遍及世界各大洲。国际性绿色组织的出现，也将会对绿色食品的国际营销产生巨大的推动作用。

2. 人口结构

人是企业营销活动的直接和最终对象，市场是由消费者来构成的。所以在其他条件固定或相同的情况下，人口的规模决定着市场容量和潜力；人口结构影响着消费结构和产品构成；人口组成的家庭、家庭类型及其变化，对消费品市场有明显的影响。

成人市场的多样性和富有性，让营销人员特别关注。而随着人口老龄化程度的增大，日益增大的老年人市场也孕育着巨大的商机。在美国，50 岁以上的人口群体代表了 16 000 亿美元的购买力，聪明的营销人员会将这个年龄层的人群加入到自己的营销计划中。例如，食品生产商由于根据老年人对包装的要求、口味的变化等对商品品质进行了调整，结果赢得了老年人口的市场，收到了令人惊喜的收益。

2.2　微观环境

微观环境由企业及其周围的活动者组成，直接影响着企业为顾客服务的能力。它包括企业内部环境、供应商、营销中介、顾客或用户、竞争者等因素。

2.2.1　企业内部环境

企业内部环境包括企业内部各部门的关系及协调合作。企业内部环境包括市场营销部门之外的某些部门，如企业最高管理层、财务、研究与开发、采购、生产、销售等部门。这些部门与市场营销部门密切配合、协调，构成了企业市场营销的完整过程。市场营销部门根据企业的最高决策层规定的任务、目标、战略和政策，做出各项营销决策，并在得到上级领导的批准后执行。研究与开发、采购、生产、销售、财务等部门相互联系，为生产提供充足的原材料和能源供应，并对企业建立考核和激励机制，协调营销部门与其他各部门的关系，以保证企业营销活动的顺利开展。

高露洁公司（Colgate-Palmolive）是一家知名的跨国公司，它向来以采用正确的发展策略为业内所称道。为综合管理其供应链，该公司于 1999 年 11 月建立了高露洁全球供应链管理系统。高露洁公司希望进一步完善全球供应链管理，以改善对零售商和客户的服务，减少库存，增加盈利。同时，高露洁公司还希望通过财务管理、后勤规划和其他业务环节的统一运营，推动其内部所有产品命名、配方、原材料、生产数据及流程、金融信息等方面的标准化。以上这些方面的改进提高了高露洁公司在全球的运营效率，加快了全球化资源的利用、循环速度，极大地降低了成本，改善了客户服务质量。

2.2.2　竞争者

竞争是商品经济的基本特性，也是商品经济活动的必然规律。只要存在着商品生产和商品交换，就必然存在着竞争。企业在目标市场进行营销活动的过程中，不可避免地会遇到竞争者或竞争对手的挑战。企业在开展网上营销的过程中，也会不可避免地遇到业务与自己相同或相近的竞争对手。掌握竞争对手的各种信息，研究对手，取长补短，是克敌制胜的好方法。

1. 竞争对手的类型

（1）品牌竞争者　品牌竞争者是指能满足消费者某种需要的同种产品的不同品牌的竞争者。当其他公司以相似的价格向相同的顾客提供类似产品与服务时，公司将其视为竞争者。例如，被长虹公司视为主要竞争者的是价格、档次相似、生产同样彩电产品的康佳、TCL。

（2）行业竞争者　公司可把制造同样或同类产品的公司都广义地视为竞争者。例如，长虹公司可能认为自己在与所有彩电制造商竞争。

（3）产品形式竞争者　产品形式竞争者是指满足消费者某种愿望的同类商品在质量、价格上的竞争者。公司可以更广泛地把所有制造能提供相同服务的产品的公司都作为竞争者。例如，长虹公司认为自己不仅与家电制造商竞争，还与其他电子产品制造商竞争。

（4）通常竞争者　通常竞争者是指以不同的方法满足消费者同一需要的竞争者。公司还可进一步更广泛地把所有争取同一消费者钱的人都看做竞争者。例如，长虹公司可以认为自己在与所有的主要耐用消费品公司竞争。

2. 应如何研究竞争对手

在虚拟空间中研究竞争对手，要在对手不知情的情况下，收集他们的运作情况，了解他们的动态，进一步分析他们的市场营销计划，制定出新的有针对性的营销对策，掌握竞争中的先机。网上研究竞争对手，可以借鉴传统市场中的一些做法，但更应有自己的独特之处。

首先要利用全球最好的八大导航网查询竞争对手。这八大导航网是：yahoo、altavista、infoseek、

excite、hotbot、webcrawler、lycos、planetsearch。

研究网上的竞争对手主要从其主页入手。一般来说，竞争对手会将自己的服务、业务和方法等方面的信息展示在主页上。从竞争的角度考虑，应重点考察以下八个方面：

1）站在顾客的角度浏览竞争对手网站的所有信息，研究其能否抓住顾客的心理，给浏览者留下好感。

2）研究其网站的设计方式，体会它如何运用屏幕的有限空间展示企业的形象和业务信息。

3）注意网站设计细节方面的东西。

4）弄清其开展业务的地理区域，以便能从客户清单中判断其实力和业务的好坏。

5）记录其传输速度特别是图形下载的时间，因为速度是网站能否留住客户的关键因素。

6）察看在其站点上是否有别人的图形广告，以此来判断该企业在行业中与其他企业的合作关系。

7）对竞争对手的整体实力进行考察，全面考察对手在导航网站、新闻组中宣传网址的力度，研究其选择的类别、使用的介绍文字，特别是图标广告的投放量等。

8）考察竞争对手是开展网上营销需要做的工作，而定期监测对手的动态变化则是一个长期性的任务，要时时把握竞争对手的新动向，在竞争中保持主动地位。

总之，每个企业都需要了解、掌握目标市场上自己的竞争者及其策略，力求扬长避短，发挥优势，抓住有利时机，开辟新的市场。

2.2.3 供应商

供应商是影响企业营销的微观环境的重要因素之一。供应商是指向企业及其竞争者提供生产经营所需原料、部件、能源、资金等生产资源的公司或个人。企业与供应商之间既有合作又有竞争，这种关系既受宏观环境影响，又制约着企业的营销活动，因此企业一定要注意与供应商搞好关系。供应商对企业的营销业务有实质性的影响。

供应商对企业营销活动的影响主要表现在：

1. 供货的稳定性与及时性

原材料、零部件、能源及机器设备等货源的保证，是企业营销活动顺利进行的前提。例如，粮食加工厂不仅需要谷物来进行粮食加工，还需要具备人力、设备、能源等其他生产要素，如果供应量不足，供应短缺，就会影响企业按期完成交货任务。这从短期来看，损失了销售额；从长期来看，则损害企业在顾客中的信誉。因此，企业必须和供货人保持密切的联系，及时了解和掌握供货人的变化和动态，使货源的供应在数量上、时间上和连续性上能得到切实的保证。

2. 供货的价格变动

毫无疑问，供货的价格直接影响企业的成本。如果供应商提高原材料价格，生产企业亦将被迫提高其产品价格，由此可能影响到企业的销售量和利润。企业要注意价格变化趋势，特别是对原材料和主要零部件的价格现状及趋势更要做到心中有数。只有这样才能使企业应变自如，不至于面对突然情况而措手不及。

3. 供货的质量水平

供货的质量包括两个方面：一是供应商所提供的商品本身的质量。如果提供的货物质量不高，或有这样那样的问题，那么，企业所生产出来的产品就不可能是高质量的产品，其后果如何是可想而知的；另一方面，供货的质量还包括各种售前和售后服务水平。例如，机器设备中的易耗部件，它的货源保证与有效更换就是非常必要的。所以，供应货物的质量也直接影响到企业产品的质量。

由于上述的影响，企业在寻找和选择供应商时，应特别注意以下两点：

（1）企业必须充分考虑供应商的资信状况　要选择那些能够提供品质优良、价格合理的资源，交货及时，有良好信用，在质量和效率方面都信得过的供应商，并且要与主要供应商建立长期稳定的合作关系，保证企业生产资源供应的稳定性。

（2）企业必须使自己的供应商多样化　企业过分依赖一家或少数几家供货人，受到供应变化的影响和打击的可能性就大。为了减少对企业的影响和制约，企业就要尽可能多地联系供货人，向多个供应商采购，尽量注意避免过于依靠单一的供应商，以免当与供应商的关系发生变化时，企业陷入困境。

供应商可以给企业提供更加显著的效益，企业要处理好与供应商之间的关系，以达到双赢的目的。可口可乐公司经历百年风雨仍以其知名的品牌而闻名遐迩，雄居碳酸饮料行业之首。对于这样一个在产品和技术方面百年来并无太大变化的公司，营销方面自然有其独到之处。但这除了其饮料的秘密配方之外，可口可乐在处理与供应商之间的关系方面也是有自己的方法的。一般的商家是通过自身的营销渠道和营销网络，打开产品销路，扩大市场份额，但这样需要公司投入大量的资金，而可口可乐公司则是将销售的权限授予自己的包装供应商，即授权给装瓶商，借助装瓶商企业家的才能，迅速建立起销售渠道与营销网络，把可口可乐卖到千家万户。这样，可口可乐公司就可以用节省下来的资金用于大量的广告宣传，扩大可口可乐的市场影响力。

通过这种战略，可口可乐公司不遗余力地培养和发展起来 1 200 家装瓶商。这些装瓶商为可口可乐占领广阔的市场立下了汗马功劳。而同时，可口可乐利用广告宣传迅速成长壮大，成为碳酸饮料市场的领导者，并最终实现了公司与其供应商的双赢。

同样在处理与供应商的关系方面，家乐福超市就有着完全不同的做法。家乐福超市主张“向上游供应商要效益”，向其供应商要求“进店费”，这也已经成为了家乐福的特色之一。但问题也同时出现了，在世界商业不发达地区，家乐福迅速成功了。至 2002 年底，家乐福已经在中国内地 20 个城市开设了 35 家店，每店销售收入年均增长 28%左右。同样在欧洲、中南美、东南亚等商业不发达的国家，家乐福的店铺大都赢利而且发展迅速。而在世界商业体制健全的国家，家乐福的做法却屡屡碰壁，先后被迫从英国、比利时和瑞士撤出。1988 年家乐福超市进军美国，仅仅到了 1993 年，它就不得不关闭了在美国仅有的两家超市，完全退出美国的零售商业商场。如此完全不同的结果原因何在？问题出在家乐福与供应商之间的关系上。在商业不发达的国家，供应商的实力不是很强，组织程度不高，家乐福的“进店费”等诸多要求令供应商不得不接受。而在商业发达的国家和地区，供应商的实力逐渐增强，足以与家乐福讨价还价，面对家乐福的不合理摊派收费，合作不会愉快，当然也就无法实现双赢。而同样是零售业的沃尔玛，则在不同地区都对供应商采取了免除“进店费”的措施，从而得到了供应商们的欢迎与合作。

2.2.4　营销中介组织

营销中介是协调企业促销和分销其产品给最终购买者的公司。主要包括销售商品的企业，如批发商和零售商；代理中间商（经纪人）；服务商，如运输公司、仓库、金融机构等；市场营销机构，如产品代理商、市场营销咨询企业等。正因为有了营销中介所提供的服务，才使得企业的产品能够顺利地到达目标顾客手中。随着市场经济的发展，社会分工越来越细，这些中介机构的影响和作用也就会越来越大。因此，企业在市场营销过程中，必须重视中介组织对企业营销活动的影响，并要处理好同它们的合作关系。

1．中间商

中间商是协助企业寻找顾客或直接与顾客交易的商业性企业。中间商可分为两类：代理中间商和买卖中间商。代理中间商包括代理商、经纪人和生产商代表。他们专门介绍客户或与客户磋商交易合同，但并不拥有商品所有权。买卖中间商又称经销中间商，主要包括批发商、零售商和其他再售商。

他们购买商品，拥有商品所有权，再售商品。中间商对企业产品从生产领域流向消费领域具有极其重要的影响。中间商由于与目标顾客直接打交道，因而它的销售效率、服务质量就直接影响到企业的产品销售。因此，必须选择使用合适的中间商。在与中间商建立合作关系后，要随时了解和掌握其经营活动，并可采取一些激励性合作措施，推动其业务活动的开展，而一旦中间商不能履行其职责或市场环境变化时，企业应及时解除与中间商的关系。

2. 实体分配公司

实体分配公司主要是指储运公司，它是协助厂商储存货物并把货物从产地运送到目的地的专业企业。仓储公司提供的服务可以针对生产出来的产品，也可以针对原材料及零部件。一般情况下，企业只有在建立自己的销售渠道时，才会主要依靠仓储公司。在委托中间商销售产品的场合，仓储服务往往由中间商去承担，仓储公司储存并保管要运送到下一站的货物。运输公司包括铁路、公路、航空、货轮等货运公司。生产企业主要通过权衡成本、速度和安全等因素，来选择成本效益最佳的货运方式。因此，仓储公司的作用在于帮助企业创造时空效益。

3. 营销服务机构

营销服务机构主要包括营销调研公司、广告公司、传播媒介公司和营销咨询公司等，范围比较广泛。它们帮助生产企业推出和促销其产品到恰当的市场。在现代，大多数企业都要借助这些服务机构来开展营销活动，如请广告公司制作产品广告，依靠传播媒介传播信息等。企业选择这些服务机构时，必须对它们所提供的服务、质量、创造力等方面进行评估，并定期考核其业绩，及时替换那些不具有预期服务水平和效果的机构，只有这样才能提高经济效益。

4. 财务中间机构

财务中间机构包括银行、信用公司、保险公司和其他协助融资或保障货物的购买与销售风险的公司。在现代经济生活中，企业与金融机构有着不可分割的联系。例如，企业间的财务往来要通过银行账户进行结算；企业财产和货物要通过保险公司进行保险等。而银行的贷款利率上升或是保险公司的保险金额上升，会使企业的营销活动受到影响；信贷来源受到限制会使企业处于困境。诸如此类的情况都将直接影响到企业的正常运转。因此，企业必须与财务中间机构建立密切的关系，以保证企业资金需要的渠道畅通。

网络技术的运用给传统的经济体系带来巨大的冲击，使流通领域的经济行为产生了分化和重构。消费者可以通过网上购物和在线销售自由地选购自己需要的商品，生产者、批发商、零售商和网上销售商都可以建立自己的网站并营销商品，所以一部分商品不再按原来的产业和行业分工进行，也不再遵循传统的商品购进、储存、运销业务的流程运转。网上销售，一方面使企业间、行业间的分工模糊化，形成“产销合一”、“批零合一”的销售模式；另一方面，随着“凭订单采购”、“零库存运营”、“直接委托送货”等新业务方式的出现，服务与网络销售的各种中介机构也应运而生。一般情况下，除了拥有完整分销体系的少数大公司外，营销企业与营销中介组织还是有密切合作与联系的。因为如果中介服务能力强，业务分布广泛、合理，营销企业对微观环境的适用性和利用能力就强。

2.2.5 顾客

顾客（或用户）是企业产品销售的市场，是企业直接或最终的营销对象，是企业的最重要的环境因素。企业的一切营销活动都是以满足顾客的需要为中心的，顾客是企业服务的对象，顾客也就是企业的目标市场。顾客可以从不同角度以不同的标准进行划分。按照购买动机和类别分类，顾客市场可以分为：

1）消费者市场：是指为满足个人或家庭需要而购买商品和服务的市场。

2）生产者市场：是指为赚取利润或达到其他目的而购买商品和服务来生产其他产品和服务的市场。

3）中间商市场：是指为利润而购买商品和服务以转售的市场。

4）政府集团市场：是指为提供公共服务或将商品与服务转给需要的人而购买商品和服务的政府和非营利机构。

5）国际市场：是指国外买主，包括国外的消费者、生产者、中间商和政府等。

每一种市场都有其独特的顾客。企业要认真研究为之服务的不同顾客群，研究其类别、需求特点、购买动机等，使企业的营销活动能针对顾客的需要，符合顾客的愿望。

网络技术的发展极大地消除了企业与顾客之间地理位置的限制，创造了一个让双方更容易接近和交流信息的机制。互联网真正实现了经济全球化、市场一体化。它不仅给企业提供了广阔的市场营销空间，同时也增强了消费者选择商品的广泛性和可比性。顾客可以通过网络，得到更多的需求信息，使他的购买行为更加理性化。虽然在营销活动中，企业不能控制顾客与用户的购买行为，但它可以通过有效的营销活动，给顾客留下良好的印象，处理好与顾客和用户的关系，促进产品的销售。

惠普在处理与顾客的关系方面采用了大规模定制方法。大规模定制就是一个公司向全世界不同的顾客提供高度个性化的产品和服务，它将产品的差别化工作推迟到供应网络的最后一点来进行。惠普公司采用标准组件法来设计其台式打印机，在欧洲和亚洲市场上根据顾客的要求不同来装配成不同风格的产品出售。惠普将产品的个性化程序从生产车间推进到地区分销中心进行。例如，惠普不在其设在新加坡的工厂进行差异化加工，而在设在德国斯图加特的欧洲分销中心进行，甚至其设计的打印机电源插头都要因国而异。同时，惠普的分销中心不仅仅进行产品的个性化加工，还自行采购能使产品差异化的材料（如电源、包装、使用手册等）。惠普这种根据顾客的不同来提供不同的个性化的产品和服务的做法吸引了大批消费者，提高了自己品牌的声誉，也扩大了经营规模。

本章小结

网络营销的宏观环境包括政治、法律、经济、科技、社会文化、自然、人口结构等多方面的内容。这就意味着作为网络营销者必须了解和研究网络营销的宏观环境，根据不同的营销环境制定、调整自己的战略和结构。

网络营销的微观环境包括企业内部环境、竞争对手、供应商、营销中介组织和顾客。营造良好的企业内部环境、研究竞争对手、如何与供应商保持稳定良好的关系、如何吸引顾客等都是网络营销者应考虑的重要问题。

习　题

一、填空题

1. 网络营销的宏观环境主要包括的因素有：________、________、________、________和其他因素。

2. 网络营销的微观环境包括________、________、________、________、________等因素。

3. 市场不仅仅需要人口，而且还需要购买力。实际的经济购买力取决于________。

4. 在互联网上，网民用来查询需求信息的最重要的工具是________。

5. 营销中介是协调企业促销和分销产品给最终购买者的公司。主要包括________、________、________和________等。

二、选择题

1. 百事可乐公司为了保证在中国市场的营销成功，将其在中国的高层管理者由原来的外国人换成了懂得中国市场和中国员工特点的中国人。这是由于他们考虑到了网络营销的（　　）。

A．政治法律环境　　B．经济环境

C．科技环境　　D．社会文化环境

2．美国篮球协会（NBA）的营销人员设计的低价票，专门为低收入人群开放，此举是根据营销的（　　）。

A．政治法律环境　　B．经济环境

C．科技环境　　D．社会文化环境

3．借助网络搜索引擎进行的网络营销活动应属于企业重视（　　）对营销活动的影响。

A．政治法律环境　　B．经济环境

C．科技环境　　D．社会文化环境

4．可口可乐不遗余力地培养大量的装瓶商，并利用其迅速占领广阔的市场。其中装瓶商应属于可口可乐公司的（　　）。

A．同一企业　　B．竞争者

C．供应商　　D．顾客

5．惠普公司的工厂进行差异化加工，主要是为了（　　）。

A．满足企业内部要求　　B．工厂规模的限制

C．满足顾客的需要　　D．供应商的限制

三、判断题

1．在举世闻名的“浏览器大战”中，最终美国在线借助了法律手段赢得了胜利。（　　）

2．科技环境对企业营销活动的影响都是积极的。（　　）

3．随着网络技术的诞生、发展和成熟，绝大多数用户是通过新浪、搜狐等门户网站来获知新网站消息的。（　　）

4．在国际市场营销中，注重对目标市场所在地文化背景的研究，开发符合当地消费者消费习惯的产品，往往决定了国际市场营销的成败。（　　）

5．企业的一切营销活动都是以销售商品为中心的。（　　）

四、思考题

1．假定你是某网上书店的营销人员。面对国内的两大竞争对手——当当和卓越，为了能够在网上营销过程中克敌制胜，你将通过什么方法和渠道去了解竞争对手？你将如何去了解竞争对手？

2．我国的《电子商务法律法规建议草案》中规定：“购买人在收到货物明显不同于产品描述情形下，可以无条件退还货物”；“产品出卖人对任何物品，必须清楚地指明其为新产品、返修产品或二手物品；任何物品的原始包装一经开封，即视为二手物品；对于二手物品，物品描述应当至少包括其真实状况或可用性、已用期限、剩余有效期或可用期限、物品可用性等”。试讨论该法规将会对网上的在线交易产生什么样的影响。

五、实训题

假定你是某化妆品公司的营销人员，公司最近打算推出一款面向 18～22 岁未婚女性的唇膏。请问你将如何通过网络进行顾客群体的调查？

第3章　网络消费者市场及购买行为分析

本章主要内容

- 网络消费者的特征
- 影响消费者购买行为的主要因素
- 网络消费者购买决策过程的五个阶段

消费者市场以及其购买行为永远是营销者关注的一个热点问题，对于网络营销者也是如此。网络用户是网络营销的主要个体消费者，也是推动网络营销发展的主要动力，他们的现状决定了今后网络营销的发展趋势和道路。要搞好网络市场营销工作，就必须对网络消费者的群体特征进行分析以便采取相应的对策。在网络环境下消费者的行为是区别于普通环境下消费者的行为的，他们的消费行为通常会发生以下很多方面的转变。

请看下面案例：

亚马逊（Amazon）是全球最大的网上虚拟书店，它汇集了大量的图书资料用于书刊专卖。通过对其目标消费者的仔细分析和调研，亚马逊针对其目标消费者的特点开展了一系列的营销活动。它在网站上增加了音乐类的购物内容，涉及音乐 CD、音乐磁带、音乐唱片等。当顾客浏览亚马逊网站时，不论是最新的还是最老的书刊，不论是最古典的还是最流行的音乐，他们都会得到满意的查询结果。同时，亚马逊在网站栏目和功能的设计上下了很大工夫，顾客在其主页的检索框内，只需要输入书名或音乐作品名，甚至于输入作者名、书目或演唱者等相关内容，亚马逊网站的搜索引擎也能提供比较准确的查询结果。另外，亚马逊还委派专人负责处理读者评论，负责修改评论中出现的拼写错误、语法错误和具有负面影响的内容。这种做法也令相关的商品销售额上升。

亚马逊为顾客订购提供更为方便的服务，站点专门设立了特别发送订购服务，付款人和收货人可以不同。网上商店还提供礼品包装等系列服务，最大限度满足网络消费者的需要。亚马逊书店通过以上针对消费者的营销活动，使其迅速成长壮大。而亚马逊的成功案例也成为电子商务史上的里程碑。

3.1　网络消费者分析

商家要借助于网络强大的信息存储优势和广阔的传播优势，扩大网络营销的份额，就必须要了解市场的需要，对消费者的行为进行分析。例如，如何吸引顾客的注意力，如何才能让顾客满意等。

网络消费者分析是企业进行市场营销的出发点，其最终目的便是开发适销对路的商品来满足消费者的需求。而一个策划完美的营销方案又必须建立在对市场细致而周密的调研的基础上。市场调研能够促使公司及时地调整营销策略，引导营销人员制定出合理的产品推广和促销方案。在数字化科技迅速发展的今天，互联网为市场的调研提供了更加强有力的工具。

3.1.1 网络消费者的总体特征

网络消费者是一个独特的群体，他们有着自己独特的总体特征。

1. 注重自我

由于目前网络用户多以年轻、高学历用户为主。他们拥有不同于他人的思想和喜好，有自己独立的见解和想法，对自己的判断能力也比较自负，所以他们的具体要求越来越独特，而且变化多端，个性化越来越明显。因此，从事网络营销的企业应想办法满足其独特的需求，尊重用户的意见和建议，而不是用大众化的标准来寻找大批的消费者。

索尼公司制订了旨在“将公司网站建设成全球在线娱乐场”的网络战略宏旨，声称：“我的目标是要创造一个能为顾客提供新型娱乐场所的公司……索尼公司将努力实现数字时代的梦想。”数字化、娱乐化和寻求梦幻境界的技术、软件及产品，成为索尼网站的定位。索尼公司以创造人们的需求为自豪，上网后更致力于增值服务，形成其独特的竞争力。尽管该网站取得了成功，但索尼公司从未想过要维持现状，站点仍在不断自我更新，目的是抢在模仿者和追随者之前，增加新内容，提高技术，创造一个永远值得用户访问的环境。“索尼美国在线”中设有“音乐”、“影视”、“电器”、“娱乐站”、“在线游戏”等栏目，各自链接至不同的索尼子公司站点。如索尼音乐和索尼影片网站提供音乐和电影促销、声像剪辑和艺术家访谈，索尼电器则介绍款式齐全的新型家电产品。除了娱乐外，索尼公司也同Visa国际公司合资建立了在线商场，使顾客能在线购买索尼公司产品。音乐、影视产品的营销有相当的难度，但也最容易形成以文化为背景的特殊竞争优势，且这种竞争优势一旦形成，一般对手难以用模仿战术或替代战术来抗争。索尼网站的中国网站首页和美国网站首页分别如图 3-1、图 3-2 所示。

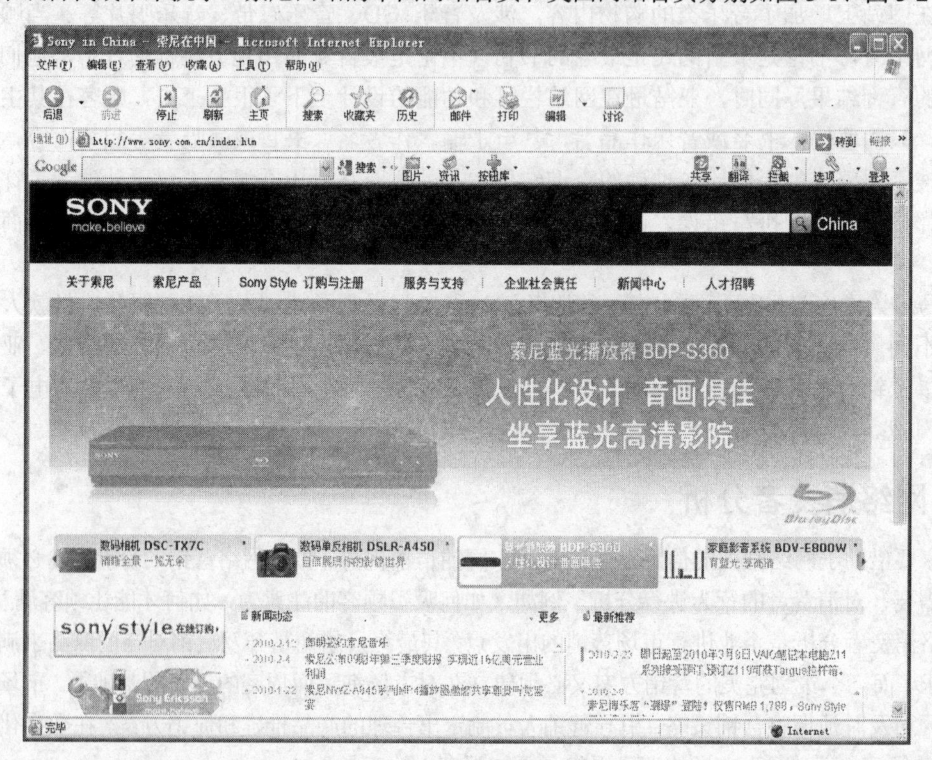

图 3-1 SONY 中国网站首页

图 3-2　SONY 美国网站首页

2．头脑冷静，擅长理性分析

由于网络用户是以大城市、高学历的年轻人为主，不会轻易受舆论左右，对各种产品宣传有较强的分析判断能力，因此从事网络营销的企业应该加强信息的组织和管理，加强企业自身文化的建设，以诚信待人。

3．对新鲜事物有着孜孜不倦的追求

这些网络用户爱好广泛，无论是对新闻、股票市场还是网上娱乐都具有浓厚的兴趣，对未知的领域报以永不疲倦的好奇心。

4．品味越来越高而耐心越来越少

现在的网络用户通常都是以年轻人为主，他们年轻而时尚，品味较高。而且他们都比较缺乏耐心，当他们搜索信息时，经常比较注重搜索所花费的时间，如果连接、传输的速度比较慢的话，他们一般会马上离开这个网站。

网络用户的这些特点，对于企业加入网络营销的决策和实施过程都是十分重要的。营销商要想吸引顾客，保持持续的竞争力，就必须对本地区、本国以及全世界的网络用户情况进行分析，了解他们的特点，制定相应的对策。

3.1.2　网络消费者的类型

进行网上购物的消费者可以分为以下几种类型。

1．简单型

简单型的顾客需要的是方便、直接的网上购物。他们每月只花少量时间上网，但他们进行的网上交易却占了一半。零售商们必须为这一类型的人提供真正的便利，让他们觉得在你的网站上购买商品将会节约更多的时间。

2. 冲浪型

冲浪型的顾客占网民的8%，而他们在网上花费的时间却占了32%，并且他们访问的网页是其他网民的4倍。冲浪型网民对常更新、具有创新设计特征的网站很感兴趣。

3. 接入型

接入型的顾客是刚触网的新手，占36%的比例，他们很少购物，而喜欢网上聊天和发送免费问候卡。那些有着著名传统品牌的公司应对这群人保持足够的重视，因为网络新手们更愿意相信生活中他们所熟悉的品牌。

4. 议价型

议价型顾客占网民8%的比例，他们有一种趋向购买便宜商品的本能。著名的eBay网站一半以上的顾客属于这一类型，他们喜欢讨价还价，并有强烈的愿望在交易中获胜。

5. 定期型和运动型

定期型和运动型的网络使用者通常都是被网站的内容所吸引。定期网民常常访问新闻和商务网站，而运动型的网民则喜欢运动和娱乐网站。

目前，网上销售商面临的挑战是如何吸引更多的网民，将网站访问者变为消费者。因此，营销人员应该将自己的注意力集中在以上几类网民中，从中确定自己的潜在消费群体，这样才能做到有的放矢。

3.1.3 网络消费者的行为分析

消费者行为分析是经济学研究的重要内容。这方面的研究过去主要集中于传统的购物行为，由于网上购物与传统的购物活动有所区别，因此，网上销售商应该多加关注网上消费者行为。

1. 网络消费者的购物活动分析

网上购物是指用户为完成购物或与之有关的任务而在网上虚拟的购物环境中浏览、搜索相关商品信息，从而为购买决策提供所需的必要信息，并实施决策和购买的过程。

心理学家将消费者的购物活动称作问题解决过程或购买决策的信息处理过程。它一般分为三个阶段：需求确定、购前信息搜索和备选商品的评价。消费者的购买决策过程实际上是一个搜集相关信息与分析评价的过程，它具有不同的行为程度和脑力负荷。

2. 网络消费者的信息空间分析

消费者网络信息空间的认知和任务活动可分为以下三种方式。

（1）浏览　网络消费者的浏览是非正式和机会性的，没有特定的目的，完成任务的效率低且较大程度地依赖外部的信息环境，但能较好地形成关于整个信息空间结构的概貌。此时，用户在网络信息空间的活动就像随意翻阅一份报纸，能大概了解报纸信息包括了哪些内容，能否详细地阅读某一消息就依赖于该信息的版面位置、标题设计等因素了。

（2）搜索　网络消费者的搜索是在一定的领域内找到新信息。搜索中收集到的信息都有助于达到发现新信息的最终目的，搜索时用户要访问众多不同的信息源，搜索活动对路标的依赖性较高。用户在网络信息空间的搜索，就如同根据目录查阅报纸，获取某一类特定信息。

（3）寻找　网络消费者的寻找是在大信息量信息集里寻找并定位于特定信息的过程。寻找的目的性较强，活动效率较高。例如，用户根据分类目录定位于寻找旅游信息之后，他在众多旅游信息中进行比较、挑选等活动。

下面仿照 5W1H 分析法对网络消费者的行为做一下分析，见表 3-1：

表 3-1　网络消费者 5W1H 分析法

5W1H	上网行为	网上购物行为
Who	谁是网民	谁是网上购物者
What	上网查找什么信息	上网购买哪些商品和服务
Why	为什么上网	为什么在网上购物
When	何时上网	送货时间长短
Where	在何处上网	上哪些网站
How	如何上网	如何支付

ChinaRen 网站的首席执行官陈一舟在仔细研究网络消费者的行为后认为："ChinaRen 的目标是成为全球华人青年的目标站点，而校友录即是我们向年轻人推出的特色产品之一。我们将不断改进和完善我们的服务和产品，推出更多像校友录这样的人性化和个性化产品，进一步贴近年轻人的爱好和需求，使 ChinaRen 成为年轻人交流、娱乐、生活的首选站点。"像校友录这样的产品有两个特点：一是群体性，即它不是一个人的用户，而是一个用户群。一旦一个人注册，他的相关的同学都将成为 ChinaRen 的用户，这是一个群体；二是忠诚性，即一个人一旦在 ChinaRen 使用了一段时间，投入了很多心血之后，他肯定不会再用别人的产品了。

正因为 ChinaRen 对此类消费者的行为作了透彻的分析，才会决定投入大量的精力和资金进行校友录的开发和推广。为了推广校友录，ChinaRen 开展了一系列营销活动，包括"橙涩 Yesterday"、"顶尖校友录"、"青春征集令"、"思念一闪念"、"解你千千结"和"嘉年华"等一系列精心设计的栏目。ChinaRen 网站还注意及时根据大量用户的反馈意见对校友录进行改进和完善，使页面更加优化，运行速度更快，系统更稳定。此外，ChinaRen 还在原有的班级相册、班级讨论区、班级聊天室、班级群体信件等功能和内容的基础上，增加了一系列的个性化服务，以使用户都能享受到全方位的度身定制的网络服务和关怀。而在与搜狐的合并案中，ChinaRen 所倚仗的拳头产品就是这个有着注册用户超过 8 000 万个网民的校友录。

3.1.4　网络消费需求的特征

由于互联网商务的出现，消费观念、消费方式和消费者的地位正在发生着重要的变化。互联网商用的发展促进了消费者主权地位的提高；网络营销系统巨大的信息处理能力，为消费者挑选商品提供了前所未有的选择空间，使消费者的购买行为更加理性化。网络消费需求主要有以下八个方面的特点。

1. 消费者消费个性回归

在近代，由于工业化和标准化生产方式的发展，使消费者的个性被淹没于大量低成本、单一化的产品洪流之中。随着 21 世纪的到来，这个世界变成了一个计算机网络交织的世界，消费品市场变得越来越丰富，消费者进行产品选择的范围全球化、产品的设计多样化，消费者开始制定自己的消费准则，整个市场营销又回到了个性化的基础之上。没有任何两个消费者的消费心理是相同的，每一个消费者都是一个细小的消费市场。因此，个性化消费成为消费的主流。

2000 年 7 月中旬，我国哈尔滨市居民宋明伟别出心裁地通过互联网向海尔冰箱公司订购一台纯属特殊需求的左开门冰箱，并要求 7 天内交货。一周后，这台国内绝无仅有的海尔 BCD—130E 左开门冰箱如期送到了购买者家中。这是海尔通过电子商务售出的第一台个性化冰箱，也是国内第一台通过网上订制的家电产品。这意味着消费者被动接受商品的时代已经结束，他们可以根据自己的需求、喜好设计自己所喜爱的产品，从而实现了家电业由传统营销模式向新经济时代满足消费者个性化需求经营方式的战略转移。

海尔集团CEO张瑞敏认为，个性化需求正成为新经济时代的消费趋势，家电企业中谁能洞悉更多的个性化市场需求，制造出更多的个性化产品，谁就拥有更多的市场先机和市场份额。他断言，只要用户需要，也许明天海尔能给你一台三角形冰箱。

2．消费者需求的差异性

不仅仅是消费者的个性消费使网络消费需求呈现出差异性，对于不同的网络消费者因其所处的时代环境不同，也会产生不同的需求。不同的网络消费者，即便在同一需求层次上，他们的需求也会有所不同。因为网络消费者来自世界各地，有着不同的国别、民族、信仰和生活习惯，因而会产生明显的需求差异性。所以，从事网络营销的厂商，要想取得成功，就必须在整个生产过程中，从产品的构思、设计、制造，到产品的包装、运输、销售，认真思考这些差异性，并针对不同消费者的特点，采取相应的措施和方法。

麦当劳、肯德基就是利用消费者需求的差异，更有效地进行了市场细分，满足了不同的消费者的需求，最终获得了大量的收益。

3．消费的主动性增强

在社会化分工日益细化和专业化的趋势下，消费者对消费的风险感随着选择的增多而上升。在一些大件耐用品以及高技术含量产品的购买上，消费者往往会主动通过各种可能的渠道获取与商品有关的信息并进行分析和比较。或许这种分析、比较不是很充分和合理，但消费者能从中得到心理的平衡，减轻风险感或减少购买后产生的后悔感，增加对产品的信任程度和心理上的满足感。消费主动性的增强来源于现代社会不确定性的增加和人类需求心理稳定和平衡的欲望。

玫琳凯化妆品有限公司（www.marykay.com.cn）的网站中包含了许多女性消费者所希望了解的商品信息。它介绍了玫琳凯女士、公司历史、企业文化、特色服务、国际分布、产品系列、美容护肤游戏、当月新品及促销信息等内容。消费者可以通过自己的主动浏览，了解到玫琳凯品牌的创始人、世界成功的女企业家玫琳凯女士传奇的一生；了解到玫琳凯的销售策略和方法；可以通过模拟彩妆大师，在线测试化妆效果；可以点击购买按钮直接进行在线购物。网络消费者通过以上的一系列主动的体验，加深了对目标商品的信任程度，也强化了购买的欲望。

4．消费者直接参与生产和流通的全过程

传统的商业流通渠道由生产者、商业机构和消费者组成。其中，商业机构起着重要的作用，生产者不能直接了解市场，消费者也不能直接向生产者表达自己的消费需求。而在网络环境下，消费者能直接参与到生产和流通中来，与生产者直接进行沟通，减少了市场的不确定性。

现在网络中许多广告都设法让消费者加入到广告的过程中，增加了广告的互动性，也扩大了广告的效果。

5．追求消费过程的方便和享受

在网上购物，除了能够完成实际的购物需求外，消费者在购买商品的同时，还能得到许多信息，并得到在各种传统商店没有的乐趣。今天，人们对现实消费过程出现了两种追求的趋势：一部分工作压力较大、紧张程度高的消费者以方便性购买为目标，他们追求的是时间和劳动成本的尽量节省。而另一部分消费者，由于劳动生产率的提高，自由支配时间增多，他们更希望通过消费来寻找生活的乐趣。例如，一些自由职业者或家庭主妇希望通过购物消遣时间，寻找生活乐趣，保持与社会的联系，减少心理孤独感，因此他们愿意多花时间和精力去购物。购物能给他们带来乐趣，能满足这些人的心理需求。今后，这两种相反的消费心理将会在较长的时间内并存。

如今的网络消费过程，越来越简单化和人性化。从购物网站的页面设计，到可供选择的商品类别；从商品信息的性能介绍，到商品价格的多方比较；从在线支付的方便快捷，到送货上门的贴心服务，无一不显示出购物网站营销人员的精心策划。消费者在这样一种轻松愉悦的购物环境中，得到的不仅仅是物质上的满足，更是一种精神上的享受。

6. 消费者选择商品的理性化

在网络环境条件下，消费者面对的是网络系统，是计算机屏幕，可以避免嘈杂的环境和各种影响与诱惑。商品选择的范围也不受地域和其他条件的约束，消费者可以理性地规范自己的消费行为。理性的消费行为主要表现在：

（1）大范围地选择比较　对个体消费者来说，购买往往会“货比多家”，精心挑选。那种因信息来源和地理环境所限，不得已而为之的“屈尊”购物现象将不复存在。网络营销系统巨大的信息处理能力，为消费者挑选商品提供了前所未有的选择空间，消费者会利用在网上得到的信息对商品进行反复比较，以决定是否购买。对单位采购进货人员来说，其进货渠道和视野也不会再局限于少数几个定时、定点的订货会议或几个固定的供货厂家，而是会大范围地选择质量好、价格合理、信用条件最佳的厂家和产品。

（2）理智的价格选择　对个体消费者来说，不再会被那些先是高位出价，然后是没完没了的讨价还价的价格游戏弄得晕头转向，他们会利用手头的计算机快速算出商品的实际价格，然后再作横向的综合比较，以决定是否购买。对单位采购进货人员来说，他们会利用预先设计好了的计算程序，迅速地比较进货价格、运输费用、优惠折扣、时间效率等综合指标，最终选择最有利的进货渠道和途径。也就是说，在网络环境条件下，人们必然会更充分地利用各种定量化的分析模型，更理智地进行购买决策。

（3）主动地表达对产品及服务的欲望　在网络环境下，消费者不再被动地接受厂家或商家提供的商品或服务，而是根据自己的需要主动上网去寻找适合的产品。如果找不到，消费者就会通过网络系统向厂家或商家主动表达自己对某种产品的欲望和要求，其结果是使消费者从实际上参与和影响到企业的生产和经营过程。

7. 价格仍是影响消费心理的重要因素

从消费的角度来说，价格不是决定消费者购买的唯一因素，但却是消费者购买商品时肯定要考虑的因素。网上购物之所以具有生命力，重要的原因之一是因为网上销售的商品价格普遍低廉。尽管经营者都倾向于以各种差别化来减弱消费者对价格的敏感度，避免恶性竞争，但价格始终对消费者的心理产生重要的影响。因为消费者可以通过网络联合起来向厂商讨价还价，产品的定价逐步由企业定价转变为消费者引导定价。

价格一直是影响消费者心理的重要因素，一点点价格的波动都会给消费者的行为造成不同的影响。卓越网（www.amazon.cn）与当当网（www.dangdang.com）都是中国国内书籍、音像制品市场上的重量级网站，两者之间的竞争也不可避免。卓越曾是中国最大的网上图书音像商城，而当当也在紧追不舍。二者的经营模式、销售规模、产品种类甚至客户群几乎都是一模一样的，因此竞争也就集结在了对价格和客户群的竞争上。在 2003 年国内共同抗击非典期间，当当网适时地推出了“新注册用户 1 元品免费送货”的活动，即所有新注册的用户都可以以 1 元钱的价格购买指定的书籍和音像商品，并可同时享受免费送货的待遇。这项活动立即引起了广大网民们的积极响应，到此项活动结束，当当网宣称注册用户已超过卓越。

8. 网络消费仍然具有层次性

在传统的商业模式下，人们的消费层次一般是从低层次需要开始，逐渐向高层次需要延伸、发展，即先满足个人的生存基本需要，再追求精神上的需要。但在网络消费中，由于网络消费者一般是年轻的知识族，本身网络消费就是一种高级消费，因此，在消费开始时一般都是为了满足精神需求。到了网络消费的成熟阶段，等消费者完全掌握了网络消费的规律和操作，并且对网上购物有了一定的信任感之后，才会逐渐由精神消费品的购买转向普通消费品的购买。例如，通常都是通过网络书店购书，通过网络光盘商店购买光盘，最后逐渐转向耐用消费品和日常消费品的购买。

3.2 影响消费者购买行为的主要因素

消费者不是在真空里作出自己的购买决策，他们的购买决策在很大程度上是要受到文化、社会、个人和心理等各方面的因素影响。尽管其中大部分因素是营销人员所无法控制的，但是也必须要充分予以重视。

3.2.1 影响普通消费者的因素

1. 文化因素

文化是人类欲望和行为最为基本的决定因素，文化因素直接影响着人们的欲望和行为。每一种文化都包含着不同的内涵。影响消费者购买行为的文化因素，是指共同的价值观、信仰、道德、风俗习惯。而面对不同文化背景、不同种族、不同国家甚至不同地区的消费者，营销的策略和手段都应有所不同。营销人员必须根据消费者的变化来调整自己的方法。

杰士邦是中国安全套行业的传奇企业。它的传奇在于它成长的时间、壮大的速度以及独特的营销理论。实际上，杰士邦品牌并不是中国的自有品牌，它是来自英国的世界性品牌。从 1998 年 5 月杰士邦正式登陆中国开始，就步入了一条艰辛的营销之路。首先面临的就是文化问题：1998 年，广州 80 辆公交巴士上投放了杰士邦的广告，不足一个月后，该广告被勒令撤销；1999 年，为配合世界艾滋病日，杰士邦的公益广告在中央电视台投放，仅仅一天后，该广告停播；2000 年，杰士邦在广东某个舞厅前，宣传安全常识，派发产品，此活动被禁止，甚至该娱乐场所被勒令停业；2000 年，杰士邦在武汉悬挂的大型户外广告只过了一天，在“有关部门”的指示下，就被静悄悄地摘了下来；2001 年，长沙的杰士邦巨型户外广告同样遭受如此命运……

在一个文化背景完全不同的东方国家，采用西方国家通用的市场推广方法遇到了前所未有的阻力，于是杰士邦采用了完全不同的营销策略。首先，杰士邦积极配合中国性病艾滋病防治协会、WHO 等各种组织的宣传活动，公司出资在每年的“艾滋病日”期间制作、派发艾滋病宣传手册，并随册赠送安全套，给受众以直观、鲜明的教育，起到了良好的效果。随后，杰士邦公司又和卫生部疾病控制司、中国疾病预防控制中心一起印制了以濮存昕和一个艾滋病人为主题的宣传画和各种宣传品，在全国广为推广。同时，杰士邦还和中国健康教育研究所一道，邀请中国香港明星古巨基作为安全套单片装的封面人物，在全国免费派发上百万只杰士邦安全套，大力推广安全套的使用。除此之外，杰士邦还对高危人群和艾滋病患者给予最大的关注，出资拍摄了关于艾滋病的公益宣传片，以呼吁大家都来关注防治艾滋病这一世纪话题和已不再遥远的危险，使更多的人警惕起来，加入到预防艾滋病的战役中。

通过对营销策略的调整，杰士邦得到了东方文化的接受。在短短几年的时间里，杰士邦就摘走了中国安全套品牌的王冠，成为中国安全套第一品牌。公司的销售业绩和利润一直呈现出稳定增长势头，平均年销售递增 70%以上。

2. 社会因素

消费者的购买行为同样受到一系列社会因素的影响。这些社会因素主要包括家庭因素、朋友因素、宗教因素、社会阶层和相关群体等。企业营销人员要关注这些因素的变化，以便能够及时调整相关的营销策略。

（1）家庭因素　家庭是社会的细胞，也是社会基本的消费单位。家庭成员对消费者的购买行为起着直接和潜意识的影响。家庭因素对消费者购买行为的影响，在不同类型的家庭中是有区别的。有人曾把家庭分为四种类型，即丈夫决定型、妻子决定型、共同决定型和各自做主型。另外，在对不同商品的购买中，家庭成员的影响亦有区别。一般来说，丈夫对电视机、汽车等重要产品的影响较大，妻子则对洗衣机、吸尘器等商品的购买的影响力较大，夫妻影响均等的商品包括住宅、家具等。另外，家庭成员对购买者决策过程影响的角度亦有不同：丈夫一般在“何时购买”、“何处购买”影响较大，妻子则在商品的外形、颜色等方面的影响较大。

（2）朋友因素　朋友是与消费者关系比较密切的一个群体。朋友能对消费者的购买行为和购买价值产生直接或间接的影响。通常来说，朋友的建议或是示范都能对消费者的购买行为产生有效的作用。很多消费者的购买欲望都是因为看到朋友购买了类似的商品而产生的，也有很多消费者的购买行为是因为朋友的建议而发生改变的。

例如，在汽车行业中，国内外的女性消费者已占据了相当大的比重。国外女性消费者甚至在凯迪拉克等豪华汽车的市场上占到了 34%的份额。目前，汽车制造商们已经开始关注这一点，在汽车的设计过程中征求女性的意见和建议，并且在汽车的内部装饰部分安装了许多方便女性的内饰，这样一来就增加了女性消费者的购买欲望。

3. 个人因素

消费者的购买行为也会受到其个人因素的影响，特别是要受到其个人职业情况、经济收入和生活方式以及个性自我的影响。通常一个蓝领工人会买工作服、工作鞋等耐用服饰，而一个公司的总裁则会买贵重的名牌西装；一个电脑软件开发人员可能会购买一些学习书籍和素材光盘，而一个中学生则可能会购买一些流行杂志和游戏软件。

4. 心理因素

消费者的购买行为和选择还会因心理因素的变化而变化。这些心理因素包括购买动机、购买经验、品牌认可等。每个人总有许多不同的需要，有些是由生理状况而引起的，如饥饿、口渴、不安等；有些则是由心理状况而引起的，如尊重、发展需要等。在不同的状态下人们的购买需要是不同的。

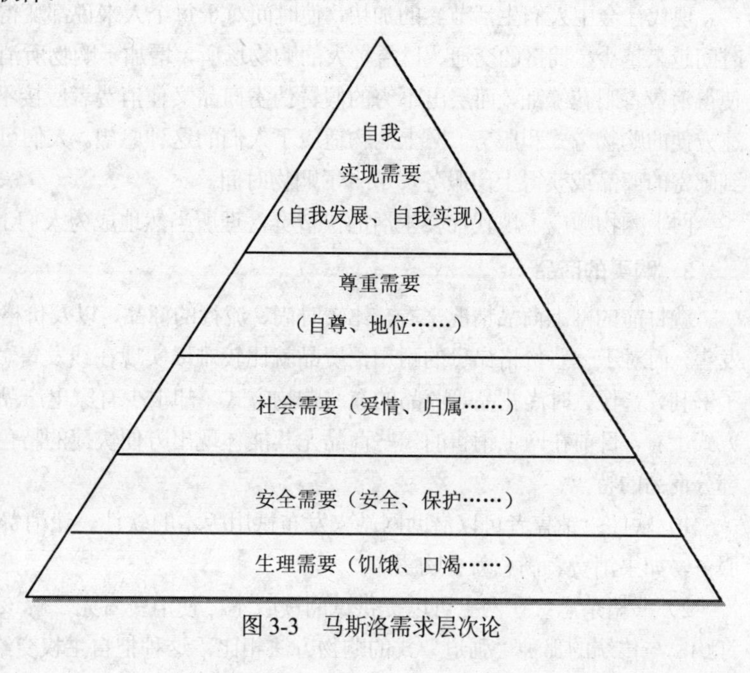

图 3-3　马斯洛需求层次论

亚伯拉罕·马斯洛有一个十分有名的“马斯洛需求层次论”（见图 3-3）。他认为，人类的需要可按层次排列，而且通常是先满足最迫切的需要，然后再满足其他需要。这些需要按其重要程度依次排列，分别是生理需要、安全需要、社会需要、尊重需要和自我实现需要。例如，一个人首先要解决自己的生存情况（第一需要），在得到保障的前提下，才可能进一步要解决自己的安全情况（第二需要），再次得到满足时，才会进而产生其他层次的需要。网络营销人员要根据消费者不同层次的需求来确定自己的营销方向和重点。

3.2.2 影响网络消费者的因素

网络消费者的行为受到多种因素的影响，其中包括内在因素和外在因素。个人的内在因素对网络消费者的行为产生很重要的影响，包括网络消费者自身的消费习惯、收入水平、兴趣爱好和学历层次等等。不同的网络消费者所关注的商品类型和商品属性都不相同。我国网民主要是由年轻人和具有较高教育程度的人组成，作为网上商品的潜在消费者，他们就是网络营销市场的客户群。因此在制定网络营销战略时，主要应该考虑如何满足这些消费群体的需求。

影响消费者上网购买的内在因素还有社会阶层、家庭环境、风俗时尚、个人心理等诸多方面。除此之外，在网络环境中消费者还要受到以下几点外在因素的影响。

1. 商品的价格

按销售学的观点，影响消费者消费心理及消费行为的主要因素是价格。即使在今天完备的营销体系和发达的营销技术面前，价格的作用仍是不可忽视的。只要价格降幅超过消费者的心理界限，消费者因此心动而改变既定的消费原则也是在所难免的。对一般商品来说，价格与需求量常常表现为反比关系，同样的商品价格，价格越低，销售量越大。目前在网上行销的商品多是计算机软硬件、书籍杂志、娱乐产品等，这些商品的价格一般都不太高，加上网上直接销售减少了许多中间环节，使得网上销售的商品价格低于传统流通渠道的商品价格，从而对消费者产生了越来越大的吸引力。

2. 购物的时间

这里所说的购物时间包含两方面的内容：购物时间的限制和购物时间的节约。传统的商店每天只能营业十几个小时，而网上商店是全天候营业的，消费者可以在任何时间上网购物，没有时间的限制。

现代社会中人们生活节奏的加快，使时间对于每个人来说都变得十分宝贵，人们用于外出购物的时间越来越少。拥挤的交通、日益扩大的购物场所，增加了购物所消耗的时间和精力；商品的多样化使得消费者眼花缭乱，而层出不穷的假冒伪劣商品又使消费者应接不暇，人们迫切需要一种新的、快速方便的购物方式和服务。网上购物适应了人们的这种愿望。人们可以坐在家中与厂商沟通，及时得到邮寄的商品或获得上门服务，节省了购物时间。

网上购物顺应了现代社会生活的快节奏，理所当然地成为人们上网购买的动机之一。

3. 购买的商品

就目前的网上商品情况来看，比较时尚、流行的商品，以及价格上占绝对优势的商品容易在网上发售，而对于一些价格昂贵的耐用消费品就比较难以实现在线发售。例如，许多电子商务网站都推出了书刊、音像、时尚礼品等商品的在线购物方式，却很少有家电产品能够真正实现网上购物。从购买方式上看，目前在网上销售的一些商品尤其能体现出方便快捷的特色。下来分析一下当今网上销售的部分商品的特点：

1）软件：销售者可以借助网站来发布试用版本的软件，让消费者试用，然后在一定期限内提供服务，如果消费者满意就会购买。

2）书籍杂志：在网上可以提供试阅读版本，使消费者先了解该书籍或杂志的基本内容，然后再订购，与传统的那种“强迫”式的购物方法相比，这种把自主权交给消费者的做法是受欢迎的。

3）鲜花或礼品：由于网络是跨时间、跨地域性的媒体，所以在网上可以订购任何地方的鲜花或礼品，并由对方送货上门。

纵观这些商品都具有某些网络化的特点，借用网络使得它们更易传播和出售。虽然市场还未成熟到可以随时到网上去购买面包或香蕉的地步，但当消费者在经过比较后发现，网上购物的方便程度超过亲自去商店的花费时，他当然愿意到网上购买。

4. 商品的选择范围

在 Internet 这个全球化的市场中，商品挑选的余地大大扩展，而且，消费者可以从两个方面进行商品的挑选，这是传统的购物方式难以做到的。

1）网络为消费者提供了多种检索途径，消费者可以通过网络，方便快速地搜寻全国乃至全世界相关的商品信息，挑选满意的厂商和满意的产品，获得最佳的商品性能和价格。

2）消费者也可通过新闻组、电子公告牌等，告诉千万个厂商自己所需求的产品，吸引众多的厂商与自己联系，从中筛选符合自己要求的商品或服务。

有这样大的选择余地，精明的消费者自然倾向于网上购物了。

5. 商品的新颖性

追求商品的时尚与新颖是许多消费者，尤其是青年消费者重要的购买动机。这类消费者一般经济条件较好，他们特别重视商品的款式、格调和流行趋势，而不太在意商品使用价值和价格的高低。他们是时髦服装、新潮家具和新式高档消费品的主要消费者。网上商店由于载体的特点，总是能够跟踪最新的消费潮流，适时地为消费者提供最直接的购买渠道，加上最新产品的全方位网上广告，从而对这类消费者所产生的吸引力越来越大。同时，网上商店为营造一种购物的环境，刺激消费者产生购买的欲望，通常会用不断弹出的广告窗口、美观的产品图片等手段来强化消费者的购买欲望。

6. 其他因素

影响网络消费者在线消费的因素还包括其他因素，如网速快慢、支付方式、送货方式等等。

3.2.3　网络消费者的购买动机

所谓动机，是指推动人进行活动的内部原动力，即激励人们行为的原因。人们的消费需要都是由购买动机而引起的。网络消费者的购买动机，是指在网络购买活动中，能使网络消费者产生购买行为的某些内在的动力。只有了解消费者的购买动机，才能预测消费者的购买行为，以便采取相应的促销措施。由于网络促销是一种不见面的销售，消费者的购买行为不能直接观察到，因此对网络消费者购买动机的研究，就显得尤为重要。

网络消费者的购买动机基本上可以分为两大类：需求动机和心理动机。

1. 需求动机

网络消费者的需求动机是指由需求而引起的购买动机。要研究消费者的购买行为，首先必须要研究网络消费者的需求动机。美国著名的心理学家马斯洛的需求理论，对网络需求层次的分析具有重要的指导作用。网络技术的发展，使现在的市场变成了网络虚拟市场，但虚拟社会与现实社会毕竟有很大的差别，所以在虚拟社会中人们希望满足以下三个方面的基本需要：

（1）兴趣需要　即人们出于好奇和能获得成功的满足感而对网络活动产生兴趣。

（2）聚集需要　通过网络给相似经历的人提供了一个聚集的机会。

（3）交流需要　网络消费者可聚集在一起互相交流买卖的信息和经验。

2. 心理动机

心理动机是由于人们的认识、感情、意志等心理过程而引起的购买动机。网络消费者购买行为的心理动机主要体现在理智动机、感情动机和惠顾动机三个方面。

（1）理智动机　理智动机具有客观性、周密性和控制性的特点。这种购买动机是消费者在反复比较各在线商场的商品后才产生的。因此，这种购买动机比较理智、客观而很少受外界气氛的影响。这种购买动机的产生主要用于耐用消费品或价值较高的高档商品的购买。

（2）感情动机　感情动机是由人们的情绪和感情所引起的购买动机。这种动机可分为两种类型：一是由于人们喜欢、满意、快乐、好奇而引起的购买动机，它具有冲动性、不稳定性的特点。另一种是由于人们的道德感、美感、群体感而引起的购买动机，它具有稳定性和深刻性的特点。这种购买动机的产生主要用于刚刚推出的新产品或馈赠礼品的购买。

（3）惠顾动机　惠顾动机是建立在理智经验和感情之上，对特定的网站、国际广告、商品产生特殊的信任与偏好而重复、习惯性地前往访问并购买的一种动机。由惠顾动机产生的购买行为，一般是网络消费者在作出购买决策时心目中已首先确定了购买目标，并在购买时克服和排除其他同类产品的吸引和干扰，按原计划确定的购买目标实施购买行动。具有惠顾动机的网络消费者，往往是某一站点忠实的浏览者。基于惠顾动机的购买行为如图3-4所示。

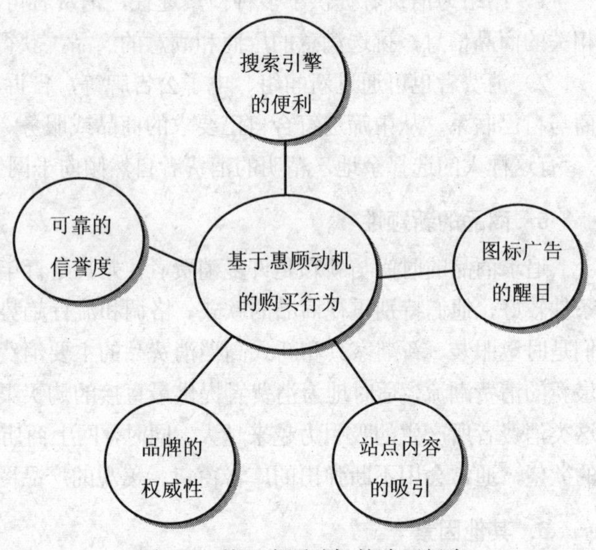

图3-4　基于惠顾动机的购买行为

3.3　网络消费者的购买决策过程

网络消费者在完成购物或相关的任务时，会在网上虚拟的购物环境中浏览、搜索相关商品信息，从而为购买决策提供所需的必要信息，并实施决策和购买的过程。

消费者的购买决策过程实际上是一个搜集相关信息与分析评价的过程，它具有不同的行为程度和脑力负荷。心理学家将消费者的购物活动称作问题解决过程或购买决策的信息处理过程，它一般分为五个阶段：唤起需求、收集信息、比较选择、购买决策和购后评价（见图3-5）。

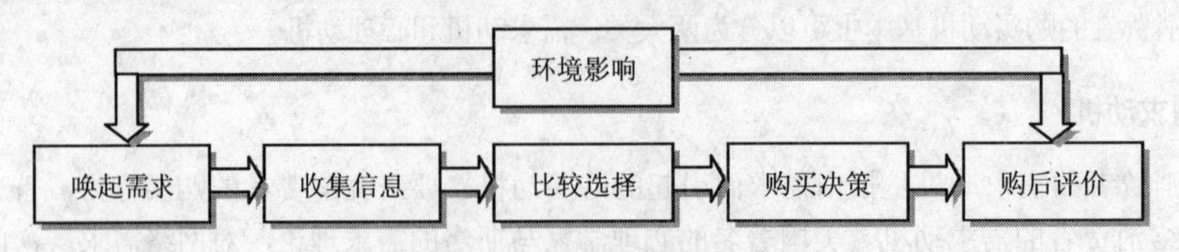

图3-5　购买决策的信息处理过程

当然，就许多产品而言，想要识别购买者是相当容易的。一般来说，烟草制品是男性选择的，紧身内衣是女性选择的。然而，另外一些产品所涉及的单位往往不止一个。例如家用汽车的购买则是由多个家庭成员决定的，不同的家庭成员挑选的标准可能完全不同。这时，一个营销人员所要做的就是研究不同人的心理，唤起他们的需求，直至最后完成购买。

3.3.1　唤起需求

网络购买过程的起点是诱发并唤起需求。通常，内在的需求和外部刺激都可能唤起消费者的需求。当消费者认为已有的商品不能满足需求时，就会产生购买新产品的欲望。这是消费者做出消费决定过程中所不可缺少的基本前提。在传统的购物过程中，诱发并唤起需求的动因是多方面的。人体内部的刺激，外部的刺激都可以成为“触发诱因”。

对于网络营销来说，诱发需求的动因只能局限于视觉和听觉。因而，网络营销对消费者的吸引是有一定难度的。作为企业或中介商，一定要注意了解与自己产品有关的实际需求和潜在需求，掌握这些需求在不同的时间内的不同程度以及刺激诱发的因素，以便设计相应的促销手段去吸引更多的消费者浏览网页，诱导他们的需求欲望。而作为营销人员，要去研究和了解引起消费者内在需求的环境，并为消费者构建一种“触发诱因”，以唤起消费者的需求。当前许多电子商务网站采用了多种方法来唤起消费者的需求。

2008 年 3 月 24 日，可口可乐公司推出了“火炬在线传递”活动。活动的具体内容是：网民在争取到火炬在线传递的资格后可获得“火炬大使”的称号，本人的 QQ 头像处也将出现一枚未点亮的图标。如果在 10 分钟内该网民可以成功邀请其他用户参加活动，图标将被成功点亮，同时将获取“可口可乐火炬在线传递活动”专属 QQ 皮肤的使用权。而受邀请参加活动的好友就可以继续邀请下一个好友进行火炬在线传递。以此类推。

活动方提供的数据显示：在短短 40 天之内，该活动就“拉拢”了 4 千万人参与其中。高峰时，每秒钟就有 12 万多人参与。网民们以成为在线火炬传递手为荣，“病毒式”的链式反应一发不可收拾，“犹如滔滔江水，绵延不绝”。

3.3.2　收集信息

当需求被唤起后，每一个消费者都希望自己的需求能得到满足，所以，收集信息、了解行情成为消费者购买的第二个环节。

一位被唤起需求的消费者可能会去积极地寻求更多的信息。一般来说，消费者收集信息的渠道可分为内部渠道和外部渠道。其中，内部渠道是指消费者个人所储存、保留的市场信息，包括购买商品的实际经验、对市场的观察以及个人购买活动的记忆等。外部渠道则是指消费者可以从外界收集信息的通道，包括个人渠道、商业渠道和公共渠道等。消费者首先在自己的记忆中搜寻可能与所需商品相关的知识经验，如果没有足够的信息用于决策，他便要到外部环境中去寻找与此相关的信息。

当然，不是所有的购买决策活动都要求同样程度的信息和信息搜寻。根据消费者对信息需求的范围和对需求信息的努力程度不同，可分为以下三种模式。

1. 广泛问题的解决模式

在这种模式下，消费者尚未建立评判特定商品或特定品牌的标准，也不存在对特定商品或品牌的购买倾向，而是很广泛地收集某种商品的信息。处于这个层次的消费者，可能是因为好奇、消遣或其他原因而关注自己感兴趣的商品。这个过程收集的信息会为以后的购买决策提供经验。

2. 有限问题的解决模式

处于有限问题解决模式的消费者，已建立了对特定商品的评判标准，但尚未建立对特定品牌的倾向。这时，消费者有针对性地收集信息。这个层次收集的信息，会真正而直接地影响消费者的购买决策。

3．常规问题的解决模式

在这种模式下，消费者对将来购买的商品或品牌已有足够的经验和特定的购买倾向，它的购买决策需要的信息较少。

3.3.3 比较选择

消费者究竟是怎样在众多可供选择的产品中进行选择的呢？

每一名消费者需求的满足都是有条件的，这个条件就是实际支付能力。消费者为了使消费需求与自己的购买能力相匹配，就要对各种渠道汇集而来的信息进行比较、分析、研究，根据产品的功能、可靠性、性能、模式、价格和售后服务，从中选择一种自认为“足够好”或“满意”的产品。

通常情况下，网络消费者都会采取比较选择的办法来对要购买的商品进行分析。常见的方法有看发布渠道、看广告用语、看主页内容更换的频率和尝试性购买等。而由于网络购物不能直接接触实物，所以，网络营销商要对自己的产品进行充分的文字描述和图片描述，以吸引更多的顾客。但也不能对产品进行虚假的宣传，否则可能会永久地失去顾客。

同样的计算机用户，由于其使用的关注点不同，比较的方法也就不同，最终会导致相反的选择。苹果电脑的用户为什么选择苹果呢？“苹果电脑在教育领域应用的广泛性，视频产品与解决方案的完整性，极高的性能价格比，这是我们选择苹果的原因所在。”DELL 电脑的用户为什么选择 DELL 呢？“因为 DELL 电脑直销的低廉价格、个性化定制及周到的售后服务。”同样是一种产品，因为消费者的关注点不同，比较选择的结果也就不同，关注性能的消费者选择了苹果，关注个性的消费者选择了 DELL。

3.3.4 购买决策

网络购买决策是指网络消费者在购买动机的支配下，从两件或两件以上的商品中选择一件满意商品的过程。网络消费者在完成对商品的比较选择之后，便进入到购买决策阶段。与传统的购买方式相比，网络购买者在购买决策时主要有以下三个方面的特点：首先，网络购买者理智动机所占比重较大，而感情动机的比重较小；其次，网络购物受外界影响小；第三，网络购物的决策行为与传统购买决策相比速度要快。

1．决策购买的条件

网络消费者在决策购买某种商品时，一般要具备以下三个条件：

1）对厂商有信任感。

2）对支付有安全感。

3）对产品有好感。

所以，网络营销的厂商要重点抓好以上工作，促使消费者购买行为的实现。通常影响消费者购买决策的因素有两种：其一是他人的态度，包括其他人对此商品的评价和意见；其二是一些突发的、未预期的因素，如图 3-6 所示。

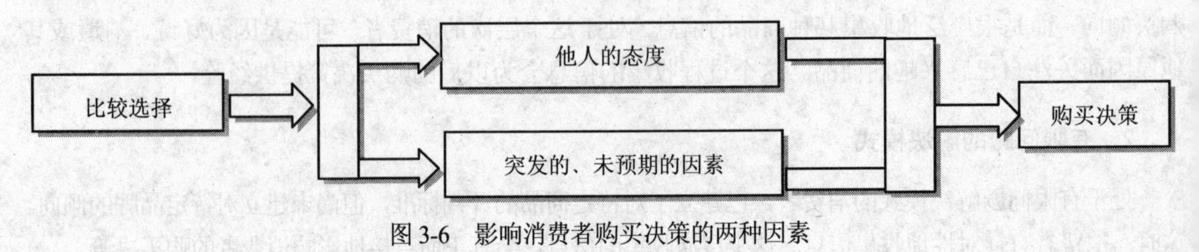

图 3-6 影响消费者购买决策的两种因素

网络消费者在线购买一些商品时，他人的态度对其购买决策起着重要的影响。这里的他人包括三类：一是家人、亲友、邻居、同事等，通常这些人的态度和建议能起着决定性的作用；二是广告商、推销员、经销商等，这些人对于商品的宣传和介绍也能影响并改变消费者的决策；三是大众传媒、报纸杂志、专家学者等中立者的评价。消费者会综合上面各个角色的评估信息，对每个方案进行比较，同时依照自己的偏好，确定出各种产品的优劣顺序。

2．购买决策的内容

（1）购买动机　消费者的购买动机是多种多样的。同样购买一台洗衣机，有人为了节约家务劳动时间；有人为了回避涨价风险；有人则是买来孝敬父母。

（2）购买对象　购买对象是决策的核心和首要问题。决定购买目标不只是停留在一般类别上，而是要确定具体的对象及具体的内容，包括商品的名称、厂牌、商标、款式、规格和价格。

（3）购买数量　购买数量一般取决于实际需要、支付能力及市场的供应情况。如果市场供应充裕，则消费者既不急于购买，也不会购买太多；如果市场供应紧张，即使目前不是急需或支付能力不足，也有可能购买甚至负债购买。

（4）购买地点　购买地点是由多种因素决定的，如路途远近、可挑选的品种数量、价格以及服务态度等等。它既和消费者的惠顾动机有关，也和消费者的求廉动机、求速动机有关。

（5）购买时间　购买时间也是购买决策的重要内容，它与主导购买动机的迫切性有关。在消费者的多种动机中，往往由需要强度高的动机来决定购买时间的先后缓急；同时，购买时间也和市场供应状况、营业时间、交通情况和消费者可供支配的空闲时间有关。

（6）购买方式。

3．消费者决策的原则

（1）最大满意原则　就一般意义而言，消费者总是力求通过决策方案的选择、实施，取得最大效用，使某方面需要得到最大限度的满足。按照这一指导思想进行决策，即为最大满意原则。遵照最大满意原则，消费者将不惜代价追求决策方案和效果的尽善尽美，直至达到目标。最大满意原则，只是一种理想化原则，现实中，人们往往以其他原则补充或代替之。

（2）相对满意原则　该原则认为，现代社会中，消费者面对多种多样的商品和瞬息万变的市场信息，不可能花费大量时间、金钱和精力去搜集制定最佳决策所需的全部信息，即使有可能，与所付代价相比也绝无必要。因此，在制定购买决策时，消费者只需做出相对合理的选择，达到相对满意即可。例如，在购置皮鞋时，消费者只要经过有限次数的比较选择，买到质量、外观、价格比较满意的皮鞋，而无需花费大量时间跑遍所有商店，对每一双皮鞋进行挑选。贯彻相对满意原则的关键是以较小的代价取得较大的效用。

（3）遗憾最小原则　若以最大或相对满意作为正向决策原则，遗憾最小则立足于逆向决策。由于任何决策方案的后果都不可能达到绝对满意，都存在不同程度的遗憾，因此，有人主张以可能产生的遗憾最小作为决策的基本原则。运用此项原则进行决策时，消费者通常要估计各种方案可能产生的不良后果，比较其严重程度，从中选择情形最轻微的作为最终方案。例如，当消费者因各类皮鞋的价格高低不一而举棋不定时，有人便宁可选择价格最低的一种，以便使遗憾减到最低程度。遗憾最小原则的作用在于减少风险损失，缓解消费者因不满意而造成的心理失衡。

（4）预期满意原则　有些消费者在进行购买决策之前，已经预先形成对商品价格、质量、款式等方面的心理预期。消费者在对备选方案进行比较选择时，与个人的心理预期进行比较，从中选择与预期标准吻合度最高的作为最终决策方案，这时他运用的就是预期满意原则。这一原则可大大缩小消费者的抉择范围，迅速、准确地发现拟选方案，加快决策进程。

3.3.5 购后评价

消费者在购买商品之后会体验某种程度的满意和不满意。因此，商品在被购买之后，营销人员的工作并没有结束。消费者购买商品后，往往通过使用和他人的评价，对自己的购买选择进行检验和反省，重新考虑这种购买是否正确，效用是否理想以及服务是否周到等问题。产品的购后评价往往决定了消费者今后的购买动向。如果产品符合期望甚至超出期望，消费者对商品的满意度会很高；反之如果与期望不符，消费者则会对商品会产生抱怨。满意度高的商品，在今后的购买中，重复购买的可能性就高；反之，满意度低的商品，厂商极有可能从此丧失了这些消费者。因此，可以说："满意的顾客就是企业的最好广告。"

为了提高企业的竞争能力，最大限度地占领市场，企业必须虚心听取顾客的反馈意见和建议。方便、快捷、便宜的电子邮件，为网络营销者收集消费者购后评价提供了得天独厚的优势。厂商在网络上收集到这些评价之后，通过计算机的分析、归纳，可以迅速找出工作中的缺陷和不足，及时了解消费者的意见和建议，制定相应对策，改进自己产品的性能和售后服务。

一般来说，厂商在产品销售的过程中都会极力强调自己的售后服务。电子产品的消费者更注意的是厂商所承诺的固件升级。但许多电子产品的厂商往往对所做的承诺不予兑现，这就极大地降低了消费者的购后评价值。消费者会用自己的行动拒绝这些厂商的产品，最终导致这些不尊重顾客的品牌被淘汰出局。韩国各个系列的MP3产品在我国和其他各国的播放器市场有着较高的声誉，除了其产品的性能质量外，与他们的优质售后服务也是分不开的。韩国的IRIVER、MPIO品牌，十分注重对产品固件的升级，提供了网上在线升级服务，极大地方便了消费者，这些做法也为其获得了许多忠诚的顾客群。相比之下，某些国产品牌只求眼前效益、只售不修的做法无异于"杀鸡取卵"。

本章小结

1．网络消费者分析：网络消费者是一个独特的群体，他们以年轻、高学历用户为主，很注重自我，头脑冷静、擅长理性分析，对新鲜事物有着孜孜不倦的追求，而且品味越来越高，耐心越来越少。他们不仅关注价格，而且消费的主动性不断增强，追求消费过程的方便和享受，选择商品时更加理性化。

2．影响消费者购买行为的主要因素：消费者不可能在真空里做出自己的购买决策，他们的购买决策很大程度上受到文化、社会、个人和心理因素的影响。网络消费者的购买动机分为两大类：需求动机和心理动机。

3．消费者在购买过程中主要经历五个阶段：唤起需求、收集信息、比较选择、购买决策和购后评价。

习　题

一、填空题

1．网络消费者可以分为：______、______、______、______、______和______几种类型。

2．影响普通消费者的因素有______、______、______和______。

3．影响网络消费者的因素有______、______、______、______、______和其他因素。

4．亚伯拉罕·马斯洛的"马斯洛需求层次论"中，最低的需求是______，最高的需求是______。

5．网络消费者认知活动可分为______、______和______三种方式。

二、选择题

1．海尔公司的“三角形冰箱”行为是考虑到了消费者的（　　）。

A．层次性　　B．差异性　　C．需求的交叉性　　D．超前性

2．科龙公司的“卡通冰箱”是考虑到了消费者的（　　）。

A．层次性　　B．差异性　　C．需求的交叉性　　D．超前性

3．1999 年杰士邦广告的禁播是因为该公司未能考虑到中国普通消费者的（　　）。

A．文化因素　　B．社会因素　　C．个人因素　　D．心理因素

4．下列属于网上消费者在线购买产品中最喜爱购买的商品是（　　）。

A．礼品　　B．书籍　　C．体育用品　　D．服装

5．同样的电脑用户购买不同品牌的电脑，是因为其（　　）不同。

A．收信信息　　B．比较选择　　C．购买决策　　D．购后评价

三、判断题

1．网络消费者分析是企业进行市场营销的出发点，其最终目的便是销售企业的商品来满足消费者的需求。（　）

2．网上购物活动与传统购物活动无太大的区别。（　）

3．当当网推出的名为“2 元与当当第一次亲密接触”的营销活动针对的是消费者的购买决策。（　）

4．相对于网络商店，传统商店中消费者更不受购物时间的限制。（　）

5．通常在网络环境条件下，消费者能够更理性地选择商品。（　）

四、思考题

1．某国际知名快餐食品想打入中国市场，却顾虑中国人群不能接受该种食品。如果请你做一下营销策划，想一想如何才能使之融入中国的饮食文化？

2．作为某电子产品的营销人员，你应采取哪些措施来稳定住你的顾客群，并提高顾客对你产品的信任度，甚至让顾客主动向别人推荐你的产品？

3．如果你是下列组织的营销经理，请问你将如何根据马斯洛的需求层次理论来制定营销战略？

（1）雅芳化妆品

（2）美国癌症协会

（3）西服

（4）全聚德烤鸭店

（5）北京图书大厦

4．为什么许多传统的商店网上经营不成功，而没有多少零售经验的 8848 却成功了呢？

5．网上消费者需求特点与传统消费者购物特点是一样的吗？网上消费者需求有哪些特点呢？

6．网上消费者是如何进行购物选择的？企业应该如何抓住网上消费者的心？

五、实训题

假定你是某知名手机品牌的营销策划人员。现公司将推出一款新型手机，预计的顾客群定位于都市年青白领女性。结合影响消费者购买行为的各种因素，你将如何制定手机的设计要求与设计方案？

第4章　网络营销中的目标市场分析

本章主要内容

- 网络市场细分的概念、作用、一般方法和标准
- 网络目标市场的内涵、选择和策略
- 网络市场定位的依据、策略

案例：海尔的成功

海尔进行市场细分的标准可以说是五花八门，也只有这样多的标准，才能划分出客观的市场，使对应推出的产品能满足不同类型消费者的需求。例如，由于消费者对家电的需求不尽相同，于是海尔设计出不同的外形、色泽和功能的产品，以适应不同消费者的不同需要；在占领城市市场的同时，海尔也注意到农村市场，但是海尔并没有直接把城市销售的冰箱拿到农村去卖，而是通过削减产品功能来降低产品成本，以较低的零售价来适应农村的消费水平。另外，海尔通过改造冰箱的压缩机以适应农村电压波动大的特点，成功进入了农村市场。

海尔在不同城市销售的冰箱也不尽相同。在北京，海尔的冰箱多宽大；而在上海，海尔的冰箱瘦窄而秀气。原来，海尔经过市场调研，发现上海居民的住房普遍比北京居民的住房小，消费者不希望冰箱占据过大的面积，而且上海人大多欣赏外观小巧的冰箱，于是海尔专门为上海市场量身定做了“小王子”冰箱，推出后十分畅销。

针对许多消费者家中老冰箱冷藏容积大，冷冻容积小，食品多了冻不了的烦恼，海尔专门开发了“小小王子”伴侣全冷冻小冰箱，作为家中已有老冰箱的消费者的补充产品。“小小王子”一上市便脱销，满足了一个重要的细分市场的需求。海尔还为北美国家的消费者设计制造了专门存储干红、干白葡萄酒的分层恒温高级冰箱，占领了该细分市场90%的份额。

海尔在美国瞄准了学生这一细分市场，销售的小冰箱不但适合学生个人储藏食品，还可以当电脑桌或书桌。

针对夏天人们洗衣服次数多，但每次洗衣服量少的特点，海尔开发了“小小神童”洗衣机；针对人们洗不同的衣服需要不同的转速的要求，海尔开发了变速洗衣机，这种洗衣机可以自动感知衣物，自动选用不同的转速，同时又满足了消费者“洗得净又节水”的要求……

从上述案例中可以看出，海尔的市场细分客观而又全面。海尔的成功与这种正确的市场细分是分不开的。

案例分析与提示：

市场由消费者构成，而不同的消费者往往有不同的需求，没有一个消费者的心理是完全一样的，每一个消费者都是一个细分市场。个性化消费正在成为消费的主流，任何企业都不能希望自己的一种产品能满足所有消费者的需求，因此，必须进行市场细分。而市场细分又是选择目标市场的主流方法，目标市场是企业经过市场细分之后打算进入的细分市场。一般来说，一个企业难以为所有的细分市场都提供最佳的服务，而只能根据自己的资源条件和各个细分市场上的具体情况，选择其中一个或几个细分市场作为自己营销的对象，这就是选择目标市场。企业一旦确定了目标市场，还需要对其产品进行市场定位，即企业的产品在选定的目标市场中占据什么位置。

4.1 网络市场细分

4.1.1 网络市场细分的作用

网络市场细分是指企业在调查研究的基础上，依据网络消费者的需求、购买动机与习惯爱好的差异性，把网络市场划分成不同类型的消费群体，每个消费群体就构成了企业的一个细分市场。这样，网络市场可以分成若干个细分市场，每个细分市场都是由需求和愿望大体相同的消费者组成。在同一细分市场内部，消费者需求大致相同；不同细分市场之间，则存在着明显的差异性。企业可以根据自身的条件，选择适当的细分市场为目标市场，并依此拟定本企业的最佳网络营销方案和策略。

与传统市场的消费者相比，网络市场的消费者上网更注重个性化的追求：寻找意外惊喜、廉价刺激、知识与娱乐、省时的服务以及一些或许能提高自己生活水平的产品信息。但是他们都期望网络能成为自己的一片天地，提供量身订制的信息，并依照自己的需求意愿建立关系。

网络市场细分可以为企业认识网络市场、研究网络市场，从而选定网络目标市场提供依据。具体来说，网络市场细分有以下几方面的作用。

1．有利于分析网络市场，发现最有利的市场机会，开拓新市场

在网络市场细分的基础上，企业可以深入了解网络市场顾客的不同需求，并根据各子市场的潜在购买数量、竞争状况及本企业实力的综合分析，发掘新的市场机会，开拓新市场。日本的佳能公司通过市场细分，发现女性使用的照相机潜在需求很大，市场上销售的照相机还不能满足女性的需求，于是开发出“Snappy”（敏捷）照相机，找到一个最有利的营销对象。

2．有利于集中使用企业资源，节省营销费用，取得最佳营销效果

企业通过网络市场细分，发掘网络市场机会，并根据主客观条件的分析选定网络目标市场。因此，将企业可以集中有限的资源使用在一个或几个细分的市场上，可以节省营销费用，使有限资源得到较充分的利用，从而取得最佳营销效果。

3．有利于制定和调整营销方案，增强企业应变能力

在网络市场细分的基础上，比较容易认识和掌握各细分市场的需求变化和竞争态势，以及对营销措施的反应，从而相应地调整营销策略，制定最佳的营销战略。

4．有利于中小企业开拓和占领市场

中小企业营销资源有限，在网络市场细分的基础上，可以找到对自己最有利的细分市场作为目标市场，特别是一些乡镇企业和私有企业，更要准确找好自己的目标市场，避免与大公司、大企业之间的正面竞争，利用它们的死角和不重视的细分市场来求得自己的生存和发展空间。华龙面上市之初，根据自己品牌小、缺乏竞争实力的特点，避开在大中城市与“康师傅”等大品牌、高档面正面冲突，把目标锁定在小城市和广大农村消费者身上，从而使它在创立之初能够顺利成长。

5．有利于企业分配营销预算

企业在网络市场细分的基础上，可以根据各个细分市场的需求潜量和竞争状况合理地分配营销预算。

4.1.2 网络市场细分的原则

实现网络市场细分化，并不是简单地把消费者视为需求相同或不同就行了。因为它在企业的市场营销活动中处于战略地位，直接影响到企业各种营销策略的组合，所以网络市场细分必然要遵循一定的原则，或者具备一定的条件。这些原则主要有：

1. 可衡量性

可衡量性指表明消费特征的有关资料的存在或获取这些资料的难易程度。例如，以地理因素、消费者的年龄和经济状况等因素进行市场细分时，这些消费者的特征就很容易衡量，资料获得也就比较容易；而以消费者心理因素和行为因素进行市场细分时，其特征就很难衡量，所以它是一种高级细分技术，需要在有关专家协助下才能搞好。

2. 实效性

实效性指网络目标市场的需求规模及获利性值得企业进行开发的程度。一个细分市场是否大到可以实现具有经济效益的营销目标，取决于这个市场的人数和购买力。在进行市场细分时，企业必须考虑细分市场上消费者的数量、消费者的购买能力和购买数量。一个细分市场应是适合设计一套独立营销计划的最小单位。

3. 可接近性

可接近性指企业能有效地集中力量接近网络目标市场并有效为之服务的程度。一方面指企业能够通过一定的媒体把产品信息传递到细分市场的消费者；另一方面是产品经过一定的渠道能够达到该细分市场。对于企业难以接近的网络市场进行细分就毫无意义。

4. 反应率

反应率指不同的细分市场，对企业采用不同营销策略组合所具有的不同反应程度。如果网络市场细分后，由于市场对各种营销方案的反应都差不多，则细分市场就失去了意义。例如，如果所有细分市场按同一方式对价格变动做出反应，也就无需为每一个市场规定不同的价格策略。

5. 稳定性

网络细分市场必须在一定时期内保持相对稳定，以便企业制定较长期的营销策略，有效地开拓并占领该目标市场，获取预期收益。若细分市场变化过快，网络目标市场犹如昙花一现，则企业经营风险也随之增加。同时，在实践中，除稳定性外，细分市场也并不是越细越好。因为如果细分过细，一是增加细分变数，给细分带来困难；二是影响规模效益；三是增大费用和成本。这时就应实施“反细分化”策略。它并不是反对市场细分，而是要减少细分市场的数目，亦即略去某些细分市场。或者把几个太小的细分市场集合在一起。推行“反细分化”策略，要有利于扩大产品的适销范围，降低成本和费用，增加销售，提高经济效益。

4.1.3 市场细分的一般方法

在市场研究中，市场细分不仅是市场研究的重要组成部分，而且是科学分析消费者特征的重要手段和关键环节。市场细分的过程就是将最显著、最突出的消费者和最有可能成为消费者的群体找出并加以分类研究的过程。它是对纷繁复杂的市场的探索和研究过程，对现有消费者的划分实际上是对具有相同或相似的消费群体的辨认和分类过程；而对潜在消费者的探测过程则是对不同人中群体的消费模式加以识别的过程。根据市场的异类性和同类性特点，对消费者的需求进行细分，就需要一系列的细分标准，运用一定的标准把消费者的需求归纳为若干不同的消费者群，这个方法称为市场细分的方法。

市场细分的方法有很多种。总的来说，市场总是由消费者和潜在消费者构成的，而每个消费者的需求又各不相同，这些不同的特征和不同的需求都可以成为市场细分的凭据。应该基于需求的实际差异，从顾客出发，操作上应十分注重实实在在的市场调查和市场预测。顾客的需求是受多种因素影响的，通过这些因素就可以间接掌握顾客的需求。按影响消费者需求的因素进行市场细分一般有以下几种方法：

1．单一因素法

单一因素法，即企业仅依据影响需求倾向的某一个因素或变量对一种产品的整体市场进行细分。例如按性别细分化妆品市场，按年龄细分服装市场等。该方法适用于市场对一种产品需求的差异性主要是由某个因素或变量影响所致的情况。单一因素细分法相对简单，处于市场分析和研究的初级阶段，其结果也很粗放。

2．多因素法

多因素法，即依据影响需求倾向的两个以上的因素或变量对一种产品的整体市场进行综合细分。例如按生活方式、收入水平和年龄三个因素可将妇女服装市场划分为不同的细分市场。该方法适用于市场对一种产品需求的差异性是由多个因素或变量综合影响所致的情况。它可以全面、准确、细致地描述消费者特征，其结果比较准确和精细。随着市场变化的日益复杂和对研究深入的客观需要，客观上需要细分全面、准确和具有可操作性。因此，多因素研究越来越受到市场研究和营销者的青睐。纵观市场细分方法，也只有多因素细分才能全面考察消费者的特性，才能更加细致地区分不同消费者的细微差别。

3．系列因素法

若市场所涉及的因素是多项的，并且各因素是按一定的顺序逐步进行，则可以依据影响需求倾向的多种因素或变量对一种产品的整体市场由大到小、由粗到细、由浅入深逐步进行细分，这种方法称为系列因素法。这种方法会使目标市场变得越来越具体、越来越清晰。例如，某地的皮鞋市场用系列因素细分法细分如下：

- 皮鞋市场
  - 城市
  - 农村
    - 男性
    - 女性
      - 老年
      - 中年
      - 青年
      - 儿童
        - 求美观
        - 求廉价
        - 求实用
        - 求新潮

该方法适用于影响需求的因素或变量较多，企业需要逐层逐级辨析并寻找适宜的市场部分的情况。

在进行市场细分时，能否视具体情况和实际需要使用适当的因素、变量及方法，直接影响着市场细分工作的质量和效率，因此市场营销人员在对市场实施细分之前，必须对有关问题进行认真的考虑，基于需求的实际差异，从顾客出发，操作上十分注重实实在在的市场调查和市场预测。

4.1.4　市场细分的标准

市场细分的基础是顾客需求的差异性，所以凡是使顾客需求产生差异的因素都可以作为市场细分的标准。由于各类市场的特点不同，因此各类市场细分的标准也有所不同。

细分市场是目标营销的第一步。市场由消费者组成，而消费者具有不同特性，如所处地理环境、性别、年龄、文化、生活方式等均不同，这些都可以作为市场细分的变量。一般而言，重要变量有四类：地理变量、人口统计变量、心理变量和行为变量。

1．消费品市场的细分标准

消费品市场的细分标准可以概括为地理因素、人口统计因素、心理因素和行为因素四个方面。尽管互联网是开放性的全球网络，打破了常规地理区域的限制，但是，如果在网上营销的是区域性产品和服务，或者带有文化差异的产品或服务，仍然适宜用地理变量来区分市场。

（1）根据地理因素细分网上市场　按地理因素细分，就是按消费者所在的地理位置、地理环境等因素来细分市场。因为处在不同地理环境下的消费者，对于同一类产品往往会有不同的需要和偏好。例如，空调在炎热的南方各省有很大的需求，在温度较低的西北、东北地区销售不畅；再如，对自行车的选购，城市居民喜欢式样新颖的轻便车，而山区的居民注重坚固耐用的加重车等，因此对消费品市场进行地理细分是非常必要的。地理标准还可以进一步细分为地理位置、城镇大小、地形和气候等标准。

1）地理位置。可以按照行政区划分来进行细分。如在我国可以划分为东北、东南、西北、西南、华北、华东和华南几个地区；也可以按照地理区域来进行细分，可以划分为省、自治区、市和县等；由于我国地域辽阔，发展不平衡，也可以按照地方差别分为沿海、内地、城市和农村等。在不同地区消费者的需求存在着很大差异。

2）城镇大小。按人口规模可以划分为大城市、中等城市、小城市和乡镇等。处在不同规模城镇的消费者，在消费结构方面存着在很大差异。

3）地形和气候。按地形可划分为平原、丘陵、山区、沙漠地带等地形；按气候可以分为热带、亚热带、温带、寒带等。防暑降温、御寒保暖、防雨遮雪之类的消费品就可按不同的气候来划分。如在我国北方，冬天气候寒冷干燥，加湿器很有市场；但在江南，由于空气湿度大，基本不存在对加湿器的需求。

实践中，许多企业按地理区域制定自己的营销计划，使产品、定价、包装、广告、分销渠道等尽量适合当地消费者的需要。例如，上海大众汽车有限公司为新疆地区的消费者专门设计制造了油、气两用轿车，因为新疆有丰富的、廉价的天然气资源。

（2）根据人口统计因素细分网上市场　人口统计变量包括年龄、民族、性别、家庭人口数、家庭生命周期、收入、教育、宗教、国籍等。人口统计变量常与消费者的需求、偏好和使用频率有关，而且人口变数也比其他变数更容易测量，因此常用来细分市场，或借由这个变量表达一些非人口统计变量。

1）年龄。不同年龄段的消费者，由于生理、性格、爱好、经济状况的不同，对消费品的需求往往存在很大的差异。因此，可按年龄将市场划分为各具特色的消费者群，如儿童市场、青年市场、中年市场、老年市场等。从事服装、食品、保健品、药品、健身器材、书刊等商品经营业务的企业，经常采用年龄变数来细分市场。很多奶粉厂家针对不同年龄段推出不同配方的奶粉以适应儿童市场、青年市场、中年市场和老年市场等的需要。耐克公司根据老年人的特点推出了适合老年人穿的运动服等。

2）性别。按性别可将市场划分为男性市场和女性市场。不少商品在用途上存在明显的性别特征，如男装和女装、男鞋和女鞋。在购买行为、购买动机上男女之间也有很大的差异，如妇女是服装、化妆品、日常家庭用品、食品等商品的主要购买者，男士则是香烟、酒、体育用品、剃须刀等商品的主要购买者。因此，从事服装、珠宝首饰、化妆品、美容美发及其用品的企业和行业长期以来大都按性别来细分市场。日本松下公司在市场调查中发现，女性市场上很多人每天都要洗涤内衣，但都不愿意将其晾在光天化日之下，据此，松下公司推出了专供女性烘干内衣的小型烘干机，结果大受女性青睐。

3）收入。收入水平将直接影响消费者的消费水平和需求欲望。根据平均收入水平的高低，可将消费者划分为高收入、次高收入、中等收入、次低收入、低收入五个群体。汽车、空调、豪华家具、珠宝首饰等高级消费品往往被高收入水平的消费者所购买，而且收入高的消费者一般喜欢到大百货公司或品牌专卖店消费，因此，汽车、旅游、房地产等行业一般都按收入变量来细分市场。

4）民族。世界上大部分国家都拥有多种民族，我国更是拥有 56 个民族的大家庭，这些民族都有各自的风俗习惯，从而呈现出不同的商品需求。因此，按民族这一细分变量来细分市场既可以满足各族人民的不同需要，更可以进一步扩大企业的产品市场。

5）职业。不同职业的消费者由于工作条件、生活方式、思想认识等不同，其消费需求往往存在很大的差异。例如，教师一般比较喜欢简洁、大方、实用的消费品；而艺术工作者则比较偏爱华丽、新奇、时尚的消费品。

6）教育状况。消费者受教育程度不同，其兴趣爱好、生活方式、价值观念等都会有很大不同，因而会影响其消费习惯和消费行为。

7）家庭人口。家庭人口数量不同，在住宅大小、家具、家用电器乃至日常消费品的包装等方面都会出现很大的需求差异。很多牛奶厂家推出针对家庭人口多少包装和小包装牛奶，同时满足了多人口家庭和少人口家庭的需求，大大提高了牛奶的销量。

（3）根据心理因素细分网上市场　消费者的心理状态直接影响他们的购买趋向和选择。特别是现在顾客购买商品已经不限于满足基本的生活需要，心理因素左右购买行为的力量更显突出。心理因素一般包括生活方式、购买动机、性格、态度等。例如，在美国好莱坞曾出现了一家出售饮用水的“水吧”。这家“水吧”所出售的饮用水是来自中国、独联体、法国、韩国等地的天然水、清泉水、矿泉水、山谷水，有 70 多个品种，价格在 1～10 美元之间，这种清纯的大自然饮品很受消费者的欢迎。人们只知道去“酒吧”、“咖啡厅”、“茶座”，哪里想到还有“水吧”？这是人们在长时间享受太精细、太人工化的精品之后，出现的一种返璞归真的趋势。抓住消费者这样的心理，不就能取得成功吗？

在使用其他因素难以把市场分开的情况下，就可用心理因素来细分市场。在使用心理因素细分市场时，不用或不需测量有关小市场上到底有多少具有某种特征的人，只要断定有相当多的人具有这种特征就行了。

心理因素标准可以用来进行细分市场，但它的用处将是有限的。因为，一是它们难以进行衡量，二是它们和需求之间的关系常常不明显或模糊不清。

（4）根据行为因素细分网上市场　很多营销人员相信，行为变量是构成市场细分的最佳途径。网站可以设立 BBS、网络论坛或者提供网上对话功能，让网民有双向交流的机会，从他们交互过程中所留下的信息中，可以知道网友的许多想法、兴趣和偏好等。

使用频率这个变量无论对网上营销还是网站营销都具有特别重要的意义。这其中有著名的 80/20 定律，即 20%客户的消费额占去了整个消费额的 80%。也就是说，存在着所谓的重度消费者。这对营销者来说，抓住这个细分市场，意味着可以花最少的资源获取最大的收获。

（1）购买时机　许多商品的消费具有时令性，因此企业可以根据消费者的购买时机来细分市场。例如，季节性商品电扇、空调、取暖器、服装等，届时购买者必增多；节日礼品和婚嫁特殊用品，消费者购买时间也有一定的规律性。在西方国家许多企业往往通过购买时机细分市场，把握特定时机的市场需求，试图扩大消费者使用本企业产品的范围。

（2）追求利益　消费者购买商品是为了满足一定的需要。由于消费者的生活水平、生活方式、性格和职业等不同，其需求有很大的差异性，因而即使对同一种商品所追求的利益也有很大差异。以顾客所追求的利益来细分市场，也就是依照购买者从特定产品中可能得到的利益来细分市场，这是现代营销中取得最大进展的一种细分标准。如 20 世纪 80 年代，美国一项钟表市场的调查结果表明：大约 32%的买主追求的是价格低廉，46%的买主则重视品质一般而经久耐用，22%的买主是当做炫耀身份的象征。当时各大钟表商都倾向于“炫耀地位”的细分市场，他们生产价格昂贵的手表，宣传其产品所代表的声望，并通过珠宝店出售。而美国计时公司却决定把它的产品利益放在低价耐用这两个细分市场，推出它的“Timex”手表，并通过各种大众化商店出售。通过这种新的市场细分策略，没过几年它就成了世界上最大的钟表公司。

（3）购买数量　据此可将市场细分为大量使用者、一般使用者和少量使者三个子市场。大量使用者只占顾客总数的小部分，但却买走了售出产品的大部分，显然，企业应该以大量使用者为营销对象。如学习用品大量使用者是学生，化妆品大量使用者是中青年女性等。根据美国的一项调查，90%的贺卡是由女性买走的，贺卡的制造商和经销商当然应瞄准女性顾客开展营销活动。

（4）品牌忠诚度　根据顾客对产品的忠诚度，可把消费者细分为专一品牌的忠诚者、多种品牌的忠诚者、转移的忠诚者和非品牌的忠诚者四种。专一品牌的忠诚者只忠诚于某种品牌的产品，如胶卷只买柯达胶卷，电器只买海尔电器，牙膏只买中华牙膏等；多种品牌的忠诚者同时忠诚于几种品牌的产品，电器既买海尔的也买长虹的；转移的忠诚者是从忠诚于本品牌转移到忠诚于其他品牌的消费者，如以前忠诚于中华牙膏现在忠诚于高露洁牙膏等；非品牌忠诚者对任何一种品牌都不偏爱，购买时或者是求新，或者是老买降价产品。一般来说，每种产品都有这四种不同忠诚度的顾客。这种市场细分的意义在于：通过分析对自己产品专一的忠诚者的特征，可以比较清晰地知道自己的目标市场都是些什么人；通过分析多品牌的忠诚者可以确认哪些品牌是自己的主要竞争对手；通过分析转移的忠诚者，可以了解自己营销上的弱点，并采取措施加以改进；通过分析非品牌忠诚者，可以采用降价促销的办法吸引他们。

市场细分是否有效，需具备五个特点：①可测量性，即细分市场的大小及购买力可以被衡量；②可盈利性，指细分市场的规模足够大，有足够的利润空间；③可进入性，指公司能有效地进入市场并为之服务；④可区分性，指各个细分市场是可以识别的，并且对于不同的营销组合方案有不同的反应；⑤可行动性，即公司能系统地制定有效的营销计划来吸引细分市场，并为之服务。

2．生产资料市场的细分标准

细分消费品市场的标准很多也适用于生产资料市场的细分，但由于生产资料市场有它自身的特点，所以还需要用一些其他的标准来细分生产资料市场。最常用的标准有：最终用户要求、用户规模、用户地理位置等。

（1）按最终用户要求细分　最终用户要求是细分生产资料市场最常用的标准。购买生产资料或是为了满足不同的生产需要或是为了再出售，因而不同的最终用户对同一种产品往往有不同的要求。如飞机制造公司比一般的汽车生产商对轮胎的质量要求要高得多；军工企业比一般自行车生产厂商对钢材质量的要求要高得多。因此，企业应根据不同用户的要求提供不同的产品，制定不同的营销组合策略，以满足用户的需求差异。

（2）按用户规模细分　用户经营规模决定其购买能力的大小、购买数量的多少。按经营规模可以将生产资料市场划分为大用户、中用户和小用户。一般来说，大用户数量虽少，但购买力大，购买数量多；小用户数量虽多，但购买力小，购买数量并不大。许多时候，一个大客户的购买量往往是很多小客户之和的几倍甚至几十倍，失去一个大客户往往会给企业带来很大损失。因此，企业应按照用户经营规模制定相应的营销策略和接待方式。

（3）按地理位置细分　不同国家和地区由于自然条件、交通运输、通信条件、气候条件、经济发展及历史传统等原因形成了不同的工业区域。如以山西为中心的煤炭工业区，东南沿海的加工工业区等。这就决定了生产资料市场往往比消费品市场在区域上更为集中，地理位置就成为细分生产资料市场的重要标准。企业按用户的地理位置细分市场，选择客户较为集中的地区作为目标市场可以节约营销资源，降低营销成本，取得最佳的营销效果。

因此，企业既应根据具体情况把多种标准结合起来细分市场，又要考虑到标准和变数会因时间的推移而变化，并适时调整细分标准和变数，制定最佳的营销策略。

4.2　网络目标市场选择

4.2.1　目标市场的内涵

目标市场是企业经过市场细分之后准备进入的最佳市场部分或子市场。所谓网络目标市场，也叫网络目标消费群体，事实上，就是企业商品和服务的销售对象。一个企业只有选择好了自己的服务对象，才能将自己的特长充分发挥出来；只有确定了自己的服务对象，才能有的放矢地制定经营服务策略。企业选择网络目标市场，即选择适当的服务对象，是在网络市场细分的基础上进行的。只有按照网络市场细分的原则与方法正确地进行网络市场细分，企业才能从中选择适合本企业为之服务的网络目标市场。一个好的网络目标市场，必须具备以下条件：

1）该网络市场有一定购买力，能取得一定的营业额和利润。

2）该网络市场有尚未满足的需求，有一定的发展潜力。

3）企业有能力满足该网络市场的需求。

4）企业有开拓该网络市场的能力，有一定的竞争优势。

4.2.2　怎样选择目标市场

1. 网络目标市场的选择程序

公司在市场细分后，常常采用 “产品、市场”矩阵分析方法选择目标市场，以确定最有吸引力的细分市场。矩阵的“行”代表所有可能的产品（或市场需求），“列”代表细分市场（即顾客或顾客群）。其步骤大致可分为四个阶段：

1）按照本公司新开发产品的主要属性及可能使用该产品的主要购买者两个变数，在网络市场中划分出可能的全都细分市场。

2）收集、整理各细分市场的有关信息资料，包括对公司具有吸引力的各种经济、技术及社会条件等资料。

3）根据各种吸引力因素的最佳组合，确定最有吸引力的细分市场。

4）根据本公司的实力，决定最适当的网络目标市场。

2. 网络目标市场范围战略

一般有五种网络目标市场战略可供选择。

(1)产品—市场集中化战略　这是指企业的目标市场，无论从市场的角度还是从产品的角度考察，都集中于一个市场层面上。企业集中力量只生产或经营某一种产品，供应某一类顾客群。如世界零售业的巨头沃尔玛，在其起步阶段把目标锁定在农村和小城镇，推行低价销售，从而取得了很大的成功，并不断发展壮大起来，确立了其在世界零售业的霸主地位。

这种战略的优点是有利于企业对目标市场的深入了解，进行专业化经营，如果目标市场选择的准确，就能在短期内取得较高的收益，是中小企业由弱变强、由小到大的重要途径。缺点是风险较大。因为企业选择的目标市场比较狭窄，一旦市场情况发生变化，或强有力的竞争者进入该市场，企业可能陷入困境，甚至破产倒闭。因此，这种战略比较适于资源比较有限的中小企业，可以使其实现专业化生产和经营，并在取得成功后再向多元化发展，以进一步壮大企业势力。

（2）产品专业化战略　这是指企业只生产或经营某一种产品以满足各类顾客的需求。如大宝护肤美容霜的生产厂家用这一种产品，面向男女老幼各种职业的顾客销售，以吸引尽可能多的消费者，这一点从大宝护肤霜的电视广告上可以看出来。这种战略把整个市场看做一个大的目标市场，强调所有的消费者对这一种产品有着共同的需求，忽视消费者之间在需求上的差异，只推出一种产品，运用一种营销组合，吸引绝大多数顾客，为整个市场服务。

这种战略的优点是可以降低成本、节省产品的设计、制造、广告宣传、市场调研等费用，获得低成本的价格优势。缺点是对于大多数产品不适用。因为不同的消费者对产品的需求往往存在较大的差异，用一种产品去满足所有的消费者的需求是比较困难的。因此，这种战略对需求广泛、消费者需求差异不大的产品比较适宜。

（3）市场专业化战略　企业生产或经营各种不同种类的产品来满足某一顾客群（细分市场）的不同需求。如某教学仪器厂以中学实验室为目标市场，向它们提供物理、化学、数学等各种实验器材。这种战略主要为某一顾客群服务，可降低经营成本，并可以在某一领域获得较高的声誉，树立良好的企业形象。

（4）选择性的专业化战略　企业选择多个细分市场作为网络目标市场，所选择的每一个细分市场都必须与企业的目标和资源相适应，并有着良好的营销机会和潜力，而各细分市场之间不一定有必然的联系。如耐克公司从跑步、击剑、自行车到篮球，同时为多个细分市场提供各有特色的运动鞋。

这种战略有利于分散企业经营风险。即使某个细分市场失去吸引力，企业仍可在其他市场经营盈利。但这种战略要求企业根据各个细分市场的特点，有区别地设计产品、有区别地实施营销组合，使用这种战略的企业应具有较强的资源和营销实力。

（5）全面覆盖战略　企业生产多种产品去满足各个细分市场的需要，覆盖整个市场，即企业为所有顾客群（各细分市场）供应其需要的各种产品。如美国通用汽车公司声称，他们为每个“人、钱包和个性”生产汽车。大型公司为取得市场的主导地位常采用这种战略，最终谋求覆盖整个市场。

4.2.3　目标市场策略

公司在确定了网络目标市场范围战略之后，应采取什么样的网络目标市场策略呢？一般有三种可供公司选择的网络目标市场营销策略，即无差异营销策略、差异营销策略和集中营销策略。

（1）无差异营销策略　无差异营销策略，是指公司将整个网络市场当做一个需求类似的网络目标市场，只推出一种产品并只使用一套营销组合方案。这种策略重视消费者需求的相同点，而忽视需求的差异性，将所有消费者需求看做是一样的，一般不进行网络市场细分。

这种营销策略的优点是由于经营品种少、批量大，可以节省细分费用，降低成本，提高利润率。但是，采用这种策略也有其缺点，一方面是引起激烈竞争，使公司可获利机会减少；另一方面公司容易忽视小的细分市场的潜在需求。

（2）差异营销策略　差异营销策略，是指公司在网络市场细分的基础上，选择两个或两个以上的细分市场作为网络目标市场，针对不同细分市场上消费者的需求，设计不同产品和实行不同的营销组合方案，以满足消费者需求。

这种策略，对于小批量、多品种生产公司适用，日用消费品中绝大部分商品均可采用这种策略选择网络目标市场。在消费需求变化迅速、竞争激烈的当代，大多数公司都积极推行这种策略。其优点主要表现在：有利于满足不同消费者的需求；有利于公司开拓网络市场，扩大销售，提高市场占有率和经济效益；有利于提高市场应变能力。差异性营销在创造较高销售额的同时，也增大了营销成本，生产成本、管理成本和库存成本、产品改良成本及促销成本，使产品价格升高，失去竞争优势。因此，公司在采用此策略时，要权衡利弊，即权衡销售额扩大带来的利益大，还是增加的营销成本大，进行科学决策。

（3）集中营销策略　集中营销策略亦称密集营销策略，是指企业集中力量于某一细分市场上，实行专业化生产和经营，以获取较高的市场占有率的一种策略。

实施这种策略的公司要考虑的是，与其在整个市场拥有较低的市场占有率，不如在部分细分市场上拥有很高的市场占有率。这种策略主要适用于资源有限的小公司。因为小公司无力顾及整体市场，无力承担细分市场的费用，而在大公司的小市场上易于取得营销成功。

这种策略优点是，公司可深入了解特定细分市场的需求，提供较佳服务，有利于提高企业的地位和信誉；实行专业化经营，有利于降低成本。只要网络目标市场选择恰当，集中营销策略常为公司建立坚强的立足点，获得更多的经济效益。

但是，集中营销策略也存在不足之处，其缺点主要是公司将所有力量集中于某一细分市场，当市场消费者需求发生变化或者面临较强竞争对手时，公司的应变能力差，经营风险很大，使公司可能陷入经营困境，甚至倒闭。因此，使用这种策略时，选择网络目标市场要特别注意，以防全军覆没。

企业在选择网络目标市场，应充分考虑以下几方面的因素：

（1）宏观因素　宏观因素是企业不可控制的因素，也是企业选择网络目标市场所考虑的重要因素之一。一般来说，可以从以下几方面来分析。

1）人口因素。人口因素是企业选择网络目标市场的一个方面。因为它是由那些想从网上购物且具有购买力的人所构成的，网络市场的人数越多，网络市场的规模就越大。在该方面，企业应特别重视网络人口的增长状况以及网络人口在网上购物的欲望和结构。

2）经济因素。在网络人数一定的情况下，人们在网上购买力的大小就成为决定和影响网络市场规模大小的主要因素，就需要企业在选择网络目标市场时，应充分分析网络市场上不同层次人们的购买力水平，包括网络市场上消费者的收入水平和支出结构以及它们的变化趋势。

3）网络营销的基本环境及其发展趋势。企业在选择网络目标市场时，还应考虑网络营销的基本环境及其发展趋势，主要包括进行网络营销的基础设施、技术水平、支付手段及相关法律法规等。①基础设施。网络营销的应用发展需要与之相应的基础设施的发展，反过来说，基础设施的状况和水平直接决定和影响着网络营销的应用范围、规模和水平。如果基础设施不完善、水平不高，那么网络营销的应用也只能处在一个较低水平和发展阶段上。如果基础设施条件不能得以改善和发展，那么网络营销的应用阶段也不可能实现由初级阶段向高级阶段的发展。比如，网络线路的长短、覆盖面的大小、可靠性的高低、传递速度的快慢以及带宽的程度都对网络营销的应用有着重要的影响。②技术水平。技术是支持和推动网络营销应用的一个重要基础，决定和影响着网络营销的规模及深度，技术反映网络营销应用发展阶段的水平。比如，在网络营销的应用发展过程中，如果网络营销技术不能有效地解决安全、保密等问题，不能为用户提供安全的保障空间，那么用户对网络营销的应用就可能停留在某一发展阶段和水平上。③支付手段。电子支付是网络营销发展到一定阶段所必须具备的一个前提条件。如果电子支付未能形成一定的规模，或应用范围非常有限，不能有效地实现网上支付，那么网络营销就不能完全实现，网络营销的应用就不能走向成熟。从某种意义上讲，网上电子支付的实现和大范围、大规模的应用是网络营销走向成熟的一个重要标志。④法律法规。网络营销作为一种崭新的商务活动方式，涉及传统商务活动所涉及不到的许多问题，如电子合同的签订、数字签名的法律效力、经济纠纷的解决、对网上欺诈及犯罪的惩罚依据等。这些都需要一个完整健全的法律法规体系加以认定、规范和保证，否则，要实现网络营销健康规范的发展，提高网络营销的应用范围及发展水平，是很难达到的。⑤市场前景。网络营销作为未来营销的一个主要方式，能否得以实现，在多长的时期内得以实现，达到一个什么样的发展水平，不仅取决于以上四个方面的因素，而且还取决于网络营销市场的发展状况，取决于网络营销市场交易主体和客体的范围、规模和水平。从网络营销的应用发展过程来分析，市场的容量是衡量网络营销应用发展阶段的主要标志，是反映网络营销应用发展水平的主要指标。

作为划分网络营销应用发展阶段的五个主要依据，在网络营销应用的发展过程中，它们都以各自的方式发挥着不同的作用，承担着不同的职能。但是，它们并不是孤立的，而是相互促进和制约的。因此，在划分网络营销应用发展阶段的时候，应综合考虑各方面的因素，以便准确地把握网络营销应用的发展阶段，并根据不同阶段的特征，抓住其重点，采取相应的对策，以更好地促进网络营销的发展。

（2）微观环境　网络营销的微观环境是指影响网上服务其顾客的能力过程的各种因素，主要包括企业本身、营销渠道企业、竞争者、市场等。

1）企业本身。企业本身包括许多部门。对市场营销部门来说，在选择目标市场时，不仅要考虑传统市场上的目标市场，而且要考虑企业的内部环境以及企业的任务、目标和战略，以使所选的网络目标市场更能适合企业的发展及开展各项工作。在该方面，企业还要考虑以下因素：①企业资源，即企业的资金、技术、设备、人才、管理等综合资源的状况。资源实力雄厚的大企业，可采用无差异或差异营销策略；资源有限的企业，由于不能覆盖整个市场，可采用集中营销策略。②产品的同质性，即消费者感觉产品特征的相似程度。像汽油、盐、糖等产品，消费者不会感觉到存在差异，则企业可采取无差异的营销策略。反之，像服装、家具、照相机、家用电器等产品，消费者感觉明显，即市场同质性低，则可采取差异或集中营销策略。③产品市场寿命周期。产品在市场寿命的不同阶段，应采取不同的营销策略。新上市产品，由于竞争者少，产品比较单一，营销重点是刺激消费者需求，比较适宜于无差异或集中营销策略。当产品进入成熟期时，企业想维持或者扩大销售量，则可采用差异营销策略，以建立该产品在消费者心中的特殊地位。

2）营销渠道企业。企业在选择目标市场中，应考虑传统市场上与自己相关联企业的状况，尽可能与这些企业密切配合。作为营销渠道企业，可主要考虑供应商、中间商及辅助商。

3）竞争者。企业要想在网络市场竞争中获得成功，取得竞争优势，就必须在网络市场上提供出能比竞争者更有效满足消费者需要和欲望的产品及服务。使得企业的产品和服务在顾客心目中形成明显的优势。在对网络市场竞争者的分析中，企业可主要考虑可望竞争者、一般竞争者和品牌竞争者的状况。

一般来说，企业应采取同竞争对手有区别的营销策略。如果竞争对手是强有力的竞争者，实行的是无差异营销，则企业实行差异营销，往往能取得良好的效果；如竞争对手也采用差异营销策略，而企业仍实行无差异营销，势必造成竞争失利，企业应在更为细分的市场上，采用差异或集中营销策略，提高市场占有率。同时竞争者的多少也影响企业营销策略选择，竞争者很多时，消费者对产品的品牌的印象很重要，为了建立本企业的产品在不同消费者心中的良好形象，适宜采用差异或集中营销策略；反之，则采用无差异营销策略。

4）市场。在分析网络市场状况时，企业可根据自已所提供的产品或服务以及消费者购买的目的，将网络目标市场从消费者市场、生产者市场、中间商市场或产品市场、信息市场等几个方面定位，还要考虑市场的同质性。市场的同质性，指消费者需求、偏好等各种特征的类似指数。市场同质性高，表示各细分市场相似程度高，适宜采用无差异营销策略；反之，则采用差异或集中营销策略。

4.3　网上市场定位

4.3.1　市场定位的依据

所谓企业的市场定位，就是企业在综合考虑市场需要、竞争状况、营销环境等有关因素的基础上，结合本企业的任务、目标、经营管理能力等方面的要求与条件，确定本企业与竞争者相比较而在未来市场上所处的位置。许多人往往把市场定位和产品定位混淆在一起，其实它们完全是两回事。从理论上讲，应该先进行市场定位，然后才进行产品定位。在实际商业实践中，也有先完成了产品定位，然后才来补做市场定位的。如牛仔裤的发明就是市场定位在先，发明者首先发现的是淘金者需要一种耐穿耐磨的衣物，即发现目标市场在那里，然后才想到把帆布裁下来做成牛仔裤这种真实的产品；随身听的发明也是如此，索尼老板首先意识到人们需要边行走边听音乐，也就是说发现有随身听的市场，然后才冒出了创造随身听这一产品的念头。

要进行正确的市场定位，必须首先确定市场定位的依据，那就是产品的差异化。市场定位的根本目的，就是要在目标市场上建立自己企业产品的竞争优势，并使目标市场上的顾客明显感觉和认识这种优势，以便吸引更多的顾客。竞争的优势体现在产品的差异化，产品的差异化是实现市场定位的重要手段，也是市场定位的主要依据。

那么，什么是产品的差异化？产品的差异化就是指通过设计一系列有意义的差异，使本企业的产品同竞争者的产品区别开来。产品的差异化主要包括以下方面：

1．产品本身的差异化

通常表现在产品的特色、性能、耐用性、易修理性、可靠性、外形款式、风格、价格及包装等很多方面。新飞集团设计的冰箱节能，强生公司生产的婴儿沐浴露不刺激婴儿的眼睛，这些就是产品在特色上的优势；雕牌肥皂比其他肥皂洗得干净，土鸡蛋比洋鸡蛋好吃，这就是性能上的优势；小天鹅洗衣机出现故障后维修非常简单，一般只是更换标准化的零件，这就是产品在易修理上的差别优势；猎豹汽车外形特殊，为了它的款式，消费者愿意花高价去买，这就是产品在外形款式上的差别化优势；伊利婴幼儿奶粉请中国台湾专家重新设计产品包装后，市场上出现火爆购买现象，这就是产品在包装上的差别化优势。产品本身可能找到的差别化优势远远不止这些，只要企业善于去发现、去创造总会找到目标市场的。

2．价格差别化

雕牌洗衣粉定位在价廉物美，广告词是："只选对的，不买贵的"，广告模特选用的多是低收入的消费者或下岗工人，这一定位为占有目标市场起到了很大促进作用。

3．服务差别化

企业还可以在产品的服务上区别于竞争者，以服务差别化优势来吸引顾客。如海尔集团推出的"星级服务工程"，荣事达集团推出的"红地毯服务工程"，小鸭集团推出"超值服务工程"，都是以特色服务形成自己的差别化优势的。尤其是在市场竞争非常激烈的今天，同种产品市场上有很多不同的品牌，而不同品牌的产品在价格、质量、性能等方面难以产生更大的差别，优质的、特色的服务就显得更加重要。

4．人员差别化

企业还可以通过聘用、培养比竞争对手更优秀的员工来赢得差别化优势。如 IBM 公司以其人员的专业技术水平高而著称于世。武汉市中南商业大楼有十大导购明星，他们不但服务态度好，而且是所售商品的专家，这一优势成为吸引顾客的亮点。

5．销售方式差别化

戴尔公司创造了销售方式差别化的典范。在中国，顾客可以通过在全国258个城市设立的109条免费电话，直接向戴尔公司在厦门的销售代表订购个人计算机、便携式计算机及其相关产品，顾客也可以直接通过互联网在戴尔的网站（www.dell.com）上购买。这种直销方式成为吸引顾客的差别化优势。

6．企业形象的差别化

企业形象也会影响消费者对企业产品的选择，即使其他方面的情况都相同，但由于企业形象或产品形象不同，购买者也会做出不同的反映。比如，在家用电器价格竞争几乎达到白热化的今天，很多电器纷纷降价，有的电器价格已经降到成本的边缘，但销售量并没有多大的提高，而海尔电器却依然坚持一分不降，这使得海尔电器和其他品牌的电器之间的价格差更大，同是冰箱，海尔比别的品牌贵一二百元甚至几百元，却比别的品牌卖得多，卖得快，这主要是因为企业形象和产品形象问题。影响企业形象的因素是多方面的，主要有产品质量、售后服务、价格、分销渠道、广告宣传、公共关系、品牌商标等。

4.3.2 市场定位策略

企业进行市场定位，就是要着力宣传那些会对其目标市场产生重大震动的差异，以确定企业在目标顾客心目中的独特位置。企业可以依据提供给目标市场的产品或服务、本身拥有的资源、目标市场的消费者、竞争对手状况等因素来进行市场定位，以在消费者心中形成明显区别于竞争对手的差异。企业最常用的市场定位策略有以下几种。

1．属性定位

针对消费者或者用户对某种产品某一特征或属性的重视程度，强有力地塑造出本企业产品与众不同的鲜明的个性或形象，并把这种形象生动地传递给顾客，从而使该产品在市场上确定适当的位置。

2．利益定位法

根据产品所能满足的需求或所提供的利益、解决问题的程度来定位。例如，企业每天都要和国外各分公司联络，若所使用传真机的速度较快，则能节省大量的国际电话费；牙膏有苹果的香味，闻起来很香，可以让小朋友每天都喜欢刷牙，从而避免牙齿被蛀；某种鞋是设计在正式场合穿的，且鞋底非常柔软富有弹性，因而很适合上下班步行的职员来穿。

厂商从产品设计、生产的角度赋予商品能满足目标市场客户喜好的特性及优点。但不可否认的一个事实是每位客户都有不同的购买动机，真正影响客户购买的决定因素，绝对不是因为商品优点和特性加起来最多。商品有再多的特性和优点，若不能让客户知道或客户不认为会使用到，对客户而言都不能称为利益。反之，企业若能发掘客户的特殊需求，找出产品的特性及特点，满足客户的特殊需求，或解决客户的特殊问题，这个特点就有无穷的价值。

3．产品使用者定位

产品使用者定位即正确找出产品的使用者或购买者，使定位在目标市场上显得更突出。如网络化妆品专卖店，可以将目标市场集中在某一女性群体，并明确她们的年龄、职业、兴趣爱好、社会地位、地理区域等。

4．竞争者定位

这种定位法是直接针对某一特定竞争者，而不是针对某一产品类别。在某些时候，企业将自己和某一知名的竞争者比较，是进入潜在顾客心中的有效方法。

挑战某一特定竞争者的定位法，虽然可以获得成功（尤其是在短期内），但是就长期而言，也有其限制条件，特别是挑战强有力的市场领袖时，更趋明显。市场领袖通常不会放松自如，他们会更努力巩固其地位。挑战市场领袖时，企业必须明确是否拥有所需的资源，是否有能力提供使用者认为具有明显差异性的产品。

5. 价格定位

价格是消费者购买商品时要考虑的最重要因素之一。网上购物之所以具有生命力，重要的原因之一是因为网上销售的商品价格普遍低廉。现在很多网上商家都推出低价策略吸引顾客，如卓越网曾谈到自己“不是网上打折的开先河者，但一定是在网上打折出售热卖商品的领跑者”。为了实现这一点，卓越网有一套独特的成本控制和灵活的经营理念。卓越的进货量大，可以拿到较低价位的货源，直接从厂家提货，减少了中间环节，降低了成本。这样通过节省成本让利于消费者。

6. 空当定位

这种定位策略是指企业把产品或网络服务定位在那些为许多顾客所重视的，但尚未被开发的市场空间。实施空当定位策略时企业必须考虑以下问题：市场空当是否还未被竞争者发现，且有一定的规模；自身是否有足够的资源和能力。

7. 多重定位

企业将市场定位在几个层次上，或者依据多重因素对产品进行定位，使产品给消费者的感觉是多种特征、多重效能。作为市场定位体现的企业和产品形象，都必须是多纬度、多侧面的立体。

4.3.3 网上市场定位

企业要想将网上营销开展得成功，首先必须进行网上市场定位。网上市场定位是企业对网络目标消费者或者说网络目标消费市场的选择。选定网上目标市场后接下来要做的事便是对网上产品进行定位，也就是通过多种营销手段，为自己的产品在网络目标顾客心目中确定一个有利的位置，它意味着网络消费者在对本企业产品与竞争企业产品比较后心目中对本企业产品有一个清晰的位置，而这种位置有助于网络消费者认牌购买本企业的产品，这是取胜的关键。因为定位是否恰当关系到企业的产品打入目标市场后能否在目标市场上站稳脚跟。因此，它是企业抢占网络目标市场的一个重要技巧和手段。可见，网上产品定位是企业进行网上市场定位的关键。

1. 网上产品定位

网上产品定位是在完成网上市场定位的基础上，企业用什么样的网络产品来满足网络目标消费者或目标消费市场的需求。网上营销与一般营销有较大的区别，因此其市场定位也有其独特的特点。如何准确客观地进行网上产品的市场定位，必须注意以下关键问题：

（1）产品或服务是否适合在网上进行营销　在经典的营销组合中，开发产品或服务是以顾客的需求为前提的。由于互联网本身是一个特殊的销售渠道，因此要找出适合的产品或服务进行营销。如何判断产品或服务是否适合在网上进行营销：一是看产品或服务的消费者是否与互联网的用户轮廓一致。二是看产品与服务是否与计算机相关，如果相关，则销售情况会更好。三是看与购买决策的关系，一般说来，标准化、数字化、品质容易识别的产品或服务适合在网上进行营销。标准化的产品，如飞机票、图书等，则容易通过网上销售，而服装、化妆品等不易通过网上销售。所谓品质容易识别，是指产品或服务有不同于其他同类产品或服务的地方，以至于消费者很容易识别其品质，例如一个商品的品牌，中国银行是一个世界级品牌，在它的站点上，消费者自然很容易信赖其网上金融服务。四是看是否属于高科技，高科技的产品更易于在网上销售，如手机、计算机。五是看产品或服务是否含有“知识性”，知识含量高的产品或服务更适合网上销售，如软件、图书、VCD、信息服务等。

（2）分析网上竞争对手　网上的竞争对手往往与现实中的竞争对手一致，网络只是市场营销的一个新的战场。竞争对手的分析不可拘泥于网上，必须确定其在各个领域的策略，营销手法等。在网上，要访问竞争对手的网页，往往对手的最新动作包括市场活动会及时反映在其网页上；而且要注意本企业站点的建设，以吸引更多的消费者光顾，更多的竞争对手分析可在现实中实现。

（3）目标市场客户应用互联网的比率　网上营销并非万能，它的本质是一种新的、高效的营销方式。目标市场客户应用互联网的比率，无疑是一个非常重要的参数。假若目标市场的客户基本不使用互联网，那在互联网上营销显然是不值得的。如果面对这样的情形，则可以通过互联网完成原传统营销方式的一部分功能，如广告宣传等。

（4）确定具体的营销目标　与传统营销一样，网上营销也应有相应的营销目标，须避免盲目。有了目标，还需进行相应的控制。网上营销的目标总体上应与现实中营销目标一致，但由于网络面对的市场客户有其独到之处，且网络的应用不同于一般营销所采用的各种手段与媒体，因此具体的网上市场目标确定应稍有不同。在当前，网上营销刚刚起步发展之时，目标就不应定得过高，重点应在于如何使客户接受这种新颖的营销手段。

（5）准确的市场定位决定着营销方式　定位是整个网上营销的基础，由此决定网页的内容和营销形式。进行营销的产品、服务通过网页实现，而网页建设的质量则直接影响营销方式的成功与否。

2. 网上公司定位

实施网络营销，建立网站是开展网上营销的基础工作。但公司的营销目标不同，网站建设的要求也有所差异。一个网站可以用来改善形象、宣传产品或服务、收集客户名单、接待客户咨询或投诉、提供客户服务，以及利用网上交易或传统付款方式产生直接订货等等。传统公司包括老牌的消费者公司，并非一定要把网站建成销售渠道。显然，如果要把网站建为一个网上百货商店，那么不妨把主页设计成琳琅满目的超市货架；如果网站的目的在于提升公司的形象，那么主页的风格应该引人入胜，富有个性；如果把网站建设成一个国际性的宣传渠道或销售渠道，那么多种文字的版本是不可缺少的。

3. 网上品牌定位

网上产品定位之后进入到营销组合阶段。在网络营销中，称为“网上营销组合”。如果公司的产品定位于“优质高档”，企业就必须制造出高质量的产品，实行高价策略，进行精致的包装，通过较高档次的商店销售，广告内容也必须以“优质高档”为主题，只有这样做才符合公司的产品定位。公司定位决定于其产品在顾客心目中的位置，如果公司生产的产品从质量、价格、包装到分销和促销等方面长期定位在“高档”层次上，那么，时间久了公司自然就成了“高档”产品的代名词了。公司一旦建立起理想的市场定位，就必须保持其稳定性和持续性，不要轻易更改。为品牌进行市场定位，并通过多方努力形成品牌的市场形象和市场地位是很重要的。例如，当人们见到“索尼”牌产品时就知道这是高品位产品，这是由于“索尼”这一品牌已经相对独立地形成了市场声誉和市场地位，因而能够相对独立地标明所代表的产品的特殊品质。

本章小结

本章主要介绍了网络市场细分的概念及网络市场细分的原则、一般方法及标准，并详细介绍了网络目标市场的选择方法及网络市场的定位。

网络市场细分是指企业在调查研究的基础上，依据网络消费者的需求、购买动机与习惯爱好的差异性，把网络市场划分成不同类型的消费群体，每个消费群体就构成了企业的一个细分市场。

网络市场细分的原则有可衡量性、实效性、可接近性、反应率和稳定性。市场细分的一般方法主要有单一因素法、多因素法和系列因素法。

网上消费品市场的细分标准主要有地理因素、人口统计因素、心理因素、行为因素；生产资料市场的细分标准主要有最终用户要求、用户规模、地理位置。

所谓网络目标市场，也叫网络目标消费群体。企业选择网络目标市场，即选择适当的服务对象，是在网络市场细分的基础上进行的。网络目标市场的选择程序可分为四个步骤。

网络目标市场范围战略主要有产品—市场集中化战略、产品专业化战略、市场专业化战略、选择性的专业化战略和全面覆盖战略。目标市场策略类型主要有无差异营销策略、差异营销策略和集中营销策略。

市场定位的依据是产品的差异化，产品的差异化主要包括产品本身的差异化、价格的差别化、服务差别化、人员差别化优势、和销售方式差别化、形象的差别化。市场定位策略有战略性定位和策略性定位。

产品的市场定位，就是企业旨在为将要推入目标市场的产品创立鲜明的特色或个性，以便在消费者或用户中塑造出一定的良好形象，提高竞争力，而根据目标市场的需要，综合考虑到竞争者的产品状况、自身的生产经营能力等因素和要求，决定本企业产品具有的属性、特征及其与竞争者的产品相比较而在目标市场上所处的位置。

网络市场定位是企业对网络目标消费者或者说网络目标消费市场的选择。网络产品定位是在完成网络市场定位的基础上，企业用什么样的网络产品来满足网络目标消费者或目标消费市场的需求。

习　题

一、填空题

1．与传统市场的消费者相比，网络市场的消费者上网更注重_______的追求。

2．市场总是由_______和_______构成的，而每个消费者的需求又各不相同，这些不同的特征和不同的需求都可以成为_______的凭据。

3．企业的目标市场，无论从市场的角度还是从产品的角度考察，都集中于一个市场层面上，这属于________战略。

4．企业只生产或经营某一种产品以满足各类顾客的需求，这属于_______战略。

5．企业生产或经营各种不同种类的产品来满足某一顾客群的不同需求，这属于______战略。

6．_______是实现市场定位的重要手段，也是市场定位的主要依据。

7．_______是企业进行网上市场定位的关键。

8．在大多数情况下企业难以找到合适的空位市场，需要采取_______进行市场定位。

9．“金利来，男人的世界”的定位是_______市场定位策略。

10．江苏启东盖天力制药厂“白加黑”感冒药，“白天服白片不瞌睡，晚上服黑片睡得香”的定位是_______市场定位策略。

二、单项选择题

1．4P’s 组合是指（　　）。

A．产品　推广　价格　销售　　B．产品　价格　渠道　促销

C．产品　公关　价格　渠道　　D．产品　价格　促销　广告

2．网络市场细分除要遵循可衡量性、实效性、可接近性及反应率高低等原则外，还有（　　）。

A．潜在性大小　B．无差异性大小　C．差异性大小　D．稳定性大小

3. 一个好的网络目标市场应具备以下条件：有发展潜力、企业有能力满足该市场需求、具有一定竞争优势，并（　　）。

A. 有一定购买力　　B. 有一定人口密度

C. 有一定购买欲望　　D. 有一定人口数量

4. 一个规模比较小的企业，最适宜的选择目标市场的策略是（　　）。

A. 无差异营销策略　　B. 差异性营销策略

C. 密集型营销策略　　D. 拓展产品线策略

5. 关于网络市场细分，正确的说法是（　　）。

A. 是对网络营销产品的分类　　B. 是对网络消费群体的分类

C. 同一个细分市场内产品大体相同　　D. 不需考虑顾客的期望利益

6. 某制鞋厂只选择老年这一消费群体，向他们提供所需的各种皮鞋，这种策略叫做（　　）。

A. 产品—市场集中化　　B. 市场专业化

C. 产品专业化　　D. 选择性专业化

7. 细分市场是由类似的（　　）组成的。

A. 产品　　B. 行业　　C. 消费者群体　　D. 价格

三、多项选择题

1. 下列各项中属于影响企业选择网络目标市场的微观因素有（　　）。

A. 企业本身　　B. 渠道企业　　C. 竞争者

D. 市场　　E. 顾客

2. 按照商品形态，适合于网络营销的商品有（　　）。

A. 实体商品　　B. 软件商品　　C. 硬件商品

D. 在线服务　　E. 稀缺商品　　F. 耐用商品

3. 下列各项中属于影响企业选择网络目标市场的宏观因素有（　　）。

A. 人口　　B. 经济　　C. 基础设施

D. 技术水平　　E. 支付手段

4. 网络市场细分要遵循的原则有（　　）。

A. 可衡量性　　B. 实效性　　C. 可接近性

D. 反应率高低　　E. 稳定性高低

5. 网络目标市场策略类型主要（　　）。

A. 无差异营销策略　　B. 差异营销策略

C. 集中营销策略　　D. 产品专业化策略

E. 市场专业化策略

四、判断题

1. 市场定位的策略可分为战略性定位策略和策略性定位策略。（　　）

2. 产品差异化就是指为满足不同的消费者而制造出不同种类的产品。（　　）

3. 市场定位也就是产品定位。（　　）

4. 企业在选择网络目标市场时，还应考虑网络营销的基本环境及其发展趋势。（　　）

5. 目标市场是企业经过市场细分之后准备进入的最佳市场或子市场。（　　）

五、简答题

1. 网络市场细分的原则是什么？
2. 影响市场细分的行为因素有哪些？
3. 一个好的网络目标市场必须具备哪些条件？
4. 什么是无差异营销策略？这种策略有何优缺点？
5. 什么是差异营销策略？这种策略有何优缺点？
6. 什么是集中营销策略？这种策略有何优缺点？
7. 产品差异化包括哪些内容？
8. 如何准确客观地进行网上产品的市场定位？
9. 公司进行网上定位必须注意哪些问题？

第5章　网络营销战略概述

本章主要内容

- 网络营销战略分析
- 网络营销组合策略
- 网络营销组织创新战略

前面主要研究了企业的外部营销环境、竞争分析、购买者行为、市场调研及预测，这些是企业开展有效活动的出发点，是企业制定网络营销决策的基础。

5.1　网络营销战略分析

树立正确的市场营销观念和对市场营销活动进行有效的战略规划，如同鸟之双翼，是一个企业在变动和发展的动态环境中成功经营的两大基础。

5.1.1　营销战略的概念和特征

市场营销战略是企业在现代市场营销观念的指导下，为了实现企业的经营目标，对于企业在较长时期内市场营销发展的总体设想和规划。

市场营销战略是企业总战略的重要组成部分，它的选择受企业整体战略思想的制约，不同的经营思想会有不同的市场营销战略。因此，市场营销战略必须与总体经营战略相吻合。一般而言，市场营销战略具有以下特征。

1．市场性

市场营销战略是在市场营销观念指导下的。在市场经济条件下，市场开发是产品开发的前提和基础，须采用市场—产品这一逆向思维方式。这是因为，首先，市场好似一个最公正的法官，对市场上所有的商品都会做出正确的“判决”。在市场经济条件下，市场的主要功能就是商品交换。

企业是商品生产者和经营者，为了进行再生产，又要通过市场购进生产要素。这一卖一买依赖于市场。产品能否卖出去，事关企业的生死存亡，市场能给人带来发财致富的欢乐和鼓舞，也能给其造成倒闭破产的无情打击。

市场需要是产品开发之母。需求者是产品开发的原动力。因为，企业推进产品开发的动机可能是多种多样的，但能否成功，在很大程度上取决于有无需求者。一些在学术上很有价值的课题，若无市场需求，也会被忽视淡漠，打入冷宫。经验证明，消费者对产品的构思以至设计最有发言权，从迄今为止的产品和技术开发来看，需求领先的课题很少是由现场技术人员最先提出的。

2．长期性

市场营销战略决策是事关企业发展的全局性决策。它决定市场开发、占领和扩张的方向、速度和规模，同时也制约着企业的产品开发决策、设备更新改造决策等决策的进程，所以市场营销战略是其他各项决策的基础和前提。

市场营销战略是一项“打持久战”的运筹谋划。对某市场，特别是国际市场的开拓，并非一日之功，它需要企业投入较多的资金和付出极大的耐心和韧性。成功的企业大都着眼于长期市场战略的规划和营销之道。

日本的丰田、本田、索尼等公司的市场开发工作，远在产品投入生产前就开始了，而且在产品销售额达到顶峰之后仍然持续相当长的时间。他们首先寻找富有吸引力的市场机会，然后开发符合用户口味的适当产品。为得到稳固的立足点，他们十分谨慎地选择进入市场的突破口，随后转入市场渗透阶段，以扩大顾客数量和增加市场占有率。当达到市场领先地位时，则转向采用维持战略以保住他们的市场地位。

3. 风险性

任何开发事业都面临着风险，市场营销战略也不例外。瞬息万变的市场纷繁错杂，无论经理人设计了多么有效的保证措施，也避免不了投资的风险。由于市场机会识别的偏差，容易造成产品投向的失误；社会、经济及政治等因素的变化，也会使原有的市场萎缩；企业在营销过程中储运、包装受自然灾害的侵袭而引致产品损坏，使消费者不满，从而失去市场等。企业要生存、要发展，就必须敢于向风险挑战，做大胆而理智的冒险。莽撞、冒失、不顾主客观条件而盲目冒险，自然免不了失败；而理智的冒险，却往往与胜利相通。

5.1.2　网络营销战略目标与模式

企业战略是指企业为了适应未来环境的变化，寻找长期生存和稳定发展的途径，并为实现这一途径优化配置企业资源、制定总体性和长远性的谋划与方略。营销战略是企业战略的重点，因为企业战略的实质是实现外部环境、企业内部实力与企业目标三者的动态平衡。

网络营销竞争的优势在于能够以最快、最准确的方式获取顾客信息，并能将产品说明、促销、顾客意见调查、广告、公共关系、顾客服务等各种营销活动整合在一起，进行一对一的沟通，不受时间和地域的限制，达到营销组合所追求的综合效益。然而，也正是随着互联网的发展，企业的目标市场、顾客关系、企业组织、竞争形态及营销手段等也发生了改变，企业既面临着新的挑战，也存在着无限的市场机会，企业必须确立相应的网络营销战略，提供比竞争者更有价值、更有效率的产品与服务，扩大市场营销规模，实现企业的经营目标。

1. 网络营销战略目标

网络营销目标与传统营销目标一样，就是确定开展网络营销后达到的预期目的，以及制订相应的步骤，并组织有关部门和人员参与。制订网络营销目标时必须考虑到与公司的经营战略目标是否相一致，与公司的经营方针是否吻合，与现有的营销策略是否产生冲突，这就要求在制订目标时必须有企业战略决策层、策略管理层和业务操作层的相关人员参与讨论。

一般网络营销目标考虑以下几个类型的目标：

（1）销售型网络营销目标　销售型网络营销目标是指为企业拓宽网络销售，借助网上的交互性、直接性、实时性和全球性，为顾客提供快捷的网上销售点（Network Point of Sale）。目前许多传统的零售店都在网上设立销售点，如北京图书大厦的网上销售站点。

（2）服务型网络营销目标　服务型网络营销目标主要为顾客提供网上联机服务，顾客通过网上服务人员可以远距离进行咨询和售后服务。目前大部分信息技术型公司都建立了此类站点。

（3）品牌型网络营销目标　品牌型网络营销目标主要在网上建立自己品牌形象，加强与顾客直接联系和沟通，建立顾客的品牌忠诚度，为企业的后续发展打下基础，以及配合企业现行营销目标的实现。目前大部分站点属于此类型。

（4）提升型网络营销目标　提升型网络营销目标主要通过网络营销替代传统营销手段，全面降低营销费用，改进营销效率，促进营销管理和提高企业竞争力。目前的 Dell、Amazon、Haier 等站点属于此类型。

另外，混合型网络营销目标可能想同时达到上面几种目标，如 Amazon.com 公司通过设立网上书店作为其主要销售业务站点，同时创立世界著名的网站品牌，并利用新型营销方式提升企业竞争力。既是销售型，又是品牌型，同时还属于提升型。

2．网络营销战略模式选择

企业要引入网络营销，首先要弄清楚网络营销通过何种机制达到何种目的，然后企业可根据自己的特点及目标顾客的需求特性，选择一种合理的网络营销模式。目前，人们已归纳了如下几种有效的网络模式：

（1）留住顾客增加销售　现代营销学认为保留一个老顾客相当于争取五个新的顾客。而网络双向互动、信息量大且可选择地阅读、成本低、联系方便等特点决定了它是一种优越于其他媒体的顾客服务工具。通过网络营销可以达到更好地服务于顾客的目的，从而增强与顾客的关系，建立顾客忠诚度，永远留住顾客。满意而忠诚的顾客总是乐意购买公司的产品，这样自然而然地提高了公司的销售量。

德国的媒体集团“贝塔斯曼”在上海的总部是以“贝塔斯曼书友会”的形式开展网络营销和传统营销并行的营销活动。在开始阶段，“贝塔斯曼书友会”将工作放在发展新会员上，有一定的效果。但是后来发现不断增加的新会员并没有给公司增加相应的销售额，而老顾客的减少却使销售量有较大幅度的降低。针对这种情况，“贝塔斯曼书友会”在留住顾客、增加销售量上做文章，策划了许多相关的营销活动，果然取得了比较理想的效果。

“小天鹅”公司通过大量的市场调研，得出一组营销数据：1:25:8:1。即 1 个顾客使用小天鹅产品并得到了满意的服务，他（她）会影响周围其他 25 位顾客，因为相对于企业的广告或宣传而言，使用者的亲身感受最客观、最公正，同时，其中 8 个人会产生购买欲望，1 个新顾客会产生购买行为。这就是顾客的市场辐射效应。网络营销信息沟通的双向互动性、信息阅读的可选择性与便捷性，使网上营销的企业更能有针对性地为目标顾客提供所需的服务，并通过顾客服务，建立企业与顾客之间的密切关系，从而留住、巩固老顾客，吸引更多的新顾客。对企业服务满意的顾客自然乐于购买、使用企业的产品，从而实现通过网上服务达到增加销售的目标。

（2）提供有用信息刺激消费　本模式尤其适用于通过零售渠道销售的企业，它们可以通过网络向顾客连续地提供有用的信息，包括新产品信息、产品的新用途等，而且可根据情况适时地变化，保持网上站点的新鲜感和吸引力。这些有用的新信息能刺激顾客的消费欲望，从而增加了购买。

（3）简化销售渠道、减少管理费用　使用网络进行销售对企业最直接的效益来源于它的直复营销功能：即通过简化销售渠道、降低销售成本、最终达到减少管理费用的目的。本模式适用于将网络用作直复营销工具的企业。

利用网络实施直复营销，对顾客而言必须方便购买，使顾客减少购物时的时间、精力和体力上的支出与消耗；对企业而言，实现简化销售渠道、降低销售成本、减少管理费用的目的。在网上书籍、鲜花和礼品等网上商店是这种模式的最好应用，但是，有些网上书店的客户购书手续过于繁琐，影响了它的网上销售业务。在这方面，“当当书店”做得较好，该书店对上网购书的顾客提供了多种快速和方便的途径，比较受欢迎。

（4）让顾客参与、提高客户的忠诚度　新闻界已有一些成功运用此模式的例子。报纸和杂志出版商通过它们的网页来促进顾客的参与。它们的网页使顾客能根据自己的兴趣形成一些有共同话题的“网络社区”，同时也提供了比较传统的“给编辑的信”参与程度高得多的交流机会。这样做的结果是有效地提高了订户的忠诚度。

同样电影、电视片的制作商也可用此模式提高产品的流行程度。他们可以通过建立网页向观众提供流行片的一些所谓“内幕”，如剧情的构思，角色的背景，演员、导演、制片人的背景资料、兴趣爱好等。这些信息对影迷们是很有吸引力的，因为这样能使他们获得一种内行的鉴赏家的感觉，这种感觉会驱使他们反复地观看某部流行片，评头论足，乐此不疲。同时，他们还会与他的朋友们讨论这部片子，甚至还会劝说他的朋友去看一看。

（5）提高品牌知名度、获取更高利润　将品牌作为管理重点的企业可通过网页的设计来增强整个企业的品牌形象，Coca Cola、Nike 等著名品牌都已采用网络作为增强品牌形象的工具。

企业可以通过网页的设计，突出品牌宣传，树立整体的企业品牌形象，建立顾客忠诚度，实现市场渗透，最终达到提高市场占有率的目的。例如，可口可乐公司并没有将网络作为直复营销的工具，而是用其增强品牌形象。

（6）数据库营销　网络是建立强大、精确的营销数据库的理想工具。因为网络具有即时、互动的特性，所以可以对营销数据库实现动态的修改和添加。拥有一个即时追踪市场状况的营销数据库，是公司管理层作出动态的、理性的决策的基础。传统营销学中一些仅停留在理论上的梦想，通过网络建立的营销数据库可以实现。例如，对目标市场进行精确的细分，对商品价格的及时调整等。数据库营销模式是传统营销模式的现代化，具有科学性和预测性的优势。

5.1.3　网络营销战略计划的制订

网络营销作为信息技术的产物，具有很强的竞争优势。但并不是每个公司都能进行网络营销，公司实施网络营销必须考虑到公司的业务需求和技术支持两个方面。业务方面如公司的目标、公司的规模、顾客的数量和购买频率、产品的类型、产品的周期以及竞争地位等；技术方面如公司是否支持技术投资，以及决策时技术发展状况和应用情况。由于互联网作为大众型的信息技术，它的使用发展非常迅猛，而网络营销技术作为专业性技术依赖于公司的技术力量。

网络营销战略计划的制订要经历三个阶段：首先，确定目标优势，网络营销是否可以促使市场增长和增加市场收入，同时分析是否能通过改进目前营销策略和措施，降低营销成本。其次，分析计算网络营销的成本和收益，须注意的是计算收益时要考虑战略需要和未来收益。最后，综合评价网络营销战略计划，主要考虑的有以下三个方面：成本效益问题，成本应小于预期收益；能带来多大新的市场机会；考虑公司的组织、文化和管理能否适应网络营销战略后的改变。

1. 网络营销战略计划的内容

企业制定网络营销战略计划，应包括以下几个方面的主要内容：

（1）网络营销的目标　与传统营销管理一样，网络营销管理首先需要设置明确的营销目标。只有确定了明确的营销目标，才能对网络营销活动作出及时的评价。企业应防止没有明确目标的网络营销，一窝蜂地挤进网络，而这正是目前上网企业常犯的错误。由于网络营销尚处于初始化阶段，无论是理论上还是实际操作上均有很多不完善的地方，所以现在许多企业在万维网上设置自己的网页，其目的常常不是在于直接的网上销售量，而是着眼于网络营销所带来的其他效应。例如，通过网络营销向潜在顾客提供有用信息使之成为购买者，提高品牌知名度，建立顾客的忠诚从而留住顾客，支持其他营销活动，减少营销费用和时间等。因为有这些效应，万维网上的企业与日俱增。企业在引入网络营销的时候可根据自身的特点，设定相应于不同效应的明确的目标。

（2）网络营销的管理部门和财务预算　网络营销既涉及营销部门又涉及信息技术部门，所以公司应明确地规定网络营销的负责部门，以免出现政出多门、互相扯皮、责权不明的现象。大多数网络营销由营销部门负责。因为营销部门对整个公司的状况、产品、市场等都比较了解，明确公司的发展方向和目标；而技术部门对企业网页设计的技术细节有详细的了解，他们可能更注重技术细节，而忽略了营销的整体效果，结果反而可能适得其反，达不到预期目标。比如，将主页的图像做得非常形象、复杂、漂亮、但下载时间过长，结果是冲浪者没有耐心等待图、文、声并茂的主页出现，早就跳向其他的站点了。但是营销部门应和 IT 部门通力合作，对新的技术工具的优点、缺点、用途应有一个概括的了解，IT 部门也应积极参与网络营销计划与开发的过程，保证能用最新的技术手段最好地实现营销目标。

另一个问题是网络营销的费用应由哪个部门负责，是由营销部门、客户服务部门、公共关系部门中的一个部门负责，还是各出一部分。这个问题应根据各个企业的规模大小、网页内容等实际情况由公司决策部门统一规定，没有适用于所有企业的统一方法。

（3）反馈信息的管理　网络双向互动的特性决定了网上企业会收到大量的反馈信息，企业要专门设人对这些信息进行管理，那么由谁对这些信息进行管理呢？这取决于企业的类型和网页的内容。有的企业可能是由产品部门经理负责，有的可能是由顾客服务部门经理负责，大的企业可能两者都要负责。反馈信息一般都是通过发给企业的 E-mail 而获得的，这样对大型的企业，若只有唯一的 E-mail 地址，则需要设立一个专门负责 E-mail 分类的管理员，根据反馈信息的内容分类发给相应的部门或采用一个简便的处理办法；不同的部门设置独立的 E-mail 地址，由反馈信息的发送者根据信息的内容自己决定应发送到哪个部门。

反馈信息中有一部分内容是顾客提出的各类问题，对这些问题企业有关部门应尽可能快、尽可能详细地给予答复。对一些常问的问题可让他查询企业的 FAQ（Frequently Asked Questions，常见问题），通过预先设置自动应答器立即给出预备的答复。对一些不能即时答复的问题，企业应回复提问者，告诉他已收到他的问题，并承诺给出答复的时间限制——通常应该在 24 小时内。

（4）企业网上形象的树立　网络作为一种媒体给予了参与者充分自由的空间。自由能促进信息的交流和利用，但如果管理不当也容易产生混乱，所以企业应采取积极措施维护企业的网上形象，保证它的一致性。

首先，企业要设立专门的网上信息监督人员，并赋予他关闭有害信息的权力，同时确保网上不会出现过时的信息，以及与企业宗旨、目标相违背的信息。

其次，要告诫企业所有职员，在参加网上讨论或给新闻组、邮件列表发送信息时要明确自己的身份。如果一些观点不能与公司的宗旨、目标保持一致，应指明这些观点是自己的看法，不代表公司的看法。如果因企业职员发布违背公司宗旨的观点而引起混乱，企业应在网上及时发布申明，澄清这些观点，并对该职员采取一定的惩罚措施。这要求企业安排专人经常监视与企业相关的重要的网络论坛、新闻组等场所中的有关言论。

再次，要保证授权代理商和母公司网络形象的一致性。企业应根据网上形象一致的原则，考虑企业的规模、作业特点等，确定代理商是否需要独立设置站点，及代理商网页的具体内容。如果母公司对代理商提供支持服务，在母公司的网页上应特意申明，并确定使用多大的空间来实现这种支持服务。

（5）网络师的职能　根据贝里思·富兰纳根（加拿大醇酒业龙头企业 Molson 的网络项目负责人）的观念，网络师（Web Master, WM）的工作权限类似于一个杂志编辑。根据要实现的目标和网页包括内容的范围，WM 的责任变化范围是很大的。在国外，WM 在企业中的地位也是因企业而异，有的企业视之为“国王”，有的企业视之为软硬件的“检修工”。用一句话来描述 WM 的职能变化，可以说他可能成为一个企业新经营思想的缔造者，也可能成为一个注重细节的技术人员。总之，随着 HTML 编程环境和语言的简化，WM 工作的神秘性也会逐步解除，将来会有更多的人掌握 WM 工作的技巧，因为计算机工业总是向着友好、易操作的方向发展的。

一般来讲，WM 应具备以下基本素质：应具备同时处理多项任务/品牌/创新的能力；应具备财务预算管理和规划的能力；对 HTML 有深刻的理解和运用能力，并能和企业的整个管理信息系统相协调；较强的设计能力；具有较强的沟通技巧和交流能力；良好的人际关系和表达能力；过去曾有过媒体工作背景。

（6）网络资源管理部门的设立问题　有一种观点建议企业专门设置一个管理部门来实现网络资源和企业其他部门的协调。这个管理部门称为 WIRE（Web/Internet Resource Executive），主要负责企业范围内关于电子商务的信息交流与协调。

（7）网络服务商的选择　许多企业发现在开展 Web 服务或者进行网上市场营销时需要他人的帮助。Internet 迅速增长的结果之一就是孕育了许多专门提供 Web 相关服务的网络服务商（Internet Service Provider, ISP）。这些公司根据用户的需求调整自己的服务，它们通常都提供以下服务：Web 购物服务，市场调查，编写 HTML 文档，文档格式转换，图像操作，命令文件的创建。

企业在选择网络服务提供商时应遵循的第一个准则就是听取当前其他客户的参考意见。第二个准则就是亲自了解，如访问该公司的主页及其客户的主页，获取公司工作的质量和功能的第一手材料。下面列出了评估和比较网络服务提供商时应考虑的因素：

1）提供的服务。包括基本的市场营销研究/评估，把 Web 站点集成到 Internet 和公司形象中，追踪和分析站点的通信情况，定义页面的内容、格式和功能，定义输入表格，站点导航建议。

2）站点特性。拥有基于 Web 的 FAQ、Gopher 和 mailbox 功能。

3）费用。包括咨询和建议的费用，初期建设费用，每月费用，域名登记服务费用，页面制作费用，维护/更新费用，页面登记服务费用，图像准确处理费用，磁盘存储费用，签约应付的最小义务要求及其他费用。

4）设备及性能。包括连接 Internet 的方式，安全措施，服务器的硬件类型及软件类型，进出线路的数量及类型，站点开展多少种业务，存储的速度及空间大小，应急措施—— 电源和电池备份。

5）公司业务背景。包括关键人员的资历和素质，位置（物理位置）、电话、传真等，从业时间，客户端要求，技术和业务的背景关系，公司所有者，财政稳定性（每年的财务报表）。

（8）网上销售对其他销售渠道的影响　据 Lyber ljiaAogue 研究公司调查，1997 年美国的消费者用于购买网上服务和产品的总价值为 32 亿美元，但消费者上网寻找产品信息后再离线购买的达 42 亿美元。这一调查表明，成功的网上营销不仅会增加网上销售，而且会促进其他销售渠道的销售。因此，企业应通过市场调研进行统计分析，判断网上营销对其他销售渠道的影响，在制订计划时考虑到两者之间的关系，使网上营销计划与企业整个营销计划协调一致。

（9）改进、提高网页水平　网络营销计划的一个重要内容是如何创建友好的、信息丰富并能全面反映企业营销活动内容的网页。一个好的网页能够更好地展示商品，即通过图片、数据、文字等将商品的特点、性能、规格、技术指标、价格、售后服务及质量承诺等信息传递给消费者，帮助消费者成为该商品的内行。网页的设计应营造出一种使消费者身临其境的商业氛围，网页内容的制作应由纯粹的艺术创意单转向科学的信息分类、索引，以简便、灵活、快捷、双向互动式信息查询服务于网络的访问者。通过网页内容和形式的改进、提高以及适时的修改，建立起企业与消费者之间的相互信任关系，建立商品的信誉，达到企业与消费者不仅交流信息而且交流感情的目的。

（10）树立形象、延伸销售网络的考虑　成功的网络营销有助于实现与其他企业的联合，扩大销售网络，更有效地占领市场。因此网络作为一种媒体给参与者提供了无限自由的空间，促进信息的交流和利用。企业的网上信息与形象，可能引起世界各地代理商、分销商及零售商的兴趣，他们通过市场跟踪与分析，认为企业产品或服务有广阔的市场前景，会主动联系成为企业的代理商或分销商，从而通过网络建立与其他企业的联合。因此，销售网络的延伸，市场覆盖面的拓展是制定网络营销计划时应考虑的一个重要因素。

2. 网络营销战略计划的制订原则

（1）明确网络营销的实施步骤　网络营销战略计划的制订，首先要掌握开展网络营销的全过程，网络营销过程主要包括以下 10 个基本步骤：通过确定合理的目标，明确界定网络营销的任务；广泛听取各部门的意见；确定营销预算；分配营销任务；依据营销任务规划营销活动的内容；创建友好、信息丰富的网页，企业的网页应能全面反映营销活动的内容；与万维网连接；改进、提高企业网页水平；网上营销的测试与网页修改；使网上营销和企业的管理融为一体。

网络营销战略计划应全面考虑上述每个管理过程，然后才能制定出完整的计划书。

(2) 明确网络营销对企业的影响　界定网络营销任务时首先要根据本企业的自身特点和所处行业的特点，选择合理的网络营销管理模式，明确本企业引入网络营销管理会带来的主要效益和费用，并设定出这些效益和费用的明确数量指标，这样营销管理的目标才算是明确确定，相应地网络营销部门的任务也就清晰地界定了。网络营销对传统营销的每个步骤几乎都有一定的影响，在制定网络营销战略计划的目标、任务时应考虑这些影响：对公司的整体影响；网上企业的竞争优势；增加竞争调研的透明度；市场拓展；销售；公共关系；顾客服务；网上广告；降低产品支持费用；增强品牌形象。

5.1.4　市场竞争战略

市场竞争战略，就是把与竞争对手相对应的位置关系放在对本企业有利，为占有更多的市场份额，争夺竞争的优势地位而采取的各种整体对策，是企业经营基本战略的核心，是使企业立于不败之地的重要保证。

竞争战略是指成本领先战略、差异性战略、集中性战略。这三种战略中每一种战略都涉及通向竞争优势的迥然不同的途径，以及为建立竞争优势所采用竞争类型的选择。企业选择何种战略为其基本目标，要根据企业的具体情况而定。

1. 成本领先战略

成本领先就是指企业的目标要成为其行业中的低成本生产厂商。如果企业能够创造和维持全面的成本领先地位，那么它只要将产品价格控制在行业平均或接近平均的水平，就能获取优于平均水平的经营业绩。在与竞争对手相比相当或相对较低的价位上，成本领先者的低成本地位将转化为高收益，这对争取竞争优势是十分有利的。

（1）成本优势的来源　成本优势的来源各不相同，并取决于产业结构。它们可能包括追求规模经济、专有技术、低成本设计、自动装配线、较低的管理费用等等。不同的行业，不同的企业，成本优势的来源并不相同。低成本生产企业必须发现和开发所有成本优势的资源。

争取成本优势可以利用经验曲线。经验曲线是在 20 世纪 30 年代由美国航空工业提出的，起先只限于工时定额的制定和成本的估计。后为随着一个企业生产某种产品或从事某种服务的数量的增加，经验不断地积累，其生产成本将不断地下降，并呈现出某种下降的规律。经验曲线描绘的就是这种成本下降的规律。

美国德州仪器公司从事半导体芯片的制造，随着产量的增加，每片芯片的成本不断下降，累计生产量每增加一倍，成本就会减少 20%。该公司决定按照制造数百万芯片的产量来制定售价。也就是说将初期的销售价格定在经验曲线之下 。由于定价低，销售量也就急速上升，因此用不了多少时间，每片芯片的制造成本降至原来预计的售价之下，许多竞争者因此被踢出半导体市场。

争取成本优势可以利用低成本的设计。美国的汽车业制造成本比日本高，一家底特律的公司拆解了一辆日本进口车，目的是要了解某项装配流程，分析为什么日本人能够以较低的成本做到超水准的精密度与可靠性。他们发现不同之处在于：日本车在引擎盖上的三处地方，使用相同的螺栓去接合不同的部分，而美国汽车同样的装配，却使用了三种不同的螺栓，使汽车的组装较慢和成本较高。为什么美国公司要使用三种不同的螺栓呢？因为在底特律的设计单位有三组工程师，每一组只对自己的零件负责。日本的公司则由一位设计师负责整个引擎或范围更广的装配。有讽刺意味的是这三组美国工程师，每一组都自认为他们的工作是成功的，因为他们的螺栓与装配在性能上都不错。

争取成本优势还可以采取资源共用的方式，即以较低的成本来执行同样的职能，从而在成本上就要比无法做这种安排的竞争者占优势。例如，实行关联型多角化经营的企业，可以共享行销资源，包括销售人力的共用、销售渠道的共用、广告宣传的共用、维修服务网络的共用等等。

除了营销之外，研究发展也常常采用资源共享的方式，如技术专利共用、共同从事产品开发，共用科研仪器和设备等，来降低开发成本。

成本优势的来源很多，列举以上几种来源是想说明成本优势不仅仅是来源于生产成本 ，尽管生产成本在总成本中占有较大的比重。要获得成本优势，就要发现和开发所有能够降低成本的资源，并注重它们对相对成本地位的影响。遗憾的是，我国一些企业不重视成本管理，粗放式经营，尽管有人工便宜、资源便宜、地价便宜等因素，但成本仍然居高不下，经济效益差，甚至成为企业亏损、破产的主要原因。

（2）防止进入降低成本的误区　企业在降低成本的问题上，常常会出现一些矛盾，有时甚至会陷入误区。常见的误区包括：

1）成本与效益效率。降低成本有时不仅不会增加效益效率，有时甚至会影响效益、降低效率。美国一家加工金枪鱼的工厂减少了工人，结果，有些金枪鱼的肉都还留在鱼骨架上就给扔了。因此，在降低成本时，要考虑是否增加效益，是否提高效率。

2）成本与广告。减少广告费用，可以降低成本，但可能因此而影响产品销售，影响企业和品牌的知名度。增加广告费用，则有可能促进销售，形成规模经济，从而降低成本。但过多的广告费用显然是浪费。秦池酒厂以 3.2 亿元在中央电视台夺得广告“标王”的称号，但企业不堪重负，无法在成本中消化这笔巨额广告费用。因此，企业面临着是增加还是减少广告费用的两难选择。广告有其边际效应，即销售额随着广告费用的增加而增长，但当到达一个临界点时，广告费用的增加，对销售额就不再有多大影响。

3）成本与差异性。降低成本可能使企业的产品无特色，而消费者对差异性的产品有偏好，对价格有时并不敏感，愿意购买有特色的高价产品。无特色的产品只得降价求售，这就可能抵消了它有利的成本地位所带来的好处。美国得克萨斯仪器公司就是陷于这种困境的低成本厂商，它因无法克服其在产品差异性方面的不利之处，而退出了手表制造业。

4）成本与价格。低成本的生产企业常常希望以比同行低的产品价格占有更多的市场份额。同行业的竞争对手千方百计降低成本，也成为低成本生产企业，为争夺市场份额，纷纷降价竞销，由此引发价格大战，这对整个行业所产生的后果将是灾难性的。在我国，1996 年、1997 年先后引发的空调、VCD 价格大战，2000 年引发的彩电大战使全行业几乎无收益。

5）成本与未来。降低成本太多，有忽视未来的危险，可能使未来的发展危机四伏。有些活动，以现在的情况来判断，很难证明合理，但未来可能效益甚丰。如果放弃了这种活动，那么暂时收支账目可能看上去更好些，但将来却没了后劲。例如，人员的培训需要有经费的投入，却不能立即见到效益，但对企业的发展是至关重要的；企业建立通信网络需要大笔资金的投入，同样不能立即产生明显的效益，但对企业信息的收集和沟通，对提高工作效率将起很大的作用；企业新产品研制开发费用的减少，有可能延缓新产品开发的时间，增加研制开发失败的风险。

一家多角化经营的企业为降低成本，取消某项目前不赚钱的业务，而这项业务可能是具有发展和增长潜力的业务。

实际上，在降低成本方面存在着许多陷阱，企业要避免进入陷阱，就要发挥创造力，要处理好降低成本与其他职能之间的矛盾，既要立足当前，又要放眼长远；既要考虑近期收益，又要考虑长期发展，要想方设法以较低的成本实现同样的收益，并使成本优势转化为持久的竞争优势。

2．差异性战略

差异性战略就是企业采用优于竞争者的方式在顾客广泛重视的某些方面力求独树一帜。一个能够取得和保持差异性形象的企业，如果其产品的溢价超过了为做到差异性而发生的额外成本，就会获得出色的业绩，取得在行业中的竞争优势。

（1）差异性的来源　差异性的手段因行业不同而异。它可以建立在产品本身的基础上，也可以以产品销售的交货系统、营销做法及其范围广泛的其他种种因素为基础。只要探讨各个职能：从采购、设计、工程，以至销售和服务，有哪些可以产生差异性，就可以构建以竞争者为基础的战略。这里的要点是，与竞争者之间的差异一定要与价格、数量和成本这三项利润决定要素当中的某一项有关。

构建以竞争者为基础的差异战略，要有系统地找出与竞争者之间差异的地方，特别是要找出自己的不足之处。很显然，不利于你的差异，会使你失去整个市场中的某一部分。但同时也要注意扬长避短，量力而行。例如，因为产品没有系列化或款式陈旧而遗漏了某些顾客群，采取扩充产品的规格型号或更新设计的方式完全可以补救。但也许并不可行，因为这要看你的生产能力和工程技术力量，是否能够在不失去经济竞争力的前提下适应广泛的产品范围。有时在缺乏经济实力的情况下追求差异性，会使有限的资源分散使用，不仅不会增强竞争力，反而会影响竞争能力。将资源集中使用于某一能发挥自身长处的方面，满足某一有特殊需要的一小群买方，则有可能取得良好的经济效益，在某一领域占有竞争对手难以动摇的优势。

（2）选择差异性的方法　选择差异性要以顾客为中心，不能为顾客所认同的差异性是毫无意义的。当一个企业能够为顾客提供一些独特的、对顾客来说其价值不仅仅是价格低廉的产品时，这个企业就具有了区别于其竞争对手的差异性。企业为顾客提供商品时要考虑两点：一是提高顾客所获得的收益，二是降低顾客的购买成本。例如，柯达的艾克复印机在最后整理文件部位增加了再循环文件的进纸器和一个在线自动夹，减少了用户编排和装订文件的时间，提高了设备的使用效率，用户当然愿意为这种复印机支付溢价。又如，海尔冰箱厂向用户提供耗电低的电冰箱，为用户降低了使用费用，用户也愿意为这种冰箱支付溢价。

为顾客提高所获收益的关键在于了解对顾客来说什么是最理想的效益。顾客购买标准可以分为两种类型，即使用标准和信号标准。

使用标准可以包括产品质量、产品特性、交货时间和应用工程支持等因素。例如，实物产品的差异，可口可乐与其他饮料相比就具有独特的风味。使用标准不仅包括有形的产品，还包括无形的服务等对产品起辅助作用的系统，即使有形产品并不具有差异性，但诸如交货及时、服务周到、维修和退货保证等方面的差异也是很重要的，因为这些活动比起有形产品来有更多可以作为衡量使用标准的尺度。

信号标准即产生于价值信号的购买标准，可以包括广告、信誉或形象、包装和外观等因素。信号标准常常是很微妙的。例如，尽管喷漆工作与医用仪器的性能关系不大或毫不相干，但它可能对顾客对仪器的看法有重要影响。信号标准产生于企业对加强顾客看法的需要，即使顾客已购买了企业的产品。例如，海尔空调器厂组织的春季大回访——送温情的活动。他们每年组织服务人员在夏季用户使用空调器之前到用户家中帮助检查、维修空调器，以确保用户正常使用。这一活动对海尔空调器厂在经营上的差异性产生重要影响，树立起良好的企业形象。广告可能只强调产品的特性，而企业的名声却可以向顾客暗示他们的使用标准将得到满足。企业如果不能成功地、有效地发出价值信号，就永远不可能实现产品实际价值应得的溢价，也就难以取得差异性的竞争优势。

一个常见的错误是只强调使用标准而不满足信号标准，即所谓好酒不怕巷子深，这将影响企业的知名度，影响顾客对企业的了解。另一方面，只强调信号标准而不符合使用标准通常也不会成功，因为顾客最终必然会认识到他们主要的需要未被满足。

这里重点强调形象的力量。海尔品牌的形象是由优异的质量、优良的服务、系列化的产品、先进的技术等综合要素所组成的，其产品如冰箱、空调器、洗衣机的定量已超过竞争者同型号同性能产品的 5%～10%，甚至更多。由于有品牌的支撑，海尔从不参加任何产品的价格大战，不以价廉取胜。当产品的性能和销售方式很难加以差异化时，“形象”可能就是唯一积极的差异性因素。

正如在成本领先战略中存在着误区一样，差异性战略中也有一些易犯的错误。

1）无价值的差异性。一个企业在某些方面具有独特性并不意味着就具有经营的差异性。一般的独特性如果不能提高顾客所认同的价值，这种独特性就不可能形成经营差异性。经营差异性要能够给企业带来竞争优势，增加企业的销售，扩大市场占有率，或给企业带来更大的经济效益，这种差异性才有价值。

2）过分的差异性。追求差异性要掌握一定的尺度，过分的差异性可能会带来得不偿失的结果，不利于在竞争中取得优势的地位。

例如，在同一行业中，做广告与不做广告的企业会产生差异性，广告有促销的作用，但正如前面提到的秦池酒厂以 3.2 亿元的巨额资金在中央电视台做广告，并没有带来竞争优势，扩大销售带来的收益不够弥补巨额广告费用的支出。

3）溢价太高的差异性。企业采用差异性战略会增加投入，加大成本，溢价销售可以弥补差异性成本的支出，并获得更大的收益。但如果溢价太高，便会影响顾客购买的欲望。企业要以一种更为合理的价格与顾客共同分享一些价值，这样才能使差异性的优势得以持久保持。

4）不了解经营差异性成本。不少企业通常不能将它们创造经营差异性的活动成本分离出来，而假定差异性具有经济意义。因此，它们难以把握溢价的尺度。适当的溢价不仅取决于企业经营差异性的程度，而且取决于企业总体相对成本位置。如果一个企业不能把其成本保持在与竞争对手大体相近的水平，即使企业能够维持经营差异性，也可能因为溢价的成本的增加而难以维系。

3．集中性战略

集中性战略就是企业选择行业内一种或一组细分市场，并量体裁衣使其战略为它们服务，而不是为其他细分市场服务。通过为其目标市场进行战略优化，使企业集中资源致力于寻求其目标市场上的竞争优势，尽管它并不拥有在整个市场上的竞争优势。

（1）集中性战略的基础　集中性战略取决于细分市场间的差异。由于消费需求的多样化，使同时服务于多个细分市场的企业面临着不同档次之间协调成本的增加，且缺乏适应不同市场需求的灵活性。通过针对一个或少数几个细分市场的集中性经营，既可以获得成本上的优势，也可以获得差异性经营的收益。

日本有一家市场占有率极低的机械制造企业，所提供的产品选择几乎跟在市场上拥有 45%份额的领导性厂商一样繁多。这家小机械企业的产品没有一项赚钱。问题不在于每一项产品的设计上，而是因为所分摊的开发和分销成本太高。该企业的经营者如果不在政策上做些基本改变，从“大小通吃”改为集中性战略，这种情势就会变成恶性循环。这家企业后来削减产品项目，把力量集中到其他企业的涵盖率并不大的细分市场中，情况立即得到改善。

美国有一家经营非常成功的企业，其产品占全世界一半的市场，税前盈利是资产的50%（美国平均为11%）。他们的产品是一种油井泵使用的吸棒。在油井施工过程中，常常会因为一根所值无几的钢棒断了，而现场又没有备用品而损失数千美金。该企业在油井现场摆着存货，准备了随时应客户召唤而起飞的直升机。他们记载客户耗用钢棒的情形，以及各种这一类的事情，使得客户在任何情况下都不会缺少钢棒。大型钢铁企业却不可能这样做，他们的问题是如何销售数百吨的钢铁，他们眼中只看到销量，不会注意到某一细分市场的特殊需要，也不会把力量集中于这一细分市场。

如果一个企业能够在其细分市场上获得持久的成本领先或差异性地位，并且这一细分市场的产业结构很有吸引力，那么实施集中性战略的企业将会成为其产业中收益的佼佼者。

（2）集中性战略的持久性　集中性战略可以包括不止一个细分市场，可以包括具有强烈关联的数个细分市场。但是，企业对任何一个细分市场的优化能力通常都随着目标的拓宽而减弱。

企业可以集中生产某一产品满足不同的消费者，这是产品专业化；也可以集中为某一消费群体提供不同类型的产品，这是市场专业化；还可以生产某一产品为某一消费群体服务，这是产品、市场集中化。无论采取何种策略，都各有利弊。产品专业化的企业虽然有低成本设计和生产的优势，有对产品的深入了解，但满足不同的消费者可能会增加营销费用。同时，当某一消费群体有特殊要求时，企业就无法轻易地修改产品以适应不同需求。市场专业化的企业虽然对某一消费群体有深入的了解，能提供系列产品为其服务而得到营销上的优势，但不同产品的设计、生产会增加成本。产品、市场集中化可以在某一狭小的细分市场赢得优势，但其灵活性很差，当产品和市场发生变化时，受到的冲击也大。这里的问题是企业如何根据细分市场的情况，针对竞争对手的特点，结合自身的优势，采用集中性战略，并使所获得的竞争优势得以持久保持。

如果细分市场上无特殊要求，采用集中性战略的意义就不大。例如，美国皇冠企业集中经营可乐产品，而不像可口可乐和百事可乐那样，供应风味较广的软饮料系列。只供应可乐产品和供应系列产品相比并不产生优势。除了口味上的偏好外，消费者对可乐产品和其他风味饮料的需求和购买行为并没有很大差别。相反，提供宽系列产品可以从共享生产、分销和广告等活动中获得极大的利益。因此，皇冠公司的集中性战略不仅没有带来任何竞争优势，而且造成其劣势。

细分市场上有特殊要求，而相对于竞争对手，并不能生产出特色产品和提供特殊服务，以满足细分市场的需求，在这种情况下，采用集中性战略也同样不能获得竞争优势。

市场是动态的。随着时间的推移，如果某细分市场和其他细分市场间的差异减少；如果技术进步出现了新的替代产品，就会使原先采用集中性战略的企业丧失优势。因此，在选择集中力量服务的细分市场时要考虑动态因素。

5.1.5 市场发展战略

市场发展战略可以概括为密集性发展、一体化发展和多角化发展三种类型。

1. 密集性发展

如果企业现有产品或现有市场尚有潜力可挖，则可选择密集性发展。它可以采用以下三种可能实行的产品 市场发展组合：

（1）市场渗透　就是进一步挖掘市场潜力，把现有产品进一步渗透到现有目标市场中去，以扩大销售量。一是设法促使老顾客多购买本企业的现有产品；二是争取现有市场上的潜在顾客购买本企业的产品；三是吸引竞争对手的顾客购买本企业的产品。

（2）市场开发　就是为现有产品开辟新市场，扩大目标市场范围。有两种方法：一是在现有销售区域内，寻找新的市场。如一家原以企业、事业为主要客户的计算机企业，开始向家庭、个人销售计算机。二是发展新的销售区域。如从城市市场转入农村市场，由国内市场转向国际市场。

（3）产品开发　向现有市场提供新产品或改进的产品，目的是满足现有市场上的不同需求。如改变产品外观、造型，或赋予新的特色、内容；推出档次不同的产品；发展新的规格、式样等。

2．一体化发展

如果经营单位所在基本行业有发展前途，在供产、产销方面实行合并更有效益，便可考虑在其市场销售系统的框架中，增加新的业务，采用一体化发展战略。

（1）后向一体化　企业收购或兼并若干原材料供应企业，拥有或控制其供应系统，实行供产一体化。这样做的原因，一般是由于供应商盈利很高，或发展机会极好，通过一体化争取更多收益；还可避免原材料短缺，成本受制于供应商的危险。

（2）前向一体化　谋求对分销系统甚至用户的控制权。如收购、兼并批发商、零售商，以增强销售力量来求发展；或将自己的产品向前延伸，从事原由用户经营的业务，如木材企业生产家具，造纸厂经营印刷业务，批发商开办零售商店等。

（3）水平一体化　争取对同类型其他企业的所有权或控制权，或实行各种形式的联合经营。这样可以扩大生产规模和经营实力；或取长补短，共同利用某些机会。

3．多角化发展

多角化也称多样化、多元化，即向本行业以外发展，扩大业务范围，跨行业经营。当本行业缺乏进一步发展的机会或者其他行业更有吸引力时，可以采用跨行业的多角化经营，以实现新的发展。它主要可采用以下三种形式。

（1）同心多角化　企业对新市场、新顾客，以原有技术、特长和经验为基础，有计划地增加新的业务。比如，拖拉机厂生产小货车，电视机厂生产各种家用电器。由于是从同一圆心逐渐向外扩展经营范围，没有脱离原来的经营主线，利用发展原有优势，因此风险较小，容易成功。

（2）水平多角化　针对现有市场和现有顾客，采用不同技术增加新的业务。这些技术与企业现有的技术能力没有多大关系。比如，一家原来农用拖拉机的企业，现在又准备生产农药、化肥，实际上，这是企业在技术、生产方面进入一个全新的领域，风险较大。

（3）综合多角化　企业以新的业务，进入新的市场。新业务与企业现有的技术、市场及业务毫无关系。比如，汽车厂同时从事金融、房地产、旅馆等业务。这种做法风险最大。

多角化增长并不意味着企业必须利用一切可乘之机，大力发展新的业务。相反，企业在规划新的发展方向时，必须十分慎重，并结合现有特长和优势加以考虑。

5.1.6　网络营销战略

网络营销作为一种竞争手段，具有很多竞争优势，要知道这些竞争优势是如何给企业带来战略优势以及如何选择竞争战略，就必须分析网络营销给企业营销带来的策略机会和威胁。

1．企业网络营销战略的作用

网络营销作为一种竞争战略，可以在下述几个方面加强企业在对抗某一股力量时的竞争优势。

（1）巩固企业现有竞争优势　市场经济要求企业的发展必须是市场导向，企业制定的策略、计划都是为满足市场需求服务，这就要求企业对市场现在和未来的需求有较多的信息和数据作为决策的依据和基础，避免企业的营销决策过多依赖决策者的主观意愿，使企业丧失发展机会和处于竞争劣势。利用网络营销企业可以对现在顾客的要求和潜在需求有较深了解，对企业的潜在顾客的需求也有一定了解，制定的营销策略和营销计划具有一定的针对性和科学性，便于实施和控制，顺利完成营销目标。

例如，美国计算机销售企业戴尔（Dell）公司，通过网上直销和与顾客进行交互，在为顾客提供产品和服务同时，还建立自己顾客和竞争对手顾客的数据库，数据库中包含有顾客的购买能力、购买要求和购买习性等信息，根据这些信息戴尔公司将顾客分成四大类：摇摆型的大客户、转移型的大客户、交易型的中等客户以及忠诚型的小客户。通过对数据库的分析，公司针对不同类型企业制定销售策略。在数据库的帮助分析下，企业的营销策略具有很强针对性，在减少营销费用的同时还提高了销售收入。

（2）为入侵者设置障碍　虽然信息技术使用成本日渐下降，但设计和建立一个有效和完善的网络营销系统是一长期的系统性工程，需要投入大量人力、物力和财力。因此，一旦某个企业已经实行了有效的网络营销系统，竞争者会很难进入该企业的目标市场。因为竞争者要用相当多的成本建立一类似的数据库，而且这几乎是不可能的。

从某种意义上说，网络营销系统成为企业难以模仿的核心竞争能力和可以获取收益的无形资产，这也正是为什么技术力量非常雄厚的Compaq公司没能建立起类似Dell公司的网上直销系统的原因。建立完善的网络营销系统还需要企业从组织、管理和生产上进行配合。

（3）稳定与供应商关系　供应商是向企业及其竞争者提供产品和服务的企业或个人。企业在选择供应商时，一方面考虑生产的需要，另一方面考虑时间上的需要，即计划供应量要能依据市场需求，将满足要求的供应品在恰当时机送到指定地点进行生产，以最大限度地节约成本和控制质量。企业如果实行网络营销，就可以对市场销售进行预测，确定合理的计划供应量，确保满足企业的目标市场需求；另一方面，企业可以了解竞争者的供应量，制定合理的采购计划，在供应紧缺时能预先订购，确保竞争优势。如美国的大型零售商Wall-Mart公司通过其网络营销系统，根据零售店的销售情况，制订其商品补充和采购计划，并通过网络将采购计划立即送给供应商，供应商必须适时送货到指定零售店；供应商既不能送货过早，因为企业实行零库存管理，没有仓库进行库存，同时不能过晚，否则影响零售店的正常销售；在零售业竞争日益白热化的今天，企业凭借其与供应商稳定协调的关系，使其库存成本降到最低；供应商也因企业的稳定增长获益匪浅，因此都愿意与Wall-Mart公司建立稳定的紧密合作关系。

（4）提高新产品开发和服务能力　企业开展网络营销，可以从与顾客的交互过程中了解顾客需求，甚至由顾客直接提出需求，因此很容易确定顾客要求的特征、功能、应用、特点和收益。在许多工业品市场中，最成功的新产品开发往往是由那些与企业相联系的潜在顾客提出的，因此通过网络数据库营销更容易直接与顾客进行交互式沟通，更容易产生新产品概念，克服了传统市场调研中的滞后性、被动性和片面性，以及很难有效识别市场需求而且成本也很高的缺陷。对于现有产品，通过网络营销容易获取顾客对产品的评价和意见，决定对产品的改进方面和换代产品的主要特征。目前，有很多大企业开始实行网络营销，数据库产品的开发研制和服务市场规模也越来越大。例如，上面提到的美国通用公司在Internet上允许用户通过公司提供的CAD软件设计自己所需要汽车，公司根据客户要求设计生产，一方面满足顾客不同层次需求，另一方面公司同时获得了许多市场上对新产品需求的新概念。在服务方面，美国联邦快递（FedEx.com）公司，通过互联网让用户查询了解其邮寄物品的运送情况，让用户不出门就可以获取企业提供的服务，企业因此省去了许多接待咨询的费用，一举两得。

（5）加强与顾客的沟通　网络营销以顾客为中心，其中网络数据库中存储了大量现在消费者和潜在消费者的相关数据资料，企业可以根据顾客需求提供特定的产品和服务，具有很强的针对性和时效性，可极大满足顾客需求。同时借助网络数据库可以对目前销售的产品满意度和购买情况作分析调查，及时发现问题、解决问题，确保顾客满意，建立顾客的忠诚度。企业在改善顾客关系的同时，可以通过合理配置销售资源来降低销售费用和增加企业收入，例如对高价值的顾客可以配置高成本销售渠道，对低价值顾客用低成本渠道销售。网络数据库营销是现在流行的关系营销的坚实基础，因为关系营销就是建立顾客忠诚和品牌忠诚，确保一对一营销，满足顾客的特定的需求和高质量的服务要求。顾客的理性和知识性，要求对产品的设计和生产进行参与，从而最大限度地满足自己需求，通过互联网络和大型数据库，可以使企业以低廉的成本为顾客提供个性化服务，例如美国的通用汽车公司允许顾客在 Internet 网上利用智能化的数据库和先进的 CAD 辅助设计软件，自行设计出自己需要的汽车，而且可以在短短几天内将顾客设计的汽车送到顾客的家。

2．网络营销的战略观念

网络营销区别于传统营销的根本原因是网络本身的特性和网络顾客需要的个性化。因此，网络营销必须以新的营销观念为指导，在传统营销战略观念的基础上，从网络特征和消费者需求变化的角度实现战略观念的创新。当然，网络营销战略观念不是对传统营销战略观念的否定，而是在现代市场营销理论范畴内的进一步深化和发展。在网络营销环境下，企业必须树立网络整合营销观念和“软营销”的观念。

（1）网络整合营销观念　由于消费者个性化需求的满足，使其对企业产品、服务产生良好的印象和偏好，当其再次需要该种产品或服务时，首先选择这个企业并提出新的要求和意见。随着企业与顾客的反复交互，一方面顾客的个性化需求不断地得到更好的满足，企业不仅会巩固顾客，而且会吸引更多的顾客；另一方面，企业对差异性很强的个性和潜在需求的满足，使其他企业的进入壁垒变得很高，从而与更多的顾客形成“一对一”的牢不可破的紧密关系。整合营销与传统营销相比，以顾客为出发点的观念更具体化，使市场细分更深入，企业满足顾客需求的目标更明确，营销手段更有针对性。可见，网络的功能使企业与顾客的交互沟通贯穿于企业营销活动的全过程。网络营销整合使企业的营销决策和营销过程形成一个双向的链。

（2）“软营销”观念　所谓“软营销”是指在网络环境下，企业向顾客传送的信息及采用的促销手段更具理性化，更易于被顾客接受，进而实现信息共享与营销整合。

网络时代的“软营销”观念是相对于工业化大规模生产时代的“硬营销”而言的。传统营销观念中普遍存在的强势营销手段：一是通过广告轰炸，强行地把产品信息传递给消费者；二是推销人员轮番地登门拜访。这种手段不考虑对方需不需要种类信息，更不事先征得对方的允许或请求。这种直接服务于商业目的的强行推销行为在网上会引起网民的极大反感。试想，在网络环境下由于没有良好的控制机制，从而造成信息泛滥，每当你打开 E-mail 信箱时就是一堆垃圾广告，感觉就像你的储藏室进了老鼠，衣服上、面袋里全是鼠屎，你还有兴趣上网吗？

网络礼仪是网上一切行为的准则，以体现网络社区作为一个具有社会、文化、经济三重性质的团体是按照一定的行为规则组织起来的，网络营销也不例外。互联网上有专门的站点提供这种主题的网络礼仪知识。对营销人员来说，第一条网络礼仪就是“不请自到的信息不受欢迎”。同时，互联网上还有专门列举违反礼仪的广告商黑名单的地址，它会列出有关企业的名称及所犯错误，是网络营销人员学习网络礼仪的反面教材。

可见，“软营销”观念的特征主要体现在遵循网络礼仪的同时，通过对网络礼仪的巧妙运用留住顾客，并建立其对企业及产品的忠诚意识，从而获得最佳的营销效果。

3．网络营销战略的重点

互联网的功能使网络营销可以扩大企业的视野，重新界定市场范围，缩短与消费者的距离，取代人力沟通与单向媒体的促销功能，改变市场竞争形态。因此，企业网络营销战略的重点也相应体现在以下几个方面：

（1）顾客关系再造　在网络环境下，企业规模的大小，资金的雄厚实力从某种意义上已不再是企业成功的关键要素，企业都站在一条起跑线上，通过网页向世界展示自己的产品。消费者较之以往也有了更多的主动性，面对着数以万计的网址有了更广泛的选择。为此，网络营销能否成功的关键是如何跨越地域、文化、时空差距，再造顾客关系，发掘网络顾客、吸引顾客、留住顾客，了解顾客的愿望以及利用个人互动服务与顾客维持关系，及企业如何建立自己的顾客网络，如何巩固自己的顾客网络。

（2）提供免费服务　提供免费信息服务是吸引顾客最直接与最有效的手段。在美国的一家名为 Interactive Hypen Net USA 的日商企业，自 1996 年底开始，在旧金山市提供免费的互联网连线服务，用户只要负担开户费 29.95 美元，填写一份有关个人性别、学历、爱好与上网目的等个人资料，即可拥有免费的网络连线账号。

（3）组建网络俱乐部　网络俱乐部是以专业爱好和专门兴趣为主题的网络用户中心，对某一问题感兴趣的网络用户可以随时交流信息。目前，网络世界里的用户俱乐部形形色色，如车迷俱乐部、生活百科园地、流行话题交流中心、流行精品世界、手表博物馆、美食大师等等。网络用户俱乐部的每个分类项目都设有讨论区，可以吸引大批兴趣爱好相同的网友“聚集一起”交流信息和意见，这更便于企业一对一地交流与沟通，同时各分类项目的信息快报，也可免费向企业提供促销信息。为此，企业可以通过在网上开设或者赞助与之产品相关的网络俱乐部，把产品或企业形象渗透到对产品有兴趣的用户，并利用网络俱乐部把握市场动态、消费时尚变化趋势，及时调整产品及营销策略。

（4）定制营销　细分市场的极端是发现每一个买主都有自己特有的需求和欲望，所以每一位顾客都有可能成为一个细分市场。这种极端被称为定制营销。

实际上，一般情况下所做的市场细分是根据买主对产品的不同需求或对营销反应将他们分为若干的类型。以往企业偶尔走一走极端，不过，那时更真实的意图应该是将其作为一种不错的公关活动。但现在经济全球化，竞争的加剧，以及互联网的高速发展，使这种定制营销成为必要且可能。定制营销又称为“个别化营销”、“自我营销”或“一对一”营销。除高度技术化和信息化的企业外，由于定制营销也同企业的规模并无直接的联系，因此有更大、更广的适用范围。

网络沟通的互动性使企业能更准确地掌握顾客的需求和反应，为顾客提供更个性化的产品，即网络数据库为企业实施定制营销提供了有利的支撑。以电子商场为例，商家通过数据库可以全面了解网络顾客的生日、对产品的偏好习惯等，便可在适当的时间，利用电子邮件向目标顾客推荐相关产品或服务。这在国外已不是个例，摩托罗拉的营销员能为客户定制设计寻呼系统，交货的速度令人吃惊。摩托罗拉将设计传给工厂，在 17 分钟内开始生产。工厂在 2 小时内发运，第二天便可将产品送到客户的办公桌上。

目前，个性化家电在国外已逐步趋向流行，一些发达国家从 20 世纪 80 年代末就开始逐步淘汰大批量的家电生产方式，一条生产线可以生产几十种型号的产品，以满足不同消费者的个性化需求。如定制冰箱可以根据家具的颜色或者自己的品位，定制自己喜欢的外观色彩或内置设计。这种冰箱对厂家来说，就是把“我生产你购买”转变成了“你设计我生产”。虽然两者都是做冰箱，后者却有了服务业的概念。定制冰箱对企业的要求非常之高。可以想象，几百万台各不相同的冰箱都要做得丝毫不差，将是一项怎样浩繁的工程。然而，海尔从宣布要向服务业转移到推出定制冰箱，仅仅用了三四个月的时间。目前，海尔已能做到只要用户提出定制需求，一周内就可以将产品投入生产。而如今海尔冰箱生产线上的冰箱，有一半以上是按照全国各大商场的要求专门定制的。

（5）建立网上营销伙伴　由于网络的自由开放性，网络时代的市场竞争是透明的，谁都能较容易地掌握同行业与竞争对手的产品信息与营销行为。因此，网络营销争取顾客的关键在于如何适时获取、分析、运用来自网上的信息，如何运用网络组成合作联盟，并以网络合作伙伴所形成的资源规模创造竞争优势。

建立网络联盟或网上伙伴关系，就是将企业自己的网站与他人的网站关联起来，以吸引更多的网络顾客。具体而言主要措施有：

1）结成内容共享的伙伴关系（Content-Share Partnership）。内容共享的伙伴关系能增加企业网页的可见度，能向更多的访问者展示企业的网页内容。例如，一个在网上销售自行车的企业应和在网上销售运动服装的企业结成伙伴，在他们卖出运动服装的同时，使顾客同时了解你的山地车并卖出山地车；同样，一个提供关于自行车书籍和杂志的网站也是建立内容共享伙伴关系的最好选择。

2）交互链接和搜索引擎（Link Exchanges Search Engine）。交互链接和网络环（Web Ring）是应用于相关网站间来推动交易的重要形式。在相关网站间的交互链接有助于吸引在网上浏览的顾客，便于他们一个接一个地按照链接浏览下去，以提高企业网站的可见性。

网络环只是一种更为结构化的交互链接形式。在环上一组相关的伙伴网站连在一起，并建立链接关系，访问者可以通过一条不间断的“链”，看到一整套相关网站，从而给访问者提供更为充实的信息。把企业的网站登录在一个大的搜索引擎上，是网上营销寻求伙伴关系的重要选择。因为有经验的互联网用户在网上查找所需的信息时，总是首先利用搜索引擎。比如，当用户进入 Yahoo！搜索一个想要的书或其作者的情况，除了通常的相关搜索结果清单外，还会看到一个小窗口显示在网站 Amazon.com 上的相关书目目录上。需要注意的是，当访问者进入某一个查询领域时，企业的网站应该在给出的一长串目录的顶部附近出现，否则，很可能会被访问者所忽视，导致在搜索引擎上企业网站可见性和有效性的下降。

5.1.7 网络营销战略实施与控制

网络营销作为信息技术的产物，具有很强的竞争优势，但并不是每个公司都能进行网络营销。公司实施网络营销必须考虑到公司的业务需求和技术支持两个方面。业务需考虑的有公司的目标、公司的规模、顾客的数量和购买频率、产品的类型、产品的周期以及竞争地位等；技术方面需考虑的有公司是否能支持技术投资、决策的技术发展善和应用情况等。互联网作为大众的信息技术，它的使用发展非常迅猛，而网络营销技术作为专业性技术依赖于公司的技术力量。

网络营销战略的制订要经历三个阶段：首先确定目标优势，分析网络营销是否可以通过提高效率来增加收入。其次分析是否能通过改进目前营销策略等措施，降低营销成本。分析计算网络营销的成本和收益注意的是，计算收益时要考虑战略性需要和未来。最后综合评价网络营销战略。主要考虑的有三个方面：①成本效益问题，成本应小于预期收益；②能带来多大新的市场机会；③公司的组织、文化和管理能否适应采取网络营销战略后的改变。

公司在决定采取网络营销战略后，要组织战略的规划和执行。网络营销要求采取新技术来改造和改进目前营销渠道和方法，它涉及公司的组织、文化和管理各个方面。如果不进行有效规划和执行，该战略可能只是一种附加的营销方法，不仅不能体现战略的竞争优势，而且反而会增加公司的营销成本，增加管理的复杂性。策略规划分为下面几个阶段：①目标规划：在确定使用该战略的同时，识别与之相联系的营销渠道和组织，提出改进目标和方法；②技术规划：网络营销很重要的一点是要有强大的技术投入和支持，因此资金投入、系统购买安装以及人员培训都应统筹安排；③组织规划：采取网络营销后，公司的组织需进行必要的调整以配合该策略实施，如增加技术支持部门、数据采集处理部门，同时调整原有的推销部门等；④管理规划：公司的管理必须适应网络营销需要，如销售人员在销售产品的同时，还应记录顾客购买情况，个人推销应严格控制以减少费用等。

网络营销战略在规划执行后还应注意控制，以适应公司业务变化和技术发展变化。网络战略的实施是一个系统工程，应加强对规划执行情况的评估，如评估是否充分发挥了该战略的竞争，以及是否有改进余地；其次是要对执行过程中的问题进行识别和加以改正；最后是对技术的评估和采用。目前的计算机技术发展迅速，成本不断降低的同时功能显著增强，如果不跟上技术发展步伐，很容易丧失网络营销的时效性和竞争优势。采取新技术可能改变原有的组织和管理规划，因此对技术进行控制也是网络营销中的一个显著特点。

网络营销是有别于传统的市场营销的新的营销手段，它可以在成本控制、市场开拓和顾客保持关系等方面有很大竞争优势。但网络营销的实施不是简单的某一个技术方面的问题或某一个网站的建设问题，它还涉及企业整体营销战略、营销部门管理和规划方面，以及营销策略制定和实施方面。

5.2 网络营销组合策略

5.2.1 市场营销组合

市场营销组合，是指企业为满足实施市场营销战略的需要，综合运用各种可控制的营销策略和手段，组合成一个系统化的整体策略，以达到企业市场营销战略目标，从而使企业获得较好的效益。

市场营销组合的概念出现于 1960 年。它的决策思想大量吸收了系统论和管理科学的理论成果，促进了市场营销实践。几十年来，它的结构和内容逐渐完善，对企业市场营销活动起着重大的指导作用，在现代市场营销学理论体系中居核心地位。

企业在实施市场营销战略时，最重要的任务是开发或满足所选定的目标市场。虽然企业经过详尽的调查研究，对目标市场上的需求状况已有了大致的了解，然而，此时企业往往还不能立即组织起有效的市场营销活动。因为，影响企业营销活动的因素很多，或杂乱无章、或企业可望而不可即，或彼此矛盾甚至相互抵消。在此情形下，企业可借助于市场营销组合的原理与方法，从纷繁杂乱的策略和手段中，选择最佳市场营销组合策略，以取得最佳市场营销效果。

1. 市场营销组合的内容

影响市场营销活动的因素可分为两大类：一类是企业不可控制的环境因素；另一类是企业可控制的营销因素，这类因素很多，美国学者尤金·麦卡锡把它概括为四大因素，即产品（Product）、价格（Price）、分销渠道（Place）和促销（Promotion），简称“4P's”。

产品：是指企业提供给目标市场的商品或劳务的集合体，它包括产品的效用、质量、外观、式样、品牌、包装、规格、服务和保证等。

价格：是指企业出售商品和劳务的经济回报，包括价目表所列的价格（Price）、折扣（Discount）、支付方式、支付期限和信用条件等。通常又称为定价。

分销渠道：是指企业使其产品可进入和达到目标市场所进行的各种活动，包括商品流通的途径、环节、场所、仓储和运输等。

促销：是指企业利用各种信息载体与目标市场进行沟通的多元活动，包括广告、人员推销、营业推广、公共关系与宣传报道等。

2. 营销组合的特点

产品、分销、定价和促销是企业市场营销可以控制的四个因素，也是企业市场营销的四个手段，它们不是彼此分离的，而是相互依存、相互影响、相互制约的。营销组合具有以下特点：

（1）可控性　营销组合的四大因素及其亚因素是企业可控制的。企业可根据目标市场的需要，决定生产经营什么产品，给产品选择什么分销渠道，决定产品的销售价格，选择广告宣传手段等等，但是，营销组合不是企业可随意决定的，它受到市场环境的制约和影响，企业的营销组合只有与它们的变化发展相适应，才能收到预期效果。

（2）动态性　市场营销组合不是固定不变的，而是受内部条件和外部环境的变化影响，经常变化的。在营销组合中，任一因素的变化必然导致组合的变化，出现新的组合。在环境千变万化、需求瞬息万变的市场上，为适应市场环境和消费者需求的变化，企业必须随时调整营销组合因素，使营销组合与市场环境保持一种动态的适应关系。

（3）复合性　营销组合的四大因素各自包括了多个次一级乃至更次一级的因素。以促销为例，促销包括人员推销、广告、公共关系和营业推广四个因素，这四个因素各自又包括了多个更次一级的因素，例如营业推广，又包括了对顾客促销、对中间商促销和对中间人员的推销，而且还可以进一步细分。企业的营销组合，不仅是四大因素的组合，而且包括各层次因素的亚组合，使企业各层次、各环节的营销因素都协调配合，共同为实现企业营销目标发挥作用。

（4）整体性　营销组合是企业根据营销目标制定的整体策略，它要求企业市场营销的各个因素协调配合，一致行动，发挥整体功能。若各因素各自发挥作用，难免缺乏整体的协调，有些功能就会相互抵消；而在组合条件下，各个因素相互补充，协调配合，目标统一，其整体功能必然大于局部功能之和。因此，在制定营销组合时，要追求整体最优，而不能要求各个因素最优，各个亚层次的营销组合也必须服从整体组合的目标和要求，维护营销组合的整体性。

5.2.2　网络营销组合

现代市场营销的主旨是用户导向，然而迄今为止，大多数企业的市场营销都是单向的，即依赖各种各样的媒体广告来促进顾客的接受，再以各种各样的调查研究方式了解顾客的需求。两种过程在大多数场合下是分离的。而互联网则提供了企业与顾客双向交流的通道，使企业得以发展规模化的交互式的市场营销方式。这种交互式的市场营销方式一方面让企业更直接、更迅速地了解顾客的需求；另一方面，使企业有更多的空间，为用户提供更具价值的售前服务和售后服务。互联网的商业应用改变了传统的买卖关系，带来了企业市场营销方式的变革，对市场营销提出了新的要求。

1．产品策略

在基于互联网的网络营销中，企业的产品和服务要有针对性，其产品形态、产品定位和产品开发要体现互联网的特点。

（1）产品形态　在互联网上，信息产品和有形产品的销售是不一样的。信息产品直接在网上销售，而且一般可以试用，而有形产品只能通过网络展示，尽管多媒体技术可以充分生动地展示产品的特色，但无法直接尝试，而且要通过快递公司送货或传统商业渠道分销。因此，网络营销的产品和服务应尽量是信息产品和服务、标准化的产品、在购买决策前无需尝试的产品，只有这些产品才能有利于在网上销售。

（2）产品定位　在消费者定位上，网络营销的产品和服务的目标应与互联网用户一致，网络营销所销售产品和服务的消费者首先是互联网的用户，产品和服务要尽量符合互联网用户的特点。在产品特征定位上，互联网用户的收入水平和教育水平都较高，喜欢创新，对计算机产品和高技术产品情有独钟，因此，要考虑产品和服务是否与计算机有关，是否属于高技术。

（3）产品开发　由于互联网体现的信息对称性，企业和顾客可以随时随地进行信息交换。在产品开发中，企业可以迅速向顾客提供新产品的结构、性能等各方面的资料，并进行市场调查，顾客可以及时将意见反馈给企业，从而大大地提高企业开发新产品的速度，也降低了开发新产品的成本。通过互联网，企业还可以迅速建立和更改产品项目，并应用互联网对产品项目进行虚拟推广，从而以高速度、低成本实现对产品项目及营销方案的调研和改进，并使企业的产品设计、生产、销售和服务等各个营销环节能共享信息、互相交流，促使产品开发从各方面满足顾客需要，以最大限度地实现顾客满意。

2．价格策略

网络营销中产品和服务的定价要考虑以下因素：

（1）国际化　由于互联网营造的全球市场环境，企业在制定产品和服务的价格时，要考虑国际化因素，针对国际市场的需求状况和产品价格情况，确定本企业的价格对策。

（2）趋低化　由于网络营销使企业的产品开发和促销等成本降低，企业可以进一步降低产品价格。同时由于互联网的开放性和互动性，市场是开放和透明的，消费者可以就产品及价格进行充分地比较、选择，因此，要求企业以尽可能低的价格向消费者提供产品和服务。

（3）弹性化　由于网络营销的互动性，顾客可以和企业就产品价格进行协商，也就是说可以议价。另外，企业也可以根据每个顾客对产品和服务提出的不同要求，来制定相应的价格。

（4）价格解释体系　企业通过互联网，向顾客提供有关产品定价的资料，如产品的生产成本、销售成本等，建立价格解释体系，为产品定价提供理由，并答复消费者的询问，使消费者认同产品价格。

此外，网络营销中提供产品和服务的价格依然要根据产品和服务的需求弹性来确定，同时又要考虑网络营销的特点。企业在网上可以向顾客提供价格更低的产品和服务，但向顾客提供更多的方便和闲暇时间是不可忽视的重要因素。

3．促销策略

网络促销的目的是使促销更合理，消费者可以通过互联网主动搜索信息，企业可以把注意力更集中于目标顾客。

企业要为顾客提供满意的支持服务。随着市场的发展和竞争的加剧，消费者变得越来越挑剔，企业间的竞争也从产品延伸至服务。无论是售前还是售后的服务，都变得日益重要，能否为顾客提供满意的支持服务往往成为企业胜负的关键。网络营销在提供支持方面具有优越性。通过互联网，全球的消费者也能与企业联系和交流，顾客可直接向企业咨询有关产品和服务的问题，同时企业应用文字、图片和图像等技术向顾客展示产品和服务的内容，解释、答复顾客的咨询，使整个售前和售后服务及时、清晰。

企业要为每个消费者提供不同的产品和服务。通过网络营销，企业可以较低的成本，让消费者提出自己的要求，然后根据不同的要求提供不同的产品和服务。虽然每个消费者的需求都存在差异，但如果企业能分别予以满足，则必然能提高顾客的满意程度，从而增加了产品和服务的销售。

企业要与顾客和上下游企业建立伙伴关系。合作是相互的，企业要想从顾客那里获得信息，也应该为顾客提供帮助，不仅为顾客提供产品和服务，还要帮助顾客实现这些产品和服务的价值。同上下游企业建立伙伴关系，其目的也是促进企业间的合作，开展更大规模的市场营销活动，进而为顾客提供更完善、更便利的服务，也给合作的企业带来竞争优势。

网络促销的方式有拉销、推销和链销：

（1）拉销　网络营销中，拉销就是企业吸引消费者访问自己的 Web 站点，让消费者浏览产品网页，作出购买决策，进而实现产品销售。网络拉销中，最重要的是企业要推广自己的 Web 站点，吸引大量的访问者，只有这样才能把潜在的顾客变为真正的顾客。因而企业的 Web 站点除了要提供顾客所需要的产品和服务外，还应生动、形象和个性化，要体现企业文化和品牌特色。

（2）推销　网络营销中，推销就是企业主动向消费者提供产品信息，让消费者了解、认识企业的产品，促进消费者购买产品。

有别于传统营销中的推销，网络推销有两种方法：一种方法是利用互联网服务商或广告商提供的经过选择的互联网用户名单，向用户发送电子邮件，在邮件中介绍产品信息；另一种方法是应用推送技术，直接将企业的网页推送到互联网用户的终端上，让互联网用户了解企业的 Web 站点或产品信息。

（3）链销　网络营销中，互动的信息交流强化了企业与顾客的关系。使顾客的满意程度增大是企业开展网络链销的前提。企业使顾客充分满意，满意的顾客成为企业的种子顾客，会以自己的消费经历为企业做宣传，向其他顾客推荐企业的产品，使潜在顾客成为企业的现实顾客，从而形成口碑效益，最终形成顾客链，实现链销。企业以种子顾客带动潜在顾客，扩大企业的销售。

4. 物流渠道策略

网络营销有别于传统营销的一个重要方面，就是产品的分销渠道更具体化。可供选择的物流网络主要有：

（1）会员网络　网络营销中一个最重要的渠道就是会员网络。会员网络是在企业建立虚拟组织的基础上形成的网络团体。通过会员制，促进顾客相互间的联系和交流，以及顾客与企业的联系和交流，培养顾客对企业的忠诚，并把顾客融入企业的整个营销过程中，使会员网络的每一个成员都能互惠互利，共同发展。

（2）分销网络　根据企业提供的产品和服务的不同，分销渠道也不一样。如果企业提供的是信息产品，企业就可以直接在网上进行销售，需要较少的分销商，甚至不需要分销商。如果企业提供的是有形产品，企业就需要分销商。企业要想达到较大规模的营销，就要有较大规模的分销渠道，建立大范围的分销网络。

（3）快递网络　对于提供有形产品的企业，要把产品及时送到顾客手中，就需要通过快递公司的送货网络来实现。规模大、效率高的快递企业建立的全国甚至全球范围的快递网络，是企业开展网络营销的重要条件。

（4）服务网络　如果企业提供的是无形服务，企业可以直接通过互联网实现服务功能。如果企业提供的是有形服务，需要对顾客进行现场服务，企业就需要建立服务网络，为不同区域的顾客提供及时的服务。企业可以自己建立服务网络，也可以通过专业性服务企业的网络实现服务顾客的目的。

（5）生产网络　为了实现及时供货，以及降低生产、运输等成本，企业要在一些目标市场区域建立生产中心或配送中心，形成企业的生产网络，并同供应商的供货网络及快递企业的送货网络相结合。企业在进行网络营销中，根据顾客的订货情况，通过互联网和企业内部网对生产网络、供货网络和送货网络进行最优组合调度，可以把低成本、高速度的网络营销方式发挥到极限。

5. 客户关系管理策略

客户关系管理是从改善企业与客户之间关系基础上发展起来的。它通过搜集、整理和分析客户资料，建立和维护企业与客户之间卓有成效的“一对一关系”，使企业在提供更快捷周到服务、提高客户满意度的同时，吸引和保持更多高质量的客户，从而提高企业绩效，并通过信息共享和优化商业流程有效地降低企业经营成本。客户关系管理重视与每个客户的实时交流和信息搜集，在分析的基础上提供个性化的服务，满足不同客户群并不断适应变化着的客户需求。

5.3　网络营销组织创新战略

传统营销组织是建立在亚当·斯密分工理论基础之上的，其部门之间分工明确，形成了金字塔形组织结构。这种建立在专业化分工基础上的金字塔形组织结构在工业革命时期的专业化、标准化生产或重复性工作中发挥了巨大的作用。但这一结构的弊端也是显而易见的，如各职能部门之间缺乏快速统一的沟通协调机制；森严的等级制度极大地压抑了员工的主创精神；信息沟通渠道过长，容易造成信息失真以及由不相容目标所导致的代理成本的增加；决策者无法对顾客的需求和市场的变化作出快速反应。科层式营销组织导致了企业里严重的官僚主义，企业服务的顾客却被抛在一边，这些都严重制约了企业进一步发展。而电子商务环境下，企业的经营管理具有全球性、平等性、共享性、知识性、虚拟性、创造性和自主性等特征，企业间的“竞争已进入无边界的竞争时代”。在这种环境下，企业的竞争焦点集中于创新能力、反应速度、定制化产品和客户化服务，因此营销组织的管理“速度”成为决定胜负的一个关键砝码。

显然，传统的刚性营销组织模式与电子商务环境下的企业发展间的矛盾是不可调和的。传统的科层式营销组织是在稳定的、可预测的环境下，以及在收益递减法则作用下建立起来的。面对电子商务环境，传统科层式营销组织结构不能适应急剧变化的环境。

激烈的市场竞争和多变的顾客要求，使企业面临巨大的挑战。而信息技术的发展为新模式的诞生提供了极为有利的软硬环境，新的营销组织模式将在这种背景下孕育而生。信息技术促进着营销组织创新的进行，而营销组织又不断进行着自身的改造与创新，以适应电子商务的经营环境，在这种良性的双向互动中企业的发展被推向新的高度。

本节主要讨论的是基于网络经济环境下的企业营销组织模式的创新，在这一模式创新下的营销组织功能的转变，以及围绕企业营销组织模式的创新而导致的企业面向客户的整体组织创新。

5.3.1 网络营销组织创新的目标、方式与特点

创建面向市场的营销组织，使营销组织创造市场价值最大化是网络时代的营销组织创新的最终目标。网络经济中企业竞争的中心已向服务竞争转移，优质的、个性化的服务成为企业的竞争优势。因此，现代企业应树立“企业营销”观念，创建面向市场的营销组织。彼得·杜拉克曾指出：“市场营销是企业的基础，不能把它看做是单独的职能。从营销的最终成果，也从顾客的观点看，市场营销就是整个企业”。信息技术为创建面向市场的营销组织提供了条件，把连接企业内外活动作为主要功能之一的企业电子商务系统使企业的各子系统活动都紧紧围绕市场，以市场的需求与企业的目标来协调与规范营销组织的各项活动。

同时，信息技术和网络技术的应用为企业的营销组织创新提供了广阔的空间和灵活的方式。组织创新可以是职能部门间的重新分工，也可以是企业流程再造；可以是部分调整，也可以是全面改革；可以是企业内部的调整，也可以是企业整个供应链和经营方式的重塑。但不管是哪种形式，一些特点是共同具备的：

1. 组织扁平化

扁平化的网络组织能对市场环境变化做出快速反应。信息技术的高度发展将极大地改变企业内部信息的沟通方式和中间管理层的作用，不管是企业内部的各部门之间还是企业对外通过社会化协作和契约关系而结成动态联盟或者说虚拟企业，都要使得企业的管理组织扁平化、信息化，削减中间层次，使决策层贴近执行层。企业的组织结构是“橄榄形”或“哑铃形”，组织的构成单位就从职能部门转化成以任务为导向、充分发挥个人能动性和多方面才能的过程小组，使企业的所有目标都直接或间接地通过团队来完成。组织的边界不断被扩大，在建立起组织要素与外部环境要素互动关系的基础上，向顾客提供优质的产品或服务。企业能随时把握企业战略调整和产品方向转移、组织内部和外部团队的重新构成，以战略为中心建立网络组织，通盘考虑顾客满意和自身竞争力的需要，不断进行动态演化，以对环境变化做出快速响应。

2. 学习型组织

同样，不管是企业内部的各部门之间还是企业对外形成的虚拟企业，企业竞争的核心是学习型组织。学习型组织提倡“无为而治”的有机管理，突破了传统的层次组织。企业在其经营过程中，往往处在十分复杂的动态变化中。经营者必须不断地根据环境的变化而做适应性的调整。所以企业的经营过程是企业管理者和员工互动式教育过程。因此人力资源不仅要从学校里产生，而且要从企业中产生。企业要建立一种适应动态变化的学习能力。企业的学习过程不仅仅局限在避免组织犯错误或者是避免组织脱离既定的目标和规范，而是鼓励打破常规的探索性的试验，是一种允许出现错误的复杂的组织

学习过程。它在很大程度上依赖于反馈机制，是一个循环的学习过程。

3．合作型竞争

企业组织的外部再造所形成的虚拟企业是建立在共同目标上的合作型竞争。在数字化信息时代，合作比竞争更加重要。虚拟企业一般由一个核心企业和几个成员企业组成，在推出新产品时能以信息网络为依托，选用不同企业的资源，把具有不同优势的企业组合成单一的靠信息技术联系起来的动态联盟，共同对付市场的挑战，联合参与国际竞争。虚拟企业以网络技术为依托，跨越空间的界限，在全球范围内的许多备选组织中精选出合作伙伴，可以保证合作各方实现资源共享、优势互补和有效合作。虚拟企业是建立在共同目标上的联盟，它随着市场和产品的变化而进行调整，一般情况下在项目完成后联盟便可以解散。

4．动态性

在 Internet 和 Intranet 的支持下，企业能动态地集合和利用资源，从而保持技术领先。通过有效地利用信息技术和网络技术，各成员企业以及各个环节的员工都能参与技术创新的研究和实施工作，从而维持技术领先地位。虚拟企业不仅向顾客提供产品和服务，更重视向顾客提供产品和服务背后的实际问题的“解决方案”。传统的组织常常为大量顾客提供同一产品，而忽视了同一产品对不同顾客在价值上的差异，虚拟企业则能从顾客的这种差异入手，综合所有参与者给顾客提供一个完整的解决方案。因此虚拟企业能够按照产品新观念和灵敏性的要求，有针对性地选择和利用经济上可承受、已有或已开发的技术与方法，同时十分重视高技术的研究与开发，保证了技术的领先性。

5.3.2　网络营销组织的创新

网络营销组织是沟通企业与市场的桥梁。在电子商务时代，企业将面向国际化的大市场进行营销管理。由于互联网的存在，中间商将逐步向物流机构转变，对于大多数的企业来说，营销系统的职能已由大力构建营销网络，转变为重点加强网络营销。通过建立网络营销机构，利用电子商务系统，企业可以在 Intranet 上迅速进行市场信息交换、跟踪订单。市场营销人员在世界的任何地方可以访问公司负责维护的最新客户资料库；同时对完整的销售周期提供支持——包括销售支持资源、销售工具、参考信息的链接定制及销售周期的每一个步骤。

另外，通过与客户在网络上的直接交流，企业能够对客户需求作出快速响应，并可以为客户提供高质量的个性化服务。顾客在与企业双向互动的沟通中达到了最大的满意程度，而企业也可根据市场信息随时调整自己的营销战略规划。总之，在电子商务下企业营销组织的主要功能是实现信息的整合与管理市场开发，以及提供高质量的客户服务。

彼得·道盖尔（Peter Doyle）等人曾将 21 世纪的营销环境变化归纳为十大趋势，即流行化（Fashionisation）、市场微型化（Micro Markets）、预期上升（Rising Expectation）、竞争加剧（Competition）、商品大众化（Commoditisation）以及技术变化（Technological Change）、全球化（Globalization）、以服务获得差异性优势的软性化（Software）、因制造商品牌作用的降低而出现的品牌“风化”（Erosion of Brands）、政治经济和社会变化带来新的制约（New Constraints）等。这些趋势也决定了网络营销的发展要求。比如除时装外，越来越多的产品也呈现出流行化趋势，如手表、摩托车、啤酒、小轿车、药品、影视、音乐、电子产品，甚至服务等等。消费者的口味变化极快，忠诚的品牌使用者越来越少，消费者大多追求产品的新颖性。一些新颖性的产品借助某些抽象化的题材迎合人们的心理，可能成为时尚而风行一时，但它们犹如昙花一般，旋即淹没在变化的海洋之中。

变化如此迅速，致使预测变得十分困难，企业只有以快才能制胜，即用最快的速度推出新产品、新款式和新服务。唯有对环境变化有着快速反应能力的企业才能永立潮头，按照传统的组织结构，按部就班地进行营销管理将会失去一个又一个的赢利机会。而这也决定了网络营销的快速性要求，即不仅要依靠网络营销体系获得顾客，还要利用网络营销赶在顾客需求变化之前推陈出新，以保持顾客的忠诚度。同样，为了回应消费个性化的挑战，网络营销也要求更加细化。因为个性化不仅使得统一的单一需求的大市场不复存在，无差异化目标市场战略彻底失效，而且也使得一般程度的市场细分战略收效甚微，市场已细化到单个消费者。市场微型化要求企业采用极限市场细分战略，将营销触角直接延伸到每一个具体的消费者，为其提供满足其特殊需要的产品和服务。这一点在传统的营销体系中根本不可能做到。即使是网络营销，如果停留在网上开架出售这个层面，也不可能满足这种要求。只有利用网络营销体系，才能了解每一个顾客的要求。这不仅仅是个性化的要求，也是竞争的加剧和商品模仿速度的加快对企业提出的要求。由于盈利性产品很快被模仿，今日的特殊产品明日就成了大众产品，今日的特殊服务明日就成了标准化的服务。模仿能力强、模仿速度快使得原本想通过新产品开拓市场吸引新顾客的企业感到难度变大，他们会意识到感到满意的老顾客才是企业丰厚利润的稳定来源。企业将把顾客置于组织结构的中心，通过向顾客提升服务价值，与顾客建立中长期的伙伴关系。

在这个意义上讲，客户关系管理已经不再是少数大客户的专利，普通消费者也将会享受到。同时，产品的大众化还使得企业的产品创新侧重于产品微小的变化和延伸，而不倾向于投巨资追求技术上的突破，企业尽量使有新鲜感的产品尽快推向市场。这样产品构思主要依赖于顾客或销售、服务等营销人员，而极少来自于实验室。因此，在产品构思阶段，营销部门和研究开发、采购、生产等部门的沟通协调将十分重要。

1. 网络营销组织相对于传统营销组织的本质变化

在上述基础上，企业的网络营销组织将与传统的营销组织有着本质性的变化，其主要表现在：

（1）真正以市场为导向　在变化纷呈和日趋微型的市场里，营销组织只有密切接触市场，真正以市场为导向，才能产生对市场极为敏锐的嗅觉，捕捉稍纵即逝的机会。而现行不少企业的组织结构是按照经营顺序设置相应的职能部门，以研究开发为起点，顾客为终点，中间依次设置采购、生产、营销部门，这种模式从企业经营的角度来看是合理的，但缺点也是明显的。其一是各职能部门只是被视为企业运行链条中的一个个单向联系的环节，缺乏相互间的有效协作；其二是顾客仅被视为企业运行过程的终点而不是起点。以这种导向构建的营销组织充其量只能视为企业的产品推销部门，而缺少以对市场的关注为起点的研究开发只会使新产品成为实验室里的欣赏品而缺乏市场价值。因此再造后的营销组织必须是真正的市场导向组织。

（2）以顾客为营销组织的核心　营销的实质是通过满足顾客需求而追求赢利，顾客是企业营销的客体。在以标准化产品为代表的“大量生产、大量消费”的时代已经结束，顾客需求日益个性化和多样化的时代扑面而来，企业必须彻底改变传统的组织结构，借助信息技术的发展为顾客提供及时、有效的服务。变革后的营销组织要能通过对所有的客户进行对口管理和终生服务，与顾客建立中长期的伙伴关系，使顾客真正成为营销组织的核心。

（3）有利于企业营销协调和信息沟通　营销不仅是营销部门的事，它依赖于企业各部门的共同配合，在顾客、竞争等微观环境发生深刻变化的情况下更应如此。要通过企业营销组织再造，让营销真正融入到每一业务部门的日常工作中，使各部门都认识到它们自己就是企业营销的一个环节。营销不只是一个部门的名称，而是企业的营业宗旨，只有在企业内实现真正的营销协调，才能提高企业整体竞争力。

（4）具有弹性和快速反应能力　传统的严格定位、纵向管理和逐级负责的营销组织模式在行业发展平衡、市场变动不大的环境中常常是有效的，但这种等级分明、层次较多、官僚主义明显的组织已无法适应新的信息革命和社会市场环境的变化。因此，营销组织的再造应突破传统组织的僵化性，必须做到因事设人而非因人设事，使营销组织富有弹性和灵活性，并能针对顾客需求和市场竞争的变化作出快速反应，使企业掌握竞争的主动权。

（5）有利于扩大企业竞争优势　在激烈的竞争中，越来越多的企业放弃多元化战略而转向在其主领域（市场技术）中建立真正的竞争优势。在其具有一定优势的核心领域，谋求将供产、产销等环节纳入企业竞争战略规划。由于通过收购或兼并实现垂直一体化代价高昂，因此企业更愿意与上下游企业建立灵活、协调的生产销售网络，降低投资成本和交易费用，提高经营效益。营销组织的再造应能充分发挥营销组织和外界联系密切的特长，为企业与上下游业者建立起中长期伙伴关系，以扩大企业竞争优势。

2．网络营销组织的再造

可以说，随着市场的发展，企业的一切活动将围绕其网络营销系统而展开。营销系统已经不再仅仅是一个挂接在企业经营链上的一个环节，而将成为企业 MIS 的一条主线。在这些原则下，企业的网络营销组织将进行如下的改造：

（1）重建以营销协调为特征的市场导向型企业组织　弱化和功能残缺的营销组织是不能适应 21 世纪的营销环境的。为重建以营销协调为特征的市场型企业组织，正确设定营销组织的功能，应该：第一，通过满足消费者需求而非通过促使消费者接受产品为企业创造利润；第二，在企业内部协调各种市场营销工作，让所有的部门树立顾客导向观念，最终实现企业整体目标。要打破传统的按企业经营设置相应功能的业务部门、彼此单向联系的组织模式，设立以消费者既为起点又为终点，营销部门能参与、协调整个企业营销管理过程的循环式企业组织。

（2）营销沟通创新　即使在市场导向型的企业中，营销部门也不拥有比别的职能部门更大的权力，它只能依靠说服和沟通来达到协调整个企业营销活动的目的。在部门间的沟通中，要重视信息的横向流动，创新信息交流方式，建立信息沟通的有效管道。营销沟通创新主要包括：

1）定期召开部门联席会议。如英特尔公司定期召开“GYAT”（Get Your Act Together）会议，参加者包括营销、研究开发、采购、制造与财务部门，分别报告各自的进度、现状以及部门之间配合的事项。英特尔公司把部门联席会议分为“任务型”和“程序型”两大类。前者主要是集思广益，产生产品创新以及解决管理难题。后者主要是信息的横向传递，相互交换看法，了解对方的观点，加强对彼此的目标、工作作风和问题的理解和尊重。营销部门可利用部门联席会议消除由认识分歧导致的营销不协调。

2）经常召开部门间联合研讨会。营销部门和其他部门一起探讨实现企业最佳利益的方法。通过具体的案例分析和理论研讨使其他部门意识到在市场经济中各部门均树立营销观念对于共同实现企业目标的重要性，使他们了解每个部门通过自己的活动与决策都可影响顾客需要的满足，所有部门都要为顾客着想，共同为满足顾客的需要和期望而工作。

3）建立营销部门和其他部门间的联合机构。如通过营销—研究开发联合机构，在产品实际开发之前，共同确定开发重点、目标和进度，在产品开发过程的各阶段互相配合、合作，一直延续到产品商品化后期的评估效益及进一步改善新产品之时。这样可有效避免研究开发部门过于侧重对产品的技术性能的研究而忽视开发产品的销售特色。可通过生产—营销联合机构，共同研究不同营销策略下的生产策略，改变生产部门因过于重视成本、质量而不愿增添有助于推销却难于制造的产品特色的行为，使生产能更好地为营销服务。若能借助于柔性制造系统，生产—营销联合机构还可以有效开展大批量定制营销，满足消费者个性化的需要。

（3）建立客户关系管理系统　客户关系管理系统由下列几部分组成：

1）客户态度管理。通过健全顾客投诉和建设制度以及定期组织顾客调查，将顾客的书面、口头投诉和建议进行记录、整理，对调查结果进行统计、分析，可及早发现顾客态度变化的倾向，为企业较早采取行动消除顾客不满，巩固市场占有率提供早期预警。

2）客户数据库管理。运用电子计算机技术，将所有客户的有关信息储存起来，建立详细客户档案，并经常对信息进行整理、分析。既可加深对客户的了解，便于彼此沟通，又能为未来营销决策提供依据，若再辅之营销模型和决策支持系统（DSS），则可为企业决策者提供多种营销方案，供其进行模拟操作和选择决策，将大大增强企业应变能力。

3）客户关系管理。每一个客户都是企业市场的一分子，企业的市场就是由这一个个客户所组成。对于企业的所有客户，要设立相应的客户经理为其提供专门服务。客户经理负责集中企业内部的各种优势，为其所管理的客户提供对口服务，通过提升服务价值来培养忠诚顾客市场。须注意的是，设立客户经理进行顾客关系管理时，既要重视有重要影响力的大客户，又要注重向有特定需求的普通客户和小客户提供长期、周到的服务，这在市场微型化时代更为重要。

任何营销组织都有一定的固定性和对市场反应的滞后性，组织临时性的、以某一任务为导向的营销管理团队能较好地解决这一问题。近年来，团队组织也成为风靡西方的企业组织变革的内容之一。所谓营销管理团队，就是让职工打破原有的部门界限，直接面对顾客和向企业整体目标负责，以群体和协作优势解决营销问题，赢得竞争主导地位。营销管理团队大多是临时性的“专案团队”，在问题解决后，小组即告解散。营销管理团队由于目标明确、直接授权和角色分工，在解决顾客具体问题、处理各种市场突发事件方面有极大的优势。如霍尼韦尔公司为满足用户监测气象装置的需求，成立了由营销、设计和工程制造部门人员组成的“老虎队”，这种打破常规的做法，把产品开发时间从 4 年缩短到 1 年，成功地留住了客户。IBM 公司为了向顾客提供最佳服务，由当地市场主管助理、客户经理和公司维修中心技师组成“顾客问题解决小组”。顾客遇到设备故障，客户经理与公司维修中心联系，维修技师立即与一个中心数据库接通，寻找其他地方同类型的设备是否出现类似或相同的故障，并找出诊断和排除方法，及时解决问题。主管助理全权处置顾客问题，确保任何问题在 24 小时内解决。

建立核心营销系统。在企业主领域内，建立稳固的上下游企业联盟，和供应商、分销商一起构成核心营销系统，既能降低市场的协调成本和交易费用，又能强化与同行业企业的竞争能力。建立核心营销系统，关键是着眼于培养与供应商、分销商的互惠伙伴关系。在上游方面，企业以长期采购关系作为激励手段开展与供应商的合作。具体而言，企业先可以向多个上游进货，对那些供应质量高，供货时间有保障的供应商，在续签合同时增加订货量，而对那些表现差的供应商则减少或取消订货，通过动态营销管理能与质量和效率都信得过的供应商紧密结合起来。若能借助于网络技术和柔性制造系统，还能和上游企业配合连接成即时供应和生产体系，大大减少流通费用和库存成本。在下游方面，企业也应设法和分销商建立长期的伙伴关系。分销规划是目前西方企业在这方面的最先进的做法，即生产企业建立一套有计划的、实行专业化管理的、垂直的市场营销系统。把生产企业和分销商二者的需要结合起来。生产企业在市场营销部门内设立分销商关系规则处，其任务是了解分销商的需要并制订营销计划，以帮助每一个分销商尽可能以最佳方式经营。如杜邦公司就建立了一个分销商营销指导委员会，与分销商定期讨论有关经营问题和销售建议，以图将分销商转变为自己的工作伙伴。

下面以 Dell 计算机为例，看一看企业的一切活动围绕其网络营销系统而展开，营销系统成为企业 MIS 的一条主线时企业动作情况。

被称为继比尔·盖茨之后，美国计算机业又一奇迹的戴尔计算机公司创立时，根本无力支付生产配件所需的费用。但其创始人戴尔认为，可以将别人的投资为自己所用，而把注意力放在客户的供货方式和市场开拓上。因为随着计算机行业的发展，越来越多从事具体部件生产的专业公司应运而生，这样就为建立更为专一、高效的公司提供了机会。为此，他以“戴尔”品牌计算机为核心，以能在 1 小时内供货为要求，从外部选择可靠的供应商并与之建立伙伴关系，使之成为自己的一部分。在客户投诉某一零部件时，由供应商的技术人员到现场处理，回来后到戴尔研究改进质量的方法。戴尔和供应伙伴共享设计数据库、技术、信息和资源，大大加快了新技术推向市场的速度，当客户提出订单后，戴尔公司能在 36 小时内按客户需求装配好计算机，5 天内把货送到客户手中。正是这种新型的企业组织形式使戴尔公司迅速成长为一家知名的计算机公司，供应商也在和戴尔公司的合作中分享了企业高速成长的优厚回报。戴尔公司所在地的奥斯汀市市长说：“奥斯汀正从一个小城市变成一个大城市，戴尔扮演着靠山的角色。”戴尔公司在奥斯汀雇佣 9 000 人，每周还要另请 100 人工作，此外更多的人在为戴尔公司的迅速扩张而效力。

3．网络营销组织再造中应注意的问题

网络营销组织再造是一个复杂的系统工程，这一过程不可能一帆风顺，一蹴而就。因此，企业还应该注意这样一些问题：

（1）企业领导者的创新精神至关重要　营销组织再造不是对现有营销流程的一种简单改进，而是实行变革性的创造，只有企业领导者有权有决心才足以发动一场巨大的变革行动。离开领导倡导和发动，企业再造不可能成功，这需要领导者有创新精神，有战略头脑，勇于冒险，追求卓越，具有企业家的素养和能力。而当组织再造成型时，还要求领导在判断力和能力上有绝对的自信，善于创建组织的共同未来远景，并能清楚地向下属阐明目标与要求，鼓励下属为达到目标而努力；中层管理人员在虚拟企业中由考评、监督者的角色转变为教练的角色，为其所领导的小组顺利开展工作提供建议、协助、鼓舞和激励；企业的所有员工应具有更多的知识和更强的适应能力。在虚拟企业管理过程中，对员工的激励必须建立在团队产出的基础上，这就要求激励框架要有对团队内部协调性的刺激，以使员工更加努力工作。

（2）重视计算机和信息网络的运用　在营销组织再造过程中，要大量运用计算机和信息网络作为设计和操作平台。成功的组织再造是以管理信息化和计算机应用为前提的。20 世纪 90 年代，不少西方大企业推进 CALS 的发展来支持组织再造。

CALS 是以数据库、高速网络、多媒体技术等为基础，按照统一的标准与格式，将企业商务信息分级分层次保存和调用的集成化企业信息环境。企业要重视技术人才的培养和引进，加大资金投入，加强企业信息基础设施建设，加快管理信息化和网络化进程。

（3）充分发挥员工的积极性和能动性　员工不是单纯的被管理者，而是企业内部最重要的资源，也是营销组织再造的主体。要向员工进行广泛宣传，通过有效的内部沟通，使员工认识到营销组织再造的意义，产生认同感。相同的认识才会导致一致的行动。同时，要激发起员工在营销组织再造中的热情，充分发挥其主观能动性。可通过内部公关、授权和利润分享等措施，调动员工积极性。只要员工能积极投入到这种变革性的潮流中，再造后的营销组织就会充满生机和活力，企业营销管理就会产生飞跃性的效果。

5.3.3　企业内部组织创新

传统的科层式组织的优点是分工明确、可以发挥专业化优势，其缺点是企业的各职能部门尤其是营销、生产、研发、财务、后勤等管理部门往往各自为政、协调困难，信息流程长且传递效率低。

在电子商务的环境下，信息技术的广泛应用首先使内部组织的有效市场化成为可能，它打破了官僚主义的官本位，破除了科层组织信息沟通不畅的弊端，使结构更加精简、扁平。但这种组织结构不是一般意义上的“扁平化”，而是根据企业再造（BPR）的思想将企业内部业务流程和企业间业务流程的重新设计与整合。在进行企业再造的过程中，企业的各子系统如生产、营销、研发、财务、后勤服务等业务部门的功能将重新调整，它们之间的关系也将因此而改变。

传统组织基本上是按照管理职能的专业分工而进行部门化设计和职能部门设置。进入信息时代，在互联网、Intranet、ERP 等基础上的企业电子商务系统能智能化地实现大部分的组织管理职能——计划、组织、指挥、协调、控制（领导、激励除外），因此组织内部的分工方式将发生革命性的变化，由职能分工型的组织结构向任务分工型的组织结构转变。企业组织将是由价值链上的若干“任务系统”集成的组织系统，即每一任务系统功能是实现市场价值的一部分。企业的主要任务系统包括：营销系统、研发系统、生产系统和物流系统等。

1．研发（R&D）系统

企业的研发系统是企业持续发展的根本动力，企业电子商务系统不仅为研发系统提供了市场信息、需求信息，而且提供了国内外科技方面与新产品方面的资讯，进而为确定研发方向、科研规划、新产品上市计划提供帮助。研发系统的组织可建立以核心能力与科研人员为基础的网络化科研队伍，实施国际化的研发战略和技术开发战略联盟。企业的研发系统通过内部网络与营销系统、生产系统紧密关联，使营销、开发、生产成为一体化的流程组织，避免了传统组织难以协调与资源浪费的现象。如生产中暴露出来的结构设计问题、工艺设计等问题，能及时准确地反馈给研发系统，使这些问题立即得以处理与解决。

不仅如此，不同企业的 MIS 经过模块化的组合将可以解决原来各个单独企业的 R&D 部门都无法解决的难题。这种系统整合的优点将使企业间形成一种新的企业联盟模式——知识联盟体。这种知识联盟体可以由国家出面建立，也可以由各企业自己按照客观需要自主建立。前者更容易获得规模效应，而后者则可更灵活快速。特别是企业按照营销系统构建这种知识联盟时，将使目前企业面临的科技成果难以转化为利润，而有利润的商品又难以克服技术难关的两难问题得到较好的解决。

在对外建立知识联盟的同时，企业对内的知识管理同样甚至更为重要。知识管理是指通过改变人的思维模式和行为方式，建立起知识共享与创新的企业内部环境，运用集体的智慧提高应变能力和创新能力，最终实现企业的目标。知识管理强调对人力资源和知识的开发与利用，通过全员参与的以知识的积累、生产、获取、共享和利用为核心的企业战略，促进人力资源、信息、知识和经营过程的紧密结合。虚拟企业的知识管理对协调提出了更高的要求。因为知识管理就是要促进企业内部、企业与企业之间、企业与顾客之间、企业与外部环境之间的联系，它要求把信息与信息、信息与活动、信息与人连接起来，在人际交流的互动过程中达到知识的共享，运用群体的智慧进行 R&D，以赢得竞争优势。

2．生产系统

在生产系统方面，企业的生产运作方式将由原来的“存货生产方式”转变为“订货生产方式”。通过互联网消费者可以直接参与自己所需产品的设计，厂家也可以利用三维动画的方式向用户展示自己现有的商品种类、款式、型号等，使“身临其境”的用户真正实现足不出户的网上购物。Dell 公司“按需定做”的直销模式就是因为最大限度地满足了消费者需求而获得巨大的成功。

因此，生产组织要打破原先的条块分割的工艺专业化组织形式和单一的流水线生产组织形式，建立面向市场的柔性快速制造系统，制造系统应按“混流”方式组织，广泛采用成组技术和应用先进生产管理技术，如并行工程（CE）、精良生产（LP）、准时生产（JIT）、敏捷制造（AM）、计算机集成制造系统（CIM）等，满足多品种小批量生产的需要。一般意义的电子商务与 ERP 等的紧密结合构成企业电子商务系统，它的内端使生产计划、控制等生产管理活动全都在企业内部网（Intranet）上实现，管理人员可通过采集各环节的数据对生产能力及生产状态（如设备运行负荷、生产进度等）进行实时分析，对生产过程进行实时管理。在这一方面，海尔集团的柔性产生系统是很好的范例。如果用户想要一款冰箱，那么他可以在海尔的网站上选择海尔各种冰箱中最符合自己要求的部分，然后组合成自己想要的冰箱。在网上数据库的支持下，用户可以很快知道自己的要求是否可行以及是否会出现一些自己没有想到的问题，并在此基础上做进一步的修改。当全部确定的时候，就可以由海尔提交生产线，生产线在柔性控制系统（FCS）的指挥下就可以制造出这台冰箱。最后冰箱将通过物流系统送到顾客手中。

当企业的发展到了一定程度，生产的专业化与合作化也将溢出企业边界，生产能力将在企业间进行优化配置。

在信息时代，产品从设计到装配已不一定要局限在一个企业完成，企业根据自己的所长，可能只完成产品某部分的设计或某个零部件的生产，最终在某个企业完成装配工作。这是现代企业生产经营的一个新视角，对我国企业未来的发展无疑有一个很好的提示作用。

著名的波音公司在设计制造“波音 777”时，就采用了这种生产方式。“波音 777”的设计没用一张纸，完全实现了在计算机系统中进行虚拟设计，其零部件也由分布在世界各地的几百家零部件供应商分别生产，最终由波音公司完成飞机的装配工作。可见，即使是大如波音这样的公司，也不可能承担产品设计、生产的全部工作，更何况众多的中小企业。再说，从生产成本的角度来看，闭门造车未必就合算。更进一步，企业的生产系统甚至可以完全不在企业内部。只要企业建立了完善的营销系统，特别是当营销系统和企业的其他各个方面较好地融合起来时，企业完全可以用各种形式把实际生产流程转移出去，交给更有比较优势的企业生产。而自己则专心作好营销和其他一些具有核心竞争力的工作。这也就是人们常说的“借鸡下蛋”的模式。有人形象地把这种生产方式称为“虚拟生产”。如日本的 MISUMI 公司，被日本的产业界、学术界认为是 21 世纪企业模式的代表。这家企业适时的根据企业外部环境的变化从一家销售代理商转变为消费者购买代理商。

MISUMI 是被世界认可的知名品牌，具有良好的信誉。MISUMI 替将近 3 万家企业，从 280 余家商品生产企业购买商品和服务，形成了以 MISUMI 公司为核心的利益联盟。MISUMI 作为一家流通企业，对客户的需求十分清楚、敏感，公司所做的就是按客户的需求来要求生产企业保证优良品质，快速交货以及价格合理。MISUMI 的优势就在于它从为消费者方便，及时地购买到价廉物美的所需商品出发，根据消费者客观需求委托关系企业，客观上帮助了生产企业，附带的好处是大大减少联盟内企业的销售费用。MISUMI 就是利用其品牌信誉成为供需双方信赖的伙伴，因此，该公司巧妙地打破常规，在为众多客户带来相对丰厚利益和带动了其他生产企业发展的同时，也为自身带来巨大利益。正如其企业理念中所说的那样，“让 280 家生产企业靠 MISUMI 才能更好地成长”，而这也正是这一利益联盟得以长期存在和发展的根本原因所在。这种协助、配合是相当紧密、持久的，围绕 MISUMI 形成了一个典型的“虚拟规模”，从而使整个利益联盟具有较强的竞争优势。更为典型的例子是耐克。耐克公司是一家没有厂房的美国公司。经理们只是集中公司的资源，专攻附加值最高的设计和营销，然后坐着飞机来往于世界各地，把设计好的样品和图样交给劳动力成本较低的国家的企业，最后验收产品，贴上“耐克”的商标，销售到每个喜爱“耐克”的人手中。

随着各地区生产成本的变化，耐克公司的合作对象从日本、西欧转移到了韩国，进而转移到中国、印度等劳动力价格更为低廉的发展中国家，到 20 世纪 90 年代，耐克更为看好越南等东南亚国家。由于耐克公司在生产上采取了“借鸡下蛋”的做法，从而本部人员相当精简而又有活力，这样就避免了很多生产问题的拖累，使公司能集中精力关注产品设计和市场营销等方面的问题，及时收集市场信息，并将它反映在产品设计上，然后由世界各地的签约厂商快速生产出来以满足需求。

3．物流系统

由于企业采购、供货的频繁，许多企业面向电子商务纷纷成立物料配送中心。在国外这一概念又被称作 CALS（Compute Aided Logistic Support）——计算机辅助后勤支持。物料配送中心的成立，使得各个子系统，如生产、运输、分配等都能协调一致，同时高效发挥各子系统独立运行时自身的最大效率。该中心的成立使企业大规模采购、供货成为可能，并降低了成本。而它在指定的时间内专业化地将原材料配送到生产部门并将产成品送出工厂，也缩短了产品生产周期，提高了整个企业的运作效率。

此外，在电子商务环境下，传统的财务部门和新兴的信息中心将从企业的一般职能部门晋升到企业的战略决策层。信息技术的发展使传统的财务核算功能逐步由电子会计取代，而财务管理的负责人（CFO）将更多地在决策层从事企业投资、融资等分析与资本运作活动。

信息管理负责人（CIO）则扮演越来越重要的角色，不但要对外界信息进行收集、处理、分析、整合后提供给 CEO 作决策参考，而且要使决策信息畅通无阻地传达到各环节员工，包括 CTO（技术管理负责人）、CFO、CMO（市场营销负责人）等各部门主管的手中，并保证各部门之间、具体部门的行为与 CEO、董事会的战略决策之间进行双向沟通，使信息这一战略资源发挥其应有的作用。

5.3.4 企业外部组织创新

科斯的企业理论认为，企业的存在是由于节省市场交易的费用。同时，企业本身组织费用的存在对企业规模及其发展起着约束作用。只有企业的内部与外部费用之和达到最低，企业的组织结构才达到最优。这里就出现企业的边界问题。科斯理论中的企业界面是“硬界面”。但信息技术尤其是电子商务的发展及组织管理的实践对科斯的企业理论提出了新的挑战。信息技术的应用大大降低了企业的交易费用，而且内部与外部费用同时非线性下降，使企业的界面变得越来越模糊。

随着经济全球化的发展，企业间的竞争日趋激烈，任何一个企业依靠自身的力量都很难垄断市场。为了避免恶性竞争，保存自身实力，有效地整合企业外部资源，抓住有限的市场机会，企业新的经营方式和组织方式不断涌现。如虚拟企业（Virtual Firm）、战略联盟（Strategic Alignment）和网络化组织（Networked Organization）等组织形式和概念相继出现。这些都超越了传统企业的边界，使企业在利用品牌、网络和资本优势的基础上，充分整合社会资源。在降低交易费用的同时，取得超常规的发展。

虚拟企业是一种“动态联盟”，它以核心企业为龙头，为实现某种市场机会，将拥有实现该机会所需资源的若干企业集结而成的一种网络化的动态组织。当市场机会不再存在时，虚拟企业则自行解体。这是因为一个企业的能力毕竟是有限的，随着技术更新的加快，产品结构越来越复杂，因此，单凭一个企业要想以最快的速度推出用户满意的产品是很困难的。利用不同地区、不同企业的各自优势进行合作生产则是解决该问题的最好办法，即以敏捷型企业为基础，通过企业间全球化合作形成虚拟公司。这种企业形式充分整合了面向 Intranet 的全球资源，达到了及时满足顾客需求的目的但又未改变原成员企业的产权结构。虚拟公司的主要特征是：

1．信息高速公路网络连接

要生产出令顾客满意的个性化产品，必须建立覆盖整个联盟中所有供应商、制造商、分销商及顾客的信息网络。这一网络的触角可能会延伸到世界的每一个角落，随时采集市场数据，跟踪市场需求，将以最快速度收集到的信息及时同最新的设计方法和计算机集成生产技术相结合，同时也可将设计、生产时的问题或建议及时反馈给顾客。

2．成员间的相互信任与合作

建立了稳定、可靠的关系网，相互信赖，协同工作成为企业的精神支柱。对虚拟企业来说，与供应商、经销商、顾客建立紧密而又和谐的关系是和先进的技术同等重要的因素。可以说，虚拟企业比传统企业更稳定就是因为企业之间、企业与顾客之间的这种密切联系已经把各自的命运紧紧拴在了一起。也就是说，它们是共命运的，只能也必须互相依靠。要建立这种联系并非易事，它需要前所未有的相互信赖。

3．成员企业具有核心能力

核心资源是选择联盟伙伴的依据，只有拥有所需核心资源的企业才有可能成为组成动态联盟的伙伴。因此，在建立动态联盟的过程中，需要对企业自身的核心资源进行分析。

4．随市场机遇而存在

虚拟企业的建立是为了解决某种机遇所带来的任务，并进而获得利润。因此当任务完成时就可能解散。但市场的机遇并不少，在一个任务解决过程中同时还有大量其他机会。因此虚拟企业实际上处于一个不断建构与解构的动态过程中。这种围绕市场机遇而不断演化的组织形态也正是虚拟企业生命力之源。

5．无严格的公司边界

虚拟公司实际上是企业以自己拥有的优势产品或品牌为中心，由若干规模各异、拥有专长的企业或企业内部的部门、车间，通过信息网络和快速运输系统连接起来而组成的开放式组织形式。再加上它围绕市场机遇而不断地处于建构与解构之中，因此和传统公司相比，已经不再有非常严格的公司界限了。

除了上述的虚拟企业外，战略联盟也是一种最近新起的企业组织。它是指多个具有对等经营实力的企业，为达到共同拥有市场、共同利用资源等战略目标，通过各种协议、契约而形成的优势互补、风险共控的网络组织。与虚拟企业相比，它更强调一种行为的战略性，着眼于长期的合作与发展，并非某个短期的市场机会；它们可以避免两败俱伤的对抗性竞争，达到动态博弈的协同合作的双赢（Two－win）结果。这样使得每个联盟企业专注于自己的核心能力（Core Competence）的发展，共享各自的资源，巩固自己的市场地位。

此外，网络化组织是按工作流程构成的一个具有固定连接的业务关系为基础的小单元联合体。它既可以是企业内部的工作单位的联合，也可以扩充到外部联盟企业。近年来，网络化组织与虚拟企业、战略联盟之间的界限有日渐模糊的趋势，有学者甚至在一个理论框架下定义它们。

总而言之，为了适应科学技术和经营环境的急剧变化，企业经营战略与组织必须走向求变和创新，以灵活性、敏捷性为特征，一切要面向全球一体化的市场，以顾客满意为导向。因此，柔性化组织结构模式将引导 21 世纪企业组织潮流。柔性化组织模式则是一个超越组织边界的概念，它是围绕核心企业，融合虚拟企业、战略联盟、网络化组织的基本组织方式，通过对信息流、物流、资金流的控制，将供应商、制造商、分销商、零售商，直到最终用户连成一个整体的、动态的功能网络结构模式，以适应复杂性、动态性、交叉性的经营环境，更好地满足用户需求。

网络营销战略计划实例

——埃活斯特广告公司（Everest Advertising）网络营销计划

1．公司简介

埃活斯特是一家国际性的广告代理商，它可为世界范围内的大小公司开展广告和营销业务。本公司已成功地为北美的企业服务了 20 年，为欧洲的企业服务了 15 年。最近 10 年，公司又将业务范围伸展到亚洲和澳洲。

公司业务包括为企业进行营销、广告策划；制作各类广告，包括印刷、电视、广播、POP、网络等；媒体计划和购买服务；促销活动策划；直邮、商展、赞助等；公共关系服务：新闻发布等；企业管理：标志设计、年度报表等。

为客户提供营销机会和方案，带领他们攀登成功的巅峰，通过前卫而富于创造性的营销策划使客户和他的消费者关系更为亲密。

迄今，公司已开拓了下列媒体中的广告业务：印刷类型广告（杂志、广告牌等）；直邮；广告推销会。

2. 网络营销计划

今后发展方向的一种选择是进入万维网。首先，须考虑以下问题：进入万维网对本公司意味着什么？我们为什么要进万维网？我们如何进入万维网？

对埃活斯特广告公司而言，进入万维网就是在网上创建公司的站点，向访问者三维地展示公司状况。

目前，Internet 宣称自己拥有 9500 万用户，且以每月 100 万的速度增长。以前，从来没有一种媒体能实现厂商与顾客之间如此高数量的对话和交流。进入万维网可使埃活斯特成为一个更易接近的代理商，使更多的客户享受它的服务和质量。这种新的媒体正在成为服务行业不可缺少的一部分。鲁莽的推销观念从来不能真正起到促销作用，30 秒钟的电视广告也很难提高公司的知名度，更不要指望 POP 能吸引很多的潜在顾客。然而，万维网上生动丰富的页面却常常能吸引那些正在寻找像埃活斯特一样的广告代理商或想更多地了解该公司状况的客户，并能帮助他们作出明智的购买决策。埃活斯特广告公司进入万维网可以期望得到如下效果：

1）增加客户。通过开发创造性的、充满智慧的、信息丰富的、吸引力强的网页吸引更多的顾客。因为他们对广告也有同样的要求。通过网页的设计水平，他们能推测公司的广告制作水平。

2）展示本公司的历史。在网上向访问者展示公司成功历史，证明本公司在营销业务上的实力。网络不会强行地向访问者灌输这些内容，只有访问者对这些信息感兴趣时，才会自己打开有关页面阅读。

3）发布信息。可以在网上发布投资者感兴趣的信息，例如可以在网上公布公司的年度财务报表、证券的有关数据等。

4）促进公共关系。可利用网络工具进行本公司的新闻发布，促进公共关系等。

5）利用网络工具招聘新的人才。公司可以在网上发布对所需要的人才进行招聘的信息，并通过网络进行联络，以便在大范围内选择所需要的人才。

6）建立网络社区。公司可以利用网络工具组建一个围绕本公司的“网络社区”，通过网络社区获取客户对本公司的信息反馈。

如今公司不论大小都纷纷进入网络，企业实际规模的大小在网上无关紧要，关键是企业提供服务的质量。一些新兴的网上企业可能只是几台计算机、几个雇员和一间房子，许多案例表明有些类似企业的发展远远超过预期的想象。这些企业都可能成为本公司的潜在客户。

3. 进入网络的任务

公司要进入互联网，要保证网络营销的成功，首先需要做以下工作：公司所有标志物、印刷品上均应印有公司的网络地址；在至少两个以上的搜索引擎如 Yahoo！和 Infoseek 等上注册网址；注册时采用与公司工作有关的关键词，即要达到看到该词就能联想到本公司的目的；在相关的国家、地区举行新闻发布。另外还要考虑以下两个方面的问题：费用和竞争者。

4. 埃活斯特广告公司网页设计框架

埃活斯特广告公司网页设计应包括的基本内容：公司简介、服务内容和顾客、公司事件、请与我们对话、娱乐、投资者信息、人才招聘和交通图。

在本页中应包括公司的标志、营销宗旨，以及一个能贯穿整个网址的创造性的主题。下面分别介绍一下各功能模块应包括的主要内容：

1）我们是谁？包括欢迎信、公司历史、主要人员（附上主要成绩）等。

2）我们能做什么？列出服务内容和公司各部门等。

3）我们在哪里？即地址和地图。

4）服务内容与顾客。

5）服务内容列表。包括各项内容举例、各类服务联系人（E-mail 地址）。

6）顾客表。

7）公文。分国别和语种。

8）公司事件介绍。

9）新闻发布。

10）成功事件。包括奖励和扩展等事件。

11）新顾客。

12）请与我们对话。

13）建议。

14）评论。

15）闲谈室。包括有创造力的AD热衷者，营销、广告策划人，广告专家，国际分部（欧洲、亚洲、澳洲）等。

16）娱乐。

17）滑稽的广告故事，笑话。

18）可下载的Jingles。

19）可下载的最受欢迎的广告。

20）竞争对手创作的受欢迎的广告。

21）你最喜爱的广告。

22）AD抢答、竞争。

23）投资者信息。

24）年度财务报表。

25）华尔街新闻。

另外，人才招聘和交通图按照公司所处的阶段真实地进行发布和说明，以便使公司招收到更优秀的人才和方便联系。

本章小结

本章主要对网络营销战略进行了分析，包括市场竞争战略、市场发展战略、网络营销战略。对市场营销组合策略和网络营销组合策略进行了研究，并对网络营销组织创新战略作了初步探讨。

习　题

一、填空题

1. 市场营销战略是企业在______的指导下，为了实现企业的______，对于企业在较长时期内市场营销发展的______。

2．市场竞争战略是指______、______和______。

3．市场发展战略可以概括为______、______和______三种类型。

4．多角化也称多样化、多元化，包括：______、______和______。

二、选择题

1．市场营销战略具有以下特征（　　）。

A．市场性　　B．短期性　　C．风险性　　D．长期性

2．一般网络营销目标考虑以下几个类型的目标（　　）。

A．销售型网络营销目标　　B．服务型网络营销目标

C．品牌型网络营销目标　　D．提升型网络营销目标

3．一体化发展战略包括（　　）。

A．后向一体化　　B．前向一体化

C．水平一体化　　D．前向、后向一体化

4．企业网络营销战略的重点应体现在（　　）几个方面。

A．顾客关系再造　　B．提供收费服务　　C．组建网络俱乐部　　D．定制营销

三、判断题

1．网络营销作为信息技术的产物，具有很强的竞争优势。但并不是每个公司都能进行网络营销。（　　）

2．所谓“软营销”是指在网络环境下，企业向顾客传送的信息及采用的促销手段更具理性化，更易于被顾客接受，进而实现信息共享与营销整合。（　　）

3．网络营销的实施不是简单的某一个技术方面的问题或某一个网站的建设问题。（　　）

4．网络营销有别于传统营销的一个重要方面，就是产品的分销渠道更具体化。（　　）

四、简答题

1．常用的网络营销模式有哪些？

2．网络营销战略计划制订主要经历哪几个阶段？

3．市场营销组合和网络营销组合各指什么？

4．网络营销组织创新的特点有哪些？

五、实训题

进行一次市场调查，通过对 10 家以上的已经上网的企业进行调查，了解企业在网上创建的品牌是全新的还是在原有品牌基础上开发的，并形成报告。

第 6 章　网络营销价格策略

本章主要内容

- 网络营销定价内涵
- 网络营销定价的特点
- 网络营销定价程序
- 网络营销定价方法
- 网络营销定价策略
- 免费定价策略

案例：从电子信箱收费说起

电子信箱是近几年来全球互联网用户使用最频繁的一项网络功能。在国内互联网发展的这几年时间里，迅速诞生了一批电子邮件的稳定用户，并且这个群体还在飞速发展。毫无疑问，除了电子邮件本身的优越性外，免费使用无疑是其能够快速增长的重要原因。然而当一封封信件从世界的四面八方飞入电子信箱时，当人们痛痛快快地无偿享用 Internet 资源时，新浪网、263、163、21CN 等国内免费电子信箱提供大户，于 2001 年先后都开展了电子信箱收费服务。

从已有的收费信箱看，各电子邮局正在摒弃单一的信箱收费，转向提供个性化和一揽子解决方案的方式。如新浪网推出“个人家园”，它不是简单的信箱收费，而是集合了收费信箱、个人主页、电子相册、名片管理等个人信息管理工具。信箱还配备了先进的邮件反病毒系统，并建立相应备份机制。从这一趋势看，今后收费信箱将向系统完善、服务全面、功能强大等方面发展。

6.1　网络营销定价概述

无论是传统的企业还是现代的网络营销公司，都是以营利为目的的社会组织，所以产品的价格对企业至关重要。它不仅影响到企业的盈利水平，企业的市场占有率，还影响到企业与中间商、网络消费者的利益关系。因此，在网络营销中价格是不可忽视的因素。

6.1.1　网络营销定价内涵

1．价格的概念

老百姓、网络消费者买东西，张口就会问：“多少钱？”，这说明消费者最关心的就是价格。经销商、生意人心里的小九九，首先盘算可赚多少钱，价格也是关键。所以，做生意、做买卖、做产品、做市场，都是从价格谈起。

那么，什么是价格呢？从狭义上说，价格是对一种产品和服务的标价；从广义上说，价格表现的是在商品交换中，消费者所获得和使用的产品或服务的价值。

2．一般性产品的定价原理

产品价格的高低取决于产品价值的高低。经营者对产品价值的评价以货币形式表现出来，称之为供给价格。供给价格由产品平均消耗的劳动量决定，同时还受产品自身的社会价值等因素的影响。消费者对产品的价值评价以货币形式表现出来，即为需求价格。需求价格是消费者愿意购买产品的价格。产品在市场中最终实现的价格既不是供给价格也不是需求价格，而是当经营者和消费者对产品价值的评价一致时，即当供给价格和需求价格相等时的产品销售价格。这个价格有一个变动区间，下限是经营者为保本盈利所能承受的最低价格，上限是对该产品效用评价最高的消费者所愿意支付的价格。由于受到市场商品供求和市场竞争等因素的影响，实际市场成交价格会在这个区间内变动。在特殊时期、特殊情况下市场成交价格也有可能低于供给价格的下限。

3. 由需求引导的市场资源配置是网络时代的重要特征

产品的价格是由市场供应方和需求方共同决定的。市场是通过价格杠杆来配置资源的。

意大利著名经济学家帕累托考察了资源的最优配置和产品的最优分配问题，提出通过改变资源的配置方法来实现“最优供需配置状态”，又称“帕累托最优状态”。

在工业经济时代，需求方特别是消费者，由于信息不对称，并受市场的空间和时间隔离，不得不处于一种被动地位，从属于供应方来满足需求。互联网的出现不但使得收集信息的成本大大降低，而且还能得到更多的免费信息。网络技术的发展使得市场资源配置朝着最优方向发展。这意味着，掌握市场的主动权的不再是供应方而是需求方，由需求引导的市场资源是网络时代的重要特征。价格作为资源的配置杠杆，它的主动权是由需求方把握和决定的，供应方只有提供能满足需求方理想中价值的产品，才可能占领市场，获得发展机会，而需求方则能利用自己的选择权，在信息越来越充分的市场中选择最接近自己满意的价值标准的产品。

6.1.2 网络营销定价的方法

1. 网络营销定价程序

在网络营销中，确定在线产品价格的程序一般包括以下几个步骤：

（1）确定定价目标　定价目标是指企业通过制定产品价格所要达到的目的。它是企业选择定价方法和制定价格的依据。不同企业有不同的定价目标，即使是同一企业，在不同时期也有不同的定价目标。因此，企业定价目标不是单一的，而是一个多元的结合体，企业在不同的定价目标下制定出的商品价格也各不相同。

在网络营销中，企业定价目标主要有：以维持网络公司生存为定价目标；以获得当前利润最大化为定价目标；以追求市场占有率最大化为定价目标；以树立和改善网站形象为定价目标；以应付和防止竞争为定价目标。

（2）分析与测定市场需求　分析与测定市场需求是企业确定营销价格的一项重要工作。其主要包括：市场需求总量、需求机构的测定；预计网络消费者可接受的价格；不同价格水平下人们可能购买的数量与需求价格弹性等。

（3）计算或估计产品成本　在线产品的原始成本将直接影响到产品的价格，是制定价格的最低经济界限。按在市场价格形成中的作用不同，价格成本可分为社会成本和企业成本。产品的社会成本，是指所有生产或经营该商品的同类企业成本的平均值，或有代表性的典型企业、地区的成本。社会成本是网络营销定价的直接依据。在激烈竞争的市场环境中，社会成本对市场价格形成在客观上起着决定性的作用，因此，应作为企业定价时的重要参考依据。企业成本是指企业在生产、经营过程中实际发生的成本。企业成本应尽量接近社会成本或低于社会成本。

（4）分析竞争对手的价格策略　分析和了解竞争对手是企业制定战略和策略的基础。为此，企业营销人员必须了解和分析以下几个问题：自己的竞争对手是谁，他们的营销目标是什么，有何优势和劣势，采取何种价格策略，实施效果如何，对本企业的影响程度等。这样，才能有效地防御竞争对手的进攻，并选择适当的时机攻击竞争对手，赢得企业生存和发展的空间。

（5）选择定价方法　定价方法主要有：成本导向定位法、需求导向定位法和竞争导向定位法等。不同的定价方法各有其优势和适用条件。

（6）确定最终价格　在产品正式进入市场之前，企业可能进行“试销售”，以测试市场反映和根据消费者需要对产品进行最后的改进，并征询消费者对价格的意见和建议。当一切都准备就绪后，产品的最后售价就确定了。

（7）价格信息反馈　产品的售价应根据市场的状态、竞争者价格、替代品的状况进行适当的调整，因此，企业要经常收集价格的反馈信息，使产品的定价与消费者的价格期望相一致，以维持必要的市场占有率。

2．网络营销定价方法

传统市场营销定价的基本原理同样适用于网络市场，但是，网络市场与传统市场又存在着较大的区别，这种差异导致了网络市场的定价方法又不同于传统市场的定价方法。在网络市场中，成本导向定位方法将逐渐被淡化，而需求导向定位法、竞争导向定位法将不断得到强化，并将成为网络营销中确定网络产品价格的主要方法。

（1）成本导向定位法　成本导向定位法通常包括以下几种方法：

1）成本加成定价法。即在其产品单位成本的基础上，加上一定比率的预期利润确定为其产品的单价。

其计算公式如下：

产品单价=产品单位成本×（1+加成率）

其中，加成率为预期利润占产品单位成本的百分比即成本利润率。

举例：××网页制作公司为某企业制作企业网页，假定该公司月支付员工工资为 5 000 元，为这家企业制作网页的直接材料费和固定成本费用合计为 500 元，网页制作花费时间为 32 小时，希望的利润率为 40%，则如何确定网页制作的收费价格呢？

解：员工月工作时间为：22 天×8 小时/天=176 小时

产品价格=产品单位成本×（1+加成率）

=[（5 000/176）×32+500]×（1+40%）元

=（1 409.12+563.65）元

=1 972.77 元

即网页制作的收费价格可确定为 2 000 元左右。

2）盈亏平衡定价法。即保本定价法，指企业暂时放弃了对利润的追求，只求保本。这种方法主要适用于企业为了开拓网络市场，谋求市场占有率和保证实现一定的销售量目标的情况。

计算公式如下：

单位价格=总成本/预计保本销售量

3）边际贡献定价法。即仅计算可变成本，不计算固定成本，而以预期的边际贡献补偿固定成本，获得相对收益的定价方法。所谓边际贡献，是指价格中超过变动成本的部分。

举例：某企业生产 10 000 件商品，全部变动成本为 6 000 元，固定成本为 4 000 元，每件商品的平均变动成本为 0.60 元，若按一般规律定价，商品的最低售价至少等于 1 元/件，即：（9 600+4 000）/10 000=1 元/件。如果再加上一部分利润，商品价格就要超过 1 元/件。现在我们假设该企业考虑到特殊市场环境或出于网络营销的需要，在确定商品价格时，仅计算可变成本，不考虑固定成本，则商品的单价只要大于 0.60 元，就能获得边际贡献。如果商品单价能定为 0.70 元，企业就可获得 1 000 元边际贡献，固定成本损失将减少至3 000元；如果单价能定为0.80元，则边际贡献是2 000元，用于补偿固定成本后，固定成本损失则减少至2 000元。

（2）需求导向定价法　现代市场营销观念认为，企业的一切生产经营活动必须以消费者需求为中心，需求导向定价法是根据消费者对产品的感觉差异和市场需求状况来确定价格的方法，而不是直接以成本为基础。

需求导向定价法包括购买者认知价值定价法和需求差异定价法。

1）购买者认识价值定价法。购买者认知价值定价法是指根据购买者对产品价值的认知和理解来确定价格的一种方法。

认知价值定价法的实施过程：首先，企业通过网络把商品介绍给消费者，让消费者对产品的性能、用途、质量、品牌、服务等要素有一个初步的印象。第二，企业利用网络通过广泛的市场调查，了解消费者对商品价值的理解，以此作为定价标准，制定出商品的初始价格。最后，在初始价格基础上，预测可能的销售量，确定目标成本和销售收入，在比较成本与收入、销售量与价格的基础上，分析该定价方案的可行性，并制定出最终价格。

2）需求差别定价法。需求差别定价法是将同种产品确定出不同的价格销售给同一市场上的不同顾客。这时的价格差别是销售者根据顾客的需求差异实行差别定价的结果。主要定价方式有：

① 因顾客而异的差别定价，即同种产品对不同职业、收入、阶层或年龄的消费者群制定不同的价格。

② 因产品式样而异的差别定价，即对式样不同的同种商品制定不同的价格。

③ 因时间而异的差别定价，即根据产品季节、日期及钟点上的需求差异制定价格。

④ 因空间而异的差别定价，即企业根据自己产品销售者区域的空间位置来制定商品的价格。

实行需求差别定价法要具备以下前提条件：一是市场能够根据消费者的需求差异进行细分；二是以较低价格购买某种产品的顾客，没有可能以较高价格把这种产品倒卖给别人；三是竞争者没有可能在企业以较高价格销售产品的市场上低价竞销；四是价格歧视不致引起顾客反感而放弃购买。

（3）竞争导向定价法　这种定价方法主要是为了竞争，以竞争者价格作为定价基础，以成本和需求为辅助因素。其特点是，只要竞争者价格不变，即使成本或需求发生变动，价格也不动，反之亦然。竞争导向定价法主要有：

1）流行水准定价法。即企业根据同行业企业的平均价格水平为基准定价。在竞争激烈的情况下，这种定价方法是一种与同行和平共处，比较稳妥的定价方法。

2）竞争投标定价法。即招标单位通过网络发布招标公告，由投标单位进行投标，而择优成交的一种定价方法。

对于招标单位来说，网络招标定价法扩大了招标单位对投标单位的选择范围，从而使企业能在较大范围内以较优的价格选择优秀的投标单位。对于投标单位来说，网络投标定价法不仅增加了投标的营销机会，而且使企业能获得较为公平的竞争环境，为企业的发展创造了良机。

投标定价法的定价程序是：①招标。由买方发布招标公告，提出征求产品或劳务的具体条件，引导卖方参与竞争。②投标。卖方或承包者根据招标公告的内容和具体要求，结合自己的条件，考虑成本、利润和竞争者可能提出的报价，在买方规定的截止日期内，将自己愿意承担的价格密封提出。③开标。买方在规定期限内，积极认真地选标，全面认真地审查卖方提出的投标报价、技术力量、工作质量、生产经验、资本金情况、信誉高低等，以此为基础选择卖方或承包商，并到期开标。

3）拍卖定价法。拍卖定价法是指拍卖行（或网站）受出售者的委托，在特定场所（或网站）公开叫卖，引导买方报价，利用买方竞争求购的心理，从中选择最高价格的一种定价方法。目前，许多拍卖行在网上进行有益的尝试，使拍卖定价法在网络营销中得到了较快的发展。

6.1.3　网络营销定价的特点

1．价格的全球性

网络营销面对的是开放的和全球化的市场，用户可以在世界各地直接通过互联网选购商品，而不必考虑网站是属于哪一个国家或地区。如美国最早的网上书店 Amazon.com 从建立网上商品起，就面对全球性市场，任何国家和地区的人都可以购买 Amazon.com 的产品。由于目标市场从过去受地理位置限制的局部市场，一下拓展到范围广泛的全球性市场，所以在网络营销产品定价时必须考虑目标市场范围的变化给定价带来的影响。

在网络营销情况下，一方面，由于价格比较网站的出现，使得企业产品价格水平将统一化或价格差别将大大缩小。另一方面，企业面对全球性的网络市场，很难以统一的标准化定价来面对差异性极大的全球市场，必须考虑遵照全球化和本土化相结合的原则来开展营销活动，在有较大规模潜在市场的国家建立地区性网站，以适应地区市场消费者需求的变化。

因此，企业面对的是全球性网上市场，不能以统一市场策略来面对差异性极大的全球性市场，必须采用全球化和本土化相结合原则进行。

2．价格的趋低性

互联网是从科学研究应用发展而来的，因此，互联网使用者的主导观念是：网上的信息产品是免费的、开放的、自由的。在早期互联网的商业应用中，许多网站采用收费方式想直接从互联网赢利，结果被证明是失败的。成功的 Yahoo 从为网上用户提供免费的检索站点起步，逐步拓展为门户站点，到现在拓展到电子商务领域，一步一步获得成功。成功的主要原因是它遵循了互联网的免费原则和间接收益原则。Yahoo 通过免费提供信息吸收网民访问，然后通过网站的巨大访问流量吸引广告，靠发布网上广告来获得赢利。随着互联网的商用推广和发展，网上消费者逐步接受了网上产品不是免费的观念，但是对互联网上的信息和产品有着价格低廉的心理期望。

网上产品定价较传统定价要低还基于成本费用降低的基础，即互联网在营销活动中的应用可以从诸多方面帮助企业降低成本费用，从而使企业有更大的降价空间来满足顾客对低价的要求。因此，如果产品定价较高或者降价空间有限的产品，现阶段最好不要上网销售。当然，如果企业面对的是组织机构市场，或者产品是高新技术的新产品，或者经销的是特别稀缺的产品，网上用户对产品的价格不太敏感，这类产品就不一定要考虑实施低价位定价策略了。

3．定价的顾客主导性

所谓顾客主导定价，是指在网络营销活动中，顾客完全可以做到依据充分的市场信息来选择购买或者定制生产自己满意的产品或服务，并以最小的代价（货币成本、精力成本、时间成本等）获得这些产品或服务。或者说，网络营销活动的定价只有做到顾客所得到的让渡价值最大化，顾客才会选择网上购物方式。

据调查分析，由顾客主导定价的产品并不比企业主导定价时获取的利润低。根据国外拍卖网站 eBay.com 的分析统计，在网上拍卖产品时，只有 20%的产品的拍卖价格低于卖方的预期价格，50%的产品的拍卖价格略高于卖者的预期价格，剩下 30%的产品的拍卖价格与卖者预期价格相吻合。在所有拍卖成交的产品中有 95%的产品成交价格卖主比较满意。因此，顾客主导定价是一种双赢的策略，既能更好地满足顾客的需求，又不影响企业的收益，而且可以使企业对目标市场了解更充分，生产经营和产品开发更加符合市场竞争的需要。

6.1.4 定价技巧

前述定价方法是依据成本、需求和竞争等因素决定产品基础价格的方法，尚未考虑顾客心理、运费、折扣、产品组合等因素。因此，企业还需考虑或利用灵活多变的定价策略，修正用上述定价方法确定的价格，以利于销售。

1. 新产品定价策略

新产品定价就是指处于介绍期的产品的价格。新产品的定价是否合理，关系到新产品的开发与推广。在确定新产品的价格时，最重要的是充分考虑到用户愿意支付的价格。在较多的情况下，企业可能没有利润，甚至发生亏损。只有当产品打开市场销路，不断扩大生产批量，使成本显著下降时，才能取得利润。目前，国内外关于新产品的定价策略主要有以下几种：

（1）撇脂定价策略　这种策略也称偏高定价策略，主要是指新产品上市之初，将新产品的价格定得较高，在短期内获取高额利润，尽快收回投资。

（2）渗透定价策略　这种策略也称偏低定价策略，主要是指新产品上市之初，将新产品的价格定得较低，甚至可能低于产品成本，利用价廉物美迅速占领市场，取得较高的市场占有率。

（3）满意定价策略　又称温和定价策略或君子定价策略。在新产品上市之初，采用买卖双方都有利的温和策略。由于撇脂定价策略定价较高，对顾客不利，既容易引起消费者的不满和抵制又容易引起市场竞争，具有一定的风险。渗透定价策略定价过低，虽然对消费者有利，但企业在新产品上市初期收入甚微，投资回收期长。满意定价策略居于两者之间，既可避免撇脂定价策略因价高而具有的市场风险，又可避免渗透定价策略因价低带来的困难，因而既有利于企业自身的利益，又有利于消费者。它适用于那些产销比较稳定的产品，不足的是有可能出现高不成、低不就的情况，对购买者缺少吸引力，也难于在短期内打开销路。

2. 地区定价策略

企业在制定价格策略时，应针对不同地区的顾客，采用不同的价格策略。特别是当运费在变动成本中占较大比例时，更不可忽视。主要的地区定价策略有：

（1）产地定价　以产地价格或出厂价格为标准，运杂费和运输损失等费用全部由买方承担。这对于卖主是最省事、最方便的定价。一般适用于市场供应较为紧张的商品和地区的买主，对于路途较远，运费和风险较大的买主是不利的。

（2）统一运输定价　也称邮票定价法，就是对所有的买主，不论路程远近，由卖主以同样的运费将货物运往买主所在地。这种定价策略适用于商品价值高、而运杂费占成本比重小的商品，使买主感觉运送是免费的附加服务，有利于扩大和巩固买主，开拓市场。

（3）津贴运送定价　对于路途较远的中间商，如果定价太高，则不利于销售和竞争，也调动不起中间商进货的积极性。企业补贴一部分甚至不收运费的方法，就是津贴运费定价。它可弥补产地定价法的缺点。

（4）基点定价　指卖方选定一些中心城市为定价基点，按基点到客户所在地的距离收取运费。采用这一定价策略对中小客户具有很大的吸引力，能够迅速提高市场占有率、扩大销售。这种定价策略适用于产品笨重、运费成本比例较高、生产分布较广、市场范围较大、需求弹性小的产品。

（5）区域定价　指卖方把销售市场划分为多个区域，不同的区域实行不同的价格，同区域内实行统一价格。

3. 心理定价策略

心理定价策略是企业根据顾客购买商品时的心理动机相应采取的定价策略。具体又可分为以下几种策略：

（1）尾数定价　根据经济学家的调查证明：价格尾数的微小差别，往往会产生不同的效果。宁取9.9元不取10元，使人有便宜的感觉。尾数定价还能使消费者产生定价认真的感觉，认为有尾数的价格是经过认真的成本核算才产生的价格，使消费者对定价产生信任感。尾数定价不适合于名牌高档商品的定价。由于价格尾数的存在，也会给计价收款增加许多不便。

（2）整数定价　价格不仅是商品的价值符号，也是商品质量的“指示器”。对价格较高的产品，如高档商品、耐用品或礼品，或者是消费者不太了解的商品，则可采取整数定价策略，以迎合消费者“一分价钱一分货”、“便宜无好货、好货不便宜”的心理，激励消费者购买。例如，对古董或艺术品等高档商品，宁标1 000元而不标996元，以提高商品形象。

4．声望定价

这种定价策略适用于两种情况：第一种情况是，在消费者心中有声望的名牌企业、名牌商店、名牌商品，即使在市场上有同质同类的商品，用户也会愿意支付较高的价格购买他们的商品。质量不易鉴别的商品最适合采用此法，因为消费者有崇尚名牌的心理，往往以价格判断质量，认为高价代表高质量。第二种情况是，为了适应某些消费者，特别是高收入阶层的虚荣心理，把某些实际价值不大的商品价格定得很高。如首饰、化妆品和古玩等，定价太低反而卖不出去，但也不能高得离谱，使一些消费者群不能接受。

5．招来定价

零售商利用部分顾客求廉的心理，特意将某几种商品的价格定得较低以吸引顾客。某些商店随机推出降价商品，每天、每时都有一至二种商品降价出售，顾客经常来采购廉价商品的同时，也选购了其他正常价格的商品。有的零售商则利用节假日或换季时机举行“节日大酬宾”、“换季大减价”等活动，把部分商品降价出售吸引顾客。

6．折扣与让利定价策略

企业为了调动各类中间商和其他用户购买商品的积极性，对某些产品的销售做出减价、加赠品或给予一定的津贴等，以鼓励购买者的积极性，或争取顾客长期购买。折扣与让利定价策略的具体形式很多，常用的有以下几种：

（1）现金折扣　企业对现金交易的顾客或按约定日期提前以现金支付货款的顾客，给予一定折扣。在分期供货的交易中常采用这种折扣方式，目的在于鼓励顾客提前付款，以加速企业资金周转。现金折扣的大小，一般应以比银行存款利息率稍高一些，比贷款利率稍低一些，这样对企业和顾客双方都有好处。

（2）数量折扣　指按购买数量的多少，分别给予不同的折扣，购买数量越多，折扣越大。鼓励大量购买，或集中购买。数量折扣实质上是将大量购买时所节约费用的一部分返回给购买者。数量折扣分为累计折扣和非累计折扣。

（3）功能折扣　又称交易折扣。根据各类中间商在市场营销中的作用和功能差异，分别给予不同的折扣。折扣的大小，主要依据中间商所承担工作的风险而定。一般给予批发商的折扣较大，给予零售商的折扣较小。通常的做法是先定好零售价格，然后按不同的差价率顺序相加，依次制定各种批发价和零售价。例如，某商品的零售价为200元，对批发商、零售商的折扣率分别为10%和5%，这样，给予批发商和零售商的折扣价格分别为180元和190元。

（4）季节折扣　经营季节性商品的企业，对销售淡季来购买的客户，给予折扣优惠，以鼓励中间商及用户提早购买，减轻企业的仓储压力，加速资金周转，调节淡旺季之间的销售不均衡。这种定价策略主要适用于季节性明显的商品。

（5）推广让价　它是指生产企业为了鼓励中间商开展各种促销活动，给予某种程度的报酬，或以津贴形式或以让价形式推广。让价的形式主要有：

1）促销让价。当中间商为产品提供各种促销活动时，如刊登广告、设置样品陈列窗等，生产者乐意给予津贴，或降低价格作为补偿。

2）以旧换新让价。进入成熟期的耐用品，部分企业采用以旧换新的让价策略，刺激消费需求，促进产品的更新换代，扩大新一代产品的销售。

企业在市场销售过程中，由于竞争加剧而采用多种折扣同时给予某种商品或某一时期的销售。如在销售淡季可以同时使用功能折扣、现金折扣和数量折扣的组合，使客户以较低的实际价格进货。每当碰到市场萧条的情况，不少企业采用复合折扣渡过危机。

6.1.5　产品组合定价策略

在日常生活中，人们使用的许多产品都是相关商品，如照相机与胶卷，计算机与打印机，汽车与汽车收音机等。产品组合定价策略的特点是在消费者所购买的相关商品的价格问题上做文章。常用的产品组合定价策略有以下两种。

1. 选择产品定价

选择产品定价的特点是，在顾客购买相关商品时，提供多种方案以供顾客挑选，但总的来说，各种选择的定价是鼓励顾客多买商品。计算机与打印机的出售，可以有三种组合方式以及相应的价格供顾客选择：

（1）只买计算机，每台10000元；

（2）只买打印机，每台8000元；

（3）计算机与打印机一起买，每套17000元。

显然，上述定价是鼓励顾客把计算机与打印机一起买进。

鼓励顾客多买的目的是为了赚取利润。但是，如果顾客愿意少买，则也应当为他们创造可能的条件。若那样做能招徕顾客，同样能赚取利润。例如，美国的一家小航空公司——“人民特快”航空公司为了赢得顾客，利用选择产品定价策略，推出了乘机费用、机上用餐费用、托运行李费用互相分离的新招。这样，乘客乘飞机若不用餐，不托运行李，花99美元就可以买一张纽约到伦敦的往返票。这一策略使“人民特快”航空公司顾客盈门，门庭若市。这家公司成功的原因在于，在美国很多人都是自费坐飞机，他们对飞机上“免费”供应的昂贵的餐饮并不感兴趣；同时，很多人都只有随身携带的小件行李，并无托运行李的必要。“人民特快”航空公司推出的这一新招正是迎合了这批乘客的需要，因而大受欢迎。

2. 俘虏产品定价

所谓俘虏产品定价，就是把相关产品中的一种商品的价格订得较低以吸引顾客（这种商品称为“引诱品”），而把另一种商品的价格定得较高以赚取利润（这种商品称为“俘虏品”）。当顾客以低价买了引诱品后，就不得不出高价来买俘虏品。一般来说，引诱品应当是使用寿命较长的商品，而俘虏品则应当是易耗品。例如，可以把一分钟照相机的价格定得较低，而把胶卷的价格订得较高。当然，这里的一个前提条件是产品的不可替代性。例如，一分钟照相机的胶卷是“柯达”、“富士”胶卷所不能替代的。有时，引诱品与俘虏品都是易耗的（或一次性的），这时，可以在消费者购买俘虏品时，把引诱品“无偿”赠送，而以俘虏品不断“俘虏”消费者。

6.2　网络营销定价

企业为了有效地促进产品在网上销售，就必须针对网上市场制定有效的价格策略。由于网上信息的公开性和消费者易于搜索的特点，网上的价格信息对消费者的购买起着重要的作用。网络定价的策略很多，下面主要介绍如下几种策略。

6.2.1　低价渗透定价策略

借助互联网进行销售，其优势之一便是可以大大节约企业的费用成本。因此，网上销售价格一般来说比网下销售通行的市场价格要低。这主要是因为网上信息是公开的、比较充分的和易于搜索比较的，因此网上用户可以凭借较为全面的信息做出理性的购买决策。根据研究，消费者选择网上购物，一方面是因为网上购物比较方便；另一方面是因为从网上可以获取更多的产品信息，从而能以最低廉的价格购买到满意的商品。

在我国，人口居住集中，商业网点分布密度较大，人们收入水平不高等因素都决定了网上用户更关注网上所购物品能比网下购物究竟能得到多少价格上的优惠。甚至在美国这样富国为了降低企业成本、培育网上市场都对网上购物实行免税的政策。可见，购物过程中理性消费者对价格的关注是有普遍规律的。

1. 直接低价策略

直接低价策略就是在公布产品价格时就比同类产品定的价格要低。它一般是制造商在网上进行直销时采用的定价方式，如戴尔公司的计算机定价比同性能的其他公司产品低 10%～15%。采用低价策略的前提是开展网络营销，实施电子商务，只有这样才能为企业节省大量的成本费用。

2. 折扣低价策略

这种定价策略是指企业发布的产品价格是网上销售、网下销售通行的统一价格，而对于网上用户又在原价的基础上标明一定的折扣来定价的策略。这种定价方式可以让顾客直接了解产品的降价幅度，明确网上购物获得的实惠，以吸引并促进用户的购买。这类价格策略常用在一些网上商店的营销活动中，它一般按照市面上流行的价格进行折扣定价。如亚马逊网站销售的图书一般都有价格折扣。

3. 促销低价策略

企业虽然以通行的市场价格将商品销售给用户，但为了达到促销的目的还要通过某些方式给用户一定的实惠，以变相降低销售价格。如果企业为了达到迅速拓展网上市场的目的，但产品价格又不具有明显的竞争优势，而由于某种考虑不能直接降价时则可以考虑采用网上促销定价策略。比较常用的促销定价策略是有奖销售和附带赠品销售等策略。

实施低价渗透策略需要具备一定的条件：

1）低价不会引起实际和潜在的竞争。

2）产品需求价格弹性较大，目标市场对价格高低比较敏感。

3）生产成本和营销成本有可能会随产量和销量的扩大而降低。

因此，网络营销活动中，采用低价策略需要注意的是：首先，由于互联网是从免费共享资源发展而来的，因此用户一般认为网上商品应该比从其他渠道购买商品便宜，所以，在网上不宜销售那些顾客对价格敏感而企业又难以降价的产品；其次，在网上公布价格时要注意区分消费对象，一般要区分一般消费者、零售商、批发商、合作伙伴，分别提供不同的价格信息发布渠道，否则可能因低价策略混乱而导致营销渠道混乱，甚至影响企业的形象，造成不必要的关系危机；第三，网上发布价格信息时要注意充分考虑同类站点公布的可比商品价格水平，因为消费者可以通过搜索功能很容易地在网上找到更便宜的商品，如果企业产品定价明显高于同类商品价格，不仅不能促进销售而且还将在用户心目中形成定价偏高或不合理现象。

6.2.2 捆绑销售定价策略

捆绑销售这一概念在很早以前就出现了，但是直到20世纪80年代美国快餐业对其的应用，如麦当劳通过这种销售形式促进了食品的销售量，这才引起人们的广泛关注。今天，这种传统策略已被精明的网上企业所应用。网上销售完全可以通过 Shopping Cart 或其他方式巧妙运用捆绑手段，使顾客对所购产品的价格感觉更满意。

6.2.3 拍卖竞价策略

拍卖是一种古老的市场交易方式，经济学认为市场要想形成最合理的价格，拍卖是发现产品价格最好的方式。网上拍卖定价，也是网络营销活动中经常运用的一种定价方式。

网上拍卖由消费者通过互联网轮流公开竞价，在规定的时间内叫价最高者可以获得产品的购买权。当前，比较著名的拍卖网站之一是 www.ebay.com，它允许商品公开在网上拍卖，拍卖方只需将拍卖品的相关信息提交给 ebay 公司，经公司审查合格后即可上网拍卖。拍卖竞价者只要在网上进行登记注册后，就可参加公开竞价购买。

1. 网上拍卖定价的方式

（1）竞价拍卖　网上竞价拍卖一般属于 C2C 交易，主要是二手货、收藏品或者一些普通物品等在网上以拍卖的方式进行出售，它是由卖方引导买方进行竞价购买的过程。

（2）竞价拍买　网上竞价拍买是竞价拍卖的反向操作，它是由买方引导卖方竞价实现产品销售的过程。如拍买过程中，用户提出计划购买商品或服务的质量标准、技术属性等要求，并提出一个大概的价格范围，大量的商家可以以公开或隐蔽的方式出价，消费者将与出价最低或最接近的要价的商家成交。

（3）集体议价　在互联网出现以前，这一种方式在国外主要是多个零售商结合起来，向批发商（或生产商）以数量换价格的方式。互联网出现后，使得普通的消费者能使用这种方式购买商品。集合竞价模式是一种由消费者集体议价的交易方式，提出这一模式的是美国著名的 Priceline 公司（www.priceline.com）。这在目前的国内网上竞价市场中，还是一种全新的交易方式。如在中国，雅宝已经率先将这一全新的模式引入了自己的网站。在雅宝的拍卖竞价网站上，500多个网民联合起来集体竞价，《没完没了》电影票价原价30元/张，结果他们5元/张就可以购得。

2. 拍卖交易的模式

在拍卖交易关系中，根据交易双方的关系，一般有下面4种模式。

（1）"1对1"的交易模式　这是指拍卖过程中一个卖方与一个买方的交易过程。大部分的个人物品拍卖（C2C）、企业以拍卖方式出售商品的拍卖交易，均为这一模式。

（2）"1对多"的交易模式　这是指一个卖方面对众多买方的拍卖过程。多数企业对个人的交易（B2C）属于这种模式。这一模式中价格的形成，既有供方主导的正向定价法，也有通过集体议价由需方主导的逆向定价法。

（3）"多对1"的交易模式　这是指众多卖方面对一个买方的拍卖过程。当任何一个供应商都无法满足需求方批量购买商品的要求时，将导致"多对1"的交易模式的使用，由多个供应商集体提供商品或服务给该买方。

（4）"多对多"的交易模式　这是指多个卖方对多个买方的集体议价模式。

上面这些拍卖竞价方式是一种最市场化的方法，随着网上市场的逐步完善和成熟，将会有越来越多的产品在互联网上拍卖竞价交易。目前，拍卖竞价针对的购买群体主要是消费者市场，个体消费者是目前拍卖市场的主体。但是，拍卖竞价不应是企业首选的定价方法，因为拍卖竞价可能会破坏企业原有的营销渠道和价格策略。采用网上拍卖定价的产品，既可以是企业的一些库存积压产品，也可以是一些新产品，新产品通过拍卖也可以起到展示和促销的作用，许多企业将产品以低廉的价格在网上拍卖，目的在于以低廉的价格吸引消费者的关注。

6.2.4 定制营销定价策略

在网络营销中个性化服务作为重要的组成部分，按照顾客需要进行定制生产是网络时代满足顾客个性化需求的基本形式。定制化生产根据顾客对象可以分为两类：一类是面对工业组织市场的定制生产，这部分市场属于供应商与订货商的协作问题；另一类是面对消费者市场的定制生产，由于消费者的个性化需要差异性大，加上消费者的需要量又少，因此企业实行定制生产必须在管理、供应、生产和配送各个环节上，适应这种小批量、多式样、多规格和多品种的生产和销售变化。

定制营销定价策略是在企业能实行定制生产的基础上，利用网络技术和辅助设计软件，帮助消费者选择配置或者自行设计能满足自己需求的个性化产品，同时承担自己愿意付出的价格成本。

6.2.5 免费价格策略

免费概念是互联网最深入人心的竞争策略，许多企业都借助互联网这一特殊的载体获得了巨大成功。下面将介绍免费价格策略的有关问题。

1. 免费价格策略形成的背景

免费价格策略之所以在互联网上流行，是有其深刻的背景的。这是因为，互联网作为20世纪末最伟大的发明，它的发展速度和增长潜力令人生畏，任何有眼光的企业领导者都不会放弃这一潜力极大的发展机会。在网络市场的初级阶段，免费策略是最有效的市场占领手段之一。目前，企业在网络营销中采用免费策略，一方面在于使消费者在通过免费使用形成习惯或偏好后，逐步过渡到收费阶段。如金山公司允许消费者在互联网下载限次使用的WPS2000软件，其目的就是想消费者在使用习惯后，掏钱购买正式软件。这种免费价格策略主要是一种促销策略。另一方面是想发掘后续商业价值，它是从战略发展的需要来制定定价策略的，主要目的是先占领市场，然后再在市场上获取收益。如Yahoo公司通过免费建设门户站点，经过4年亏损经营后，通过广告收入等间接收益扭亏为盈，但在前四年的亏损经营中，公司却得到飞速增长，主要得力于股票市场对公司的认可和支持，因为股票市场看好其未来的增长潜力，而Yahoo的免费策略恰恰使它占领了较大的网上市场份额，具有很大的市场竞争优势和巨大的市场盈利潜力。

2. 免费价格内涵

免费价格策略就是将企业的产品和服务以零价格形式提供给顾客使用，满足顾客的需求。免费价格策略是目前网络营销中常用的一种营销策略，主要用于促销和推广产品。这种策略一般是短期的和临时性的。

在网络营销实践中，免费价格不仅仅是一种促销策略，它还是一种有效的产品和服务定价策略。

3. 免费价格策略的形式

免费价格策略主要有以下几种形式：

（1）完全免费　即产品（服务）在购买、使用和售后服务等所有环节都实行免费服务。如人民日报的电子版在网上可以免费使用；美国在线公司在成立之初，在商业展览会场、杂志封面、广告邮件，甚至飞机上，都提供免费的美国在线软件，连续5年后，吸收到100万名用户。

（2）限制免费　即产品（服务）可以被有限次使用，超过一定期限或者次数后，取消这种免费服务。如金山软件公司免费赠送可以使用 99 次的 WPS2000 软件，使用次数完结后，消费者需要付款申请方可继续使用。

（3）部分免费　指对产品整体的某一部分或服务全过程的某一环节的消费可以享受免费。如一些著名研究公司的网站公布部分研究成果，如果要获取全部成果必须付款作为公司客户；免费播放的一些电影或 VCD 片断，而要想观看全部内容，则需要付费。

（4）捆绑式免费　即在购买某产品或者服务时可以享受免费赠送其他产品和服务的待遇。如国内的一些 ISP 为了吸引接入用户，推出了上网免费送 PC 的市场活动。实际上，从另一侧面来看，这种商业模型就相当于分期付款买 PC 附赠上网账号的传统营销模式。

4．免费产品的特性

网络营销中产品实行免费策略是要受到一定环境制约的，并不是所有的产品都适合于免费策略。互联网作为全球性开放网络，它可以快速实现全球信息交换，只有那些适合互联网这一特性的产品才适合采用免费价格策略。一般说来，免费产品具有如下特性：

（1）易于数字化　互联网是信息交换平台，它的基础是数字传输。对于易于数字化的产品都可以通过互联网实现零成本的配送，这与传统产品需要通过交通运输网络花费巨额资金实现实物配送有着巨大区别。企业只需要将这些免费产品放置到企业的网站上，用户便可以通过互联网自由下载使用，企业通过较小成本就实现产品推广，节省大量产品推广费用。如思科公司将产品升级的一些软件放到网站，公司客户可以随意下载免费使用，大大减轻了原来免费升级服务的费用。

（2）无形化　通常采用免费策略的大多是一些无形产品，它们只有通过一定载体表现出一定形态。如软件、信息服务（如报刊、杂志、电台、电视台等媒体）、音乐制品、图书等。这些无形产品可以通过数字化技术实现网上传输。

（3）零制造成本　这里所说的零制造成本主要是指产品开发成功后，只需要通过简单复制就可以实现无限制的产品生产。这与传统实物产品生产受制于厂房、设备、原材料等因素有着巨大区别。上面介绍的软件等无形产品都易于数字化，也可以通过软件和网络技术实现无限制自动复制生产。对这些产品实行免费策略，企业只需要投入研制费用即可，至于产品生产、推广和销售则完全可以通过互联网实现零成本运作。

（4）成长性　采用免费策略的目的一般都是利用高成长性的产品推动企业占领较大的市场，为未来市场发展打下坚实基础。如微软为抢占日益重要的浏览器市场，采用免费策略发放其浏览器 IE，用以对抗先行一步的网景公司的 Navigator，结果在短短两年之内，网景公司的浏览器市场丢失半壁江山，最后只有被迫出售兼并以求发展。

（5）冲击性　采用免费策略的产品主要目的是推动市场成长，开辟新的市场领地，同时对原有市场产生巨大的冲击，否则免费价格的产品很难形成市场规模，在未来获得发展机遇。如 3721 网站为推广其中文网址域名标准，以适应中国人对英文域名的不习惯，采用免费下载和免费在品牌计算机预装策略，在 1999 年短短的半年时间迅速占领市场成为市场标准，对过去被国外控制的域名管理产生巨大冲击和影响。

（6）间接收益特点　企业在市场运作中，虽然可以利用互联网实现低成本的扩张，但免费的产品还是需要不断开发和研制，需要投入大量的资金和人力。因此，采用免费价格的产品（服务）一般具有间接收益特点，即它可帮助企业通过其他渠道获取收益。如 Yahoo 公司通过免费搜索引擎服务和信息服务吸引用户注意力，这种注意力形成了 Yahoo 的网上媒体特性，Yahoo 可以通过发布网络广告进行间接收益。这种收益方式也是目前大多数 ICP 的主要商业运作模式。

5．免费价格策略实施

（1）免费价格策略的风险　为用户提供各种形式的免费产品或服务，其实质都是这些公司实施的一种市场策略。然而还是那句老话，这个世界上从来就没有免费的午餐，Internet 上同样也没有。自从有了 Internet 之后，使得人们产生了疯狂的想象力，大家都在想怎样才能在网上迅速膨胀，迅速扩大自己的知名度。Internet 上最早出现这样的机会是浏览器，Netscape 把它的浏览器免费提供给用户，开创了 Internet 上免费的先河。后来微软也如法炮制，免费发放 IE 浏览器。再后来 Netscape 公布了浏览器的源码，来了个彻底的免费。Netscape 当时允许用户免费下载浏览器，主要目的是让用户使用习惯之后，就开始收钱了，这是 Netscape 提供免费软件的背后动机。但是 IE 的出现打碎了 Netscape 的美梦。所以对于这些公司来说，为用户提供免费服务只是其商业计划的开始，商业利润还在后面，但是并不是每个公司都能顺利获得成功。Netscape 的免费浏览器计划就没有成功。所以，对于那些实行免费策略的企业来说必须面对承担很大风险的可能。

（2）免费价格策略实施步骤　免费价格策略一般与企业的商业计划和战略发展规划紧密关联的，企业要降低免费策略带来的风险，提高免费价格策略的成功性，应遵循以下步骤。

第一，互联网作为成长性的市场，企业要在网络市场上获取成功的关键是要有一个切实可行、成功率极高的商业运作模式，因此企业在制定免费价格策略时必须考虑是否与商业运作模式相吻合。如我国专门为商业机构之间提供中介服务的网站 Alibaba.com，它提出了免费信息服务的 B-B 新商业模式，获得市场认可，并且具有巨大市场成长潜力。

第二，分析采用免费策略的产品（或服务）能否获得市场认可。也就是说，提供的产品（服务）是否是市场迫切需求的。互联网上通过免费策略已经获得成功的公司都有一个特点，就是提供的产品（服务）能受到市场的极大欢迎。如 Yahoo 的搜索引擎克服了在互联网上查找信息的困难，给用户带来了便利；Sina 网站提供了大量实时性的新闻报道，满足用户对新闻的需求。

第三，分析免费策略产品推出的时机。在互联网上的游戏规则是“Win take all（赢家通吃）”，只承认第一，不承认第二，因此在互联网上推出免费产品是为了抢占市场，如果市场已经被占领或者已经比较成熟，则要审视推出产品（服务）的竞争能力。如我国著名的搜狐网站（http://www.sohu.com）虽然不是第一家搜索引擎，却是第一家中文搜索引擎，确立了市场门户站点地位。目前，还有很多公司推出了很好的免费搜索引擎服务。

第四，分析免费策略的产品（服务）是否适合采用免费价格策略。目前国内外很多提供免费 PC 的 ISP，对用户也不是毫无要求：它们有的要求用户接受广告；有的要求用户每月在其站点上购买多少钱的商品；还有的要求提供接入费用等等。此外，ISP 在为用户提供免费 PC 这一事件中，PC 制造商的地位非常尴尬。首先这种 PC 的出货量虽然很大，但是基本上没有利润，食之无味，弃之可惜；其次是角色错位，以前是买 PC 搭售上网账号，而现在是上网搭售 PC，角色的转变使得 PC 提供商的感觉非常不好。当然，也可以从另外一个角度来理解免费 PC 行为。最近北美自由贸易区的三个国家：美国、加拿大和墨西哥，它们将 PC 制造业从 IT 产业中分离出来，将其归入了传统制造业。这个信号表明，由于 Internet 的兴起，使得很多行业都变成了传统行业。一些互联网公司的市值超过许多传统行业的大公司，显示了 Internet 作为新兴行业的巨大前景。而以 PC 为中心的时代，已经在 Internet 的阴影中渐行渐远，另一个以互联网为中心的时代已经来临，这是一种无法阻挡的潮流。

第五，策划推广免费价格的产品（服务）。互联网是信息海洋，对于免费的产品（服务），网上用户已经习惯。因此，要吸引用户关注免费产品（服务），应当与推广其他产品一样有严密的营销策划。在推广免费价格的产品（服务）时，主要考虑通过互联网渠道进行宣传，比如在知名站点进行链接，发布网络广告；同时还要考虑在传统媒体上发布广告，利用传统渠道进行推广宣传。如 3721 网站为推广其免费中文域名系统软件，首先通过新闻形式介绍中文域名的概念，宣传中文域名的作用和便捷性；然后与一些著名 ISP 和 ICP 合作，建立免费软件下载链接，同时还与 PC 制造商合作，提供捆绑预装中文域名软件。

本章小结

价格不仅直接影响到企业的赢利水平，同时又是企业开展市场竞争的重要手段之一。价格策略是企业营销组合策略中重要的组成部分。网络营销价格策略的内容，从理论上来说，主要包括：网络营销定价内涵和网络营销定价原理。

习　题

一、填空题

1．在网络营销中，确定在线产品价格的程序一般包括______、______、______、______、______、______和______。

2．网络营销定价的特点是：______、______和______。

3．需求导向定价法包括______和______。

4．投标定价法的定价程序是：______、______、______。

二、选择题

1．名牌高档商品的定价宜采用（　　）。

A．尾数定价　　B．整数定价　　C．声望定价　　D．招徕定价

2．网上竞价拍卖一般属于（　　）交易。

A．B2B　　B．B2C　　C．C2C　　D．B2G

3．实施低价渗透策略需要具备的条件有（　　）。

A．低价不会引起实际和潜在的竞争

B．产品需求价格弹性较大，目标市场对价格高低比较敏感

C．生产成本有可能会随产量和销量的扩大而降低

D．营销成本有可能会随产量和销量的扩大而增加

4．网上拍卖定价的方式主要有（　　）。

A．竞价拍卖　　B．竞价拍买　　C．捆绑销售定价　　D．集体议价

5．在拍卖交易关系中，根据交易双方的关系，一般采用的交易模式有（　　）。

A．“1 对 1”的交易模式　　B．“1 对多”的交易模式

C．“多对 1”的交易模式　　D．“多对多”的交易模式

三、判断题

1．产品价格的高低取决于产品质量的高低。（　　）

2．在网络市场中，成本导向定位方法将逐渐被强化。网络营销面对的是开放的和全球化的市场。（　　）

3．一般情况下，引诱品应当是易耗品，而俘虏品则应当是使用寿命较长的商品。（　　）

4．免费价格策略主要用于促销和推广产品，这种策略一般是短期的和临时性的。（　　）

5．网上竞价拍买是竞价拍卖的正向操作，它是由卖方引导买方竞价实现产品销售的过程。（　　）

6．拍卖竞价方式是一种最市场化的方法，个体消费者是目前拍卖市场的主体。　（　　）

四、简答题

1．网络营销定价的含义是什么？

2．实施低价渗透定价策略需要注意哪些问题？试分析我国电子商务企业实施低价渗透定价策略的可行性。

3．什么是定制营销定价策略？分别浏览两家实施定制营销定价策略的网站，分析各自在策略上有何特点？

4．什么是免费价格策略？免费价格策略在互联网上流行的原因是什么？针对网上免费价格策略谈谈你的看法。

五、实训题

1．价格策略是网络营销策略中最为复杂和困难的问题之一。如果你是一家便携式计算机的生产商，你的用户既有企业级的大型用户，也有普通消费者级的小型用户，针对不同的用户，你会如何制定你的定价策略？

2．浏览网上拍卖定价的某个网站，掌握其竞拍的操作过程。

第7章　网络营销产品策略

本章主要内容

- 整体产品概述
- 网络产品概述
- 网络营销新产品开发
- 产品支持服务策略

案例：一个巨人的失足——IBM的危机

IBM公司，这个计算机行业巨人在1984年达到了利润的最高点65.8亿美元，1989年创造了销售额历史最高纪录，在IBM达到辉煌的顶峰时，就似乎无可阻挡地走向了衰落。

20世纪50年代，IBM开始进入计算机行业，随后，就以其势不可挡的汹涌狂潮席卷整个电子计算机行业。精良的销售服务队伍、强大的研究开发投入使其很快地超越了先行者雷明顿兰德公司，占领了工商界电子计算机市场。20世纪60年代，IBM公司成功地开发出自我兼容但与其他厂家及以往机器并不相容的360大型计算机，给计算机行业的其他竞争对手当头一棒，并推动了美国和世界计算机市场的迅速扩张。1969年IBM以72亿美元的营业收入和9亿美元的净收益，当之无愧地取得了龙头老大的地位，并以70%的市场占有率垄断了美国大型计算机市场。

当IBM在美国大型计算机市场取得巨大成功的时候，IBM的高层决策者们沉迷于已经取得的成绩，对于新的具有巨大魅力的行业领域——个人计算机却视而不见。1965年定位于科研用计算机市场的数据设备公司改变矛头，率先向市场投放了小型计算机。而"后起之秀"苹果计算机公司也不甘居后，在1977年研制出内存少、没有数据库、速度慢、计算能力差但价格十分低廉的苹果个人计算机。就是这种微不足道的产品引起了后来的计算机行业的重大革命。对于这些市场新动向，IBM采取漠视的态度。直到1986年即将退休的董事长福兰克·卡里组成了一支富有创新精神的个人计算机专项研究小组，IBM才开始进入个人计算机领域。尽管在一年后推出内存、性能远胜于苹果机的IBM-PC，但为时已晚。无论IBM怎么挽回，也只能屈居第三了。"IBM永远是第一"的神话破灭了，它痛失了个人计算机领域的丰厚利润。

如果说1987年的IBM推出的最优质的IBM-PC为IBM公司挽回了很大一部分个人计算机市场，那么，在这期间培养的自己未来的敌人，是其1992年走向巨人衰落的直接原因。1986年IBM为了弥补自己长期以来坐视个人计算机的发展造成的损失，决定短期内推出优质的领先的个人计算机，于是将中央处理芯片CPU交给了英特尔公司，将DOS操作系统交给了微软。1987年IBM虽然挫败群雄进入个人计算机市场，并取得了一席之地，但不知不觉中也培养壮大了英特尔和微软公司，并为其发展壮大提供了广大的空间。

Intel和微软公司里那些激进而有创造力的年轻人深信个人计算机将成为主宰未来的产品。作为主人的IBM却根本没将它们放在眼里，依然我行我素。Intel和微软则不断加紧进攻，逐渐代替IBM而取得了个人计算机世界的主导地位。与此同时康柏公司首先采用英特尔公司发明的奔腾386芯片开发出便携式计算机。接着 Dell 计算机公司以其独特的邮递销售方式使个人计算机售价大幅削减。市场形势日益严峻，IBM 受到了巨大挑战。1982 年英特尔公司和微软的股票价值合起来才只有 IBM 的十分之一。但到了 1992 年 10 月，它们联合起来的股票价值就超过了 IBM。到 1992 年底，它们已高过 IBM 市场价值 50%。而 IBM 在 1991 年亏损 28.6 亿美元，1992 年继续恶化，酿成了美国历史上最高的公司亏损纪录 49.7 亿美元。1993 年 1 月，IBM 股票跌至每股 40 美元之下，达到 17 年以来最低价。1992 至 1993 年，IBM 公司先后进行了 5 次大裁员，先后有 10 余万人离开了 IBM 公司。1993 年 1 月 26 日，埃克斯在宣布了将公司历史上从未有过克扣的每年超过 25 亿美元的红利分配削减 55%以后，引咎辞职了。

关于 IBM 走向衰落的分析：

“冰冻三尺，非一日之寒”。IBM 走向衰落并不是简单一次决策失误所能解释得了的。从 20 世纪 50 年代，IBM 进入计算机行业，到 20 世纪 80 年代 IBM 登上辉煌的顶峰，IBM 以势如潮水的趋势不断扩张壮大，终于垄断了大型计算机领域。但是伴随着 IBM 的迅速扩张、壮大与膨胀而来的是其繁多的管理层次、森严的等级制度、纠缠不清的利益、因循守旧的保守精神和日益滋生的优越感和满足感，致使 IBM 的组织结构日益臃肿庞大，办事效率低，责任互相推诿，利益争先恐后，保持现状，不愿创新，不注意市场环境的变化，傲视比自己弱小的企业发展，终于失去了一次又一次的良机，造成一次又一次的失败，以致 1992 年到了一发不可收拾的地步，净损失 49.7 亿美元，埃克斯引咎辞职，大批员工被裁减……

在数据设备公司、苹果公司相继进入个人计算机市场平分秋色的时候，为什么 IBM 熟视无睹、毫无反应呢？究其原因主要是：IBM 的决策层过于重视资金的回报率，只重视短期资金的回收率和投资报酬率。可是 IBM 没有看到个人计算机的前景是广阔的，其利益是无论如何也无法用现期的投资回报率来计算的。如果打开了个人计算机市场并占领霸主地位，对公司未来的发展无疑是如虎添翼。而 IBM 公司没有发现这一丰厚的领域对其发展的重要性，只是一味地沉迷于大型计算机市场所获得的成功，被胜利冲昏了头脑。

关于 IBM 再度崛起的处方：

1. 将研究成果转化为生产技术和新产品，降低成本

IBM 的实验室有三个诺贝尔奖的获得者，在 IBM 的顾问、专家和所有为 IBM 服务的人员中有 17 个曾经获得过诺贝尔奖。IBM 雄厚的技术力量是任何一家企业所无法比拟的，IBM 每年花在研究与开发中的费用占总收入的 10%，如此大的投入使 IBM 在研究成果上遥遥领先。在 IBM 实验室，你能发现令人吃惊的东西，例如，他们最近发明了世界上最小的晶体管，其大小只有一根头发丝的 1/75000。然而，IBM 缺乏将实验室的成果转化为商业获利的能力，没有这种转化，IBM 的商业利润只能白白失去。而若将之转化为商业技术和新产品，其利润会数十倍于其研究开发的成本，这会令 IBM 长盛不衰，永居龙头老大的地位。

2. 资源共享，充分利用现有技术

资源共享，利用现有技术创造更多的新产品。将技术应用于更多的新领域，无疑会降低每一项新产品的成本，为 IBM 带来丰厚的利润。例如，一项技术的开发要用十万美元，那么用这项技术开发一项新产品的话，其研究开发成本是十万美元。若用这项技术开发出了十项新产品，则其研究开发成本是每项成本一万元。IBM 不仅应实现技术上的共享，还应实现资源、思想的更大程度的共享，这必将为 IBM 插上新的腾飞的翅膀。

3. 注重分析产品的生命周期，不要因循守旧，墨守成规，死抱着一项产品不放，要不断开发新

产品，满足顾客不断升级的计算机服务的需要

IBM 公司在大型机市场已经走向成熟的时候没有及时地开发出新产品以作为公司未来的中流砥柱。当一种产品走向成熟期的时候，根据产品的生命周期规律，它下一步必将走向衰退，这时公司必须有一种快速成长的新产品，让它在下一阶段成为企业的摇钱树。否则在现有产品走向衰退的时候，没有新产品接踵而上，为企业带来新的利润，企业必然走向衰退。所以，IBM 公司（所有公司都一样）一定要注重分析产品的生命周期，在一种产品走向成熟的时候，应利用其大量的现金流入、扶养和培植新的有快速成长力的产品。在下一阶段现有产品走向衰退的时候，新产品正好走向成熟，为企业带来大量的利润和现金收入。

7.1 产品整体概述

7.1.1 营销产品的概念

按照传统观念，产品就是指某种有形的劳动产物，如服装、家具、电视机等。但从现代市场营销学观点来看，市场营销过程不仅是推销产品的过程，还是一个满足顾客需要的过程。顾客的需要是多方面的，不但有生理和物质方面的需要，而且还有心理和精神方面的需要。在市场营销中，企业要以提供产品的多层次性来满足消费者需求的多层次，不仅包括消费者对产品使用价值的一般性需求，还包括对使用价值以外的心理满足感的需求以及唤起深层的潜在需求，即用整体产品的概念指导产品营销策略，保证消费者利益的全面满足。所以营销产品应是一个产品整体，包含三个层次：核心产品、有形产品和延伸产品（附加产品），如图 7-1 所示

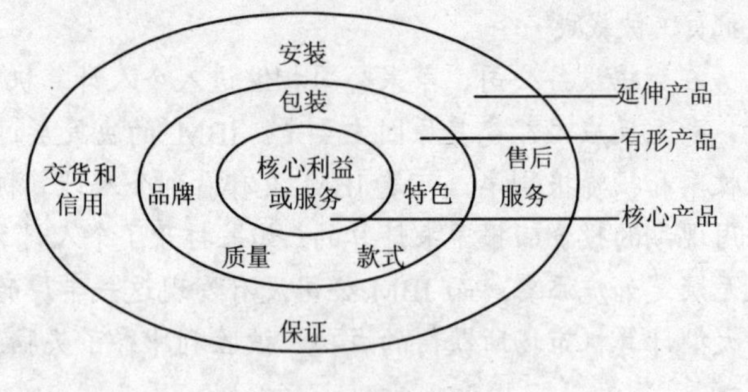

图 7-1 产品整体概念示意图

1. 核心产品

核心产品是指产品为消费者所能提供的基本效用和利益。如购买口红的女性不单纯为了买到涂抹嘴唇的颜色，而且是为了满足其显示个性、追求品味的欲望的需求。因此，营销者的任务就是要善于发现并提示隐藏在每一项产品后面的需求并发售给消费者，而不仅仅是产品的外观特征。正如美国著名瑞芙蓉公司总裁查理·瑞芙蓉所说："我们在工厂里制造化妆品，而在商场里，我们销售的是希望和信心。"

2. 有形产品

有形产品是反映产品满足消费者需求或欲望的具体形式。一般具有 5 个特征，即质量、特色、款式、品牌和包装。如购买电冰箱，消费者就要考虑某种型号的冰箱是否有噪声，是否省电，冷冻室、冷藏室的结构是否合理，外形款式和颜色是否称心如意，是否是名牌等。产品的设计者和行销者必须时刻意识到应迅速把核心产品转变为有形产品。

3. 延伸产品

延伸产品是指消费者在购买产品时享受到的附加利益。如安装、交货和信用、保证、售后服务等。消费者在购买专业性、技术性较强的耐用消费品时，非常看重厂家所提供的质量担保和维修服务，以保证购买需求得到最大限度的满足，这也给产品的营销者提供了不少增加产品附加价值，增强产品竞争能力的思路。

整体产品概念体现了"以消费者为中心"的现代市场营销观念，反映了产品在适应需求和满足需

求上的内容和层次上又有了更新的拓展，因此，理解并掌握产品的整体概念对企业开展营销活动意义重大。

纵观当前市场态势，竞争日益加剧，企业要想求生存、求发展，必须从整体产品概念出发，根据消费者的实际需要来规划产品的生产设计，并适时创造和唤起消费者潜在的需求，在产品的延伸层上多做文章、做好文章，以适应消费者不断扩展和深化的消费需求。正如美国一位著名的营销专家所言：要推销自己的产品，只有两条路，第一条是你的产品特别优异，有许多特点非同寻常；第二条，不愿削减价格，而以售后服务来争取主顾的信心。

7.1.2　产品的生命周期

现代市场营销学十分重视对产品生命周期的理论研究，将其作为企业制定产品决策以及整个市场营销组合决策的重要依据。此外，市场营销中的其他战略和策略的制定也必须适应产品生命周期的变化，这是企业在动态的市场环境中求得生存与发展，赢得有利市场地位的一个关键性问题。

1. 产品生命周期原理

任何一种产品在市场上的销售地位和获利能力都处于不断的变动之中，随着时间的推移和市场环境的变化，最终将不再被用户采用而被迫退出市场。产品这种市场演化的过程同生物体的生命历程一样，也有一个诞生、成长、成熟和衰退的过程。产品的生命周期，指的是产品的市场生命周期，即产品从研制成功进入市场到不再被采用最后被迫退出市场的全过程。

产品生命周期是以产品销售额和利润额随着时间的变化来加以设定和衡量的。如果以时间为横坐标，以销售额和利润额为纵坐标，则典型的产品的生命周期可以表示为一条倒“S”型曲线。一般来说，产品生命周期可以分为开发期、导入期、成长期、成熟期、衰退期这样五个阶段，如图 7-2 所示。

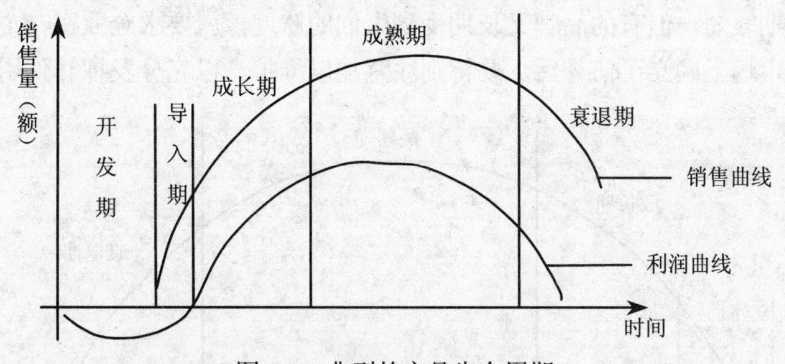

图 7-2　典型的产品生命周期

下面对典型的产品生命周期概念和曲线做几点说明：

销售额曲线和利润额曲线的变化趋势是相同的，但变化的具体时间有所不同。例如，在导入期，销售额曲线为正数，利润额曲线则为负数；在进入成熟期后，销售额曲线还在缓慢上升，而利润额的曲线却已经开始下降，这是由于市场竞争激烈，企业被迫压低了产品销售价格、增加服务和推销费用等原因造成的。

在实际的市场营销活动中，严格界定某一产品生命周期各个阶段的转折点是很困难的。这些转折点的设定具有一定的主观性，并且它只表示产品生命周期基本上要经过这样几个有区别的阶段而已。

对产品生命周期的观察是从产品销售额和获利能力的变化上着眼进行的。当销售额持续下降，利润额剧减甚至出现负数时，如果其他条件正常（如分销渠道畅通、产品质量稳定等），就意味着产品的生命周期行将结束了。

以上所介绍的典型的产品生命周期概念和曲线，作为一种理论抽象它只反映了大多数产品所要经历的生命过程，但并不是所有产品的生命过程都符合这条曲线描述的形态。由于企业营销、市场需求、市场竞争以及其他因素的影响，往往会使一种品牌产品的生命周期出现很不规则的变化。有些产品的生命周期非常短，上市后就持续处于销售不佳的低迷状态，从导入期直接进入衰退期；有些产品几乎没有经过导入期，一上市销售额就迅速增长，直接进入成长期；还有的产品寿命很长，从成熟期或衰退期第二次以至多次进入新的成长期。因此，实际生活中的产品生命周期曲线的形状是多种多样、较为复杂的。

典型的产品生命周期概念和曲线，对产品种类、产品形式和产品品牌这三种情况的适用性是有所不同的。其中，产品种类（如食盐、香烟、汽车等）的生命周期最长，这是因为许多产品种类与人口变数（人的需要）高度相关，进入成熟期后生命周期可以无限期地延续下去。产品形式（如食盐、香烟、汽车这些产品种类中各种形式的具体产品）的生命周期是典型的，一般都有规律地经过投入期、成长期、成熟期、衰退期这样几个阶段后退出市场。品牌的生命周期也具有典型性，而且品牌的生命周期是比较短的，因此，典型的产品生命周期指的主要是产品形式、产品品牌的生命周期。尽管产品种类的总体市场需求也会出现周期性波动，从企业战略管理和营销管理角度来看对其进行预测也具有重要的实际意义，但一般情况下，产品种类总体市场需求的周期性波动是不能用典型的产品生命周期概念和曲线来加以定义的。

从以上分析可以得到如下启示：

既然产品种类的生命周期很长、总体市场需求也会出现周期性波动，那么企业为了减小经营的风险性，就应考虑多搞一些产品种类，实行多角化经营。

既然产品形式的生命周期依次经过几个阶段后要退出市场，那么企业就应该针对其生命周期不同阶段的特点采取不同的市场营销策略，并根据市场需要的变化不断推出新的产品形式，如图 7-3 所示。既然品牌的生命周期较短，但有的品牌又长期受到人们的欢迎，就要求企业在一个品牌投入市场后，特别是一个品牌在市场上确立了信誉后，要特别注意加以维护，以充分发挥其作用。

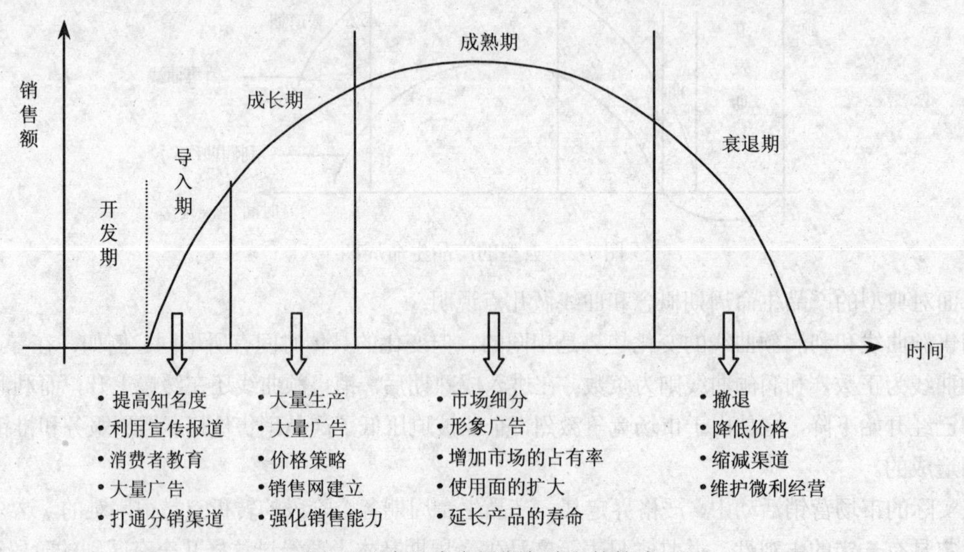

图 7-3 产品生命周期各阶段的策略

2. 产品生命周期各阶段的特点以及企业可采取的营销对策

（1）导入期的特点 导入期的特点主要包括：

1）生产批量小、成本高。由于新产品刚刚上市，消费者和经销者对它缺乏了解，所以产品销售量增长较为缓慢，加上产品生产批量小、生产成本较高、广告宣传费用开支较大，企业有可能出现亏损。

2）风险比较大。由于产品处于初期发展阶段，销售额增长缓慢且不稳定，各种资源的投入比较高，因而企业新产品开发投入难以收回的风险比较大。

3）竞争对手较少。一个产品初次进入市场，特别是那些新研制开发出来的品种，往往很少或没有竞争对手。

(2) 导入期的营销策略　在这一时期企业在确定营销策略时，一方面要充分认识到新产品的发展前景，明白暂时的高投入是为了今后的发展；另一方面又要考虑到风险性，采取一定的防范措施。在这一时期，企业最重要的是做出正确的判断，抓住时机采用有效的营销策略占领市场，形成批量规模以便较快地进入成长期。在导入期中可供企业选择的营销策略主要有四种：

1）快速撇脂策略。即企业以高价格、高促销费用将新产品推向市场，以求尽快打开市场，提高市场占有率，迅速补偿开发投资费用并取得较高的利润。企业实施这种策略应具备三个条件：一是具有一定的经济实力，可以支持高额的促销费用；二是新产品确实有较大的潜在市场需求，而且可以抓住消费者，使其愿意出高价去购买；三是面临潜在竞争者的威胁，需要尽快形成产品偏好群，并建立品牌声誉。

2）慢速撇脂策略。即企业以较高的价格、较低的促销费用将新产品推向市场，以期获得较多的利润。企业实施这种策略的条件是，新产品有效地填补了市场空白，没有现实竞争者和潜在竞争者威胁，购买者迫切需要并且愿意出高价购买。

3）快速渗透策略。即企业以低价格、高促销费用将新产品推上市场，以求迅速占领市场，取得尽可能高的市场占有率。企业实施这种策略的条件是，新产品的市场潜力很大，消费者对它不了解但对价格比较敏感，面临潜在竞争对手的较大威胁，随着生产规模的扩大可以有效地降低单位生产成本。

4）缓慢渗透策略。即企业以较低的价格、较低的促销费用将新产品推上市场。企业采取这种策略，可以用较低的价格提高产品的竞争能力、扩大市场占有率，依靠较低的促销费用减少经营成本、获得较高的盈利。企业实施这种策略的条件是，新产品的市场容量较大，消费者已经十分了解这种产品并且对价格非常敏感，存在着潜在的竞争者的一定威胁。

(3)成长期的主要特点　成长期的主要特点有：①新产品已经被消费者接受因而需求量持续上升，分销渠道的建立推动了销售量迅速增长，产品已经在市场上站稳脚跟使得市场占有率不断扩大。②随着新产品基本定型并进入批量生产，规模效益开始呈现，随着新产品的市场声誉不断提高促销压力有所减缓，随着生产和销售成本的下降利润率持续上升逐步达到最高峰。③竞争者逐渐增多，竞争程度日趋激烈，有时还会出现假冒仿造者。

(4) 成长期的营销策略　在这一时期，企业营销工作的重点是维持市场增长率，延长成长期，提高市场占有率，延续获取最大利润的时间。为了达到这些目标，企业可以采取以下五个方面的营销策略：

1）着眼于促销改进。将广告宣传的中心从介绍产品转向树立产品形象上来，在不断扩大产品知名度的同时提高产品的美誉度，树立产品在消费者心目中的良好形象，以便形成稳固的品牌偏好群。

2）着眼于产品改进。在改善产品质量的同时，根据消费者的需要努力开发新款式、新型号，提供良好的销售服务，吸引更多的购买者。

3）着眼于市场开发。通过市场细分寻找新的尚未满足的市场部分，根据其需要安排好营销组合因素，迅速开辟和进入新的市场。

4）着眼于分销改进。在巩固原有的分销渠道的同时，增加新的分销渠道，与分销渠道上的成员建立更为协调的关系，促进产品的销售。

5）着眼于价格调整。选准时机采取降价策略，以激发那些对价格比较敏感的消费者形成购买动机并采取购买行动。

以上这些对策本质上都属于扩张性策略。从近期看，采用这些策略会相应地加大产品的营销成本，降低盈利水平；但是从远期看，由于企业加强了市场地位，提高了竞争能力，巩固和提高了市场占有率，规模经济降低了单位成本，因此将会获得更多的利润。

（5）成熟期的特点　成熟期具有以下特点：①新产品已经被广大消费者接受，产品产量的销量达到了顶峰。②市场潜力逐渐变小，并趋于饱和，市场销量增长到一定程度后速度减慢，并开始出现下降趋势，进一步扩大市场份额的余地已经很小。③市场竞争异常激烈，为了对付竞争对手、维护市场地位，致使各种促销费用急剧增加，利润达到顶峰后逐渐下滑。

（6）成熟期的营销策略　在这一时期，企业营销工作的重点是稳定市场占有率，维持已有市场地位，通过各种改进措施尽量延长成熟期，以获得尽可能高的收益率。为了实现这些目标，企业可以采取以下三个方面的营销策略：

1）市场改进策略。即企业通过发展产品新的用途、改进营销方式和开辟新的市场等途径扩大产品的销售量。

2）产品改进策略。即企业通过改进产品来增强产品适应需求的能力，增强产品的市场竞争能力，扩大产品的销售量。这一策略可以通过对产品整体概念所包括的任何一个层次内容的改进来加以实现。

3）市场营销组合改进策略。即企业通过对营销组合因素的综合调整、改进，来提高企业适应需求的能力，增强市场竞争能力，扩大产品的销售量。

（7）衰退期的主要特点　衰退期的主要特点有：①消费者的消费习惯已发生改变，购买兴趣迅速转向了新产品。②产品销量迅速下降，企业被迫压缩生产规模。③价格降到了最低水平，各种促销手段已经不起作用，多数企业无利可图，大量的竞争者退出市场另谋他图，留下的企业处于维持状态。

（8）衰退期的营销策略　在这一时期，企业的决策者应该头脑冷静，既不要在新产品还未跟上来时就抛弃老产品，以致完全失去已有的市场和顾客，也不要死抱住老产品不放而错过机会，使企业陷入困境。在这一时期，企业可以采取以下三个方面的营销策略：

1）维持策略。即企业继续沿用过去的营销策略，尽量把老产品的销售额稳定在一定水平上，或者把经营资源集中在最有利的细分市场的分销渠道上，以便减缓老产品退出市场的速度。这样既可以为新产品研发上市创造一定的时间条件，同时又能从忠实于老产品的顾客中得到利润。

2）收缩策略。即企业缩小生产规模，削减分销渠道，大幅度降低促销水平，尽量减少营销费用，以增加目前的利润，直到该产品完全退出市场。

3）放弃策略。即企业对于衰落比较迅速的产品，或当机立断完全放弃经营，或将其占用资源逐渐转向其他的产品逐步放弃经营。

7.1.3 商标策略

1. 品牌、商标和商标专用权

（1）品牌　品牌俗称牌子，是指生产者或经营者加在商品上的标志，由名称、名词、符号、象征、设计或它们的组合所构成，用来区别某个企业出售的产品与其竞争企业出售的同类产品或劳务，以免发生混淆。品牌一般分为两个部分：①品牌名称，是指品牌中可以用语言称呼的部分，如可口可乐、海尔等。②品牌标志，是指品牌中可以被认知，但不能用语言称呼的部分。品牌标志常常是某种符号、象征、图案或其他特殊的设计，如阿诗玛香烟上的女性头像，奥迪汽车上的交叉四圆圈等。

（2）商标　品牌（包括品牌名称和品牌标志）经向政府有关部门（我国是县以上工商行政管理局）注册登记后，获得专用权，受到法律保护，就称为商标。所以说商标实际上是个法律名词，是经过注册登记受到法律保护的品牌，是品牌的一部分。

（3）商标专用权　商标专用权是指商标权（商标的注册人拥有该商标的专用、转让、继承和使用许可等权利）中最重要的一项权利。商标专用权表明了注册商标只能由商标注册人专用，他人不得仿制、伪造或在同种商品、类似商标上使用与商标相同、近似的商标。否则就侵犯了商标权，要受到法律制裁。

2．品牌或商标的作用

（1）识别产品、便利选购　如看到“金利来”，就会想到这属于“男人的世界”，看到“娃哈哈”，就会与儿童饮品联系起来。

（2）保证质量、促进销售　产品的质量与品牌的信誉是分不开的，因为品牌不仅能区别不同企业所生产的产品，同时也起着区别不同企业所生产的产品质量的作用。例如，同是豆浆机，消费者却偏爱九阳豆浆机，因为它把产品的质量和向用户提供良好服务放在首位，从而赢得了消费者的青睐。

（3）扩大宣传、开拓市场　宣传品牌使消费者随时接触品牌形象，加深印象，产生兴趣，从而实现认购商品，已成为世界普遍采用的方法。可口可乐公司每年拿出大量资金对品牌进行宣传，每年花在宣传上的广告费用，要占全部利润的 30%以上。然而，巨额的投资也带来了巨额的利润，“可口可乐”在激烈的饮料市场竞争中，总是以挡不住的诱惑行销世界各地。其品牌价值已达 300 多亿美元。品牌以其难以估量的价值使企业界充分认识到它的重要性，从而引发了中国商界的一场“品牌战略”革命。

3．品牌和商标策略

品牌和商标策略包括品牌使用策略、品牌归属策略、品牌家族策略、品牌统分策略、多品牌策略、品牌重新定位策略等项内容。

（1）品牌使用策略　品牌使用策略是指企业是否决定在自己的产品上使用品牌以及品牌是否注册为商标两个方面的问题。

一般来说，使用品牌和商标虽然会使企业增加成本费用，但品牌作为企业及其产品的形象标识，在营销活动中发挥着重要作用。品牌是企业开展宣传的基础，有助于树立良好的企业及其产品形象，便于企业管理订货，有助于企业细分市场，是购买者获得商品信息的一个重要来源，有助于建立较为巩固的顾客群，是保护企业及其产品信誉的重要武器。因此，现代企业一般都有自己的品牌。

尽管使用品牌和商标具有以上好处，但有些类型的产品也可以不使用品牌。比如，直接供应给厂家的原料型产品；进入消费领域的初级产品；本身并不具有因生产者不同而形成不同特点的产品；生产简单而且差异性、选择性不大的商品；消费者习惯上不是认识品牌购买的产品；临时性、一次性小批量生产和出售的产品。虽然这些产品可以不使用品牌，但企业应尽可能地在产品上标注厂名、厂址等。

一个企业对某产品做出了使用品牌的决策之后，还要考虑是否向政府有关部门申请注册登记，使品牌成为注册商标。企业的品牌注册为商标后，便享有了该品牌的专用权并受到法律的保护，任何其他企业或个人未经商标所有者的许可不得仿效和使用。因此，大多数企业都将自己的品牌注册为商标。20 世纪 70 年代以来，西方国家的许多企业对某些价值低的普通产品实行了“非品牌化”策略，即企业对某些产品既不规定品牌名称和品牌标志也不向政府注册登记，直接在市场上销售。企业实行无品牌策略的主要目的在于节省品牌化业务等方面的费用，降低经营成本和价格，提高市场竞争能力，扩大产品销售。

（2）品牌归属策略　生产企业决定使用品牌后，还要做出使用谁的品牌的决定。品牌归属策略是指企业决定在产品上使用生产者品牌还是销售者品牌。有四种策略可供选择：①生产者决定使用自己的品牌。②生产者决定使用经销商的品牌。③生产者决定使用其他制造商的品牌。④生产者决定同时使用自己的品牌和他人的品牌

（3）家族品牌策略　生产者决定全部产品或大部分产品都使用自己的品牌后，还要决定这些产品是共同使用一个品牌还是分别使用不同的品牌，这就是所谓的家族品牌策略问题。可供选择的家族品牌策略主要有以下五种：①个别品牌名称策略，即企业将生产经营的各种不同产品分别使用不同的品牌。②分类品牌策略，这实际上是个别品牌名称策略的一种演化形式，只是它的着眼点不是各个产品品种而是各个产品大类。③统一品牌名称策略，即企业决定生产经营的所有产品都统一使用一个品牌名称。④企业名称与个别品牌名称并用的策略，即企业决定生产经营的各不相同的产品项目或产品大类分别使用不同的品牌名称，同时在各种产品品牌名称的前面加上企业的名称，例如“海尔—双王子”冰箱、“海尔—即时洗”洗衣机、“海尔—小松鼠”电熨斗等。⑤多品牌策略，即企业决定对同一种或同一类产品同时使用两种或两种以上的品牌，通过品牌之间的相互竞争促使产品向各个不同的市场部分渗透，使品牌转换有更大的选择空间而不致流失，促进企业销售总额的增长。这种方法是美国的宝洁公司首创的，取得了很好的效果，此后其他企业纷纷效仿。

（4）品牌重新定位策略　品牌重新定位策略又叫更新品牌策略，是指企业改进或废弃原有品牌而重新设计新品牌。品牌重新定位的原因主要有：竞争情况的变化，如竞争者推出一个新品牌并定位在本企业品牌的旁边，侵占了本企业品牌的一部分市场，致使本企业品牌的产品市场占有率下降；需求情况的变化，如企业目标顾客的需求和偏好等发生了变化，他们原来喜欢本企业的品牌，现在喜欢其他企业的品牌了，因而对本企业品牌的产品需求就会减少；原来的产品出了问题，倒了牌子，故在提高产品质量的基础上用新品牌来改变不良形象等。

7.1.4 包装策略

现代经济生活中，包装是产品本身一个不可缺少的组成部分，因而包装策略是产品策略中不可忽视的一个重要方面。

1．包装的功能和作用

大多数物质产品在从生产领域流转到消费领域的过程中需要有适当的包装。产品包装主要有以下几个方面的功能和作用：

1）产品包装可以使产品在流通过程中，易于储运，不致损坏、变质，保持产品的使用价值，有效地维护产品的质量。

2）产品包装可以起到介绍产品、便于使用、指导消费的作用。在产品包装上附加必要的说明，可以使人们了解产品的有关情况，便于选购，同时也可以指导人们正确地进行消费，方便使用。

3）产品包装可以促进销售、提高竞争力。在市场上首先进入顾客视觉的往往不是产品本身而是产品包装，能否引起顾客的兴趣、触发购买动机在相当大的程度上取决于产品包装的优劣，包装作为“无声的推销员”，在提高产品市场竞争和促进销售中发挥着重要作用。

4）产品包装还能够美化产品，增加产品的市场价值。一个优质的产品如果和优质的包装相配合，在市场上就会提高身价，就可以使企业获得更多的收益。

2．产品包装策略

（1）类似包装策略　指企业对自己生产的系列产品采用统一的包装模式，即在产品包装的图案、

颜色、造型、标记等方面具有类似的特征，使人一见就知道是某家企业的系列产品。类似包装策略有助于树立产品形象和企业形象，扩大影响；有利于新产品上市，可以利用原有产品建立的声誉来抵减消费者对新产品的不信任感；还可以节省包装的设计制作费用和广告费用。必须注意采用这种策略的产品必须是用途、性质、质量水平相同或相近的系列产品。

（2）等级包装策略　即将产品分为若干等级，高档产品采用优质、精美的包装，一般产品采用普通包装。

（3）分类包装策略　根据消费者购买商品的用途不同，对同一种商品分别采用不同的包装。如送礼用商品精致包装，自用商品简单包装，以适应顾客的不同需要。

（4）配套包装策略　即按照消费者的消费习惯，把多种在使用上有相互关联的多种商品放入同一包装容器中同时销售，如家用药箱内装有常用的药水、药棉、纱布、胶布、酒精、碘酒等，既方便消费者使用又扩大了销售；同时这种策略还能帮助新产品上市，有助于顾客接受新思想、新观念，有利于新产品销售。但是这种策略切忌把使用上不相关联的多种物品放在一个包装容器内出售。

（5）附赠包装策略　这种包装策略有两种形式：一种为包装本身就是一个附赠品，附赠对象一般是售货员，这样可以使售货员多卖本企业的商品；另一种是在商品包装内或外附有赠品或奖券，或包装本身可以用来兑换奖品，以吸引消费者购买商品。这种赠品尽量避免雷同，但又与产品有联系，利用消费者求新、求奇心理，满足顾客需要，吸引重新购买。

（6）重复使用包装策略　可以分为复用包装和多用包装。复用包装可以再回收利用，如啤酒瓶、饮料瓶、煤气罐等，复用包装可以大幅度降低包装费用，节省开支，加速和促进商品周转，减少环境污染，因而受到人们普遍欢迎。多用包装策略指包装内的产品使用完后，包装物可以有其他用途。现实生活中人们常常把苹果醋、蜂蜜的包装瓶作为喝水的茶杯使用，酒瓶作为花瓶，咖啡瓶作为糖瓶等。多用包装一般设计讲究，制作精细，有时顾客为了包装物而购买商品。

（7）透明和开窗包装　透明包装分为全透明和半透明包装，开窗包装则是在包装上开一个窗口，用玻璃纸或透明膜封闭，把商品的最精美部分显示出来，以吸引顾客购买。大部分儿童玩具和女性用品及化妆品都使用这种包装策略。

（8）改装与分装策略　改装策略指采用新的包装设计、包装技术、包装材料更新原有的产品包装。一般当产品销售不畅时，改变包装可以使顾客产生新鲜感，重新引起顾客对产品的兴趣；当商品要提价时，改变包装还可以适当减少数量，但价格不变可以减小提价的影响。

（9）分装策略　指将产品原来的大包装内再分为很多小包装，比如奶粉、饮料等食品。分装策略一般用于有保质期的食品和用品等，可以避免食用和使用时间过长而引起受潮或变质，还可以方便携带。

（10）一次性包装策略　即根据消费者的使用习惯和携带便利而设计的包装，如快餐饭盒以其使用方便而深受消费者的喜爱。包装材料要易于销毁，不能污染环境。

7.2　网络产品概述

7.2.1　网络产品的特点

1. 网络营销产品层次

在网络营销中，产品的整体概念可分为五个层次（见图 7-4），即核心利益层、有形产品层、期望产品层、附加产品层和潜在产品层。网络营销中要从这五个层次来考虑产品策略的制定和实施，所不同的是，在传统的市场营销中，产品策略的制定侧重于消费者核心利益、有形产品和延伸产品三个层面，而网络营销则在此基础上更加强调期望产品和潜在产品层面。

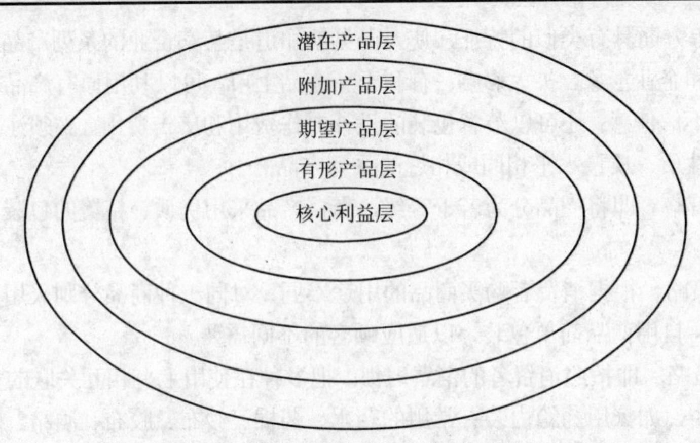

图 7-4 产品整体概念（五层次理论）

（1）核心利益层 是消费者购买产品所期求的真正的目的。市场营销就是要通过制订营销目标和营销策略来揭示包含在商品内部的消费者的各种需要，并将其出售给消费者。所以，核心产品是整体产品概念的中心，核心产品通常要借助于一定的载体形式才能产生传播的效果以便让消费者认知和做出购买决策。消费者对产品核心利益的期求通常不是一个，而是一组利益序列。比如，消费者购买汽车的主要目的是作为代步的工具，但他同时还会要求这部车节油、速度快、噪声小、舒适、易于驾驶、外形美观等。在制订网络产品设计和开发方案时，要从消费者的核心利益出发，根据实际情况使产品具有多层次性，以满足消费者需要的多层次性。

（2）有形产品层 主要包括产品质量水平、产品特色、产品式样、产品品牌和产品包装等。这些既是核心利益的载体，也常常是消费者购买商品的第一时间接触到的，会影响到消费者对商品的第一印象，从而影响其购买决策。在网络营销中，消费者不能像非网络营销那样，最先接触产品的外观和实体，而首先接触的是网络信息，无论网络提供的信息多么翔实，都无法代替消费者接触产品实体时的真实感受，结果是消费者缺乏安全感而顾虑重重，这会使其谨慎地做出购买决策，因而决策的周期就会延长。特别是当消费者通过网络购买过产品而感觉非常不满意之后，就有可能完全放弃这种购买方式。因此，网络营销必须更加注意以下几点。

1）产品质量的可靠性。既然无法接触产品实体，消费者对产品的认知进而形成某种态度就只能通过两种途径：一是网上的促销宣传，二是购买之后的实际感受。可靠的产品质量是企业信誉的重要组成部分，信誉的积累可以使消费者产生重复购买行为。

2）产品品牌的重要性。品牌是网络营销中消费者识别产品和企业的最主要的标志。著名品牌是企业信誉长期在消费者心中积累的结果，消费者购买著名品牌产品时的决策周期大大少于非著名品牌。

3）产品包装的方便性。方便性可以产生于标准化，标准化的包装便于运输。网络营销中产品配送的地域广泛，要求包装既能有效保护商品，又便于携带搬运，而且美观。

4）产品信息的地域性。消费者的购买过程实际上就是不断了解产品（包括企业）信息进而调整自己行为的过程。通过了解产品信息，消费者做出购买决策，或者学习使用产品，或者了解企业相关的承诺。企业应当根据不同地区、文化和消费者的基本特征，对产品信息进行加工，使其适应不同的消费环境。

5）服务时间的准确性。服务时间的不准确一方面容易造成差错，另一方面也会增加消费者的不安全感。网络营销中服务时间的安排应坚持“三定”原则：定时、定点和定量，即在规定的时间内，把规定数量的商品（或者信息），送到规定的人手中。

（3）期望产品层 在网络营销中，顾客处于主导地位，消费呈现出个性化的特征，不同的消费者对产品的要求可能不一样，因此，产品的设计和开发必须满足顾客的这种个性化的需求。这种顾客在购买产品前对所购产品的质量、性能、价格和售后服务等方面的期望值，就是期望产品。这就要求企业的设计、生产、供应和售后服务等环节必须实现柔性化的生产和管理。对于无形产品如服务、设计等，要求企业能根据顾客的需要来提供服务。互动性是网络的基本属性，在网络营销中，这种互动性使企业有条件，也有能力更加强调以消费者为核心，让消费者参与产品开发与设计，企业辅助消费者来设计和开发产品以满足消费者个性化的需要，这种“生产与消费连接”的产品策略也只有在借助于网络的互动性才能实现。

（4）附加产品层 指由产品的生产者或经营者提供的购买者有需求的产品层次，主要是帮助用户更好地使用核心利益和服务。在网络营销中，对于物质产品来说，延伸产品层要注意提供满意的售后服务、送货及质量保证等方面的问题。

（5）潜在产品层 是在延伸产品层之外，由企业提供能满足顾客潜在需求的产品层次。它主要是产品的一种增值服务，与延伸产品的主要区别是顾客没有潜在产品层仍然可以很好地使用顾客需要的产品的核心利益和服务。在高新技术发展日益迅猛时代，有许多潜在的需求和利益还没有被顾客认识到，这需要企业通过引导和支持，更好地满足顾客的潜在需求。

2. 网络营销产品的特点

消费者的需求可以通过传统的营销渠道来满足，还可以通过网络营销渠道来实现，究竟采用哪一种，表面上看是消费者个人的习惯和偏好，但实际上背后存在着许多复杂的原因，如网络发展的深度和广度，消费者接触网络的程度，网络营销的水平和力度，等等。在大多数消费者看来，网上购物的条件并不成熟，这说明网络营销还有很大可以拓展的空间；无论采用何种方式购物，通过网络查询所购物品信息都是非常重要的；消费者购买商品的习惯性是非常明显的，网络营销必须在产品层面努力突破消费者的这种习惯性；小件商品通过网络而大件商品到商店购买的消费者占有相当大的比重，这说明消费者对网上购物的产品质量和网络安全性是非常重视的。因此，与非网络营销相比，对网络营销的产品要有一些特殊的要求。

（1）网络营销产品类型 在理论上没有哪一种产品不能通过网络营销，但是在实际中，考虑到消费者心理和物流等因素的影响，那些在属性上符合网络传播特性的产品，通过网络销售的效果会好些。这类产品主要是指可以通过网络看得到、听得到或想象得到的产品，一般包括：IT类产品、远程服务产品、信息类产品。另外，一些特殊商品如涉及个人隐私的商品，消费者在购买时不愿意让别人知道，担心购买过程中遇到尴尬，通过网络购买具有一定的隐蔽性。

（2）网络营销产品质量 产品质量是任何市场营销形式的基础。强调网络营销中产品质量的重要性，是由于网络的虚拟性和超时空性，使消费者完全无法重复在传统营销中已经习惯了的购买过程形式，无法产生感官直接接触商品所得到的感受，如果产品质量一旦存在问题，即便商品可退换、也可维修，但对消费者而言，需要支付的总成本就会增加，同时也难免出现其他一些意想不到的麻烦，甚至会导致消费者对网络产品失去信心从而选择其他购买方式。正因如此，消费者更愿意通过网络购买标准品、品牌商品和小件商品。为了增加消费者的信心，网络上的商品必须能保持很稳定的质量。

（3）网络营销产品品牌 在现代市场经济中，商品品牌不仅仅是一个商品的牌子，而且是商品属性、利益、价值、文化、个性和用户的集合，是企业不能忽视的无形资产。网络的开放性使得两个问题变得非常重要，一是网络中的信息纷繁复杂、浩如烟海，品牌如何吸引消费者浏览时的注意力；二是在网络中消费者选择商品的余地非常宽泛，品牌如何增加被选择的概率。可以肯定的是，消费者在网上购买商品更加注重品牌形象，因此，网络营销中必须对传统营销中品牌要素进行重新整合，其基本原则是产品的实物品牌与网上品牌同样重要，制造商与经销商的品牌同样重要。品牌的背后是企业的诚信，消费者相信了企业，就愿意购买它的产品。因此，在网络营销中，必须拥有明确、醒目的品牌。品牌就是质量的保证。

（4）网络营销产品式样　如果说传统营销主要是满足消费者一般需求的话，网络营销则更强调满足消费者个性化需求。消费者个性化需求产生的背景常与其所处的整体环境有着直接或者间接的联系，如一个人的国籍、民族、宗教信仰、风俗习惯等，而这些又常有一定的地域分布。互联网是全球性的，由此激发的需求也是全球性的，这样就可能出现不同地域之间的众口难调。因此，网络营销在产品策略的制定上必须兼顾一般性与个性化、全球性与地域性的关系，在产品式样上充分考虑营销区域的特定情况，尊重其历史和风俗习惯。通过互联网对全世界各个国家和地区进行营销的产品，必须符合该国家或地区的风俗习惯、宗教信仰和教育水平。

（5）网络营销产品包装　如果从营销通路的角度看网络，其基本功能有两个，一是作为实物产品营销的信息传递通道，把有关该产品的信息传达到目标市场；二是直接作为产品销售的通路，但要求一定是信息类，并可以通过网络直接传送。对于前者，涉及物流和数据信息流两个层面，包装也要从这两个层面入手。物流层面产品的包装要求与传统营销产品的包装没有区别，必须能够保护商品、便于运输和美观，作为通过互联网经营的实体产品，其包装必须适合邮寄或快递。而数据信息流层面的包装关系到网络营销产品与消费者之间的界面是否有吸引力，能否引起消费者购买的欲望。对于后者，由于产品（如软件、游戏、电子图书等）本身可以通过网络直接传递，除考虑上述数据信息流层面的包装之外，还要做好产品界面的包装，使消费者不仅使用方便，更能在购买和使用产品过程中感到身心愉悦。

（6）网络营销产品价格　网络营销产品的定价同样要符合价值规律，况且价格永远是消费者购买商品需要权衡的最重要的因素之一。与传统营销方式相比，网络的优势在于它信息的共享性，共享性可以降低交易成本，从而带来较为低廉的价格。需要注意的是，网络营销本身可以降低交易成本，但这不等于说网络产品就一定要低价位，产品价位的高低除受到供求关系的约束以外，还受到企业信誉、产品品牌和企业定价策略等多因素的影响。

（7）网络营销目标市场　企业的目标市场是由具有购买能力和购买欲望的消费者群组成的。这个市场必须是产品和信息都能抵达的市场，但在实际中却往往会出现两者脱节的矛盾。由于网络营销需要在两个层面上展开，一是“信息流”层，即通过网络向目标市场传递商品信息以向消费者展示；二是“实物流”层，即通过运输、存储等物流渠道把产品运抵市场进行销售。在理论上，物流与信息流应该而且能够保持一致，销售通路顺畅，可实际上由于各种因素干扰而不能实现两者的一致。同时，网络传播的无限性与物流通路的有限性也是导致两者不一致的原因之一。所以，网络营销必须考虑两者之间的差异性，目标市场应以网络用户为主，其产品要能覆盖广阔的地理范围，对于那些只能到达比较狭窄市场范围的产品，可以考虑采用非传统营销方式。

7.2.2　网络产品的分类

适合于网络营销的产品，按其形态的不同，可以分为三大类：实体产品、软体产品和服务产品。

1. 实体产品

在网络上销售实体产品的过程与传统的购物方式有所不同。在这里已没有面对面的买卖方式，网络上的相互对话成为买卖双方交流的主要形式。消费者或客户通过卖方的主页考察其商品，通过填写表格表达自己对品种、质量、价格、数量的选择；而卖方则将面对面的交货改为邮寄产品或送货上门。这一点与邮购产品颇为相似。目前，很多产品，如音像制品、通信产品、家电产品、玩具、计算机产品、农产品、食品、图书等都可以通过网络营销开展业务。汽车是近两年来发展迅速的网上销售品种。

2. 软体产品

软体产品指的是资讯的提供和软件的销售。数字化的资讯与媒体商品，如电子报纸、电子杂志，是非常适合通过互联网行销的。在线软件销售也存在风险，软件出版商担心他们的产品被盗版，这种可能总是存在的，计算机专家一直在寻求解决的办法，如在一个特定的时间内将文件加密，或是控制软件在付费和注册前不能工作，等等。软件出版商可以选择适合于自己的技术防范措施，立法机构也在不断地推出各类保护性措施。

3. 服务产品

可以通过互联网提供的在线服务种类很多，大致可分为三类：第一类是情报服务，如股市行情分析，银行、金融信息咨询，医药咨询和法律查询等；第二类是互动式服务，如网络交友，电脑游戏，远程医疗和法律救助等；第三类是网络预约服务，如预订机票、车票，代购球赛、音乐会入场券，提供旅游预约服务，医院预约挂号和房屋中介服务等。

7.2.3 网络营销品牌策略

非网络营销的产品品牌内涵比较单一，其外延也没有超出产品本身的范畴。在网络营销中，品牌集合中的要素要复杂得多。网络营销从产品的角度则是网络与产品的复合结构，其品牌应当是产品品牌和网络品牌的有机结合。当一个企业将其产品通过网络供应商提供的网络服务进行营销时，产品的品牌效应就由产品自身品牌和网络品牌两个因素决定；当一个企业通过自建的网站进行其产品的营销时，产品的品牌效应则主要由产品自身决定。根据有关网络调查分析得知：

第一，网络营销中利用知名网络供应商提供的服务可能比自建网站的投入产出比更大；

第二，网络营销中在考虑产品品牌的基础上还必须充分重视网络品牌的影响作用，两者具有互动的作用；

第三，由于消费者习惯、产品属性等复杂因素的存在，非网络营销仍然居于主导地位，不应过分夸大和追求网络营销。

实施网络营销品牌策略必须做好以下四个方面的工作：

1. 网络品牌的开发

品牌营销是市场经济高度竞争的产物，经过多年实践，已经发展得相当成熟，形成一个以“品牌经营制”为代表的完整管理体系。企业应该根据自身的产品与服务特点利用网络创建自己的网络品牌。

按照品牌经营的原则，网络品牌的开发不能无的放矢，而必须是建立在市场调查、了解消费者确有这方面需求的基础上。一个品牌必须而且只能有一个独立的、明确的品牌形象。网络品牌应当使原有的品牌的内涵得到扩充。新的网络品牌将具有更加广泛的包容性，并且还可与其他知名的企业共同建设新的网络品牌，形成一个新的网络品牌联盟。

2. 企业域名品牌及其经营管理

企业域名品牌及其管理是网络营销不同于传统营销的特殊问题。互联网的商业化彻底打破了以往以物质交换为基础的运作模式，代之以数据信息交换为核心的现代交换模式。这种模式的转换不仅大大加快了企业之间和企业与消费者之间交易的速度，而且简化了交易过程，保证了获取信息的充分性，改变了交易体系的平台，降低了交易成本，以更小的代价满足了市场营销最本质的要求，即达成交易。但问题也随之而来，在传统营销中，交易双方几乎必须面对面进行协商和参与，选择合适的交易对象，由于可供选择的对象的数量及范围都有限，交易双方彼此相互识别就比较容易。互联网的高度商业化使交易双方在尽情享受信息充分性的同时，也出现了由于识别和选择范围扩大使交易概率减小的问题，同时由于互联网的开放性、隐蔽性和信息的无限性，也增加了交易双方识别真伪的困难，导致网络品牌形象的损害。

在传统营销中，品牌是消费者识别商品和识别企业的主要方式，企业总是通过种种努力，利用各种途径，借助于不同的媒体来宣传自己的企业和产品，树立品牌形象，提高品牌知名度和价值含量，促使消费者选择和购买其产品。在网络营销中，企业的营销活动被转移到一个虚拟的网络空间，在这个空间里必须同样要给消费者提供一种识别和选择的方式，域名就是网络营销企业提供给消费者的识别和选择的标志。域名作为网络营销企业的一项重要资源，其主要作用如下：

（1）联系消费者　域名的地址作为使它成为企业在网络上与消费者沟通的第一环节，如同销售人员的名片一样，消费者根据它提供的信息，就可以与企业建立直接的联系。

（2）企业形象标志　企业在选择网站的域名时，总是把它与自己的经营理念、企业特性、发展方向等联系起来，并在以后的经营过程中借助各种手段向消费者宣传，以提高企业域名的知名度。例如，借助商品广告把企业域名传播出去，或通过销售人员把印有企业域名的名片留给客户。域名在网络营销中是企业形象的重要标志。

（3）具有现实和潜在的价值　域名具有商标的特性，与商标一样具有“域名效应”。知名公司域名的背后有无数网络消费者，而这些消费者的背后又潜藏着无限的商机。

3. 网络品牌的保护

品牌是有个性的，品牌需要实力支撑，需要企业文化承载。因为品牌是一项长期投资，谁也不能在短时间内用钱砸出个实效品牌来。网站必须建立长期品牌策略，短视的品牌战略很可能将电子商务企业送上断头台。品牌是有忠诚度的，但这种忠诚度是建立在更方便、更友好、更具个性化的服务上。只有与网络消费者积极沟通、建立互动，为网络消费者创造价值，才有可能创立真正的网络品牌。做到这一点的基础是建设好企业的电子商务网站。它的开发与运作不仅需要技术人员的操作，而且必须有商务人员的参与。因为网络品牌的创建、维护和管理都需要专业的商业知识。

网络品牌的保护应注意以下三个问题：首先，一个公司可能在一个国家拥有该商标权，而另一个公司可能在另一个国家拥有该商标权。其次，由于互联网的全球性，那些原本在不同行业使用同样商标而能合法共存的公司，也不能使用相同的名称作为域名。第三，域名对商标权的侵犯在网络上是相当严重的。

4. 方便查询策略

由于种种原因，不可能在首页上放置很多商品的介绍，而且调查表明，网上购物者多为理智型的消费，事先对所有商品的价格、特性、功能等都有一定的计划。上网之后，一般会到合适的目录中查找，如果知道商品名称，也会直接查询，如果找不到合适的目录或者在查询不到的情况下，顾客也许会很快离开这个网站，他很有可能正好到竞争者的网站，这是网站经营者最不愿意看到的结果。

7.3 网络营销新产品开发

互联网为企业产品销售提供了便利。事实上，所有行业的公司都通过互联网与各种顾客建立关系来销售产品，然而，使企业在市场上取胜的真正法宝是新产品开发。海尔洗衣机坚持不断创新的观念沿着“用户的难题就是科研开发的课题”的创新思路，新产品层出不穷，先后推出了“小丽人”、“小小神通”、“大地瓜”、“玛格丽特”等新产品系列洗衣机。海尔的不断创新赢得了用户的青睐，赢得了市场。从而实现了“创造市场，创造用户”，始终引导消费潮流的目的。

7.3.1 网络营销新产品开发概述

产品市场生命周期理论告诉我们，企业要在市场中生存、发展，产品就要不断更新。特别是当今社会，随着科技和经济的迅速发展，产品生命周期越来越短，企业的新产品开发就显得更为重要。

1. 网络时代新产品开发面临挑战

互联网的发展，使得在今后获得新产品开发成功的难度增大，网络时代新产品开发面临挑战。

1）在某些领域内缺乏重要的新产品构思。

2）不断分裂的市场。激烈的竞争正在导致市场不断分裂，互联网的发展加剧了这种趋势，市场主导地位正在从企业主导转为消费者主导，个性化消费成为主流。

3）社会和政府的限制。网络时代强调绿色发展，新产品必须以满足公众利益为准则，如保护消费者安全和生态平衡。

4）新产品开发投入成本高，需付出昂贵代价。

5）新产品开发完成的时限缩短。新产品研制需在很短时间内完成，否则就会被更新的产品所取代。

6）成功产品的生命周期缩短。当一种新产品成功后，竞争对手就会立即对之进行模仿，从而使新产品的生命周期大为缩短。

网络时代，给人们既带来便利又带来困扰。对企业来说，既是机遇也是挑战。它要求企业首先必须做好市场调研，使新产品能够适应市场需求，缩短开发时限并在很短的时间内占领市场，只有这样才能在同行业中立于不败之地。

2. 网络时代新产品开发类型

根据网络营销特点和互联网特点，不断开发新市场和新产品将是现代企业竞争的焦点与核心。与传统新产品开发相比，开发环境和操作技术都发生了变化。网络营销新产品通常有下面几种类型，其开发策略也各不相同：

（1）新问世的产品　即开创了一个全新市场的产品，如飞机、电子计算机的问世等，这需要花费巨大的人力、资金和时间，大多数企业难以开发。

（2）换代新产品　又称革新产品或部分新产品，如黑白电视机革新为彩色电视机、脚蹬自行车革新为电动自行车等，这类新产品主要在产品性能上有显著的革新。

（3）改进新产品　指对现有产品的品质、特点、款式等做一定的改进，如不同型号的汽车、新款式的服装、普通牙膏改为药物牙膏等。

（4）仿制新产品　指市场上已有、本企业模仿或稍加改变而生产的产品。仿制要注意专利权问题，防止冒牌违法行为发生。

新问世产品和换代新产品，称为技术新产品，一般研制较难，但竞争较小；改进新产品和仿制新产品又称为市场新产品，一般研制较易，但竞争激烈。改进新产品与换代新产品是市场上大量出现的新产品的主要来源，也是企业竞争的焦点。

总之，企业采取哪一种具体的开发方式，可以根据企业的实际情况决定，并随市场变化而变化。它需要新产品开发者以发展的眼光观察市场，了解消费者的消费需求，不断推陈出新，研究开发新产品。

7.3.2 网络营销新产品开发程序

网络营销新产品开发不但要有严密的组织和管理，还必须有一套系统的、科学的程序，以避免和减少失误。一般来说，可分为以下几个阶段：

1. 网络营销新产品构思与概念形成

在每一个阶段，都有一些伟大发明推动技术革命和产业革命，网络营销新产品开发也是这样，其首要前提是新产品构思和概念形成。这个时期主要依靠科研人员的创造性推动其构思和概念形成。

新产品的构思可以有多种来源，可以是顾客、科学家、竞争者、公司销售人员、中间商和高层管理者，但最主要来源还是依靠顾客来引导产品的构思。网络营销的一个最重要特征是与顾客的交互性，它通过信息技术和网络技术来记录、评价和控制营销活动，掌握市场需求情况。网络营销通过其网络数据库系统处理营销活动中的数据，并用来指导企业营销策略的制定和营销活动的开展。

网络营销数据库系统一般具有以下特点：

1）在营销数据库中每个现在或潜在顾客都要作为一个单独记录存储起来，只有了解每个个体的信息才能细分市场，并通过汇总数据发现市场总体特征。

2）每个顾客记录不但要包含顾客一般的信息如姓名、地址、电话等，还要包含一定范围的市场营销信息，即顾客需求和需求特点，以及有关的人口统计和心理测试统计信息。

3）每个顾客记录还要包含顾客是否能接触到针对特定市场开展的营销活动信息，以及顾客与公司或竞争对手的交易信息。

4）数据库中应包含顾客对公司采取的营销沟通或销售活动所做反应的信息。

5）存储的信息有助于营销策略制定者制定营销政策，如针对目标市场或细分市场提供何种合适的产品或服务，以及每个产品在目标市场中采用何种营销策略组合。

6）在对顾客推销产品时，数据库可以用来保证与顾客进行协调一致的业务关系发展。

7）数据库建设好后可以代替市场研究，无需通过专门的市场调研来测试顾客对所进行的营销活动的响应程度。

8）随着大型数据库可以自动记录顾客信息和自动控制与顾客的交易，自动营销管理已成为可能，但这要求有处理大批量数据的能力，在发现市场机会的同时对市场威胁提出分析和警告。大型数据库提供的高质量的信息，使得高级经理能有效进行市场决策和合理分配有限的资源。

利用网络营销数据库，企业可以很快发现顾客的现实需求和潜在需求，从而形成产品构思。通过对数据库的分析，可以对产品构思进行筛选，并形成产品的概念。

2．网络营销新产品研制

网络营销新产品在研制时，顾客可以全程参加概念形成后的产品研制和开发工作，这一点与传统新产品研制与试销不一样。现在的网络时代，顾客参与新产品研制与开发不再是简单的被动接受测试和表达感受，而是主动参与和协助产品的研制开发工作。与此同时，与企业关联的供应商和经销商也可以直接参与新产品的研制与开发，因为网络时代企业之间的关系主流是合作，只有通过合作才可能增强企业竞争能力，才能在激烈的市场竞争中站稳脚跟。

通过互联网，企业可以与供应商、经销商和顾客进行双向沟通和交流，可以最大限度提高新产品研制与开发速度。但值得注意的是，许多产品并不能直接提供给顾客使用，它需要许多企业共同配合才能满足顾客的最终需要，这就更需要在新产品开发的同时加强与协作企业的合作。

3．营销新产品试销与上市

与传统新产品一样，在网络新产品正式上市销售之前，要经过试销阶段，以便为管理部门提供所需信息。市场试销的成本可能会很高，例如，麦当劳每周有500多万美元花在了三明治的介绍性广告运动上。但是与错误造成的损失相比这些都算不了什么。网络市场作为新兴市场，消费群体一般具有很强的好奇性和消费领导性，比较愿意尝试新的产品。因此，通过网络营销来推动新产品试销和上市，方便、快速，能够迎合消费群体的心理需求，是比较好的策略和方式。但需要注意以下两点：

（1）并非所有产品都适合网上销售　目前的网上市场群体还有一定的局限性，消费意向比较单一，所以并不是任何一种新产品都适合在网上试销和推广的。一般来说，与技术相关的新产品，在网上试销和推广效果较好，因为这种方式一方面可以比较有效地覆盖目标市场，另一方面可以利用网络与顾客直接进行沟通，方便、快捷地回答顾客提出的一些问题，有利于顾客了解新产品的性能，还可以帮助企业对新产品进行改进。

（2）顾客消费者的个性化需求　利用互联网作为新产品营销渠道时，要注意新产品能满足顾客的个性化需求的特性，即同一产品能针对网上市场不同顾客需求生产出功能相同但又能满足个性需求的产品，这要求在开发和设计新产品时，要考虑到产品式样和顾客需求的差异性。如一些制造服装和鞋子的生产厂家，在首先考虑大众化顾客号码和尺寸的同时，也要考虑那些特殊身材顾客的个性化需求，以提高市场占有率。

因此，网络营销产品的设计和开发、试销与上市既要考虑网络营销的特点，又要考虑现实顾客的实际情况，传统开发与网络研制开发、销售相结合，既要注重普遍性、大众化，又要体现产品的个性特征，进行柔性化的大规模生产，否则再好的产品也难赢得顾客的满意。

7.4　产品支持服务策略

随着科技的发展、社会的进步，顾客需求也在逐步演变，网络为满足顾客服务提供了可能。首先，空间是无限的，公司可以将不同详细程度的有关产品服务的信息放在网络上；其次，顾客可以随时从网上获得这些信息，且在网上存储、发送信息的费用远远低于印刷、邮寄或电话费用；此外，公司在站点中设置 FAQ，可以帮助解决顾客的常见问题；最后，网络双向互动的特性，使顾客能直接与公司对话，由传统的单向顾客服务变为双向的顾客整合，这个特性是网络作为顾客服务工具优于其他媒体的根本原因。人们已渐渐地认识到网络媒体用于顾客服务营销的优越性，并在网上开展多种形式的顾客服务。

7.4.1　产品支持服务策略概述

顾客服务过程实质上是满足顾客对产品需求以及除产品以外的其他连带需求的过程，因此完善的网上顾客服务必须建立在掌握顾客连带需求的基础上。顾客服务需求包括：了解公司产品和服务的信息；需要公司帮助解决问题；与公司人员接触；了解产品的设计、制造等全过程信息四个方面。为满足顾客的产品服务需求，可从以下几方面分析其产品支持服务策略：

1. 网上售前、售中、售后服务策略

（1）网上售前服务　售前服务主要是提供信息的服务。它是利用互联网把产品的有关信息发送给目标顾客。这些信息包括：产品技术指标、主要性能、使用方法与价格等。企业提供售前服务方式有两种：一种是通过自己的网站宣传和介绍产品信息；另一种是通过网上虚拟市场提供产品相关信息，比如产品主要性能、主要服务、如何购买、产品使用说明等，提供的信息足以让准备购买的顾客“胸有成竹”购买，放心使用。

（2）网上售中服务　售中服务主要是指销售过程中的服务。它包括网上服务和网下物流管理两部分。网上售中服务可以为顾客提供咨询、导购、订购、结算、送货、订单执行查询等项服务，它克服了传统销售浪费时间，受地域局限等弱点，成为当前市场销售的重要内容。如美国的联邦快递（http://www.fedex.com），它通过其高效的邮件快递系统将邮件在递送中的中间环节信息都输送到计算机的数据库中，顾客可以直接通过互联网从网上查找邮件的最新动态。顾客可以在两天内去网上查看其包裹到了哪一站，在什么时间采取什么步骤，投递不成的原因，在什么时间会采取下一步措施，直至收件人安全地收到包裹为止，这样既让顾客免于为查邮件而奔波，同时公司又大大减少了邮件查询方面的开支，企业和顾客共同受益。

（3）网上售后服务　网上售后服务就是借助互联网直接沟通的优势，以便捷的方式提供给顾客在产品和服务的使用中，对产品帮助、技术支持和使用维护等方面的服务。它包括网上产品支持和技术服务，以及企业为满足顾客的附加需求提供的增值服务。具有便捷性、灵活性、低廉性和直接性等特点。

2．网上产品服务的站点设计策略

网上产品服务是网站设置的重要任务之一。企业应根据自己所提供的网上产品建设相应网站，在兼顾其他功能的同时搞好网上产品服务，提高企业的服务水平。下面分别介绍服务站点的设计策略。

（1）产品信息和相关知识方面的设计　在设计产品信息时，应努力使信息内容准确、完整与及时，以满足上网顾客想全面了解产品各方面信息的要求。除了一些公开化的信息外，为了保守商业秘密，企业可以用路径保护、身份认证的方法，让企业和顾客都有安全感。

（2）顾客邮件列表的设计　电子邮件是最便捷的联系、沟通方式。顾客往往比较反感滥发的电子邮件，但对与自己相关的电子邮件还是非常感兴趣的。企业设计电子邮件列表，可以让顾客自由登记注册，然后定期向顾客发布最新的信息，加强与顾客联系。

（3）FAQ 的设计　FAQ 页面是所有网上企业几乎必有的页面，它的英文全名是 Frequently Asked Questions，即常见问题。这个页面主要为顾客提供有关产品、公司情况等常见问题的现成答案。

（4）网上虚拟社区的设计　网站设计的一个重要环节就是设计评论社区，要让顾客购买产品后有发言说话的地方，可以是自己对产品的评价，也可以是自己使用后的经验、感受或不满，或与一些使用该产品的其他顾客进行交流等。设立评论社区既可以让顾客言论自由，又可以吸引更多的潜在顾客参与进来。

除此以外，对于一些特殊的复杂产品，顾客在选择、购买及使用过程中除了掌握基本信息外，还需要了解大量与产品相关的知识和信息，以进一步熟悉该产品。比如对一些高科技产品，企业在详细介绍产品各方面信息的同时，还需要设计相关知识方面的信息，包括技术设计、科学常识、注意事项、使用范围等内容，以帮助顾客对该产品的选购与使用。

7.4.2　电子邮件在顾客服务中的运用

电子邮件也称为 E-mail，它是网络顾客服务双向互动的根源所在，也是实现企业和顾客对话的双向走廊，现已成为公司进行顾客服务的强大工具，是互联网上使用最广泛、最受欢迎的服务之一。

1．电子邮件的收阅与答复

在使用电子邮件进行顾客服务之前，需要注意两点：第一，企业可能不会料到顾客将如何使用公司提供给他们的 E-mail 地址。某汽车公司曾经在它的网站上设立了一块反馈区，希望顾客提出意见，然而获得的意见却出乎意料。有的顾客提出这样的问题：“我的车刚买了不到一年，发动机经常熄火，去特约维修站修了 5 次还没修好，你们打算怎么办？”。另一家美国零售商在网上设立招聘区，希望找工作的人在上面发送个人简历，结果却收到一大堆要求退货和调换家用电器与家具的信件。这是十分严重的问题。即使企业本意并非如此，顾客也会利用他们手中的 E-mail 地址去提出他们所关心的问题。第二，企业必须迅速做出高质量答复。无论你的站点是多么完善，回复 E-mail 的方式和速度可以为你制造商机，也可以使你失去商机。一般来说，回复 E-mail 时应注意两个关键问题：优先处理 E-mail 和给你的顾客写高质量的回复信。在许多情况下它可以归结为两个字：“谢谢！”。顾客发给公司 E-mail 时，他们往往是碰到了问题，因此应该尽快答复。在很多情况下，拖延答复比不予答复更糟糕。因为不予答复可能是因为由于公司顾及不到此类问题；而如果等到顾客自己解决问题后才受到公司的答复，顾客的判断则只有一个：该公司组织涣散，不可救药，继续在该公司购买是不明智的。

因此，企业必须通过一定的组织与管理以确保每一位顾客的信件都能得到认真而及时的答复。

（1）安排邮件通路　安排好传送通路就是为了邮件能按照不同的类别有专案人受理。首先，企业可以从内部着手，走访那些负责顾客技术热线的人员，与为顾客提供售前服务的工程师和公司免费热线的接线员交谈，还可以利用在建立起FAQ过程中积累的经验。为了回答顾客可能提出的各种问题，必须把问题归类，以清楚划分由谁负责解决这些问题。

将E-mail按部门分为：

销售部门：关于价格、产品信息、库存情况等。

顾客服务部门：产品建议、产品故障、订货追踪、公司政策等。

公关部门：记者、分析家、赞助商、投资关系等。

个人资源：简历、面试请求等。

财务：有关账目、财务报表等。

将E-mail按紧急程度分为：

给公司提出宝贵意见，需要致谢的E-mail。

普通紧急程度的E-mail，应在24小时内给予答复。

紧急情况。

关键问题。

红色警戒线以上的问题。

根据以上分类，大部分的E-mail都可归入普通紧急程度中。归入紧急情况的问题需要其他部门的专门人员解决，如产品经理、货运人员等。他们对问题的解决须给顾客服务部门一份复制件。关键问题是指需要公司决策阶层解决的E-mail；红色警戒线以上的问题常常是指涉及公司根本利益的灾难性问题，对这类问题需要公司领导召集各部门负责人共同解决。

（2）提供顾客方便　在所有的E-mail都发送到一个地址的情况下，对E-mail的分类管理需要专人负责；另一类管理方法是提供公司各部门的E-mail地址，顾客根据自己的问题将它发至相应的部门。美国的匹克系统公司（Pick Systems）就是这样的。它不仅提供了17个部门的E-mail地址，甚至还给出各个部门的43个职员的地址，这样顾客不仅可以向相应的部门发E-mail，还可以直接和相应的员工对话，可以很方便地把他们所知道的一切告诉公司。当然，为了保护公司机密，其中有些是化名，而且公司所有的软件设计人员都不在其中。

（3）尊重顾客来信　顾客的每一封来信，公司都应该仔细考虑，认真予以答复。因为，它对于公司来说可能不算什么，但对于顾客来说却是非常重要的。顾客希望得到尽快答复，不管是好消息还是坏消息，有可能的条件下，还要提供临时性解决问题的方案和期限，当然，公司一定要遵守诺言。

（4）实现自动答复　应用自动回复是迅速对顾客做出反应的好办法。这可以让顾客知道他发来的E-mail已经收到了，从而免除他们不必要的担心。如美国一家目录公司兰兹安德用自动答复系统向顾客发送简短而得体的回信：

亲爱的用户：

感谢您发来的信件。对于您提出的询问，我们会尽快给您答复。此外，我们的网站地址是http: //www.landsend.com，欢迎前来访问。

2．主动为顾客服务

主动为顾客服务就是不能坐等顾客前来询问，而应采取主动态度，在顾客提出问题之前就应帮助他们解决，并了解他们需要什么服务。在这方面，E-mail新闻是很好的工具。顾客希望获得信息，希望了解最新情况。例如行业新闻、促销活动以及任何更好地使用产品等方面的信息。还有，来自其他消费者的使用产品的经验以及如何节省时间和金钱的小窍门也颇受欢迎。

这里需要注意的是，在做好主动为顾客服务的同时，还要主动邀请顾客对话，以实现由公司到顾客的双向服务。

7.4.3 鼓励顾客对话

在现代社会里，自动化正越来越快地渗透到人们的日常生活中，人们与各种机器、电子设备的接触越来越多，而人与人直接接触却越来越少。正是在这种环境下，人们才更加珍惜人与人之间的关系。例如，耐克斯公司在网站上设立了销售点，他们在每一页上都绘有一个大大的嘴形图标，旁边写着"与我们交谈"，希望让顾客十分直观地感受到公司欢迎顾客的意见和建议。在思科网站，有一个专门介绍负责思科网站高级客户服务系统小组成员的页面，详细介绍了小组中每个成员的职能，这一重要举措使网站更加人性化，并能给客户亲切感和信任。

现在的电子邮件中，虽然已经有了自动应答系统，但决不能忽略人与人之间的接触。网上葡萄园酿酒公司的例子很好地说明了这一点。该公司在网页上提供了四位主要顾客负责人的 E-mail 地址。顾客发来的电子邮件中有一多半是发给该公司的酿酒专家—— 彼得·格来诺夫的。顾客喜欢与他进行个人之间的联系，在顾客的眼中，彼得·格来诺夫才是真正的权威。该公司还发现公司的销售额与顾客的个人逸事之间存在密切联系：当彼得向顾客描述酒的质地、颜色、味道和价格时，一切都和以前一样，没什么变化；但当彼得向顾客描述上一次去酒厂的经历以及他和酒厂老板坐在地毯上共品佳酿的情景时，销售量便会上升。可以看出，公司确定有影响的人员邀请顾客且与其对话，不仅能使公司及其产品在顾客中树立良好形象，而且能满足顾客需求，促进公司的事业长期、稳定、健康地发展。

但需要注意的是，网络是一种崇尚自由的媒体，对顾客之间的对话，公司的态度应是积极鼓励，而不是冷漠、忽视甚至强行扼制。一个教训深刻的例子是关于奔腾芯片（Pentium Chip）的。1994 年夏天，Lynchburg 大学的数学教授 Thomas Nicely 博士发现他新买的奔腾处理器有问题。当时他正在研究纯数学领域中计算数论的课题，他发现处理器的除法有错误。于是他在 10 月份和 Intel 公司直接联系，但被告知以前从来没有出现这种情况。无奈之下，他决定在 CompuServe 上的论坛上发布消息。接着，马上就有人列举类似的例子，说明是硬件的问题而不是程序出错。人们开始担心他们的计算结果是否有问题，纷纷与 Intel 公司联系。但当时 Intel 公司仍然没有将这个问题作为一个涉及网络社区全体利益的大事来处理。与此同时，他们仍然没有停止对计算机制造商运送有问题的芯片，这使计算机用户大为恼火，在论坛上怨声载道，以至于《New York Times》报道了这件事。这对 Intel 的企业形象来说不啻是一场噩梦!

他们的错误在于不是无条件地更换芯片，而是要通过 Intel 公司的一个检查组的认可才可以更换。与之相反，IBM 公司在 1994 年 12 月宣布停运所有奔腾芯片的计算机，并对用户提供无条件的芯片更换。《New Youk Times》在其首页打出标题：IBM HALTS SALES OF ITS COMPU TERS WITH FLAWED CHIP.这以后 Intel 公司所要做的事情是：花几个月的时间承诺、道歉、更换芯片，即使这样 Intel 在网上还是留下了笑柄。

所以，网络顾客服务部门一定要将网络论坛上的顾客议论监测作为一项重要的任务列入工作日程，发现对公司有不利影响的议论、问题时应及时地解决，切勿漠视网络传播的速度和范围!

鼓励顾客对话方式可以采取各种新闻组、网络论坛、邮件列表、网络会议、呼叫中心等。其中呼叫中心（Call Center）是一种新型的基于 CTI（计算机电话集成）技术的服务方式，它通过有效利用现有的各种手段，为企业顾客提供高质量的服务。顾客通过不同的方式，如电话、传真、计算机等，拨入到一个企业的呼叫中心系统中，根据语音提示，进入到不同的子系统，完成数据查询，获取传真，并且可以同人工坐席（由一组受过专业训练的人员组成）进行交流，而接受服务。顾客的每次呼入被计算机系统完全记录下来，通过统计分析，为企业决策提供直接的帮助。企业根据系统中存储的顾客资料，定期向顾客发布企业及产品信息。由此与顾客建立联系通道，创建服务的互动。

现在，呼叫中心在企业的网络营销服务中发挥着重要的作用。充分互动，一站解决，提升顾客价值，成为真正的价值信息中心，促进企业业务流程的重构。

7.4.4 网上顾客服务成功案例分析

1. Iprint 公司简介

Iprint 公司是美国一家提供网上商业卡片及信纸打印的公司。公司在网上接受客户的打印订货需求，让顾客自己设计想要的打印样式，并在全国范围内提供预定和送货。公司后来增加了其他一些产品——包括贺卡、记事贴、纸杯、T 衫和其他一些特殊物品的印刷业务。Iprint 网站因为它的超乎寻常的易于实用性已经获得了许多回报。网站的收入和信息流量正在以每个月大约 25%的速度增长。

2. Iprint 公司的经营策略和成功因素

（1）商业机遇　互联网时代给许多公司都提供了很好的机遇，对印刷业来讲，传统的印刷业务对客户是一件极其麻烦的事情。客户要亲自跑到打印公司，从一系列样本中选择出需要的业务卡片的外观样式，挑选那些对自己来说复杂的字体标准和美术图案，然后再手工填写一份表格指出希望卡片上有什么样的信息。这样不仅大量耗费客户的时间，而且不能及时得到更改后的图案。互联网出现以后，客户的烦恼可以通过网络得到解决。Iprint 公司及时地抓住了这个机会，在 1996 年打开了业务之门。Iprint 公司发现很多用户都关心业务卡片的样式，但是大多数人都没有获得过美术设计的专门培训，客户不了解也不想了解一些关于字体、点距、行距、页边距等商业印刷品的专业术语。客户只需要输入所要求的卡片信息，选择外观，进行调整并预览，然后发出订单。Iprint 公司通过建立一个基于网络的用户印刷服务，以及通过多种渠道分发这些服务及相关软件，提供一个“快速印刷业务的简单解决方案”，能够处理幕后所有的复杂业务，为客户提供更好的服务。

（2）商业目标　Iprint 公司在建立之初就确立了自己的商业目标，主要包括：①利用互联网和其他手段，成为世界上在快速印刷方面的领先供应商；②帮助客户设计自己的产品，为客户提供个性化服务；③扩大市场占有率，开拓国外市场；④降低运营成本，提高竞争力；⑤不断改进服务水平，咨询客户的需要，逐步实现自己的商业目标。

3. Iprint 公司网上顾客服务成功要素

Iprint 公司在经营过程中获得了巨大的成功，原因是多方面的，归纳其成功要素有以下几方面：

（1）直接面对顾客　Iprint 公司的针对目标顾客有两种，一种顾客不习惯使用现在的标准图形、指点设备、单击和拖曳操作、下拉式菜单、界面类型，希望可以用更简洁的方式得到服务；另一种顾客懂计算机知识，但仅仅希望以最快捷、最方便的方式创建和订购商业打印物品。该公司的实施方案是提供一个方便和快捷的服务界面，使客户在使用时就如同操作一台自动提款机一样方便。另外提供客户自定义服务，使客户自己可以设计需要的产品。

（2）建立个性化客户网站，吸引集团客户　Iprint 公司通过直销进入集团市场。该公司的第一批最大的商业客户之一是 Internal Revenue Service（IRS）。所有 212 万名政府职员，包括 IRS 职工都被要求购买他们自己的商务卡片。而 IRS 的卡片必须按照工作人员的职务不同使用不同的标志图案、字体和信息位置，所以 Iprint 为 IRS 建立了一个客户网站，雇员可以登录进入，使用 IRS 认可的模板生成自己的商务卡片，提供个人信用卡号码并完成订购。他们还能够控制生成商务卡片的进程，这样一个新的雇员或者一个新近被提升并获得了新的头衔的人就能在网上登录并订购一套新的卡片。

（3）提供数字照片打印服务　Iprint 公司的针对目标是那些高技术产品（如数字照片）。该公司向这些客户提供方便的途径，让客户可以将使用数字照相机拍下的照片转变成商业打印产品。例如日历、T 衫、鼠标垫、茶杯等。

（4）与商业打印者合作　Iprint 公司并不越过商业打印者同他们竞争，而是希望将商务打印者变成业务伙伴。例如，一个已经与几个大的客户有着紧密商业联系的商业打印者可以被授权将 Iprint 的打印店软件安装在每个客户自己的内部企业网上，这样公司的员工就可以设计、订购、使用按照自己公司标准设计，以及拥有公司自己标志图案的商务卡片、文具及商务表格。

（5）分设快速打印店　Iprint 公司的目标是建立分布于全国各地为个人和公司提供服务的“快速打印店”。快速打印店使用的不再是昂贵和难以维护的个人计算机，而是价格低、不会发生故障的网络计算机。进店来的顾客可以使用店内的终端设计自定义产品和发出订单。商店内部工作人员也可以使用同一个终端生成报表，与该公司联系或者连接互联网。同时，客户可以在家中设计和订购产品并将它们发送到本地的快速打印店。“快速先生”——世界上最大的连锁客户打印店，已经成为 Iprint 的授权用户。

4．案例评析

（1）Iprint 公司从顾客需求出发，一切为了顾客，把顾客作为上帝，本着实用、方便、简捷的基本原则设计商务印刷产品并提供相应的服务。Iprint 公司的关键性成功要素是：真切体验客户需求，让顾客亲自动手设计自己的产品，提供个性化的顾客服务，即使从未接触过商业排版和印刷领域的人，也可以制作出高质量的印刷品。便于客户了解提交的订货的各种信息，同时得到提出问题的解决方案和技术支持，使客户节省了时间，提高了效率。

（2）随着社会的发展与进步，竞争在加剧，Iprint 公司现在的成功并非能代表将来，还需要在更新后台处理系统、扩展设计样本数量、提供再加工服务等方面有所改善，不断充实、完善自己，适应社会需求，从而保证在新的电子商务时代取得同样的成功。

本章小结

营销产品应是一个产品整体，包含三个层次：核心产品、有形产品和延伸产品；产品的生命周期，包括投入期、成长期、成熟期和衰退期四个阶段。

在网络营销中，产品的整体概念可分为五个层次，即核心利益层、基本产品层、期望产品层、附加产品层次和潜在产品层。网络营销中要从这五个层次来考虑产品策略的制定和实施。

新产品开发是许多企业市场取胜的法宝。网络时代，特别是互联网的发展为企业新产品的开发带来挑战。要做好新产品构思与概念形成、研制、试销与上市等方面工作。

产品支持服务策略从顾客服务内容入手，论述了网上售前、售中和售后服务策略以及网上产品服务站点设计策略。

习　题

一、填空题

1．营销产品应是一个产品整体，包含三个层次：______、______、______。

2．整体产品概念体现了______的现代市场营销观念。

3．网络营销从产品的角度则是网络与产品的复合结构，其品牌应当是______和______的有机结合。

4．在传统的市场营销中，产品策略的制定侧重于消费者______、______、______三个层面，而网络营销则在此基础上更加强调______和______层面。

5．市场营销学定义的新产品包括______、______、______、______新产品。

6．______开发是许多企业制胜的法宝。

7．网络营销新产品正式上市销售之前，要经过______阶段，以便为管理部门提供所需信息。

8．______性是网络作为顾客服务工具优于其他媒体的根本原因。

二、单项选择题

1．根据消费者的实际需要来规划产品的生产设计，并适时创造和唤起消费者潜在的需求，在产品的（　　）上多做文章、做好文章，以适应消费者不断扩展和深化的消费需求。

A．核心层　　B．有形层　　C．延伸层　　D．实体层

2．产品的生命周期指的是产品的（　　），即产品从研制成功进入市场到不再被采用最后被迫退出市场的全过程。

A．市场生命周期　　B．自然生命周期　　C．设计生命周期　　D．使用生命周期

3．企业决定生产经营的所有产品都统一使用一个品牌名称，这属于（　　）。

A．统一品牌名称策略　　B．多品牌策略
C．个别品牌策略　　D．分类品牌策略

4．根据消费者购买商品的用途不同，对同一种商品分别采用不同的包装，这属于（　　）。

A．配套包装策略　　B．等级包装策略　　C．分类包装策略　　D．类似包装策略

5．网络营销更加强调产品的（　　）层面。

A．期望产品和潜在产品　　B．核心产品和潜在产品
C．有形产品和潜在产品　　D．核心产品和有形产品

6．企业提高竞争力的源泉是（　　）。

A．质量　　B．价格　　C．促销　　D．新产品开发

7．下列不属于顾客需求服务的有（　　）。

A．了解公司产品和服务的信息　　B．了解公司管理方面的信息
C．了解公司产品的设计与制度　　D．与公司人员接触

8．以下行为不属于鼓励顾客对话策略的是（　　）。

A．在网站页面上绘一个嘴形图标　　B．在网站页面上介绍成员职能并公布其联系方式
C．自动应答系统　　D．公司确定有影响的人与顾客交谈

三、多项选择题

1．在网络营销中，产品的整体概念可分为（　　）。

A．核心利益层　　B．有形产品层　　C．期望产品层　　D．附加产品层
E．潜在产品层

2．适合于网络营销的产品，按其形态的不同，可以分为（　　）类。

A．实体产品　　B．软体产品　　C．在线服务　　D．期望产品
E．核心产品

3．下列选项中属于服务产品的有（　　）。

A．医药咨询　　B．法律查询　　C．远程医疗　　D．法律救助
E．通信产品

4．网络营销需要在（ ）等层面上展开。

A．信息流层 B．实物流层 C．资金流层 D．附加产品层

E．潜在产品层

5．贮运包装在设计上要着重考虑（ ）等问题。

A．保护产品 B．便于贮运 C．易于识别 D．美化商品

E．吸引顾客

6．市场新产品包括（ ）。

A．全新新产品 B．换代新产品 C．改进新产品 D．仿制新产品

7．网上售后服务具有（ ）等特点。

A．便捷性 B．灵活性 C．低廉性 D．服务性

8．鼓励顾客对话可以采取多种方式（ ）。

A．新闻组 B．网络论坛 C．邮件列表 D．呼叫中心

四、判断题

1．与传统营销方式相比，网络的优势在于信息的共享性，共享性可以降低交易成本，从而带来较为低廉的价格。（ ）

2．网络营销从产品的角度则是网络与产品的复合结构，其品牌应当是产品品牌和网络品牌的有机结合。（ ）

3．网络营销中的产品与传统营销中界定的产品概念有着本质的差别，但由于网络本身的一些属性和网络营销的一些特殊要求，比后者在某些方面有所侧重和强调。（ ）

4．产品的包装实体，指的是人们运用一定的材料设计、制造而成的包装物。一般来说，包装实体可以划分为首要包装和次要包装两部分。（ ）

5．市场营销中的其他战略和策略的制定必须适应产品生命周期的变化，这是企业在动态的市场环境中求得生存与发展，赢得有利的市场地位的一个关键性问题。（ ）

6．一般来说，与技术无关的新产品在网上试销和推广效果较好。（ ）

7．利用互联网把产品的有关信息发送给目标顾客属于网上售中服务。（ ）

8．呼叫中心在企业网络营销服务中的作用可以概括为：充分互动，一站解决，提升顾客价值。（ ）

9．网上葡萄园酿酒的例子告诉我们公司要与员工搞好关系。（ ）

五、简答题

1．什么是产品的生命周期？各阶段可采取什么营销对策？

2．什么是家族品牌策略？可供选择的家族品牌策略主要有哪几种？

3．常用的产品包装策略主要有哪几种？

4．网络营销产品有哪些特点？

5．网络域名的作用有哪些？

6．网络营销新产品面临哪些挑战？

7．网络营销数据库系统对新产品构思与概念形成有何作用？

8．网络媒体用于顾客营销服务的优越性表现在哪些方面？

9．企业如何组织安排收阅与答复电子邮件？

第8章 网络分销渠道策略

本章主要内容

- 传统分销渠道与网络分销渠道的区别
- 网络分销渠道的功能与类型
- 新型电子中间商
- 网络分销渠道建设
- 网络分销物流的特点及模式
- 物流配送中心的种类及流程
- 网络分销物流解决方案

8.1 分销渠道概述

8.1.1 分销渠道的内涵及其发展

中国古代杰出的军事家孙子两千多年前就指出，缺乏有效后勤供应的军队将会失去作战的能力。同样，在现代化战争中大量的军备物质如果不能够及时供给前线部队也会在战争中失利。现代商场如战场，分销渠道便是企业市场营销活动的后勤。企业如何打好高科技、竞争激烈的现代商战，良好的、高效的、安全的分销渠道就成为企业制胜的关键。所谓分销渠道就是由一组协同工作的将产品和信息从供应商手中传递到消费者手中的机构和组织。在市场经济条件下，由于生产者和消费者在时间、空间和信息上存在着差异，在产品的数量、品种、估价及所有权方面存在着诸多矛盾，企业生产出来的产品，只有通过一定的分销渠道，才能在适当的时间、地点，以适当的价格供给需要的用户和消费者。分销渠道的各个环节可以促成买卖双方的交易，降低信息查询的时间，节约资金和交易成本，在满足市场需要的同时，实现企业的营销目标。

特别是当产品同质化与同源化趋势越来越明显的今天，渠道被提上了一个全新的高度。分销商的地位在提高，已成为厂商越来越重要的战略合作伙伴。全球领先的网络厂商思科，其产品在中国市场上就是依靠渠道进行销售的，包括分销总代理、金银牌合作伙伴、高级认证代理商及注册授权经销商。为了适应市场的变化，分销商本身也在不断地提高自身的能力，调整分销架构，从单纯地销售没有任何附加服务的销售模式，转变为销售中附加了额外的如软件、系统集成、解决方案等的复合销售模式，并从低增值服务的销售向高增值服务销售迈进。未来的网络分销将是以客户为中心，以客户的需求为基本方向的渠道销售模式。同时，分销商为了寻求新的发展，将会努力地寻找新的市场机遇，新的服务模式，新的产品、技术与解决方案，降低渠道成本，提高渠道的覆盖面。而这一切，都源于市场不断发展的竞争趋势。

随着信息技术和网络经济向纵深发展，通过互联网进行网络营销的规模逐渐扩大，如书籍、光盘、软件等信息产品，网络分销的价格优势和便捷性越来越突出。尤其是网络营销的出现，使得商务信息的发布、检索、浏览及订单的及时反馈，实现了高效化和实时化。但是不能够因此就认为电子商务时代，分销就不复存在了，即使电子化程度极高的美国戴尔直销模式，也要靠完善的物流配送和高质量的本土化服务来支撑。信息化和互联网向纵深发展必然导致传统分销模式的变化，但是这并不能在短期内取代传统的分销模式。特别在中国目前不完善的市场条件下，企业应该根据自己的实际情况，在充分利用传统的分销渠道的同时，适时地利用网络分销渠道资源。只有通过两者的有效整合，才能够更好地帮助客户实现其价值，更好地通过网络的手段建立起自己的供应链系统，把客户资产变成企业长期的重要的资产，从而使企业充分利用原有的渠道资源，并借助于网络的技术手段，提升其核心竞争力。西方有一句谚语："条条大路通罗马"。但路不仅有远近之分，还有安全不安全之别，只有最快捷、最安全的路才能算是抵达罗马——即市场与顾客的最好的路。全球零售业巨头沃尔玛正是靠着自己先进的顾客价值理念和现代化的物流配送体系，找到了到达罗马的最好路线，不断地铸就着自己的辉煌。

8.1.2 传统分销渠道与网络分销渠道的对比分析

分销渠道就是商品和服务从生产者向消费者转移过程的具体通道或路径。与传统的分销渠道一样，网络分销渠道是以互联网为通道实现商品和服务从生产者到消费者转移的过程。根据麦肯锡高层管理论丛的资料，分销渠道成本通常占一个行业商品和服务零售价格的15%～40%。由此可见，通过改善分销渠道，企业可以大大提高自己的竞争力和利润率。长期以来，中国企业一直沿用传统的批发零售模式。这种金字塔式渠道的多层次框架降低了渠道的效率，延误了产品到达消费者手中的时间，导致厂家对终端消费者的信息掌控不力，并且增加了营销成本。从发展的趋势来看，网络分销是国际化的潮流，但是在我国目前物流配送不发达、信用制度不完善的市场环境下，企业如何确定自己的分销模式，应该根据自身的实际情况加以选择。

1．两者的结构不同

（1）传统分销渠道　按照有无中间商传统分销渠道可分为：直接分销渠道与间接分销渠道。

1）直接分销渠道。直接分销渠道是指由生产者直接把商品卖给用户的分销渠道。这里没有利用任何中间商，可以由生产厂家来承担分销渠道全部功能，也可以由消费者或者用户来承担。直接分销渠道是生产者市场上商品销售的主要渠道。例如，在我国三峡工程建设中要用到的大型水电设备，都是通过国际招标，直接从生产厂家购买的。在消费者市场上，也有不少商品或企业采用了直接分销渠道。例如，雅芳公司的推销代表基本上是通过上门推销化妆品；佐丹奴则是通过自己的连锁店来销售自己生产的服装；北京的稻香村则是通过前店后厂来销售自己生产的食品。

直接分销渠道的优点是：与用户和消费者直接接触，能够及时、灵活地做出销售决策；防止假冒伪劣商品对企业声誉的影响；减少流通费用，提高市场竞争力。

直接分销渠道的缺点是：厂家必须有足够的资源涉足流通领域，否则会降低生产、分销规模；厂家要负担分销中的全部风险，有可能影响企业的资金周转。

2）间接分销渠道。所谓间接分销渠道，就是在厂家和消费者之间有中间商的介入，使商品销售要经过一个或者多个中间环节。按照中间商介入的数量，间接渠道有长短之分。直接渠道和一级渠道称为短渠道，对于价格较高的家用电器、PC、名牌服装、汽车和其他贵重商品，大多采用这类短渠道。而对于大多数日用品、食品、饮料、小型工具、元件等，都是通过二级以上的长渠道来分销。利用多个中间商的宽渠道来分销商品，可以扩大销售的空间范围和销售量；而利用少数的中间商来分销商品的窄渠道有利于渠道的控制，但是会使市场的覆盖面受到限制。

间接渠道的优点是：利用众多企业外资源，既减少了对流通领域的投入，又扩大了商品的销售量，还能够借助中间商进行融资，并降低市场风险。

间接渠道的缺点是：由于增加了中间环节，必然导致流通费用的增加，产销的信息沟通也不方便。

（2）网络分销渠道　网络分销渠道也可以分为直接分销渠道和间接分销渠道，但是与传统的分销渠道相比较要简单得多。网络的直接分销渠道与传统的分销渠道都是零级分销渠道。因为不存在多个批发商和零售商，所以也就不存在多级分销渠道。由于互联网已经渗透到了人们生活的方方面面，企业不得不重新审视自己原有的市场定位及渠道建设，正确地认识自身渠道的优劣势，结合自身特点对已有渠道进行结构调整，尝试和探索新渠道。

2．两者的费用不同

（1）传统分销渠道　在传统的营销渠道中，有直接分销渠道和间接分销渠道。直接分销渠道通常采用有店铺直销与无店铺直销。有店铺直销是指企业通过店面或专柜直接面对消费者，采用这种方法，企业要支付员工工资、店面租赁费、装潢费以及相应的库存成本费。而无店面直销是指企业不设立店铺，通过向用户派出推销员直接销售产品，采用这种方法企业要支付推销员的工资、推销费用和商品流通成本。

间接分销渠道企业的产品大多数要经过批发商、分销商等多种中间渠道才能流转到顾客手中。这一过程在整个商务活动中形成了一个价值链，共同分享了商务活动中利润。中间渠道越多，费用就越高，分享到的利润就越少，加上企业每年大量的广告投入和各种促销活动的费用，所以高昂的产品成本将使企业丧失竞争力。

（2）网络分销渠道　与传统分销渠道相比，网络直接分销渠道运用了功能强大的互联网，极大地减少了人员和场地等费用。企业只需要支付网络管理员的工资和较低的上网费。即使是网络间接分销渠道，由于其只包含一级分销商，因此大大降低了商品的流通成本。另一方面，互联网的双向信息传播功能，也为企业减少了广告宣传费用。

随着互联网的发展和在商业上的应用，传统营销中间商凭借的地缘优势受到了威胁，互联网的虚拟性和高效率，冲击着传统分销的既有格局，并将复杂的分销关系和结构简化。它不仅能够使用户和消费者及时、快捷地获得所需要的商品，绝对地减少中间环节，而且使传统中间商的职能也发生了质的变化，由过去不可或缺的中间环节变为直销渠道提供服务的中介机构，如提供货物运输的第三方物流公司、提供货款结算的网上银行，以及提供产品信息发布的和网站建设的ISP和电子商务服务商。这种现代化的交易模式是对千百年来传统交易模式的一次根本性的变革，是一次类似200年前的产业革命，其对于整个生产力的推动作用会越来越凸显出来。

3．两者的作用不同

（1）传统的分销渠道　通过独立的分销商和代理商完成商品所有权的转移，其作用是单一的，它只是把商品从生产者向消费者转移的通道。从广告等媒体获得商品和服务信息的消费者，通过直接或者间接的分销买到自己所需要的商品，这种分销渠道得以运行，一则依赖于大量的广告促销费用，二则靠的是产品本身。这种比较被动的分销模式，需要极大的推广费用和人员推销成本，由此必然抬高商品价格，而买方市场的微利时代，在客户和消费者越来越注重价格的市场环境下，必然会使企业失去竞争优势，难怪全球零售业巨头沃尔玛为了念好其得以起家的“天天平价”的真经，也率先通过网络分销来抢占未来网络市场的制高点。

（2）网络分销渠道　其作用是多方面的，①网络营销渠道提供了双向信息传播模式。一方面企业借助网络的视频、音频、文字的传播功能，为网络用户提供企业概况、产品种类、规格、型号、质量、价格、使用条件等有针对性的产品资料信息，帮助消费者进行购买决策；另一方面对于消费者来说能够通过网络渠道快速、准确地了解商品，并直接向厂家订货。两者的信息交流更加及时、高效。②网络分销渠道是销售产品、提供服务的快捷通道。用户可以在网上直接挑选自己所需要的商品，并通过网络方便地支付货款，这比传统渠道在获得商品所有权方面更加快捷方便。网络渠道的在线支付功能也加快了资金流通的速度，使渠道的效率大大提高。③网络营销渠道是企业进行交易及相关业务活动的理想场所。基于互联网的在线服务是企业向客户提供咨询、技术培训和进行网络教育的平台，对树立企业的网络形象起着非常重要的作用。因此一个企业网络营销活动的开展与否，开展的程度，不仅仅是衡量一个企业信息化程度的标志，更重要的是能够给企业带来实实在在的好处。

8.1.3 网络分销渠道的功能

网络分销渠道作为一种新型的营销形式，与传统分销渠道相比，能够更好地、更有效地消除产需在时间上、空间上和所有权方面的矛盾或不一致。对于消费者而言，能够在最短的时间、最近的地点、及时获得所需要的商品；对于商家而言，能够在最短的距离，根据消费者的个性化需求，进行生产、进货、及时送达消费者手中。这些特点决定了网络分销渠道的中介功能发生了变化。零售商通常对客户的订单从仓库中进行分拣、包装、送货；但是在网络营销渠道中，网络零售商将分拣、包装、送货的职能外包给第三方物流提供商，如UPS网络零售商在接到客户的订单后，直接将其发送到UPS的仓库，UPS则对客户的订单进行分拣、包装并把货物直接送到客户手中。一个完善的网上分销渠道应该具备三大功能：

1．订货功能

网络分销渠道能够为消费者提供产品信息，用户和消费者通过浏览企业网页上的商品，选中以后可以直接下订单，并进行支付和交货。订货功能的实现通常由购物车完成，购物车的作用与超市中的购物篮相似，消费者选购商品后，将其放入购物篮（车）中，系统会自动统计出所购物品的名称、数量和金额，消费者在结算后，生成订单，订单数据进入企业相关数据库，为产品生产、配送提供依据。如联想电脑公司，在开通网上订货的当天，订货额就高达8 500万元。

2．结算功能

消费者在购买商品后，可以通过多种方式方便地进行付款，因此企业应该有多种结算方式。目前国外有几种结算方式：信用卡、电子货币、电子支票等；国内付款结算方式主要有：邮局汇款、货到付款、信用卡、电子货币等。电子货币是一种以数字形式流通的货币，它通过一个适合于在Internet上进行的实时的支付系统把现金数字转换成一系列的加密序列数，通过这些序列数来表示现实中各种金额的币值。用户在开展电子货币业务的银行开设账户并在账户内存钱后，就可以在接收电子货币的商店购物了。但是电子货币对软件和硬件的要求相当高，存在货币之间的兑换问题，以及如果某个电子用户的硬盘损坏，就会造成电子现金丢失的风险。

一些网上银行提供电子钱包等工具。电子钱包是顾客在电子交易中，特别是在小额购物或购买小商品时普遍使用的常用的一种支付工具，它以智能卡为电子现金支付系统。它可以应用于多种用途，具有信息存储、安全密码等功能。它彻底改变了传统的“一手交钱，一手交货”的购物方式，是一种有效的安全可靠的支付方式。

3．配送功能

一般来说，产品分为有形产品和无形产品。对于无形产品，如服务、软件以及音乐等，可以直接通过网上进行配送。而有形产品的配送，则需要仓储和运输，一些网络企业将配送交给专业的物流公司进行，在网络比较发达的情况下，信息流、商流和资金流可直接通过网络渠道来完成，但是物流即商品的实体运动必须借助传统渠道通过存储和运输来完成。不是每个企业都有实力建立自己的完善的物流配送体系，因此专业的第三方物流公司应运而生。网上销售要获得快速、健康的发展，安全、高效的第三方专业物流公司尤显重要。专业配送公司的存在是国外网上商店得以迅速发展的原因所在。在我国充分利用遍布全国的乡镇邮政系统来提高物流配送的水平是切实可行的选择。

8.1.4　网络分销渠道的类型

在传统分销渠道中，中间商的作用至关重要。因为中间商凭借其娴熟的业务水平、固定的客户群体、丰富的专业经验和规模化的营销方式，能够获得企业自营所达不到的高效率和高利润。但是随着互联网的迅速发展和广泛的应用，传统中间商的地缘优势被互联网的虚拟性所替代，产生了网络环境下的新型分销形式，主要有网络直销、网络间接分销和分销渠道渗透。

1. 网络直销

网络直销是指生产者通过互联网直接把产品销售给客户和消费者。它一般适合于大宗商品交易和产业市场的交易模式，如 B2B。网络直销主要有两种形式，一种是企业在互联网上建立自己的电子商务网站，申请域名，制作主页和销售网页，由网络管理员处理产品的销售事务；另一种是企业委托信息服务商在其网站发布信息，企业利用有关信息与顾客联系，进而直接销售产品。目前许多企业都利用自己的网站进行网络直销。网络直销不仅为企业打开了一个面向全球的市场窗口，而且给中小企业提供了与大企业平等竞争的机会。其突出的优点表现在：

1）能够促使产需直接见面。

2）达到了买卖双方的共赢目的。网络直销减少了了流通环节，节约了买卖双方的费用。

3）网络工具是企业开展营销活动的重要手段。通过网络直销工具中的电子邮件、公告牌等，能够及时了解用户的对产品的意见和需求，从而使企业有针对性地开展技术服务，解答难题，提高产品质量，改善企业经营管理。

DELL“直销模式”的巨大成功是对网络时代网络直销好处的最好诠释。它缩短了供应链，降低了渠道成本，使一个鲜为人知的计算机公司享誉全球，靠的就是直销的魔力。尽管有戴尔等企业成功的典型案例，但是适合的才是好的。不加分辨地一味采取直销模式未必是有效的。并不是所有的商品都适合直销，不顾商品的特性和企业的实际情况，非但不能够节约成本，可能还会影响企业已经拥有的声誉。

诚然，网络直销也给众多的企业带来了困惑和难题，面对大量参差不齐的域名，消费者没有足够的耐心去访问，网站没有达到预期的效果。特别是一些名不见经传的中小企业，访问者更是寥寥无几。要解决这个问题必须从两个方面着手：一是尽快建立高水准的专门服务于商务活动的网络信息服务中心；二是借助于网络的间接分销渠道去解决。

2. 网络间接分销

网络间接分销是指生产者通过融入互联网后的中间机构把商品销售给最终用户。一般适合于小批量商品和生活资料的销售。网络间接分销克服了网络分销的缺点，使网络商品交易中介机构成为网络时代连接买卖双方的枢纽。网络中介机构之所以存在是因为：

（1）网络中介机构简化了市场交易流程　网络上的海量信息在为商家和消费者提供机会的同时，也为人们对信息的选择和比较带来了难度，如果有中介机构的作用，那么企业只需要与之发生关系即可。

（2）网络中介机构有利于为买卖双方创造价值　网络中介机构以最经济的分销渠道、通过计算机自动撮合的功能，组织商品的批量订货，满足了生产者对规模经济的要求，提高了交易的成功率，确保了双方的利益。

（3）网络中介机构便利了买卖双方的信息收集　消费者或者生产者只要进入一个中介机构的网站，就可以如愿以偿，大大简化了交易过程，加快了交易速度。中国商品交易中心、商务商品交易中心就是这类中介机构。

虽然网络中间机构在发展过程中还存在着问题，但是其在未来的虚拟网络市场中的作用是其他机构难以替代的。

3. 分销渠道渗透

分销渠道渗透是指企业同时使用网络直接分销渠道和网络间接分销渠道，以达到销售量最大的目的。特别是在我国买方市场日趋激烈的市场环境下，要应对势头强劲的国外厂商的竞争，采用分销渠道渗透法进行市场渗透是一明智的选择。

随着信息经济和网络技术的发展，越来越多的企业积极尝试利用网络间接分销渠道销售自己的产品，通过中介商的信息服务、广告服务、撮合服务、配送服务，扩大企业的影响，开拓企业的海外市场。因此对于从事传统分销活动的企业，必须转变原有的分销理念，调整分销模式，及时研究和熟悉国内外电子商务交易中介商的类型、性质、功能、特点及其相关情况，一方面借助于原有的分销渠道，巩固已有的市场地位，另一方面正确选择网络中介商，建立广泛的扁平化分销渠道，如海尔集团就是把企业内部的管理信息系统与外部采购的电子化结合起来，实现了“一流三网”，即以订单信息流为中心，借助全球供应链资源网、全球用户资源网和计算机信息网，实现了“三零”目标：零库存、零距离、零运营成本，提升了海尔的全球竞争力。

8.1.5 新型电子中间商的类型

在传统的分销渠道中，商品通过分销商，如批发商、代理商、零售商层层批转实现商品所有权和实体的转移。在网络分销渠道中也存在使商品从生产者传递到消费者手中的中间商，即电子中间商。电子中间商一般来自于两个途径：一是融入了互联网技术的传统分销商；二是由网络催生的新型的电子中间商。在网络分销中，分销商的具体职能变得模糊，环节一般只有一个，经营方式更加灵活。

下面分类介绍以信息服务为核心的电子中间商。

1. 目录服务

利用 Internet 上的目录化的 Web 站点提供菜单驱动进行搜索。

2. 搜索服务

与目录服务不同，搜索站点（如 Lycos、Infoseek）为用户提供基于关键词的检索服务，站点利用大型数据库分类存储各种站点介绍和页面内容，搜索站点不允许用户直接浏览数据库，但允许用户向数据库添加条目，如百度搜索（www.baidu.com）等。

3. 虚拟商业街

虚拟商业街（Virtual Malls）是指在一个站点内连接两个或两个以上的商业站点。虚拟商业街与目录服务的区别是，虚拟商业街定位于某一地理位置和某一特定类型的生产者和零售商，销售各种商品，提供不同服务。站点的主要收入来源依靠其他商业站点对其的租用。如新浪网（www.sina.com）开设的电子商务服务中，就提供网上专卖店店面出租。

4. 网上出版

由于网络信息传输及时而且具有交互性，网络出版 Web 站点可以提供大量有趣的和有用的信息给消费者。目前出现的联机报纸、联机杂志属于此类型。由于内容丰富而且基本免费，此类站点访问量特别大，因此出版商利用站点做 Internet 广告或提供产品目录，并依广告访问次数进行收费，如 1CP 就属于此类。

5. 虚拟零售店（网上商店）

虚拟零售店不同于虚拟商业街，虚拟零售店拥有自己的货物清单，可以直接销售产品给消费者。

通常这些虚拟零售店是专业性的，定位于某类产品，它们直接从生产者进货，然后打折销售给消费者（如 Amazon 网上书店）。目前网上商店主要有电子零售型、电子拍卖型和电子直销型。

6．站点评估

消费者在访问生产者站点时，由于内容繁多、站点庞杂，往往显得束手无策，不知该访问哪一个站点。提供站点评估的站点，可以帮助消费者根据以往数据和评估等级，选择合适站点访问。如中国信息技术协议网（www.itawcn.com）。

7．电子支付

电子商务要求在网络上交易的同时，能实现买方和卖方之间的授权支付。现在授权支付系统主要是信用卡（如 Visa、Mastercard）、电子等价物（如填写的支票）、现金支付（如数字现金）或通过安全电子邮件授权支付。这些电子支付手段，通常对每笔交易收取一定佣金以减小现金流动风险和维持运转。目前，我国的商业银行也纷纷上网提供电子支付服务，如中国银联（www.chinapay.com）、招商银行网上银行等。

8．虚拟市场和交换网络

虚拟市场提供一个虚拟场所，任何符合条件的产品都可以在虚拟市场站点内进行展示和销售，消费者可以在站点中任意选择和购买，站点主持者收取一定的管理费用。如我国对外贸易与经济合作部主持的网上市场站点——中国商品交易市场就属于此类型。当人们交换产品或服务时，实行等价交换而不用现金，交换网络就可以提供此种以货易货的虚拟市场。

9．智能代理

随着 Internet 的飞速发展，用户在纷繁复杂的 Internet 站点中难以选择。智能代理是这样一种软件，它根据消费者偏好和要求预先为用户自动进行初次搜索，软件在搜索时还可以根据用户自己的喜好和别人的搜索经验自动学习，优化搜索标准。用户可以根据自己的需要选择合适的智能代理站点为自己提供服务，同时支付一定的费用。

8.2　网络分销渠道的建设

有人说："得通路者得天下"。对于企业而言，所谓"通路"就是广泛的营销渠道。随着全球化浪潮和规模经济的出现，企业关注的焦点不再是生产更好的产品，而是在于改进分销渠道来降低成本，获得效益。这就决定了分销渠道的设计和管理有至关重要的作用。分销渠道管理的重要内容是对现有分销渠道的评估、改进、重建以及加强渠道合作，并以此来提高分销渠道的绩效，增强分销渠道的活力。由于网上销售对象的特点不同，企业的经营特色也不同，因此开展网络分销的企业，要根据企业自身的实际情况、产品的特性、目标市场的定位和企业整体战略来选择合适的分销渠道和分销商。

8.2.1　选择电子中间商

在从事网络营销活动的企业中多数企业除建立自己的网站外，还同时利用网络分销商销售产品，以扩大企业的影响力。在选择分销商时，应该从以下几个方面综合考虑。

1．服务水平

网络分销商的服务水平包括开展促销活动的能力、与消费者沟通的能力、收集信息的能力、物流配送能力以及售后服务能力。不同阶段的企业需要不同，因此网络分销商应该针对不同的企业提供不同的服务。

2．服务成本

服务成本主要指网络分销商为企业提供服务的费用。包括价格折扣、促销费用、运行费用、促销费用等。

3．信用程度

信用程度指网络分销商所具有的信用程度的大小。由于网络的虚拟性和交易的远程性，以及网上交易安全的不确定性，所以信誉好的分销商就是质量和服务的保证。

4．经营特色

网络本身应该更好地满足消费者的个性化需求。分销商网站应该体现经营者的文化素质、经营理念、经济实力等特色。而生产企业在选择网络分销商时必须与自己的经营目标相吻合，这样才能发挥网络分销商的优势。

5．持续稳定

一个企业要想在用户或者消费者心目中建立品牌信誉、服务信誉，就必须选择具有连续的网络站点，因此企业应该采取必要的措施密切与中间商的联系，防止中间商把其他企业的产品放在重要的位置去经营。

8.2.2 确定分销渠道模式

1）从分销商服务的对象来看主要有 B2B、B2C 两种模式。

B2B 模式，即企业之间进行的商务活动模式。如工商企业通过计算机网络向上游企业采购原材料，向下游企业提供产品。这种模式的特点是每次的交易量大、购买集中，因此订货系统是 B2B 的关键。由于可以通过网上结算付款，并且可以专门配送，所以既节省了时间又保证了质量。如海尔集团 2001 年推出的 B2B 模式，用户可以在经销商的专卖店网上定制自己的产品，由经销商在海尔的网上下订单，用户可以享受在家收货，满意后付款的服务。

B2C 模式，也是企业与消费者之间进行的一种商务活动模式。这种活动的特点是每次交易量少，交易次数多，而且购买者分散，可见 B2C 网上分销的关键是完善的订货、安全的结算和高效的物流配送。

2）从渠道的长短来看主要有：直接渠道、间接渠道和渗透型渠道。究竟采用哪一种要考虑多种因素。

3）从渠道的宽度来看主要有：密集型分销、选择型分销和独家分销。

密集型分销策略，即选择尽可能多的分销商来销售自己的商品。这种策略使顾客随时随地都能够购买到商品，一般适合于低值、易耗的日用品。

选择型分销策略，即在一个地区选择有限的几家经过仔细挑选的分销商销售自己的产品，分销商之间存在有限竞争。它提供给客户的主要是一种安全、保障和信心，一般适合于大件耐用消费品。

独家分销策略，即在一个地区只选择一家经过仔细挑选的分销商来销售自己的产品。它提供的是一种独一无二的产品和服务，价格昂贵，客户较少。

8.2.3 分析产品特性

网络分销渠道首先要分析产品的特性。确定该产品是否适合在网上销售，需要什么样的分销体系。在分析产品时应该考虑以下几个因素：

1）产品的性质。

2）产品的时尚性。

3）产品的标准化程度和服务。

4）产品价值大小。

5）产品的流通特点。

6）产品的市场生命周期。

在网上可以买到的商品和享受的服务，如图书、录音带、录像带、CD、计算机软硬件、鲜花、礼品、旅游、保险、机票和火车票等，可以实现在线配送、在线培训和服务，减少了营销成本。由于大部分的消费者还仅仅是把货币支出看做成本，而所花的时间和精力不看做成本，所以限制了许多商品的网上购买。

8.2.4　合理设计订货系统

网上企业常常犯的一个错误是将传统印刷订单照搬到网站上作为网上的订货单，这样不但会造成顾客订货时麻烦，而且也不易于操作。因此，网上企业在设计订单时要尽可能地减少顾客的劳动，尽可能地方便、易于操作。主要应该考虑几个方面：

1．设计方便可操作的订单页面

为了减少顾客填写太多的信息，最好采用现在流行的"购物车"（Shopping Cart）方式模拟超市，让消费者边看边选择商品，在购物结束后一次性结算。为了使顾客更详细地了解商品，可以设置产品页面链接，以便向顾客导航详细信息。

2．明确告知顾客交货时间和范围

产品页面上不仅提供产品性能及使用方面的信息，而且给出产品的价格、库存总订货量和交货时间等相关信息。这些信息一般能够链接到公司的数据库上，可以随时查阅货物库存情况。

3．提供商品分类查找功能

订货系统应提供商品分类查询功能，以便使消费者在最短的时间内找到所需要的商品，同时还应提供如性能、外观、品牌等重要信息。

4．提供给顾客自主选择的货物运输方式

通过物流信息系统，向顾客提供相关货物运费、税收等信息，并在网上设置一个专门的免费电话，方便顾客随时咨询。

5．订单管理中特别注意客户机密的安全

为了取信于顾客必须采取维护客户机密的措施，只有经过顾客准许才能公布客户信息，而且也只能把数据发布给合理使用的第三方。

6．方便可行的结算方式

考虑到目前消费者购物心理的实际情况，应该尽可能地提供多种方式方便消费者选择，同时还要考虑网上结算的安全性。网上直接付款的安全问题还没有完全的保证，这个问题是网络购物中顾客最敏感的、最关注的问题，所以站点要提供多种付款方式让顾客选择，对于不安全的直接结算方式应该换成间接的安全方式。如 8848 网站将其信用卡号和账号分开，消费者可以自己通过信用卡终端自行转账，避免了网上输入账号和密码造成丢失的风险。目前除信用卡的付款方式外常见的付款方式有：邮局付款（划拨、汇票、现金）、银行付款（支票、电汇、IC 卡、转账）、亲自付款（至门店付款、至顾客处收款）及电子货币等。

案例：一个职业经理人的创业故事

Z 君任职于某啤酒公司，负责一个地级市的啤酒销售。他从一个普通的业务员做起，用了两年的时间，上升到该地区的区域经理。在这两年的时间里，他的足迹踏遍了该地市的几乎每一个乡镇，对该地区的地理情况了如指掌，更重要的是，经过两年的啤酒销售经历，他自信自己已经

拥有了一张由地市到县城再到乡镇的强大批发网络。他之所以这么自信，有他的理由：

首先，该地级市从市区到县城再到乡镇几乎所有从事快速消费品的批发销售的批发商们都跟他打过交道，或者说是曾有生意上的往来；其次，他负责管理的某啤酒在该地区的经销商以及二批商乃至三批商都是该地区批发行业的佼佼者，而且大部分合作非常愉快，批发商们通过经销该啤酒，既赚了钱又赚了下级网络，批发商们普遍对他比较信服或尊敬。

鉴于以上原因，他踌躇满志，不再安于作为每个月拿固定工资的职业经理人了，觉得自己拥有这么好的网络，应该自己做点事情。经过一番前期的筹备，新公司很快开张，并且拿到了省内另外一家著名啤酒在该地区的代理权。

凭着他以前的网络，新啤酒很快在该地区全面上市。凭着他以前的威望和关系，新啤酒全面上市只是第一步，接下来他要把这些网络彻底拉过来。

三个月过去了，结果十分令人意外，网络二批商们纷纷抱怨新啤酒价格高，经销商利润薄，促销政策变化快，市场投入不够等，最后令他十分自信和骄傲的网不仅没有给他带来预期的收益，反而集体背叛了他，新啤酒在网络的销售陷于停滞。

为什么这张曾经令一位职业经理人十分自信的网络会离他而去呢？答案在于五个字：管理与维护。作为一个职业经理人，建造一张网只是一个基础、一个开始，要想保持这张网对你的忠诚度，并利用它来发挥增加值，必须对这张网不断地进行修护工作，也就是管理与维护。否则的话，织得再好的一张网也会随着风吹雨淋变得破烂不堪而毫无价值。

你认为，要管理和维护好一张分销网，应该考虑从哪几个方面入手？

8.3 网络营销中的物流模式

如何从供应链的物流中攫取第三利润，是现代供应链竞争的焦点所在。物流是供应链中的“第三利润源泉”。早在 1962 年，管理大师彼得·得鲁克就指出：“物流是企业成本最后一块未开发的处女地，是管理的黑暗大陆”。物流业已成为供应链中非常重要的部分。由于企业的性质不同，产品经营方式不同，以及企业的实力情况不同，所以供应链中通常存在以下四种主要物流运作模式可供选择。

1. 传统自营物流模式

传统自营物流模式（第一/二方物流模式），就是指企业自身拥有物流的运输、仓储、配送等功能，在进销存业务过程中只存在供方和需方的物流活动，供需双方按照交易协商合同规则各自进行运输配送以及安排货物的存放保管等物流活动。主要包括两种模式：第一方物流是需求方为采购而进行的仓储、货运物流，如赴产地采购、自行运回商品；第二方物流是供应方为了提供商品而进行的仓储、货运物流，如供应商送货上门。

这样的物流适用于以下三种情况：第一种情况是企业生产的产品品种繁多、标准化程度低，实行样品销售困难，从而只能商务合一；第二种情况是兼做销售、收款和配送；第三种情况是企业的运输量适中，运输量波动量较小。否则，必然导致运输效率低下，物流的综合成本上升，增加城市的交通拥挤，浪费能源。对于进行网络营销的厂商，建立自营物流系统的难度较大，投入也大，同时管理任务繁重。好处在于：第一，自己负责配送能直接掌握消费者的第一手反馈资料，有利于改进服务；第二，避免了由第三方送货所带来的附加的管理协调费用，降低了产品成本；第三，简化了货物流通环节，便于提高送货效率。因此，自营物流受到很多企业和消费者的欢迎。

蓝色巨人 IBM 公司采用的就是典型的自营物流模式。IBM 公司的自营物流系统“蓝色快车”之所以获得成功，靠的是严密的管理和组织，包括新的运作方法、新的经营观念。从货物的管理、货物的分发，到货物的跟踪，蓝色快车都有一套完整的信息系统，可以确定货物上的是第几列车，什么时候到达某个城市，谁签收、是否签收等。

2. 功能性外包物流模式

功能性外包物流模式是基于传统运输、仓储等功能的企业或部门分别承包供需双方一系列的物流工作、任务或者功能的一种外包型物流运作模式。它介于自营物流与现代第三方物流之间，通常以生产商或经销商为中心，物流部门、企业几乎不需专门添置设备和业务训练，只完成承包服务，不介入企业的生产和销售计划，管理过程相对简单。目前我国大多数物流业务就是这种模式，实际上这种方式比传统的运输、仓储业并没有走多远。

3. 第三方物流模式

第三方物流是指由物流劳务的供方、需方之外的第三方去完成物流服务的物流运作形式。第三方指物流交易双方的部分或全部物流功能的外部服务提供者，如美国的 UPS 公司和日本的佐川急公司都是国际著名的专门从事第三方物流的企业。在某种意义上，第三方物流是物流专业化的一种形式。一般来说，企业满足以下四个条件可以考虑使用第三方物流：第一，长距离干线运输；第二，需要专业技术的国际运输、笨重货物的运输；第三，企业产品季节性波动大且经营量小；第四，销售市场广阔，地区变动较大。因为第三方物流有现成的比客户企业自己做得好的物流解决方案，所以彼此之间就构成了一种不可分割的供应链关系。1996 年，全美有 57%的物流量是由第三方物流来完成的，日本能达到 80%左右，欧共体的比例为 10%～35%。1999 年初，中国仓储协会对全国 450 家大中型工业企业的调查表明，有 60%的企业将把所有的综合物流业务外包给第三方物流企业。这样做给企业带来的好处主要有：

（1）精于主营业务　企业能够实现资源优化配置，可以把有限的人力、财力集中于主营业务，进行重点研究、发展基础技术，努力开发新产品参与世界竞争。

（2）节省费用　专业的第三方物流提供者利用规模生产的专业优势和成本优势，通过提高各环节的利用率节省费用，使企业能从费用结构中获益。企业解散自有车队而代之以公共运输服务的主要原因就是为了减少固定费用，若企业自行分配产品，就意味着对营销服务的深入参与，将引起费用的大幅增长。只有使用专业服务公司提供的公共服务，才能减少额外开支。

（3）减少库存　原料和库存的无限增长将积压资金，尤其是高价值的部件要及时送往装配点以保证最小的库存量。第三方物流提供者借助精心策划的物流计划和适时运送等手段，最大限度地盘活库存，改善企业的现金流量。

（4）提升企业形象　第三方物流提供者与顾客的关系，不是竞争对手而是战略伙伴。它们应该处处为顾客着想，通过全球性的信息网络使顾客的供应链管理完全透明化，顾客随时可通过互联网了解供应链的情况。第三方物流提供者是物流方面的专家，他们利用完备的设施和训练有素的员工对整个供应链实现完全的控制，降低物流的复杂性。他们还要通过遍布全球的运送网络和服务提供者，极大地缩短交货期，帮助顾客改进服务，树立自己的品牌形象。第三方物流提供者通过“量体裁衣”式的设计，制订出以顾客为导向、低成本、高效率的物流方案，为企业在竞争中取胜创造有利条件。

当然，任何事物都具有两面性，采用第三方物流也存在许多实际问题。首先，采用第三方物流要以顾客不在意网上购买的时效性和高额的邮递费用为前提。其次，要处理可能出现的棘手的由运输纠纷而产生的责任归属问题。因此要从正反两方面考虑是否实施第三方物流，在多大程度上使用第三方物流。

4. 第四方物流模式

信息技术以及电子商务的飞速发展，带来了物流模式的不断变革，当第三方物流刚刚被世界物流界普遍认同时，一种全新的物流理念——第四方物流又在物流界备受瞩目。目前，在我国蓬勃发展的物流领域，随着国内第一家第四方物流公司——广州安得供应链技术有限公司的成立，海尔物流、深圳高科物流等也先后进入了第四方物流领域。第四方物流正成为我国现代物流的全新运营模式。

1998年，美国埃森哲咨询公司率先给出第四方物流的概念："第四方物流是一个供应链的整合协调者，协调管理组织本身与其他互补性服务商所有的资源、能力和技术，提供综合的供应链解决方案。"从概念上来看，第四方物流和第三方物流是截然不同的。第四方物流是有领导力量的侧重于业务流程外包的中立物流服务商。它通过对整个供应链的影响力，解决物流信息共享、社会物流资源充分利用等问题，向客户提供可评价的、持续不断的客户价值。如果说第三方物流已被现代商业模式所接受，那么第四方物流则是应对现代供应链挑战所提出的一个全新的解决方案，它能够使企业最大限度地获得多方面的利益。

当物流业务继续向前发展，客户需要得到包括电子采购、订单处理、供应链管理、虚拟库存管理以及包括集成技术在内的各种服务，尤其是当物流跨地区甚至跨国进行全球化运作时，3PL提供商往往在综合技术、集成技术以及战略和全球扩展能力上存在局限性，使得客户对3PL提供商在改进他们的物流与供应链功效上是否会有所突破缺乏信心，不得不转而求助于咨询公司、集成技术提供商等，由他们评估、设计、制定及运作全面的供应链集成方案。第四方物流以整合供应链为己任，向企业提供完整的物流解决方案。与第三方物流仅能提供低成本的专业服务相比，第四方物流能控制和管理整个物流过程，并对整个过程提出策划方案，再通过电子商务把这个过程集成起来，以实现快速、高质、低成本的物流服务。

第四方物流由第四方物流服务的供应商运用自身的特长，为客户提供物流系统的规划决策。其运作方式主要有以下三种：

（1）组建物流联盟，共同开发市场　第四方物流向第三方物流提供一系列的服务，包括技术、供应链策略技巧、进入市场能力和项目管理专长。双方要么签有商业合同，要么结成战略联盟。

（2）提供集成方案　为客户提供运作和管理整个供应链的解决方案。对本身和多个资源、能力和技术进行综合管理，为客户提供全面的、集成的供应链方案。可以集成多个服务供应商的能力和客户的能力。

（3）多行业参与　为多个行业开发和提供供应链解决方案，并以供应链整合和同步为重点。

第四方物流具有以下两个显著的特点：

（1）提供的是一整套完善的供应链解决方案　它能更加有效地适应需方多样化和复杂化的需求，集成所有资源为客户提供完美的解决方案。同时可进行供应链再建、功能转化、业务流程再造和实施第四方物流。

（2）通过影响整个供应链来获得价值　这主要表现在利润增长、运营成本降低、工作成本降低和资产利用率提高。

在国际经济一体化的形势下，各经济主体对物流的要求不断提高，传统物流已经无法满足社会要求。据资料显示，在美国，大型制造企业使用第三方物流的比例占到69%，未来3～5年，美国第三方物流业的收入将以15%～20%的速度持续递增。相比之下，我国的第三方物流发展缓慢。其原因就在于企业都在单兵作战，无序竞争，不能整合力量，不能为客户提供规范的、全程的、一整套的物流管理和服务。如果我国单纯发展第三方物流企业，必然会有很多障碍并会形成许多弊端，而第四方物流的介入，将会整体提升我国的物流发展水平，迅速缩短与外国物流业的差距。因此，第四方物流在我国的出现就成为必然。第四方物流企业应该具备的前提条件有：①有世界水平的供应链策略制定、业务流程再造、技术集成和人力资源管理能力；②是在集成供应链技术和外包能力方面处于领先地位的企业；③在业务流程管理和外包的实施方面有一大批富有经验的供应链管理专业人员；④能够同时管理多个不同的供应商，具有良好的关系管理和组织能力；⑤有对全球化的地域覆盖能力和支持能力；⑥有对组织变革问题的深刻理解和管理能力。

Ryder Integrated Logistics 和信息技术巨头 IBM、第四方物流的始作俑者埃森哲公司结为战略联盟，使得 Ryder 拥有了技术和供应链管理方面的特长，而如果没有‘第四方物流’的加盟，这些特长要花掉 Ryder 公司自身几十年的工夫才能够积聚起来。

在欧洲，埃森哲公司和菲亚特公司的子公司 New Holland 成立了一个合资企业 New Holland Logistics S.P.A.，专门经营服务零配件物流。New Holland 拥有该公司 80%的股份，埃森哲占 20%的股份。New Holland 为合资企业投入了 6 个国家的仓库，775 个雇员，以及资本投资和运作管理能力。埃森哲方面投入了管理人员、信息技术、运作管理和流程再造的专长。零配件管理运作业务涵盖了计划、采购、库存、分销、运输和客户支持。在过去 7 年的总投资回报有 6 700 万美元。大约 2/3 的节省来自运作成本降低，20%来自库存管理，其他 15%来自运费节省。同时，New Holland Logistics 实现了大于 90%的订单完成准确率。

在英国，埃森哲公司和泰晤士水务有限公司的一个子公司—— Connect 2020，也进行了第四方物流的合作。泰晤士水务是英国最大的供水公司，营业额超过 20 亿美元。Connect 2020 成立旨在为供水行业提供物流和采购服务。Connect 2020 把它所有的服务外包给 ACTV——一家由埃森哲管理和运作的公司。ACTV 年营业额在 1 500 万美元，主要业务包括采购、订单管理、库存管理和分销管理。目前的运作成果包括：供应链总成本降低 10%，库存水平降低 40%，未完成订单减少 70%。

8.4　网络营销时代的物流配送

传统的物流配送企业需要置备大面积的仓库，而电子商务系统网络化的虚拟企业将散置在各地的分属不同所有者的仓库通过网络系统连接起来，使之成为“虚拟仓库”，进行统一管理和调配使用，服务半径和货物集散空间都放大了。这样的企业在组织资源的速度、规模、效率和资源的合理配置方面都是传统的物流配送所无法比拟的。

8.4.1　网络营销时代物流配送的特征

根据国内外物流配送业发展情况，在电子商务时代，信息化、现代化、社会化的新型物流配送中心可归纳为具有以下一些特征：

1．物流配送反应速度快

网络营销环境下，新型物流配送服务提供者对上游、下游的物流配送需求的反应速度越来越快，前置时间和配送时间越来越短，物流配送速度越来越快，商品周转次数越来越多。

2．物流配送功能集成化

新型物流配送着重于将物流与供应链的其他环节进行集成，包括：物流渠道与商流渠道的集成、物流渠道之间的集成、物流功能的集成、物流环节与制造环节的集成等。

3．物流配送服务系列化

网络营销环境下，新型物流配送强调物流配送服务功能的恰当定位与完善化、系列化，除了传统的储存、运输、包装、流通、加工等服务外，还在外延上扩展至市场调查与预测、采购及订单处理，向下延伸至物流配送咨询、物流配送方案的选择与规划、库存控制策略建议、货款回收与结算、教育培训等增值服务，在内涵上提高了服务对决策的支持作用。

4．物流配送作业规范化

网络营销的新型物流配送强调作业、运作的标准化和程序化，使复杂的作业变成简单的易于推广与考核的运作。

5. 物流配送目标系统化

新型物流配送从系统角度统筹规划一个公司整体的各种物流配送活动，处理好物流配送活动与商流活动及公司目标之间、物流配送活动与物流配送活动之间的关系，不求单个活动的最优化，但求整体活动的最优化。

6. 物流配送手段现代化

电子商务下的新型物流配送使用先进的技术、设备与管理为销售提供服务，生产、流通和销售规模越大、范围越广，物流配送技术、设备及管理越现代化。

7. 物流配送组织网络化

为了保证对产品销售提供快速、全方位的物流支持，新型物流配送要有完善、健全的物流配送网络体系，网络上点与点之间的物流配送活动保持系统性和一致性，这样可以保证整个物流配送网络有最优的库存总水平及库存分布，运输与配送快捷、机动，既能铺开又能收拢。分散的物流配送单体只有形成网络才能满足现代生产与流通的需要。

8. 物流配送经营市场化

新型物流配送的具体经营采用市场机制，无论是企业自己组织物流配送，还是委托社会化物流配送企业承担物流配送任务，都以服务与成本的最佳配合为目标。

9. 物流配送流程自动化

物流配送流程自动化是指运送规格标准、仓储货、货箱排列装卸、搬运等按照自动化标准作业、商品按照最佳配送路线等。

10. 物流配送管理法制化

宏观上，要有健全的法规、制度和规则；微观上，新型物流配送企业要依法办事，按章行事。

8.4.2 物流配送的一般流程

物流配送一般包括：备货、储存、分拣及配货、配装、配送运输、送达服务及配送加工。

1. 备货

备货是配送的准备和基础工作。备货工作包括筹集货源、订货和购货、集货和进货及有关的质量检查、结算、交接等。配送的优势之一，就是可以集中用户的需求进行一定规模的备货。备货是决定配送成败的初期工作，如果备货成本太高，会大大降低配送的效益。

2. 储存

配送中的储存有储备及暂存两种形态。配送储备是按一定时期的配送经营要求形成的对配送的资源保证。这种类型的储备数量较大，储备结构也较完善，视货源及到货情况，可以有计划地确定周转储备及保险储备结构及数量。配送的储备保证有时在配送中心附近单独设库解决。另一种储存形态是暂存，是具体执行日配送时，按分拣配货要求，在理货场地所做的少量储存准备。由于总体储存效益取决于储存总量，所以，这部分暂存数量只会对工作方便与否造成影响，而不会影响储存的总效益，因而在数量上控制并不严格。

还有另一种形式的暂存，即在分拣、配货之后形成的发送货载的暂存，这个暂存主要是调节配货与送货的节奏，暂存时间不长。

3. 分拣及配货

分拣及配货是配送不同于其他物流形式的、有特点的功能要素，也是配送成败的一项重要支持性工作。分拣及配货是完善送货、支持送货准备性工作，是不同配送企业在送货时进行竞争和提高自身经济效益的必然延伸，也可以说是送货向高级形式发展的必然要求。有了分拣及配货就会大大提高送货服务水平，可见，分拣及配货是决定整个配送系统水平的关键要素。

4. 配装

在单个用户配送数量不能达到车辆的有效载运负荷时，就存在如何集中不同用户的配送货物，进行搭配装载以充分利用运能、运力的问题，这就需要配装；与一般送货不同之处在于，通过配装送货可以大大提高送货水平及降低送货成本。可见，配装也是配送系统中有现代特点的功能要素，也是现代配送不同于已往送货的重要区别之处。

5. 配送运输

配送运输属于运输中的末端运输、支线运输。与干线运输形态的主要区别在于：配送运输是较短距离、较小规模、额度较高的运输形式，一般使用汽车做运输工具。与干线运输的另一个区别是，配送运输的路线选择问题是一般干线运输所没有的，干线运输的干线是唯一的运输线，而配送运输由于配送用户多，一般城市交通路线又较复杂，如何组合成最佳路线，如何使配装和路线有效搭配等，是配送运输的特点，也是难度较大的工作。

6. 送达服务

配好的货运输到用户，还不算配送工作的完结。这是因为送达货和用户接货往往还会出现不协调，使配送前功尽弃。因此，要圆满地实现运到之货的移交，并有效地、方便地处理相关手续并完成结算，还应讲究卸货地点、卸货方式等。送达服务也是配送独具的特殊性。

7. 配送加工

在配送中，配送加工这一功能要素虽然不具有普遍性，但往往是有重要作用的功能要素。主要原因是通过配送加工，可以大大提高用户的满意程度。配送加工是流通加工的一种，但配送加工有它不同于一般流通加工的特点，即配送加工一般只取决于用户要求，其加工的目的较为单一。

8.4.3　物流配送中心的运作类型

物流配送是流通部门连接生产和消费、使时间和场所产生效益的设施。提高物流配送的运作效率是降低流通成本的关键所在。物流配送又是一项复杂的科学系统工程，涉及生产、批发、电子商务、配送和消费者的整体结构，运作类型也形形色色。考察传统物流配送中的运作类型，对设计新型物流配送中心的模式具有重要的借鉴作用。

1. 按运营主体的不同配送中心可分为四种类型

（1）以制造商为主体的配送中心　这种配送中心里的商品 100%是由自己生产制造，用以降低流通费用、提高售后服务质量和及时地将预先配齐的成组元器件运送到规定的加工和装配工位。从商品制造到生产出来后条码和包装的配合等多方面都较易控制，所以按照现代化、自动化的配送中心设计比较容易，但不具备社会化的要求。

（2）以批发商为主体的配送中心　批发是商品从制造者到消费者手中之间的传统流通环节之一。一般是按部门或商品类别的不同，把每个制造厂的商品集中起来，然后以单一品种或搭配向消费地的零售商进行配送。这种配送中心的商品来自各个制造商，它所进行的一项重要的活动是对商品进行汇总和再销售，而它的全部进货和出货都是社会配送的，社会化程度高。

（3）以零售业为主体的配送中心　零售商发展到一定规模后，就可以考虑建立自己的配送中心，为专业商品零售店、超级市场、百货商店、建材商场、粮油食品商店、宾馆饭店等服务。其社会化程度介于前两者之间。

（4）以仓储运输业为主体的配送中心　这种配送中心最强的是运输配送能力，地理位置优越，如港湾、铁路和公路枢纽，可迅速将到达的货物配送给用户。它提供仓储储位给制造商或供应商，而配送中心的货物仍属于制造商或供应商所有，配送中心只是提供仓储管理和运输配送服务。这种配送中心的现代化程度往往较高。

2．配送中心可采用三种模式

（1）集货型配送模式　这种模式主要针对上家的采购物流过程进行创新而形成。其上家生产具有相互关联性，下家互相独立，上家对配送中心的储存度明显大于下家，上家相对集中，而下家分散具有相当的需求。同时，这类配送中心也强调其加工功能。此类配送模式适合于成品或半成品物资的推销，如汽车配送中心。

（2）散货型配送模式　这种模式主要是对下家的供货物流进行优化而形成。上家对配送中心的依存度小于下家，而且配送中心的下家相对集中或有利益共享（如连锁业）。采用此类配送模式的流通企业，其上家竞争激烈，下家需求以多品种、小批量为主要特征，适于原材料或半成品物资配送，如机电产品配送中心。

（3）混合型配送模式　这种模式综合了上述两种配送模式的优点，并对商品的流通全过程进行有效控制，有效地克服了传统物流的弊端。采用这种配送模式的流通企业规模较大，具有相当的设备投资，如区域性物流配送中心。在实际流通中，多采取多样化经营，降低了经营风险。这种运作模式比较符合新型物流配送的要求（特别是电子商务下的物流配送）。

8.5　物流解决方案应用案例

海尔的物流革命年代

物流业兴起是经济发展的大势所趋，然而在我国真正认识物流者当属海尔。海尔物流的成功给人们一个启示：唯创新者才能独占鳌头。

在竞争对手看来，海尔最可畏惧的是思维创新的速度和实现创新的能力。当海尔仅仅一只脚踏进物流时，同行就已经隐约感受到逼人的压力，而当海尔国际物流中心的开张，则把这种压力变成了现实。海尔国际物流中心坐落在海尔开发区工业园，由国家“863”计划项目海尔机器人有限公司整合国内外资源建设而成。宏伟的中心立体库高22米，拥有18 056个标准托盘位，其中原材料9 768个盘位，成品8 288个盘位，包括原材料和产成品两个自动化物流系统。通过采用世界上最先进的激光导引技术开发的激光导引无人运输车系统、巷道堆垛机、机器人、穿梭车等，实现了全部物流的自动化和智能化。除了硬件的高度专业化外，“一流三网”和“同步模式”等概念的提出，则形成了中国物流近几年最强劲的冲击波。

1．一流三网

事实上，庞大的立体库工程仅仅是冰山一角，海尔针对企业的改革则包含了物流进化中更博大深邃的思维。张瑞敏对物流的理解，首先是企业的管理革命。企业发展现代物流不能回避的是流程再造，而流程再造将把原“直线职能式”的金字塔结构改革为“扁平化”的组织结构。这种企业内部的管理再造对企业来讲是一场非常痛苦的革命。而企业要在国际化的竞争中立足，除了这种革命之外别无出路。海尔的流程再造是用“一流三网”来体现现代物流的信息化和网络化。其中，“一流”是指订单信息流。企业内部信息系统的构造，全面围绕着订单流动进行设计。作为物流的基础和支持，“三网”则是指海尔的全球供应网络、全球配送网络和计算机管理网络。对于海尔物流来讲，“一流三网”是实现物流革命的必然选择。

2．同步模式

对海尔来说，物流还意味着速度。依据张瑞敏的理解，信息化时代企业用以制胜的武器就是速度。对企业来讲，20 世纪 80 年代制胜的武器是品质管理；20 世纪 90 年代制胜的武器就是企业流程再造；而 21 世纪初的 10 年，对于新经济时代的企业来讲，制胜的武器就是速度。这个速度，就是能够最快地满足消费者个性化的需求。对个性化需求的考虑，在很多企业还处于“纸上谈兵”时，海尔就已经把产品的定位实现了革命性的调整。而对于如何实现这个速度，海尔提出了“同步模式”，即在接到订单的那一刹那，所有与这个订单有关系的部门和个人，能够在物流流程明确分工的环节下同步地行动起来，从而实现同步流程、同步送达。

3．三零运作

在企业革命性的调整后，物流帮助海尔实现了革命性“零库存、零距离、零营运资本”的运作目标。JIT 采购、JIT 送料、JIT 配送是海尔实现零库存的武器。海尔目前的仓库，完成的只是一个配送中心的职能，是为了下道工序配送而暂存的一个地方。“零库存”意味着不仅不会因这些物资积压形成呆滞物资，更重要的是它为产品生产的零缺陷铺平了道路。由于物资的采购保证了品质和新鲜度，从而使质量保证有了非常牢靠的基础。“零距离”指的是海尔在拿到用户的订单需求后，以最快的速度满足用户的需求。海尔目前基于物流的生产过程是“柔性”的生产线，都是为订单来进行生产的，然后再通过全国 42 个配送中心，及时地配送到用户手中。通过这种做法尽可能地实现“零距离”。张瑞敏对“零距离”的理解还有更深的一层含义，即对企业来讲，不仅仅是意味着产品不需要积压送达客户手中，更意味着企业可以在市场当中不断地获取新的市场，创造新的市场。谈到这一点，张瑞敏引用了美国管理大师德鲁克所说的一句话：“好的公司是满足需求，伟大的公司是创造市场”。所谓“零营运资本”，就是零流动资金占用。海尔因为有了零库存和零距离，因此已经有能力做到“零营运资本”。简单地说，企业在给分供方付款期到来之前，可以先把用户应该给付的货款收回来。达成收回货款的前提是企业做到现款现货，而做到现款现货的最有效途径就是企业根据用户的订单来制造产品。这也是企业进入良性运作的过程。物流带给海尔的三个“零理念”，成为海尔在物流时代创造财富的源泉。第三方物流企业经常为如何满足生产厂商的物流需求而绞尽脑汁，考察海尔物流实现的运作思路，多少会带给这些专业企业一些启迪。

4．数字解密

下面的一组组数字可以从侧面说明物流“革命”给海尔带来的变化：整个集团呆滞物资降低 73.8%，仓库面积减少 50%，库存资金减少 67%；7200 平方米的物流中心吞吐能力相当于 30 万平方米的普通平面仓库；供应商由原来的 2336 家优化到 978 家，同时国际化供应商的比例上升了 20%；在中心城市实现 8 小时配送到位，区域内 24 小时配送到位，全国 4 天以内到位；100%的采购订单由网上下达，采购周期由平均 10 天降低到 3 天，网上支付已达到总支付额的 20%……这些有着惊人变化的数字背后，正是给海尔带来惊人变化的物流“革命”。在专业物流人看来，与其说海尔创新有方，不如说海尔的胆气更让人叹为观止。从这个意义上看，海尔带来的不仅是企业自身的发展，其革命性的思维方式更将深远地影响到摸索中的中国物流产业。

5．物流打造核心竞争力

“物流带给海尔最关键的是核心竞争力”，这句看似深奥的话有着极为朴素的含义。根据张瑞敏的表述，核心竞争力就是在市场上可以获得用户忠诚度的能力。它并非意味着企业一定生产一个核心部件。拥有这种竞争力的代表企业是戴尔公司，它既不生产软件也不生产硬件，而是从互联网采购，因为它获取了用户的忠诚度，因此就有了核心竞争力。物流也使得海尔能够一只手抓住用户的需求，一只手抓住可以满足用户需求的全球供应链，把这两种能力结合在一起，形成的就是海尔所期望达到的核心竞争力。而海尔运作现代物流，目的就是要获得在全世界通行无阻的核心竞争力，成为国际化的世界名牌企业。

本章小结

本章从结构、费用和作用方面对网络分销渠道与传统分销渠道进行了分析，阐述了一个完善的网上分销渠道应该具备的三大功能，以及网络环境下网上商城等新型的电子中间商的作用，重点分析了制约网络营销发展的物流瓶颈，并提出了网络营销企业物流决策解决方案。

分销渠道就是商品和服务从生产者向消费者转移过程的具体通道或路径。网络分销渠道则是以互联网为通道实现商品和服务从生产者到消费者转移的过程。一个完善的网上分销渠道应该具备三大功能：订货功能、结算功能和配送功能。随着互联网的迅速发展和广泛的应用，产生了网络环境下的新型的电子中间商。

由于网上销售对象的特点不同，企业的经营特色不同，因此开展网络分销的企业，要根据企业自身的实际情况、产品的特性、目标市场的定位和企业整体战略来选择合适的分销渠道和分销商。

物流是供应链中的"第三利润源泉"，也是现代供应链竞争的焦点所在。通常存在以下四种主要运作模式可供选择：自营物流模式、功能性外包模式、第三方物流模式及第四方物流模式。除了软件产品和服务产品之外，大部分的实体产品需要物流配送。在网络营销时代，物流配送具有信息化、现代化、社会化的新特征。物流配送一般包括：备货、储存、分拣及配货、配装、配送运输、送达服务及配送加工。

按运营主体的不同物流中心可分为四种类型：以制造商为主体的配送中心；以批发商为主体的配送中心；以零售业为主体的配送中心；以仓储运输业者为主体的配送中心。配送中心采用的三种模式：集货型配送模式；散货型配送模式；混合型配送模式。

网络营销企业在进行物流决策时，究竟采取哪种物流模式或配送方式要考虑：企业的规模和实力；核心与非核心业务；目标客户和空间分布；产品的特性；配送细节；服务提供者；物流成本。在制定了物流方案后，还必须对物流全过程实施监控和管理。主要是要做好库存跟踪和订单跟踪。新型物流配送中心作为一种全新的流通模式和运作结构，其管理水平要求其达到科学和现代化，为此要求其具有高水平的企业管理、高素质的人员配置和高水平的装备配置。

习　题

一、填空题

1. 市场经济条件下，由于生产者和消费者在时间、空间和信息上存在着差异，所以企业的产品只有经过______才能送达消费者。

2. ______就是以互联网为通道实现商品和服务从生产者到消费者的转移过程。

3. ______被称为供应链中的"第三利润源泉"，"是企业成本最后一块未开发的处女地，是管理的黑暗大陆"。

4. 一个完善的网上分销渠道应该具有______、______和______功能。

5. 所谓分销渠道渗透法是企业采用______和______达到销量最大的一个可行的方法。

二、选择题

1．按有无中间商的介入，分销渠道分为（　　）。

A．直接渠道　　B．间接渠道　　C．长渠道　　D．短渠道

2．网络营销渠道的作用主要表现在（　　）。

A．双向信息传播　　B．提供快捷的产品服务通道

C．是企业交易与相关业务的平台　　D．获得超越传统渠道的竞争优势

3．分销渠道的模式从服务的宽度来看主要有（　　）。

A．密集型分销　　B．选择型分销　　C．独家分销　　D．网络分销

4．在一个网络分销渠道中，几乎每一项交易都会伴随着（　　）的发生。

A．信息流　　B．商流　　C．资金流　　D．物流

5．传统分销渠道与网络分销渠道主要在（　　）不同。

A．结构　　B．费用　　C．作用　　D．顾客

6．按照运营主体的不同，物流配送有（　　）几种类型。

A．以制造商为中心　　B．以批发商为中心

C．以零售商为中心　　D．以仓储运输业为中心

7．由于企业的性质不同，产品经营方式不同，以及企业的实力情况不同，所以供应链中通常存在（　　）种主要物流运作模式可供选择。

A．自营物流模式　　B．功能性外包模式

C．第三方物流模式　　D．第四方物流模式

三、判断题

1．虚拟零售店没有自己的货物清单，但是可以销售产品给消费者。（　　）

2．营销渠道的建设趋势由原来的商业利用关系转向共赢合作关系。（　　）

3．虚拟商业街的收入来源主要依靠其他商业站点的租用。（　　）

4．传统的自营物流模式适合于品种多、标准化程度低的企业。（　　）

5．第四方物流完全适合于我国当前的大多数企业的实际情况。（　　）

6．鉴于物流成本所占的比例高达15%～45%，所以才有物流是“第三利润大陆”的说法。（　　）

四、简答题

1．网络分销渠道与传统分销渠道相比具有哪些优点？

2．网络订货系统的设计应该考虑哪些方面？

3．如何理解物流是“第三利润大陆”？

4．简述第三方物流与第四方物流的特点及其适用条件。

5．物流配送具有哪些特征？

五、讨论题

结合开篇案例，并访问戴尔和联想网站，分析两者的分销渠道模式有何不同；联想要获得更大的发展应该如何提升自己的核心竞争力。

六、实训题

1．为某企业设计一个网络直销产品的订单。

2．针对一个制造企业设计一个第三方物流解决方案。

第 9 章　网络营销服务

本章主要内容

- 传统服务营销与网络服务营销的区别
- 网络产品的分类及其服务特点
- 网络顾客的服务内容
- 网络个性化服务的内涵

案例：个性化市场细分是网络营销的方向

目前，我国除了阿里巴巴、卓越、当当、易趣四家大的电子商务网站外，专注于某一领域的网络营销企业还有很多，而且经营活动十分活跃。事实上，电子商务经过低谷洗牌后，一些电子商务网站通过自身的扎实经营已经有了相当的知名度和美誉度，同时由于所经营产品特色鲜明，在消费人群中形成了购买习惯，并培养了一批忠实的消费群体，如购买图书音像制品人们会选择卓越、当当。忠实的消费群体是电子商务能够复苏的第一个要素。

伴随互联网技术的发展，对目标市场的细分不再只是细分到某个群体，而会细分到个人和具体的商业定位。网络时代的消费者作为真正的"产销者"将参与到商品的生产中来。因此，企业的市场应是每一个不同的顾客个体。这样就需要进行很好的交流。比如现在网上虚拟社区就变得很流行。一对一营销、关系营销、数据库营销、互联网营销等营销模式也终将变得必要起来。电子商务的发展将越来越体现个性化的细分需求，这无论是对客户还是经营者都是一次选择，客户取其便捷和专业性，而经营者得到市场重新洗牌的机会，并树立起自己别具一格的经营风格。

9.1　网络营销服务概述

9.1.1　从传统服务到网络服务

工业时代是以物质资料为原料，以机械化为手段，以资本和体力劳动为生产要素的大规模的物质产品生产和销售时期。为了提高效率必须采取大规模的方式，这就决定了企业营销的基本方式是从设计到生产，再到销售的技术驱动。在这种情况下，生产企业不注意市场上消费者的需求及其变化。因此，传统的销售服务是由企业到顾客或由顾客到企业的单向特征和思路。

信息时代是信息的生产规模远远超过物质的生产规模增长的时代，市场由规模市场转变为细分市场、个性化市场。而网络这种全天候、即时、互动的新型工具正好迎合了现代顾客个性化的需求特征，所以，越来越多的公司将"一对一"的服务整合到公司的营销计划之中。网络顾客服务策略的思路是：利用网上服务工具 FAQ 页面向顾客提供有关产品、公司情况等信息；运用 E-mail 工具使网上企业与顾客进行双向互动；通过多种方法，将顾客整合到公司的营销管理中来，实现与顾客的对话与交流。这种思路不是单向的，而是一个提供信息、反馈、互动、顾客整合的双向循环回路。

9.1.2　网络顾客需求的时代特征

顾客需求随着技术、社会的发展逐渐在发生变化。主要经历了以下几个阶段：

1．大众营销时代的个性化服务

大众营销时代的个性化服务，多为一个区域内的顾客均在一个或少数几个小百货商店购买所需的用品。由于顾客少，购买地点也相对集中，店主比较熟悉各位顾客的消费习惯和偏好，因此货主在组织货源时，会根据顾客的习惯和偏好进货。同时，也会根据顾客的具体情况推荐商品。总之，此时的店主自发地进行着较低级的个性化服务，以建立顾客对产品的忠诚。如18世纪的日本化妆品零售商定期走访每一位顾客，根据他们的皮肤特征推荐产品，反馈顾客意见，这种个性化的顾客服务取得了顾客的信任和对其产品的忠诚。

2．大规模营销时代的服务

在20世纪50年代，大规模市场营销主要是通过电视广告、购物商城、超级市场、大规模生产的企业以及大批量消费的社会改变人们的消费方式。大规模的市场营销使企业失去了与顾客的亲密关系，把顾客当做没有需求差别的人。但是随着人们网络意识的增强和网络技术的发展，这种营销方式必然被个性化的网络营销方式所代替。如果仍停留在由企业到顾客或由顾客到企业的思路，企业就不能够建立起与顾客对话与沟通的渠道，企业的产品就不能很好地满足顾客千变万化的需求。如果忽略了环境在变化，经济在发展，人民生活水平在提高，顾客需求水平在不断升级和变化这样的事实，那么，企业也就不能根据顾客需求的变化趋势和方向，及时地做出比较符合实际的营销决策。

3．回归和突出个性化服务时代

服务营销已越来越被一些明智的企业予以高度重视，搞好服务营销就应该从产品营销思路的束缚中解脱出来，把为顾客服务的理念贯彻到企业所有的经营活动中去，而不是仅仅将服务视为依附于产品的售前或售后服务，而是贯穿于从产品设计到产品销售的整个过程之中，乃至产品寿命周期的各个阶段。比如，一些企业设立了与生产、销售等并列的为顾客服务的客服部门。随着“服务经济时代”的到来，服务营销已经成为企业树立形象、吸引新顾客、留住老顾客，更好地满足顾客多种需求的最有效途径。

9.2 网上产品服务

9.2.1 网上产品的分类

从理论上来讲任何企业的产品都可以通过网络进行销售。但是由于顾客的消费理念和消费习惯、网络技术的发展、物流配送等问题的存在，所以最适合在网络上营销的产品主要是计算机软硬件产品、标准品、知识含量高的产品和各种创意独特的新产品。根据产品形态的不同、适合网络营销的产品主要分为以下几类：

1．实体产品

实体产品是指具有物理形状的物质产品，包括工业产品、农业产品和民用品。其营销方式主要是先由客户进行在线购物浏览和选择，然后再由商家组织送货上门服务。网上的交互式交流成为买卖双方交流的主要形式。消费者或客户通过卖方的主页考察其产品的品种、质量、价格、数量。卖方则通过邮寄产品或送货上门提供相应的服务。

最适合在网上销售的产品主要是计算机软硬件、家用电器、书籍，以及音乐唱盘等产品。特别是图书是一种非常适合于网上销售的产品，图书本身作为信息传播的载体，使之非常容易与网络连接，加上图书的邮寄具有一定的专用性，邮寄过程中不容易变质和损坏。这也是亚马逊网上书店、我国的当当书店成功定位的原因所在。当然不可忽视的是由于支付的安全问题和物流配送问题，还在制约着这一类产品的普及。在实际生活中还有许多产品不适合网上营销，如服装、首饰等贵重物品。所以在选择实体产品时，应充分考虑产品自身的性能，即标准化产品和易鉴别的商品适合在网上销售。另外还要考虑实物产品的营销范围和物流配送等问题。

2. 软件产品

软件产品是指为了运行、维护、管理和开发计算机所编制的各种程序的总和。通常分为系统软件和应用软件两大部分。与一般的实物产品相比软件产品具有无形性、配套性、技术含量高、升级快等特点。软件产品是一种适合在网上销售的产品，不仅由于软件产品本身可以在网络上直接下载，节约了购买成本，而且如果购买了相应的硬件，那么还可以得到不断的升级服务。由于软件产品的技术含量高，又有功能升级的特点，所以在营销过程中要特别注重服务。

3. 信息产品

信息产品是指电子报刊、电子图书、数字电影等以提供信息资料为主旨的数字化产品。由于Internet本身就具有传输多媒体信息的功能，可以通过网络销售这些产品。在纸张价格不断上涨、环保意识日益强烈的情况下，网络信息传播具有极大的潜在优势。为了增大信息产品的畅销程度，在制作信息产品时应该注意以下几点：第一是要做成可在网上提供下载的文件；提供打印格式，并要注意装订和包装精美及书名等方面。

9.2.2 网上产品服务

通过 Internet 提供的服务产品种类很多。主要有两类：产品服务和非产品服务。

1. 产品服务

产品服务是网络营销中的重要组成部分。按其营销过程来划分有：售前服务、售中服务和售后服务三种类型。售前服务是利用互联网把产品的有关信息发送给目标顾客，这些信息包括：产品技术指标、主要性能、使用方法与价格等；售中服务是为顾客提供咨询、导购、订货、结算以及送货等服务；售后服务的主要内容则是为用户安装、调试产品，解决产品在使用过程中的问题，排除技术故障，提供技术支持，寄发产品改进或升级信息以及获取顾客对产品和服务的反馈。

2. 非产品服务

非产品服务分为普通服务和信息咨询服务两大类。普通服务包括远程医疗、法律救助、航空火车订票、入场券预定、饭店旅游服务预约、医院预约挂号、网络交友、计算机游戏等。信息咨询服务包括法律咨询、医药咨询、股市行情分析、金融分析、资料库检索、电子新闻、电子报刊等。通过网络这种媒体，顾客不仅快速地得到了所需要的信息，而且及时地获得了自己所需要的有用的信息。从这一点上来说，这是传统的服务所不能比拟的。

9.2.3 网上顾客服务的内容

顾客服务过程实质上是满足顾客除产品以外的其他连带需求的过程。因此，完善的网上顾客服务必须建立在掌握顾客这些连带需求的基础之上。顾客的服务需求包括了解公司产品和服务的信息，需要公司帮助解决问题，与公司人员接触，了解全过程信息 4 个方面的内容。

1. 需要了解满足个性需求的特定信息

网络时代的顾客需要了解的是产品和服务的信息，这些需求是传统的营销媒体难以实现的。而互联网在市场营销的早期运用中就已经实现了这一服务功能。在一项顾客测试中，消费者按照自己认为的重要程度对产品信息、服务信息和产品订购这些网络的主要功能进行排序，结果显示人们对于详细的产品和服务信息更感兴趣。这是因为人们已经拥有了众多的订购方式，如电话、传真、邮购等，唯独缺乏可以随要随到的产品和服务。现代企业利用互联网能为顾客提供前所未有的个性化服务。比如，在 Amazon.com 网上书店，顾客需要的信息可能个性化到如下程度：顾客喜欢的某一位作家的所有在版图书及最近作品，或与顾客研究的某个专题有关的最新著作等。过去，要想寻找到这类信息，需翻阅最近全国书目，定期到当地大型综合图书馆或书店查询，而现在 Amazon 设立了一个叫 Eyes 的自动搜索工具为顾客搜寻所需的图书信息，并及时给顾客发送 E-mail。

2. 需要公司帮助解决问题

顾客经常会在某些技术性较强的产品使用过程中发生故障。因此，从产品安装、调试、使用到故障排除、提供产品系统更高层次的知识等，都应纳入顾客服务的范围。帮助顾客解决问题常常消耗传统营销部门大量的时间、人力，而且其中的一些常见问题的解决，不仅效率低下，而且服务成本高。为了解决此类问题，有些企业设置了热线电话，但是，当顾客拨打热线电话时，因为所有的服务代表正忙于处理其他顾客的问题，往往会听到自动应答机要求顾客耐心等待。所以，最好的方法是到网上去帮助顾客解决问题。只要给顾客提供完善的条件，企业可以让顾客成为自己的服务员。

要做到这一点，首先要确定顾客可能遇到的问题，并对这些问题做出正确的诊断。比如，当顾客抱怨新买的家电不工作时，应考虑到安装是否正确、电源有没有问题、是否按照说明书进行的操作、有没有操作程序方面的错误或者家电本身就存在质量缺陷等。这样才能够正确预测到顾客所遇的真正问题，进而在网上提供解决问题的办法。其次就是要对企业的顾客进行训练，教会他们如何使用企业在网上为他们提供的服务功能，如何利用互联网解决遇到的问题。例如，Microsoft 公司和 Intersolve 公司都在它们的网络站点上设置了供顾客自我学习的知识库，这里不仅能提供经常遇到的问题的解决方案，还能将顾客自我教育为产品专家，这样顾客便会很乐意自己解决问题。

3. 需要与公司人员接触

现在的顾客不仅需要自己了解产品、服务知识和解决问题的办法，同时还需要像传统顾客服务一样，在必要的时候与公司的有关人员直接接触，解决比较困难的问题，或面对面地询问一些特殊的信息，反馈他们的意见。网络为这种互动的交流和沟通提供了实现的工具。

4. 需要了解全过程信息

现代顾客不仅需要了解信息、接触人员、要求公司帮助解决问题，有些顾客还常常作为整个营销过程中的一个积极主动因素去参与产品的设计、制造、运送等。这一点充分体现了现代顾客个性化服务的双向互动的特性。顾客了解产品越详细，他们对自己需要什么样的产品也就越清楚。公司要实现个性化的顾客服务，应将主要顾客的需求作为产品定位的依据，纳入产品的设计、制造、改造的过程中。让顾客了解全过程实际上就意味着企业与顾客之间"一对一"关系的建立，这种关系的建立为小企业挑战大企业独霸市场的格局提供了有力的保证。小企业对市场份额的不断占领是大规模市场向细分市场演变的具体表现。这种市场局面正在形成，比如在计算机市场或软件市场上，最大的份额不再是 IBM，而是无数的小企业群体。

以上网上顾客服务需求四个方面的内容，不是完全独立的，它们之间是一种相互促进的关系。本层次的需求满足得越好，就越能推动下一层次的服务需求。对顾客的需求满足得越好，企业与顾客之间的关系就越密切。全部过程中的需求层次逐渐升级，不仅促使公司对顾客需求有更充分的理解，也会引起顾客对公司期望的增强以及对公司的关心，最终不仅实现了"一对一"关系的建立，而且不断地巩固、强化公司与顾客的密切关系。

9.3 网上个性化服务优势及内涵

9.3.1 个性化服务的优势

美国消费者协会主席艾拉马塔沙说："我们现在正从过去大众化的消费进入个性化消费时代，大众化消费的时代即将结束。现在的消费者可以大胆地、随心所欲地下指令，以获取特殊的、与众不同的服务。”哪怕部分消费者总体上倾向于和大众保持同质化的产品或服务消费，但也期望在送货、付款、功能和售后服务等方面，供货方能满足其特别的需求。

个性化营销之所以被成功的企业所青睐，是因为个性化比传统的大众化营销有明显的优势，主要表现在：

1．更好地体现了“顾客至上”的现代市场营销理念

传统的目标市场营销针对的是某一同质的商品如何满足众多消费者的需求，而不是针对每一个消费者的特殊需求。而网络营销中的个性化营销是以满足顾客个性化需求为目的的活动。它通过建立顾客数据库，针对个体消费者开展差异性服务。之所以网络时代出现个性化消费的潮流，一是由于人们消费水平不断提高，价值观念日益个性化，进而要求产品的“文化色彩”或“情感色彩”浓厚，能体现个人独特的素养。二是产品越来越供大于求，消费者可以在众多的同类产品中随意挑选。而网络经济的发展使消费者的需求趋于个性化成为可能。所有这些，向企业营销者提出新的要求，企业要生存和发展，就必须适应这种潮流，就必须具备个性化的营销能力。

2．网络营销个性化是企业创造竞争优势的重要手段

在日趋激烈的市场竞争中，谁的产品能够满足消费者的需要，谁就能够赢得市场赢得顾客。而个性化营销就是顾客根据自己的个性需求自行设计产品，如海尔提出了：“您来设计，我来实现”的口号，由消费者向海尔提出自己对家电产品的需求模式，包括性能、款式、色彩、大小等，这样的产品更具适应性，更有竞争力，也就牢牢占据市场的主动地位。在产品、价格乃至广告都无可奈何地同质化的今天，差异化竞争就成为焦点，这对于产品同质化程度较深、竞争异常激烈的 IT 行业来说尤甚。而个性化是体现差异化竞争优势的最好方式，也有助于提升企业的核心竞争力。

3．最大限度地满足了消费者的个性化需求

在传统的目标市场营销中，消费者所需的商品只能从现有商品中选购，消费者的需要可能得到满足，也可能得不到满足，而在个性化营销中，消费者选购商品时完全以“自我”为中心，如果现有商品不能满足需求，则可向企业提出具体要求，企业也能根据这一要求，让消费者买到自己的理想产品。如上海有一家“组合式”鞋店，货架上陈列着 7 种鞋跟，9 种鞋底，鞋面的颜色以黑白为主，搭配的颜色有 50 多种，款式有近百种，顾客可挑选出最喜欢的各个部位，然后交给店员，只需等上十几分钟便可以获得所需要的新鞋。

4．在满足客户个性化需求中提高了企业经济效益

由于和消费者保持长期的互动关系，企业能及时了解市场需求的变化，有针对性的生产，不会造成产品积压，还缩短了再生产周期，降低了流通费用。另外，个性化产品增加了产品需求价格弹性，售价的提高增加了单位产品利润，企业经济效益自然凸现。因此，个性化营销是一种既能够满足每一个消费者的独特需求，又能够增加企业利润的“鱼和熊掌可以兼得”的双赢模式。

列维斯特劳斯是美国一家著名的牛仔服装生产厂商。由于人们的身材千姿百态和审美的差异，使服装成为个性化程度最高的一种商品。现在它采用顾客定义技术，顾客只需在公司互联网网页上输入自己需求的尺寸、颜色、面料等信息，该公司便可在 3 周内送货上门。因此，公司既没有库存也没有销售成本，其经济效益可想而知。再如，美国“全七技术”公司开发出了个性化电子邮件系统，利用这种系统，发出的电子邮件将携带公司标志、公司信息菜单和发件人的电子名片等内容。这种技术将改变了电子邮件枯燥呆板的形象，在提高公司的知名度的同时又可提高以电子邮件为手段的电子商务质量。在国内，个性化已在电子商务领域初见端倪。很多企业已经十分注重通过个性化来提高电子商务的竞争力了。

9.3.2　网络营销个性化的含义

个性化服务也叫定制服务，即按照一般消费者的要求提供特定的服务。个性化对于网络营销而言有两层含义：个性化的网络营销和网络营销的个性化。

1. 个性化的网络营销

个性化的网络营销是指网络营销企业要建立个性化的网络营销平台。即作为网络营销企业要量身订制个性化的网络营销解决方案，包括获得个性化网络营销的咨询服务；制定个性化网络营销模式；开发程序模块、设计页面，建设个性化电子商务网站；网站建成后期或电子商务模式提供结束后，获得持续的、有针对性的网络营销推广活动等方面。网络营销在中国刚刚起步，其发展过程中不可避免地容易犯盲目和模仿等幼稚病。因而在实践中表现为网络营销解决方案的同质化以及模式缺乏创新。结果投资不少，见效甚微。有鉴于此，企业在构筑自己的网络营销平台的过程中，一定要充分考虑其自身的条件和发展规划，量体裁衣，度身定制适用的网络营销平台，而不能盲目地模仿别人的构筑方法，否则必将浪费大量人力、物力和时间，无果而终。

2. 网络营销的个性化

网络营销的个性化是指开展网络营销的企业向客户提供个性化的服务，主要包括三个方面的内容：一是需求的个性化定制。由于自身条件的不同，客户对商品和服务的需求也不尽相同，因此如何及时了解客户的个性化需求是首要任务；二是信息的个性化定制。互联网为个性化定制信息提供了可能，也预示着巨大的商机。华尔街时报很早推出的个人电子报纸就是一例。互联网最大的特点是实时、互动。随着网络互动电视的发展，消费者不仅可以实现电视点播，而且还会促使个人参与节目的创意、制作过程；三是对个性化商品的需要。特别是技术含量高的大型商品消费者不再只是被动地接受，商家也不仅仅是提供多样化的选择范围了事，而将是消费者把个人的偏好参与到商品的设计和制造过程中去，所以未来的消费者变成了既生产又消费双重身份的“产销者”。

个性化的这两层含义其实是相互联系和相互促进的。个性化网络营销是网络营销的基础和条件，没有个性化网络营销，要实现网络营销个性化就很难；网络营销个性化是个性化网络营销的目的和归宿，企业在开展营销活动时如果不进行个性化服务，那么个性化营销就失去了其价值和必要。因此，企业在实施网络营销时，不仅要建立个性化的网络营销平台，也要向客户提供个性化的服务。两者相辅相成，共同推进网络营销的发展。

本 章 小 结

本章从传统服务营销与网络服务营销的比较中，分析了网络时代顾客的个性化需求的优势及特征，介绍了网络产品的分类、网络顾客的服务内容、网络服务市场呈现的新特征，重点阐述了网络个性化服务的内涵，4 P’s 中的个性化服务策略，以及网络顾客服务的主要工具。

现代顾客需要的是凸显自我的个性化服务，网络的全天候、即时、互动的特点为顾客的个性化服务提供了全新的理念工具。为了获得顾客资源，越来越多的企业把网络顾客服务整合到企业的营销计划之中。

研究顾客的需求特征是获得顾客的最重要的手段，网络的个性化服务也叫个性化定制，它不仅贯穿于售前、售中及售后的纵向过程，而且渗透于营销组合的 4P’s 中，即产品、定价、分销及促销的 4 个方面。

顾客的服务需求包括了解公司产品和服务的信息，需要公司帮助解决问题，与公司人员接触、了解全过程信息等，使传统的单向顾客服务变成了双向的互动交流。通过网络建立“一对一”的互动式双向交流渠道，能够使企业获取核心竞争优势。

习　题

一、填空题

1．传统服务营销是由企业到顾客的 ______、______沟通，而网络时代的服务营销是顾客与企业的 ______互动的循环。

2．网络时代顾客越来越多地参与到产品的设计、开发过程中，因此消费者的含义也发生了变化，变成了真正意义上的______。

3．网络营销的“一对一”个性化服务，从单纯的与顾客的买卖关系，变为更加关注与顾客建立______。

4．在市场竞争越来越激烈的情况下，网络营销的个性化服务为企业提供了一种“鱼和熊掌可以兼得”的______模式。

5．网络营销的个性化的含义包括______和______两个方面。

6．网络营销的______、______和______的优势，为网络营销的个性化的实现提供了全新的工具。

二、选择题

1．网络市场的演变主要经历了（　）。

A．大众营销　B．大规模营销　C．细分市场营销　D．个性化营销

2．最适合在网上营销的产品主要有（　）。

A．计算机软硬件产品　B．书籍　C．音乐　D．农产品

3．解决产品在使用过程中的技术故障，获得顾客对产品和服务的信息反馈，这是网络服务中的（　）环节。

A．售前　B．售中　C．售后　D．以上三个

4．产品策略中的个性化营销主要有（　）。

A．建立“顾客库”　B．实施柔性化制造

C．开发个性化产品　D．收集顾客意见

三、判断题

1．海尔空调“您来设计，我来实现”的服务理念针对的是一个同质化的市场。（　）

2．大规模定制是网络营销发展的方向。（　）

3．传统营销与网络营销的主要区别是营销手段的变化，而顾客相同。（　）

4．软件和信息产品是最适合在网上销售的产品。（　）

5．制约网络营销的主要因素是网络顾客还不成熟。（　）

6．网络时代企业最大的资产是技术先进性。（　）

四、简答题

1．网络顾客的需求内容主要有哪些？

2．网络产品的分类有哪几种？哪些产品最适合在网上销售？应该注意什么问题？

3．与传统企业服务相比，应用网络营销服务的企业有哪些好处？

4．什么是网上个性化服务？如何开展网上个性化服务？

五、案例分析

试比较分析阿里巴巴、卓越、当当、易趣四大网站成功的原因。

第 10 章　网络营销的管理与控制

本章主要内容

- 网络营销实施过程中的决策管理
- 网络营销业绩的评估内容和方法
- 网络营销风险控制的概念

案例：IBM 公司的网络营销实施

“蓝色巨人”IBM 公司在最鼎盛的 20 世纪 80 年代，拥有工厂 400 余家，职工 40 余万，营销机构遍布全球，产品涉及信息技术的方方面面，构筑起一个庞大的计算机产业的帝国，曾经位居《财富》杂志评选的世界 500 强的第二位。

进入 20 世纪 90 年代，整个计算机产业的竞争格局发生了重大的变化，许多掌握某一尖端技术而又具有创新经营模式的公司，纷纷侵蚀 IBM 公司的传统优势市场，并成为雄踞一方的霸主。与此成为鲜明对比的是，IBM 公司却在 20 世纪 90 年代初出现了“近乎死亡的经历”。1991 年亏损 29 亿美元，1992 年亏损 50 亿美元，1993 年亏损 81 美元。在发明 PC 概念 10 年之后 IBM 公司的 PC 客户被康柏、戴尔、惠普和其他厂商纷纷夺走，微软成为计算机行业的领头羊。一些以网络为中心的公司如思科，以及一些新兴企业如美国在线和网景，成为互联网业中的佼佼者。尽管 IBM 公司对一些大型加工企业仍然非常重要，但他正在失去新的客户，这对公司的生存是一个威胁 ，公司的价值在急剧地萎缩。从 1987 年～1993 年 IBM 公司的股东价值损失了 75%。

1993 年 4 月 1 日，IBM 公司关键的转折点出现了。IBM 公司正式聘请路易斯·郭士纳为首席执行官。

面对 IBM 公司所面临的一系列难题，郭士纳进行了再造企业组织文化、完善企业设计等一系列重大的举措。特别是在利用 Internet 方面，郭士纳做出了较大的动作。主要包括:

1．数字化采购

通过对从以前手工操作的采购环节解剖，深入挖掘采购过程存在的问题，首先进行了组织结构上的变革，成立了全球采购部，并构建了采购订单申请系统、订单中心系统、订单传递系统和询价系统四大系统的 IBM 数字化采购系统。基于网络采购，IBM 降低了采购的复杂程度，采购订单的处理时间降低为一天，合同平均长度减少了 6 页，内部员工满意度提升了 45%。

2．在线培训

IBM 的培训部门在内部网上建立了一个面对所有员工的寰宇大学，进行员工的在线培训。2000 年 IBM 大约 36%的员工是通过在线学习的方式进行培训的，这不仅节约了培训费用，更重要的是达到了公司以电子化手段实现公司的知识管理架构，提升公司的工作效率、竞争力、反应能力和创造力的目的。

3. **在线销售和服务**

1999年11月，IBM开始整合了全球电话服务中心和公司网络管理队伍，成立了一个集成的电话网络服务组织“ibm.com”中心—— 集成各种渠道的服务于客户的“on IBM”。其目的很明确，即确保IBM的销售和技术人员能够利用网络、E-mail 和电话为客户提供服务。整合后，IBM 网站成了客户服务的“门户”，公司在网站上还开辟了“Call Me Now”（网络回叫和快速）、“Text Chat”（文本聊天）等功能，使客户能够快速与公司客户服务中心取得联系，创造了一个更加人性化的上网和服务感受。

10.1 网络营销实施过程的决策管理

企业实施电子商务、网络营销是企业经营过程中的重要决策，它不仅会影响企业的整个业务流程，同时还会引起投资、组织结构等诸多方面的变化。因此，企业实施网络营销不但要解决技术方面的问题，还要对所要面临的实施目标、实施时机、业务流程重组、组织结构变化等问题给予足够的重视，做出全面的、正确的决策。

10.1.1 企业网络营销的实施过程

企业实施网络营销是为了更有效地实现企业的整体发展战略，更好地达到企业预期的经营目标。由于受所面临的经营问题、环境条件和企业自身的技术经济状况等条件的制约，不同的企业在网络营销的实施上也采取了不同的方式。但是，一个完整的网络实施运作过程应该包括以下基本步骤：

1）根据企业总体目标的需要，确定网络营销的目标和任务。

2）根据网络营销的目标和任务，确定营销活动的内容。

3）需求环境分析与硬件环境建设。

4）设计和建立网站。

5）进行网上的各种营销活动。

6）实现企业内外部的网络营销集成。

10.1.2 企业网络营销实施过程中的决策

随着上述步骤的逐一实施，企业不可避免地要对实施过程中的一些问题进行决策，这些决策包括以下几个方面：

1. 网络营销目标决策

企业利用网络营销技术实施网络营销策略是为了实现企业的总体经营目标，因此，在实施网络营销之初，企业必须明确，利用网络营销企业预期达到的目标是什么，它与企业经营总目标之间的关系是什么。这不仅是指导企业今后实施网络营销工作的一个总的指导方针，同时也是企业进行网络营销实施时机决策、投资决策的基础。

一般来讲，企业通过实施网络营销能够达到的目标如下所列，企业在决策时可以从这几方面进行考虑：

1）利用网络营销，促进企业的网上销售。

2）利用网络营销，提高企业形象、建立顾客忠诚。

3）利用网络营销，收集有关信息、发现潜在需求。

4）利用网络营销，建立合作联盟、降低成本。

企业网络营销的目标一经确定，后续工作将围绕其展开。

2. 网络营销实施时机的决策

企业实施网络营销时机遇和风险是并存的。何时实施网络营销、如何与企业的总体经营战略相配合，需要营销人员提出合理的建议、企业的高管人员进行全盘的考虑和决策。因此，如何选择网络营销实施的时机是企业实施网络营销过程中要面对的第二个重要决策。

企业在选择实施时机时可以从以下几方面进行衡量和考虑：

1）行业内竞争对手的饱和程度如何？除了网络营销之外，企业是否还有更好的竞争手段可以采用？

2）网络营销能给企业带来哪些竞争优势。

3）企业在管理和技术应用方面的能力。

4）网上受众的情况。

只有通过对上述几方面的严格自检和分析，并根据自身的条件和环境的需要，企业才能选择对自己最有利的策略，确定最有利的网络营销实施时机。

3．网络营销实施的投资决策

资金投入是企业实施网络营销的必要保证。由于网络营销的资金投入是一个长期的过程，不仅包括建立网站、实施目前的营销策略，还包括大量的后期维护、更新、不断的新的营销策略的实施等工作，因此，企业必须在资金的投入上有一个比较长远的规划，做出合理的投资决策，即在投资实施之前分析网络营销带来的预期经济效益，确定企业的投资方向和投资方案。

企业可以利用费用效益分析方法进行网络营销的经济效益的分析，在分析中，通过对成本和效益的估算和比较来衡量经济收益的情况，为投资决策提供一些依据。

4．网络营销组织结构决策

网络营销运用网络技术促进了企业内外的信息沟通，同时也给企业在经营管理的诸多方面带来了深刻的变化。这种变化除了体现在企业员工理念、认识上的变化之外，还突出地体现在对传统企业组织形式和业务流程的冲击上。这种变化和冲击要求企业的组织形式必须从传统的金字塔形的组织结构转化为网状的、相互沟通、相互学习的网状组织结构。这些变化的出现也要求企业在实施网络营销之初就应该对企业组织可能受到的影响和结构变化有比较成熟的考虑并提出相应的措施。

（1）网络营销对企业组织的影响　网络营销的实施对企业组织的影响主要表现在以下三个方面：

第一，企业内部组织结构有可能不同。互联网技术的应用、企业内联网的建立使企业能够及时有效地收集、处理和传播信息而不受时间和地域的限制，这给企业内部各部门根据业务特点不同采用不同的组织结构提供了条件。因此，企业内部的各部门的组织结构有可能不尽相同。

第二，企业组织结构趋于扁平。网络营销的实施为企业内部提供了良好的信息交流的平台。通过企业内联网，企业各部门可以直接快捷地进行信息交流，管理人员之间的沟通机会大大增加，企业内部人员之间的沟通也从原来的一对一、一对多的关系快速发展成了多对多的关系，企业内形成了网络状的组织结构。同时，网络给企业中层的管理人员提供了更多的直接信息，提高了他们在企业决策中的作用，这些都促进了企业组织结构的扁平化。

第三，市场驱动能力增强。建立在互联网基础上的网络营销系统为企业和外部顾客、供应商以及企业各部门之间提供了良好的交流平台，使企业各部门能够更多地面向市场，及时地收集和了解市场的每一个动态；同时，企业为了更好地占领市场，将会根据市场动态争取在第一时间对市场的变化做出反应。因此，网络营销使得市场的驱动作用更加迅速和强烈。

针对以上的变化趋势，为了满足实施网络营销对企业组织结构的要求，企业必须对自己的组织形式进行改革。重组企业组织有利于企业达到以下方面的目标：

1）重新策划顾客服务的流程，提供全方位的信息沟通。

2）加强企业内外部横向的信息沟通。

3）使组织对市场变化有快速的反应。

（2）网络营销对企业业务流程的影响　网络营销能够在网络上展示企业产品、传递实时的信息、提供顾客服务、沟通与外界的贸易联系，实现这些功能的基础是企业内部能够供相关信息和服务的支持、具有相关的信息流通渠道。例如，网络营销可以利用互联网的技术全天候地提供企业产品和品牌的最新信息，也可以将各类订货会和商品供销流程搬到网上，但是实现这些功能的基础是企业内部的相关部门和工作流程能够提供相关的信息沟通渠道和信息内容的支持。所以，网络营销功能的实现要求企业要进行业务流程方面的重组。

（3）网络营销对企业人力资源的影响　随着信息技术的应用、企业组织结构和业务流程的变化，企业员工的岗位和岗位要求必然发生相应的改变。这种改变会使员工的思想和工作行为产生极大的波动，进而会对企业的经营效果产生影响。为了使员工能够及早地适应这种变化，企业应该重视对员工职业生涯的规划和对员工技术技能上的培训。只有把企业网络营销人力资源的开发、提高网络营销工作人员的技术水平工作做到了前面，才能保证网络营销策略和技术发挥出最大的效果。

在企业人力资源开发的过程中，企业应该认识到员工才是企业中最宝贵的财富，企业所有的计划、策略和技术都需要通过员工的努力来实现。所以，企业应该制定正式的组织计划，规划员工的职业生涯，使员工能够适应信息技术所带来的新的变化和要求，使员工与企业共同成长。

在企业人力资源开发的过程中，员工培训是必不可少的一项工作。在设计员工培训的内容和目标时，企业应注重培养员工在业务技术和信息技术两个不同层面上的知识和能力，使其能够对专业技术和信息技术的掌握有所融汇和交叉，培养能够兼顾业务与网络技术的复合型人才。

10.2 网络营销系统评估

网络营销系统评估是企业网络营销管理和控制中的一个重要环节。网络营销系统评估是通过一系列定量化和定性化的指标，对企业网络营销的各个方面进行综合的评价，达到总结和改善企业网络营销工作、提高整体营销效果的目的。

10.2.1 网络营销评价的意义

1．评价能够促进网络营销管理工作，保证企业有效地实施网络营销策略

评价和反馈是所有管理过程中不可缺少的环节。企业在进行网络营销的过程中也需要通过评价和反馈来发现问题，修正工作。通过评估，企业能够明确其网络营销的战略和阶段策略是否恰当，检查自己在实施过程中是否有所偏差，是否为企业经营带来了预期的变化和效益。

2．评价有利于提高企业的知名度

企业开展网络营销的目的之一就是宣传企业、树立企业在社会公众心目中的良好形象。网络营销评估给企业提供了借助第三方机构的力量评价衡量企业能力、宣传企业的机会。由于第三方机构是站在客观的角度以统一的标准来衡量所有参与评估的企业，因此，这种评估在社会公众心目中比企业自身的宣传更客观、更公正，影响面更大。所以，网络营销评价能为企业带来利用直接的广告宣传所达不到的效果。

3．评价有利于提升企业的营销能力

在网络营销评价过程中，企业通过评价机构能够广泛地收集各方面公众和顾客的意见和建议，获得在传统营销评价中难以得到的信息。这些都为企业及时调整和改进营销工作、提高企业的整体营销能力提供了有利的依据，同时也是对企业营销工作的有力推动。

10.2.2　网络营销评价的步骤

企业在策划实施网络营销之初就应该对其评价工作有所考虑和计划。网络营销评价应该围绕着其总体目标来进行，它主要包括以下几个步骤：

1）明确网络营销的总体目标，提出评价方案。

2）选择评价的方法。

3）确定评价的途径。

4）实施评价的计划。

5）提出评价报告。

10.2.3　网络营销评价途径

企业网络营销的目标不同、评价目的不同，所选择的评价途径也不同。一般来说，可以分为利用自己网站进行自我评价和利用第三方机构进行评价两种。

1. 通过自己的网站进行评价

网络技术给企业进行网络营销评价提供了方便、实用的工具。对于很多企业来说，可以在自己的网站上通过统计工具、程序包等来获取相关的数据并进行分析。这些分析大多是以网站日常运营中积累的资料为基础和来源的，多数属于日常的统计分析评价。这些数据来源主要有：服务器及操作系统的日志文件、用户注册数据库、交易系统数据库等。通过自己的网站进行评价主要是为了对企业的网络营销工作进行日常的监督和信息反馈，及时掌握顾客的需求变化、购买习惯和顾客对网站的看法，为企业提供制定网络营销策略的依据。

2. 利用第三方机构进行评价

第三方评价机构是专业的网络营销评价组织，在评价内容上与网站自我评价有所不同，社会认可度也比较高。企业在利用第三方机构进行评价时，可以以会员的形式参加第三方评价机构的常规评价，也可以申请第三方评价机构为自己企业提供专门的网络营销评价。

第三方评价机构提供的评价服务主要有：

1）流量认证。

2）用户网上行为评价。

3）网站设计评价。

4）网站推广情况评价。

5）网站效果评价。

由于第三方评价机构是专业的网络营销评价组织，评价的内容广泛、全面，具有横向的比较性，因此，企业参加权威性第三方机构举行的评估活动并取得好的评估结果，对树立企业形象、宣传企业理念、赢得顾客信赖和顾客忠诚有着事半功倍的效果。

目前国内外都有一些专业的公司从事对商业网站的评价等服务。我国的中国互联网络信息中心（CNNIC）每半年对国内互联网的发展进行一次测评，同时包括对国内网站的排名和评价。其他还有一些公司也为企业网站提供专业的咨询和评价等服务。

10.2.4　网络营销评价类型

随着网络技术和企业网络营销活动的日益发展，网络营销效果评价工作也越来越成熟。可以根据不同的分类标准把评价划分为以下不同的类型：

1）根据评价的主体不同，可以分为网站自身的评价、消费者评价、同行评价、专家评价等。

2）根据评价的方法不同，可以划分为网站流量指标评价、网站技术水平评价、综合效果评价等。

3）根据被评价企业所在的行业范围不同，可以划分为专业性网站评价和综合性网站评价。

10.2.5 网络营销评价标准

不同企业实施网络营销的目标、策略、期望达到的效果不同，其评价标准也会有不同的侧重。根据不同的评价对象，网络营销的评价指标可以分为以下几个方面：

1. 衡量网站和产品品牌形象的指标

网络消费者面对网络上更大、更丰富的选择空间，其选择结果在很大程度上取决于他们对品牌的认可。因此，品牌的树立对企业来说是极其重要的，这也是企业战胜竞争对手的有力武器。网络营销企业网站和产品的品牌形象评价指标应该包括以下方面：

1）网站在媒介中的声誉。

2）网站在媒介中出现的数量和频次。

3）网站访问者的滞留时间和频次。

4）网站注册用户的数量。

5）网站的访问量及增长率。

6）公众对企业、企业产品的信任度。

2. 衡量网站经营效果的指标

企业网络经营效果可以从以下方面来衡量：销售额、顾客数量、重复购买率、转化率、利润、市场的渗透水平等。这些指标都从不同的侧面反映了企业进行网络营销的成果。在运用过程中，企业可以根据自己的需要选择必要的指标进行测评。

3. 衡量网站技术水平的指标

网络营销一个重要的评价方面就是对网站本身技术水平和网上营销策略设计的评价。这些指标主要有：

（1）网站设计水平指标　企业在评价网站时首先应衡量网站在功能、风格和视觉效果等方面的满足程度，衡量其是否做到了主题明确、层次清晰。除此之外，还可以运用一些通用的指标进行细节方面的测评。这些指标有：

1）不同速率 Modem 下的主页下载时间。

2）链接和拼写情况。

3）不同浏览器的适应性。

4）对搜索引擎的友好程度。

5）可扩展性。

6）网络安全性。

值得注意的是，获得上述测评指标数据后应对结果进行分析，避免由于测试指标本身存在的不适用性造成的评价失真。

（2）网站推广水平指标　网站推广的效果关系到企业网络营销的最终成果。衡量网站推广程度的指标主要有以下几个：

1）使用搜索引擎的数量和排名情况。

2）与其他网站的链接情况。

3）注册用户的数量。

（3）网站流量指标　网站流量可以从几个方面来测试和评定。这些指标有：

1）独立访问者的数量。

2）页面浏览数。

3）每个访问者的页面浏览数。

4）用户在网站的停留时间。

5）用户在每个页面上的停留时间。

（4）反应率

1）网络广告点击率。

2）网上问卷回复率。

3）电子邮件回复率。

企业进行网络营销测评时应该根据营销目标的需要，确定测评的标准，并对测评结果进行认真的分析，发现问题，提高网络营销的总体效果。应该避免那种只注意测试数据，而不顾实际经营效果的行为。

10.3　网络营销经营风险及其控制

曾经报道过一则消息：某市一网民因被控乱发色情图片而被当地公安部门处罚，但此网民不服，辩称是有黑客盗用其计算机管制权所为，并向当地法院递交了行政起诉状，请求撤销对他的处罚。不论事实的真相如何，通过这个事件可以感到：在网络经营带给人们带来效率和利益的同时，也伴随着挑战、障碍和风险。

10.3.1　网络经营风险

在企业整个网络经营过程中都伴随着风险。主要的风险表现在以下四个方面：

（1）网络交易过程中的风险　在网络交易过程中，交易的双方可以不经见面就签订合同或达成购买。购买双方身份的确认、交易信息和资金的可靠性、交易账户和密码保护等等都会成为交易过程中可能出现的风险因素。

（2）信息及信息传递过程中的风险　信息风险主要来自于信息传递过程中的信息失密、信息被篡改和信息丢失等方面。

（3）法律方面的风险　法律风险主要表现在法律法规的建设和完善方面，具体表现在网上知识产权保护、网上消费者保护、网络广告引发的法律问题等方面。

（4）网络技术风险　网络技术风险主要表现在因网络技术所带来的网络安全风险，如网络病毒、网络黑客的恶意攻击等。

10.3.2　网络经营风险的控制

无论出现上述哪种风险都将会给企业和消费者带来损失，因此，在企业进行网络经营的同时，必须进行风险控制。而网络安全技术措施、网络安全管理和信用体系、国家的有关法律法规是企业进行网络经营风险控制工作的基础和保证。

1．网络安全技术措施

安全的电子交易主要由四个要素组成：信息传输的保密性、数据交换的完整性、发送信息的不可否认性和交易者身份的确定性。相关的网络安全技术方法包括以下几个方面：

（1）信息加密技术　信息加密技术通过对信息的加密、解密，防止他人破译信息系统中的机密信息。在实际中应用最广泛的加密技术有两种：公共密钥和私用密钥。

（2）数字签名技术　将发送的文件与特定的密钥捆绑在一起发出，用以鉴别或确认电子信息的发送者是否名副其实，认证信息内容是否有效，确保数据的完整和真实。

（3）数字凭证技术　数字凭证是网络通信中标志通信双方身份信息的一系列数据，用于识别和确认网络交易者的身份和权限。数字凭证有三种类型：个人凭证、企业（服务器）凭证、软件（开发者）凭证。

（4）数字时间戳　数字时间戳是一个由专门机构提供的经过加密后形成的凭证文档，用于保证交易文件的日期和时间信息的安全。

（5）客户认证　客户认证技术包括身份认证和信息认证，分别用于鉴别用户身份以及保证通信双方的不可抵赖性、信息完整性。

2. 网络安全管理工作

企业自身的网络安全管理工作是维护网络交易安全、规避网络经营风险的具体保证。企业在实施网络营销之初，就应该对网络安全管理有一个较完整的策划，并制订出相应的规章制度。这些制度应该包括：系统维护制度、数据备份制度、病毒定期清理制度、保密制度等。同时，提高全社会的网络安全意识，建立健全的社会信用保证体系也是规避和控制网络经营风险的保障。

3. 国家的有关法律法规

国家的法律法规是企业进行网络风险控制的制度保障。虽然有相关的网络安全技术作为网上经营的安全后盾，但是企业和消费者仍然对网上可能出现的个人隐私、交易合同执行、资金安全、知识产权保护等问题有所顾忌。这些问题的解决必须依据相关的法律法规，因此，建立完善的互联网法律法规体系是保证电子商务正常发展、控制企业网络经营风险的必要保障。

2005 年 4 月 1 日正式开始实施的《中华人民共和国电子签名法》是我国第一部真正意义的电子商务法。它的颁布和实施极大地促进了我国电子商务的法制环境建设，为企业进行安全可信的电子交易提供了法律基础。

10.3.3　网络营销风险的消费者保护

在网络营销风险规避中，消费者权益保护问题得到了社会的广泛关注。网络营销中消费者权益保护涉及了两个方面的问题：消费者在网络交易过程中的权益保护和对消费者个人资料、隐私的保护。

虽然在网络营销中可以运用已有的消费者保护法对消费者权益进行保护，但由于网络交易的特殊性，如非面对面交易、对商品无感官认识等，使消费者在交易过程中承担了比传统交易更大的风险。因此，必须有针对网络营销特殊性的法律法规来保护网络交易过程中的消费者权益。

网上客户资料对网站来说是一笔财富，网上的一对一行销、关系行销、资料库行销等都是以消费者个人资料为行销基础的。根据拥有的客户资料，网站可以正确地分析消费者的需求和消费行为，及时提供适当的服务，并以此来增进企业与客户之间的关系。但是，对个人资料的不当使用和对个人隐私的随意传播，以及由此而引起的网络纠纷也在不断骚扰着网络顾客，这使得人们不愿在网上提供自己的个人信息，并寻求个人资料的法律保护。因此，企业在网络营销过程中应该严格约束自己的行为，以签约等方式在取得客户同意的前提下，合理地使用客户的个人资料，并采取一定的技术手段保护顾客的个人隐私。

10.3.4　网络营销的信用管理

2005 年 3 月 22 日，中国电子商务协会在北京召开隆重的仪式，为十位来自一拍网的网络专卖店店主颁发了“2005 年度中国网络诚信卖家”证书，从而掀开了中国“诚信网络交易”活动的序幕。

来自一拍网的卖家代表在本次活动中发表了一份“诚信网购宣言”，号召全国的网络交易者都遵守四大“诚信”原则。这些原则包括：诚实做人、诚信经商、重视承诺和讲究信用。

中国电子商务协会理事长宋玲、一拍网总经理郑昭东、雅虎全球首席运营官丹·罗森格（Dan Rosensweig）、新浪联席首席运营官林欣禾依次发言，表达了对诚信交易活动鼎力支持的态度。

随着电子商务、网络营销在我国的迅速发展，一些违法违规、阻碍其发展的现象也相继出现，如虚假交易、合同诈骗、网上拍卖哄抬标的、侵犯消费者合法权益等行为。为了保证我国电子商务的正常发展，国家必须在加强立法的同时，建立合理的电子商务信用管理体系。

1．网络营销信用管理的必要性

信用是指信用主体之间履约能力的预期。网络营销信用管理是指建立完善的电子商务法律法规和信用管理体系，规范网上经营，保证企业网上经营活动的正常进行。进行网络营销信用管理的必要性有以下几点：

1）规范电子商务交易市场秩序，防范可能发生的网上经营风险。

2）保障信息安全性。

3）销售和售后服务难以保障。

4）强烈的市场需求。

2．建立网络营销信用管理体系的重要意义

（1）有利于促进企业自身信用管理体系的建立　企业自身的信用管理体系包含着企业网上经营信用管理部分，它们涉及的大部分内容是一致的，如对信息化程度的要求、客户的信用评估、客户档案管理等；同时，两者建立的目的都是对客户进行风险控制，提升企业竞争力，更好地开拓市场。因此，建立企业网上经营信用管理体系，将会更大程度地促进企业自身信用管理体系的建立。

（2）有利于促进企业进行网上经营　健全的信用体系是建立和维护企业信用、个人信用的前提，也是企业进行网上交易的基础。而企业在经营过程中的诚信程度又是其开展网络营销、赢得消费者信任、取得网上经营成功的关键因素。进入WTO之后，我国企业有了更多的与国际接轨的机会，利用网络营销是企业走向国际的一个良好选择。因此，建立完善的信用体系，有利于企业参与国际化的商务活动，有利于促进企业的网上经营获取更多的商业机会。

3．几种典型的信用模式

我国网上经营中主要以下几种较为典型的信用模式，即中介人模式、担保人模式、网站经营模式和委托授权经营模式。

（1）中介人模式　中介人模式是将电子商务网站作为交易中介人，在达成交易协议后，购货方和销售方分别将货款和货物交给网站设在双方地域上的办事机构，网站确认无误后再将货款及货物交给对方。这种信用模式试图通过网站的管理机构来控制交易的全过程，虽然能在一定程度上减小商业欺诈、规避商业信用风险，但却增加了交易成本，并且需要网站具备一定的条件。

（2）担保人模式　担保人模式是由网站或网站的经营企业为交易各方提供担保，通过这种担保来解决交易过程中的信用风险问题。在这种形式中，存在一个核实、谈判的过程，因此会增加交易成本。

（3）网站经营模式　网站经营模式是通过建立网上商店的方式进行交易活动。即由购买方将购买商品的货款支付到网站指定的账户上，网站收到购物款后给购买者发送货物。这种信用模式是单边的，是以网站的信誉为基础的，这种信用模式一般主要适用从事零售业的网站。

（4）委托授权经营模式　委托授权经营模式是网站通过建立交易规则，要求参与交易的当事人按预设条件在协议银行建立交易公共账户，网络计算机按预设的程序对交易资金进行管理，以确保交易在安全的状况下进行。这种信用模式中电子商务网站并不直接进入交易的过程，交易双方的信用保证是以银行的公平监督为基础的。

4．网络营销信用管理体系的建设

2004 年 12 月 21 日，由中国电子商务协会倡导成立的“中国电子商务诚信联盟”成立大会在京召开。来自全国整规办、信息产业部信息化推进司、商务部信息化司、中消协等有关单位负责人和电子商务领域的专家学者，以及 40 多家我国知名的互联网企业作为联盟首批发起单位出席了大会。协会政策法律委员会代表介绍了联盟情况，并进行了诚信公约签字、授牌仪式。

为改变目前我国电子商务信用工作不成熟的局面，加强中国电子商务企业的信用工作，中国电子商务协会特筹备成立“中国电子商务诚信联盟”（以下简称“诚信联盟”）。该联盟将在各相关部委指导和支持下，以网站（www.EC315.org）为核心，联合业界优秀诚信互联网企业，对网站和企业的基本登记注册、资质、资信和管理、交易、服务状况进行权威披露、审核、认可和评估，使与之进行交易的单位和其用户能通过本网获得可信的、动态的基本信息和包括网络公证、网上法律服务、网上仲裁以及其他在线委托等增值服务。“诚信联盟”将在电子商务交易者之间，电子商务经营者与其用户之间以及国际电子商务经营者间建立权威的、第三方的资质及信用评估平台，充分发挥中国电子商务协会在沟通政府与企业，组织联合企业及为企业服务的作用，发挥法律服务机制在电子商务信用体系建设中的作用，以此建立电子商务企业门户平台、资信平台和服务平台，增强电子商务的可信性、安全性和稳定性，保护交易各方的合法权益，大力推进电子商务在我国的发展。

网络营销的信用体系是社会信用体系的重要组成部分。在企业进行网上经营的过程中，信息、交易、支付款、物流等每个环节都可能存在信用风险；同时，无论是企业还是个人，作为交易对象也都有信用风险存在。因此，全社会都应该关注和积极开展电子商务信用体系的建设工作。这些工作包括：研究和制定交易规则、企业内部风险管理控制机制、客户和供应商的信用分析与管理、构建网上信用销售评估模型、建立合理的应收账款回收机制等。此外，还要强化政府对企业电子商务的信用监管，探索电子商务信用体系的相关立法，积极开展对电子商务企业，包括电子商务平台服务商、信息服务类网站、电子商务交易商等的征信和评级工作，制定和实施电子商务企业信用标识认证制度等。

习　题

一、填空题

1．我国网上经营中主要有________、________、________和________等较为典型的信用模式。

2．________、________、________是企业进行网络经营风险控制工作的基础和保证。

二、判断题

1．企业在实施网络营销过程中应该保持企业的组织结构不变。（　）

2．网络营销评价能为企业带来利用直接的广告宣传所达不到的效果。（　）

3．使用搜索引擎的数量和排名情况、注册用户的数量情况属于测试和评定网站流量的指标。（　）

4．信息风险主要来自于信息传递过程中的信息失密、信息被篡改和信息丢失等方面。（　）

三、简答题

1．企业网络营销实施过程中的决策包括哪几个方面？

2．为什么要进行网络营销评价？评价的途径有哪些？

3．在企业的网络营销过程中存在哪些风险因素？

第二篇　实　战　篇

第 11 章　网络信息搜集与整理

本章主要内容

- 网络信息搜集
- 搜索引擎比较与搜索技巧训练
- 网络市场调研

互联网给消费者个人和企业组织带来了机会和利益，也同样带来了风险和挑战。对网络浏览者和消费者个人而言，现在信息不是太少而是太多，不是获取不易而是鉴别太难。互联网是信息的海洋，是资源的宝库，但是，财富和宝藏也许深沉海底，也许在异样的水域。如何从大海中捞起那一根所要的金针，这已成为问题的关键。在这种情况下，搜索引擎成为网络时代淘金的利器，成为打开网络资源宝库的金钥匙。谁掌握了搜索引擎，谁就掌控了信息时代！

对企业组织和个人来说，还面临着另一层面的问题，那就是如何有效地将信息传递给目标受众和潜在消费者——而不再是芸芸大众，以及所传递的信息是否应对了他们的诉求、有没有价值，能否满足其需求，这些都是营销者必须关注的核心问题。

因此，不难得出这样的结论，在信息互联时代，无论是对商家还是消费者，无论是对人们生活品质的提升还是工作效率的提高，在互联网上进行的有针对性、价值含量高的特定信息的搜索，已经成为人们工作和生活的出发点，这也是开展网络营销工作的首要任务。

11.1　网络信息搜集

11.1.1　网络信息资源的特点

1. 信息存取自由，内容包罗万象

网络信息的自由存取和易于取用，导致了网络信息的空前繁盛。任何可以想象到的学科、主题领域都存在大量的网络信息，任何人们所能想象到的产品和服务在互联网上大都可以找到解决方案。与传统的信息资源相比较，网络信息资源的首要特点是广泛的可存取性。

2. 真假优劣混杂，鉴别难度加大

网上信息虽然广泛、丰富，却缺乏有效组织和质量控制，呈现出无限、无序、优劣混杂的发展状态。正如有些学者指出的那样："网络最大的优势，同时也是它最薄弱之处，那就是什么人、任何机构都可以随时在网络上发布信息"。网络使用者越来越明显地感觉到信息过载所引起的困惑和无所适从。人们对获取高质量的网络信息的期望值日益提高，他们希望获得的信息及时、准确、适度、经济。在目前网络信息的产生机制还难以根本改变的情况下，互联网对人们的信息查询、搜索、评价、鉴别、

组织管理的能力提出了更高的要求。

11.1.2 网络信息资源的主要种类

1．根据网络信息发布者身份进行分类

（1）大学　通过大学的主页，一般可以了解该大学院系设置、专业建设、师资力量、科研实力、联系方式等信息。另外，在大学的 IP 范围内，用户可以免费获得大学的教育资源，如教学课件、电子图书、付费数据库等。

（2）政府机构　政府网站一般提供政策性文件、相关法律条文信息。

（3）公司企业或其他商业机构　网络是公司进行商业宣传与广告的最佳空间。用户通过企业网站可以了解公司的产品、服务、人员、规模及联系方式等信息。另外，还有一些专门提供信息服务的网络公司，如四大门户网站以及电子商务网站等。

（4）学术组织　通过学术组织的网站，了解它们的议程和观点，了解行业最新动态，还可能找到高质量的论文。

（5）图书馆　图书馆是网上优质信息的提供者，它们购买许多价格不菲的数据库，如学术期刊、会议论文、电子图书、学位论文等，几乎涵盖科学研究和知识学习的所有文献。一般有授权用户方可使用这些资源。

（6）个人/普通大众　个人网站、个人博客、新闻组、BBS 等是网民个人和普通大众发布信息的重要渠道，也是互联网信息的重要来源。最近几年 Web2.0 的概念非常盛行，网民自主创造内容（即 User Generated Content, UGC）也成为国内外关注的热点。业界普遍认为中国互联网在进入 Web2.0 时代。它与 Web1.0 最大的不同在于，在 Web2.0 中，个人不是被动而是作为主体参与到互联网中，个人除作为互联网的使用者之外，还同时成为互联网主动的传播者、作者和生产者。因为网络信息发布者身份和地位的不同，他们的立场、观点和价值取向也会有所差异，发布信息的目的也千差万别。正因为如此，对从网络渠道获取的信息首先应明确信息的来源，再来分析和评价信息的可信度和价值度。一般而言，只要是人们能想象到的内容，在互联网上大多可以找到。因此，通过互联网获得帮助已经成为一种常态，已经成为很多人的一种本能反应。在学术研究、方案设计、定义描述、问题求解等方面，越来越多的人利用互联网来获得支持，越来越多的主流媒体和正式场合也采用或接受来自互联网的资讯。但是，人们在获得这些信息的时候，是否记得提醒自己：这些信息是否存在误导？是否比较专业、权威？是否比较规范、可靠？另外，如果在正式的行文中援用来自互联网的信息资料，一定要清楚注明采集信息的时间、网站、具体的网址等有关参数，为信息的价值判断提供必要的依据，让阅读者可以方便地再次检索到该信息，并做出自己的价值判断—— 这既是学术道德的规范和要求，也是提高人们分析鉴别能力的有效途径。

2．根据网络信息性质进行分类

（1）网络新闻　网络新闻主要来自各大门户网站，如新浪、搜狐、腾讯、网易等，它们代表了主流媒体新闻。

网络新闻和博客都属于网络媒体，专注做网络新闻的主要是各大门户网站，代表主流媒体新闻，博客/个人门户的兴起则代表了草根（即普通网民）话语权的释放，博客/个人门户已成为网上新闻来源之一。目前各大门户网站几乎都开设了博客专栏。

（2）网络商务信息　网络商务信息是指存在于互联网上的、与商业交易相关的信息资源。根据其产生的来源大致可以分为以下三类：

1）电子商务网站发布的商务信息。主要有 B2B 网站，如阿里巴巴、环球资源、海虹医药、中国制造、慧聪、金银岛、中国化工等；B2C 网站，如当当、卓越等；C2C 网站，如淘宝、eBay 易趣、拍拍网等。这些网站发布的供求信息是直接为实现商业交易服务的，所以又叫做直接商业信息。

2）行业、专业网站发布的商务信息。这些网站从不同的角度提供行业产品知识和相关贸易知识，因而也成为人们学习产品知识、了解行业动态、搜索供求信息的重要领域。

3）企业网站发布的商务信息。不仅是海尔、格兰仕等大型企业建有自己的网络门户，越来越多的中小企业也正在建立和完善自己的企业网站。这些网站可能是作为营销型站点发布与商业交易相关的产品、企业、行业相关资讯，也可能直接发布商品的供求信息，因而也是人们开展网络营销的重要信息来源。

3. 网上提供下载的主要资源类型

（1）文档、超文本文件、图片　文档的类型主要有 Word 文件、PDF 文件、PPT 文件等，这些格式的文献数量很多，内容丰富完整，具有较大的参考价值。超文本文件内容是按超级链接进行组织的网页文件，具有跳转查阅的功能。网上图片十分丰富，格式以 GIF 和 JPG 为主，主要的搜索引擎如 baidu 等都提供了专门的图片搜索功能。

（2）应用程序　网上供下载的应用程序一般是一些小程序，可以用迅雷、Flashget 等软件下载，使用非常方便。

（3）多媒体文件　网上的多媒体文件主要是 ram 文件和 mov 文件，分别由 RealPlay 和 QuickTime 播放器播放，主要用于网上实时收看；另外，网上 MP3 文件体积小巧，它是一种十分重要的记录高质量音乐的文件。

11.1.3　网络信息搜集方法

一般而言，企业可以通过以下三个途径搜集信息，即综合网站、行业网站、搜索引擎。

1. 综合网站

所谓综合网站，是指通向某类综合性互联网信息资源并提供有关信息服务的应用系统。目前门户网站的业务包罗万象，成为网络世界的“百货商场”或“网络超市”。在中国，著名的电子商务类综合网站包括阿里巴巴网站、慧聪网等。

大多数电子商务综合网站的主要内容包括：供应信息、需求信息、创业加盟、竞价排名、行业资讯、论坛等。

2. 行业网站

行业网站即所谓行业门户。可以理解为“门+户+路”三者的集合体，即包含为更多行业企业设计服务的大门，丰富的资讯信息，以及强大的搜索引擎。“门”，即为更多的行业及企业提供服务的大门。根据行业的类型，行业网站可以细分为以下类型：汽车汽配、商务贸易、建筑建材、工业制品、机械电子、服装服饰、农林牧渔、交通物流、食品饮料、环保绿化、冶金矿产、纺织皮革、印刷出版、化工能源等。

在中国著名的行业网站有今日五金、中国化工网、中国服装网、中国纺织网等。

这些行业网站的主要内容是专门提供本行业产品与服务的供求信息、企业信息、人才信息、论坛等。

3. 搜索引擎

搜索引擎（Search Engine）是指根据一定的策略、运用特定的计算机程序搜集互联网上的信息，在对信息进行组织和处理后，为用户提供检索服务的系统。

搜索引擎主要分为以下类型：全文索引、目录索引和元搜索引擎。

大多数搜索引擎网站的主要内容包括：新闻搜索、网页搜索、音乐搜索、图片搜索、高级搜索等。

11.2 搜索引擎

11.2.1 搜索引擎概念、分类

1. 搜索引擎概念

从使用者的角度看，搜索引擎提供一个包含搜索框的页面，在搜索框输入词语，通过浏览器提交给搜索引擎后，搜索引擎就会返回与用户输入的内容相关的信息列表。

互联网发展早期，以雅虎为代表的网站分类目录查询非常流行。网站分类目录由人工整理维护，精选互联网上的优秀网站，并简要描述，分类放置到不同目录下。用户查询时，通过一层层的点击来查找自己想找的网站。也有人把这种基于目录的检索服务网站称为搜索引擎，但从严格意义上讲它并不是搜索引擎。

2. 搜索引擎分类

（1）全文索引　全文搜索引擎是名副其实的搜索引擎，国外代表有 Fast/AllTheWeb、AltaVista、Inktomi、Teoma、WiseNut 等，国内则有著名的百度搜索。它们从互联网提取各个网站的信息（以网页文字为主），建立起数据库，并能检索与用户查询条件相匹配的记录，按一定的排列顺序返回结果。

根据搜索结果来源的不同，全文搜索引擎可分为两类，一类拥有自己的检索程序（Indexer），俗称“蜘蛛”（Spider）程序或“机器人”（Robot）程序，能自建网页数据库，搜索结果直接从自身的数据库中调用，上面提到的百度就属于此类；另一类则是租用其他搜索引擎的数据库，并按自定的格式排列搜索结果，如 Lycos 搜索引擎。

（2）目录索引　目录索引虽然有搜索功能，但从严格意义上不能称为真正的搜索引擎，只是按目录分类的网站链接列表而已。用户完全可以按照分类目录找到所需要的信息，不依靠关键词（Key Words）进行查询。目录索引中最具代表性的莫过于大名鼎鼎的 Yahoo、新浪分类目录搜索，其他著名的还有 Open Directory Project、LookSmart、About 等。

（3）元搜索引擎　元搜索引擎（Meta Search Engine）接受用户查询请求后，同时在多个搜索引擎上搜索，并将结果返回给用户。著名的元搜索引擎有 InfoSpace、Dogpile、Vivisimo 等，中文元搜索引擎中具代表性的是搜星搜索引擎中文搜索、搜鸿（http://www.sohong.cn/）、Pifa（http://www.pifa.us/）、Seekle (http://www.seekle.cn/) 等。

在搜索结果排列方面，有的直接按来源排列搜索结果，如 Dogpile；有的则按自定的规则将结果重新排列组合，如 Vivisimo。

其他非主流搜索引擎形式：

（1）集合式搜索引擎　该搜索引擎类似元搜索引擎，区别在于它并非同时调用多个搜索引擎进行搜索，而是由用户从提供的若干搜索引擎中选择，代表性的有网际瑞士军刀（http://free.okey.net/~free/search1.htm）、生物谷 http://www.bioon.com/multisearch.htm）等。

（2）门户搜索引擎　AOL Search、MSN Search 等虽然提供搜索服务，但自身既没有分类目录也没有网页数据库，其搜索结果完全来自其他搜索引擎。

（3）免费链接列表（Free For All Links，简称 FFAL）　一般只简单地滚动链接条目，少部分有简单的分类目录，不过规模要比 Yahoo 等目录索引小很多。

另外，中国元搜（http://www.yulinweb.com/showurl.asp?id=2273）等网站提供了大量搜索引擎资源，为学习和了解不同类型的搜索引擎提供了一个方便快捷的入口。

11.2.2　搜索引擎工作原理

1．一般搜索引擎的工作原理

（1）抓取网页　每个独立的搜索引擎都有自己的网页抓取程序（Spider）。Spider 顺着网页中的超链接，连续地抓取网页。被抓取的网页被称之为网页快照。由于互联网中超链接的应用很普遍，理论上，从一定范围的网页出发，就能搜集到绝大多数的网页。

（2）处理网页　搜索引擎抓到网页后，还要做大量的预处理工作，才能提供检索服务。其中，最重要的就是提取关键词，建立索引文件。其他还包括去除重复网页、分析超链接、计算网页的重要度等。

（3）提供检索服务　用户输入关键词进行检索，搜索引擎从索引数据库中找到匹配该关键词的网页；为了用户便于判断，除了网页标题和 URL 外，还会提供一段来自网页的摘要以及其他信息。

2．全文搜索引擎工作原理

在搜索引擎分类部分提到过全文搜索引擎从网站提取信息建立网页数据库的概念。搜索引擎的自动信息搜集功能分两种：一种是定期搜索，即每隔一段时间，搜索引擎主动派出“蜘蛛”程序，对一定 IP 地址范围内的互联网站进行检索，一旦发现新的网站，它会自动提取网站的信息和网址加入自己的数据库。另一种是提交网站搜索，即网站拥有者主动向搜索引擎提交网址，它在一定时间内（2 天到数月不等）定会向网站派出“蜘蛛”程序，扫描网站并将有关信息存入数据库，以备用户查询。由于近年来搜索引擎索引规则发生了很大变化，主动提交网址并不能保证网站能进入搜索引擎数据库，因此目前最好的办法是多获得一些外部链接，让搜索引擎有更多机会找到你，并自动将你的网站收录。

当用户以关键词查找信息时，搜索引擎会在数据库中进行搜寻，如果找到与用户要求内容相符的网站，便采用特殊的算法——通常根据网页中关键词的匹配程度，出现的位置/频次，链接质量等——计算出各网页的相关度及排名等级，然后根据关联度高低，按顺序将这些网页链接返回给用户。

3．目录索引工作原理

与全文搜索引擎相比，目录索引有许多不同之处。

首先，搜索引擎属于自动网站检索，而目录索引则完全依赖手工操作。用户提交网站后，目录编辑人员会亲自浏览你的网站，然后根据一套自定的评判标准甚至编辑人员的主观印象，决定是否接纳你的网站。

其次，搜索引擎收录网站时，只要网站本身没有违反有关的规则，一般都能登录成功。而目录索引对网站的要求则高得多，有时即使登录多次也不一定成功。尤其像 Yahoo 这样的超级索引，登录更是困难。

此外，在登录搜索引擎时，一般不用考虑网站的分类问题，而登录目录索引时则必须将网站放在一个最合适的目录（Directory）。

最后，搜索引擎中各网站的有关信息都是从用户网页中自动提取的，所以从用户的角度看，拥有更多的自主权；而目录索引则要求必须手工另外填写网站信息，而且还有各种各样的限制。更有甚者，如果工作人员认为你提交网站的目录、网站信息不合适，他可以随时对其进行调整，当然事先是不会和你商量的。

目录索引，顾名思义就是将网站分门别类地存放在相应的目录中，因此用户在查询信息时，可选择关键词搜索，也可按分类目录逐层查找。如以关键词搜索，返回的结果跟搜索引擎一样，也是根据信息关联程度排列网站，只不过其中人为因素要多一些。如果按分层目录查找，某一目录中网站的排名则是由标题字母的先后顺序决定的（也有例外）。

目前，搜索引擎与目录索引有相互融合渗透的趋势。原来一些纯粹的全文搜索引擎现在也提供目录搜索。在默认搜索模式下，一些目录类搜索引擎首先返回的是自己目录中匹配的网站，如国内搜狐、新浪、网易等；而另外一些则默认的是网页搜索，如 Yahoo。

4. 搜索引擎的发展趋势

（1）智能分析，效率优先　随着互联网信息的日益丰富繁多，搜索引擎提供商已经注意到，提高信息查询结果的精度已经成为搜索引擎竞争力的重要方面。因为用户进行信息查询时，并不十分关注查询结果的多少，而是看结果是否和自己的需求吻合。因此对检索结果进行优化、过滤、整理、智能分析已成为搜索引擎发展的重要方向。

（2）搜索营销，商业推广　企业营销人员的目光越来越多地从电视、报纸、杂志移开，转向互联网；越来越多的商家开始考虑在网上推广产品。搜索引擎营销服务已经走向与广告代理、电视及广播媒体的竞争与联手之路了。

免费登录分类目录逐渐向付费方式发展，如付费收录和付费点击等，出现了根据出钱越多越靠前的搜索引擎竞价排名（如百度）、搜索引擎关键字广告。

（3）专业主题，垂直细分　网上信息浩如烟海，一个搜索引擎很难搜集所有主题的信息，即使主题搜集得比较全面，由于主题范围太宽，很难将所有的主题做得精确而又专业，因而使得检索结果垃圾太多。

现在，垂直主题的搜索引擎以其高度的目标化和专业化在各类搜索引擎中占据了一席之地，比如股票、天气、新闻、地图、学术等类搜索引擎，具有很高的针对性，用户对查询结果的满意度较好。未来，行业细分、专业细分、地区细分、服务对象细分等垂直细分主题的搜索引擎有着极大的发展空间。

11.2.3 常用搜索引擎介绍

1. 百度（http://www.baidu.com/）

百度于 1999 年底成立于美国硅谷。2000 年 1 月，百度公司在中国成立了它的全资子公司百度网络技术（北京）有限公司，随后于同年 10 月成立了深圳分公司，2001 年 6 月又在上海成立了上海办事处。

百度是国内最大的商业化全文搜索引擎，占国内 80%的市场份额。其功能完备，搜索精度高，是目前国内技术水平最高的搜索引擎。为包括 Lycos 中国、Tom.com、21CN、广州视窗等搜索引擎，以及中央电视台、外经贸部等机构提供后台数据搜索及技术支持。

百度目前主要提供中文（简/繁体）网页搜索服务。如无限定，默认以关键词精确匹配方式搜索。支持“-”号、“.”号、“|”号、“link:”、书名号“《》”等特殊搜索命令。在搜索结果页面，百度还设置了关联搜索功能，方便访问者查询与输入关键词有关的其他方面的信息。提供“百度快照”查询。

其他搜索功能包括新闻搜索、MP3 搜索、图片搜索、Flash 搜索等。

百度推出了类似 Overture 的“竞价排名服务”，市场反应强烈。目前已有 Lycos 中国、263、Tom.com、21CN、163.net、上海热线、广州视窗、福建在线等门户网站加入了百度竞价排名阵营。

2．Yahoo（http://www.yahoo.com/）

Yahoo 被称为搜索引擎之王，最早的目录索引之一，是全球第一门户搜索网站，也是目前最重要的搜索服务网站，在全部互联网搜索应用中所占份额高达 36%左右，业务遍及 24 个国家和地区，为全球超过 5 亿的独立用户提供多元化的网络服务。除主站（Mother Yahoo）外，还设有美国都会城市分站（Yahoo Cities，如芝加哥分站）、国别分站（如雅虎中国）和国际地区分站（如 Yahoo Asia）。其数据库中的注册网站无论是在形式上还是内容上质量都非常高。Yahoo 属于目录索引类搜索引擎，可以通过两种方式在上面查找信息，一是通常的关键词搜索，二是按分类目录逐层查找。以关键词搜索时，网站排列基于分类目录及网站信息与关键字串的相关程度。包含关键词的目录及该目录下的匹配网站排在最前面。以目录检索时，网站排列则按字母顺序。Yahoo 于 2004 年 2 月推出了自己的全文搜索引擎，并将默认搜索设置为网页搜索。登录 Yahoo 非常困难，而且周期很难确定，最快的只需数天，一般历时 1 个月左右，最长的可达 2 个月。如果用户的网站不符合要求，也有可能永远登录不上。

目前 Yahoo 对商业网站登录目录均要收取一定的费用，免费登录只对非盈利网站开放。由于 Yahoo 靠人工操作甄选网站，且评判标准十分严格，因此是公认最难登录的搜索引擎。但它对网络营销的作用举足轻重，尤其是对商业网站而言，因为 Yahoo 不仅是全球范围内最著名的互联网品牌，而且也是最具影响力的企业资料库，所以对于网络营销企业无论如何也要想方设法跻身其中。

1999 年 9 月，中国雅虎网站开通。2005 年 8 月，中国雅虎由阿里巴巴集团全资收购。中国雅虎（www.yahoo.com.cn）开创性地将全球领先的互联网技术与中国本地运营相结合，成为中国互联网界位居前列的搜索引擎社区与资讯服务提供商。中国雅虎一直致力于以创新、人性、全面的网络应用，为亿万中文用户带来最大价值的生活体验，成为中国互联网的“生活引擎”。

3．慧聪行业搜索引擎

慧聪公司（http://web.huicong.com）成立于 1992 年，是国内领先的商务资讯服务机构。2003 年 12 月，慧聪公司实现了在中国香港创业板上市，成为国内信息服务业首家上市公司。

慧聪搜索引擎通过其世界领先的文本分析及集合技术来进一步优化搜索结果，实现了人工智能和搜索引擎技术的完美结合。其搜索结果的提取不再依赖某一个评价标准，而以用户的个性要求为准则，把基于关键词匹配改变为基于概念的搜索，把和用户需求有关的内容提炼并聚类，大大提高了检索精度。

行业搜索引擎是慧聪为商务人士开发的大型“专业”搜索引擎，其检索结果可按各类商业用途细分，并且能够按照行业进行专业筛选，将出售、求购、科技文献等内容单独体现于检索结果中。例如，在“出售泵”的信息中，可以精确查找应用于水工业/暖通/石油/机械/化工等行业的泵的产品信息，这将极大提高商务人士的检索命中率，使商人不再为数以十万计的检索结果而苦恼，提高行业人士搜索的专业性和精确性。

4．新浪（http://www.sina.com.cn/）

新浪是全球范围内最大的华语门户网站之一，新浪自建独立的目录索引。共设 15 大类目录，10 000 多个子目录，收录网站达 20 余万，是规模最大的中文搜索引擎之一。提供网站、中文网页、英文网页、新闻、图片、MP3、旅游等查询项目，支持中文域名。

搜索规则：默认分类网站搜索，范围限于自身目录中的注册网站，当目录中没有相应的记录时，自动转为网页搜索。网站排名根据目录及网站信息与搜索条件的关联程度确定。

向新浪提交网站后，一般 2 个工作日内工作人员便会通知用户结果。由于新浪是目前常用的中文搜索引擎，也是网站访问量的主要来源之一，因此登录新浪也是网站推广的必经之路。

目前除学校、政府机构、科研单位的网站外，其他类型网站都须支付一定的费用才能登录到新浪搜索引擎

5．搜狐（http://www.sohu.com/）

搜狐是国内最著名的门户网站之一，也是国内最早提供搜索服务的站点。互联网概念在国内的普及，搜狐功不可没。在 2001 年初，由 CNAZ（中文网站评估认证网）举办的搜索引擎网络专项功能排名调查中，搜狐名列第一。

搜狐设有独立的目录索引，并采用百度搜索引擎技术，提供网站、网页、类目、新闻、黄页、中文网址、软件等多项搜索选择。搜狐搜索范围以中文网站为主，支持中文域名。

搜索规则：网站搜索（默认）时，范围仅限于自身目录中的注册网站。但在目录中没有相应记录的情况下，自动转为网页搜索。网页搜索时则调用百度进行检索。此外，用户还可以选择“综合”搜索同时查找匹配的网站和网页，返回的结果中网站链接显示在页面上半部，而来自百度搜索引擎的网页结果则列于页面下半部。

登录搜狐的周期一般为 3 个工作日，工作人员会 E-mail 通知用户登录的结果。

搜狐是网站最重要的访问来源之一，是国内搜索引擎登录的首选。

2001 年 9 月搜狐全面实行收费网站登录，商业网站收取最低 1 000 元/年的费用，另外还有普通网站收费登录，费用标准为 500 元/年。目前除学校、科研机构、政府单位等性质的网站仍实行免费登录外，其他网站登录均须支付一定的费用。

6．网易（http://www.163.com/）

网易拥有国内最大的网上社区，曾是最著名的免费主页空间提供商之一。

网易拥有独立的开放式目录索引，目录维护工作由志愿管理员负责，类似国外的 Dmoz.com/ODP，在免费登录时期，网易义务管理员人数曾经达上万人。目前除一些公益性行业目录仍实行志愿管理员制度外，其他收费登录目录已废除了志愿管理员制。

网易网页搜索由百度引擎提供支持。提供网站检索、网页检索、行业网站检索及图片检索等查询项目。

搜索规则：默认网站搜索，范围限于目录注册网站，但在网站数据库中没有相应的记录时，自动转为网页搜索。网站搜索，在分类目录中检索匹配的网站，网页检索时，调用中搜（中国搜索联盟）搜索引擎数据库返回相应的检索结果。

登录网易周期一般为 2 个工作日（收费登录）。2002 年 6 月，网易推出了收费登录服务，根据网站推广的效果不同分别收取人民币 2 500 元/年及 4 500 元/年的费用。与搜狐、新浪的政策相同，公益性网站仍可免费登录网易。

11.3 常用搜索引擎的使用

1．访问汽车行业/专业网站

汽车行业/专业网站应当具有以下特点：网站的首页标题中包含“汽车”、“网”等关键词。利用各大搜索引擎的高级搜索功能，一般均可得到较理想的搜索结果。以百度为例说明操作步骤。

在相关文本框中输入关键字，如图 11-1 所示。单击“百度一下”命令，搜索的结果如图 11-2 所示。

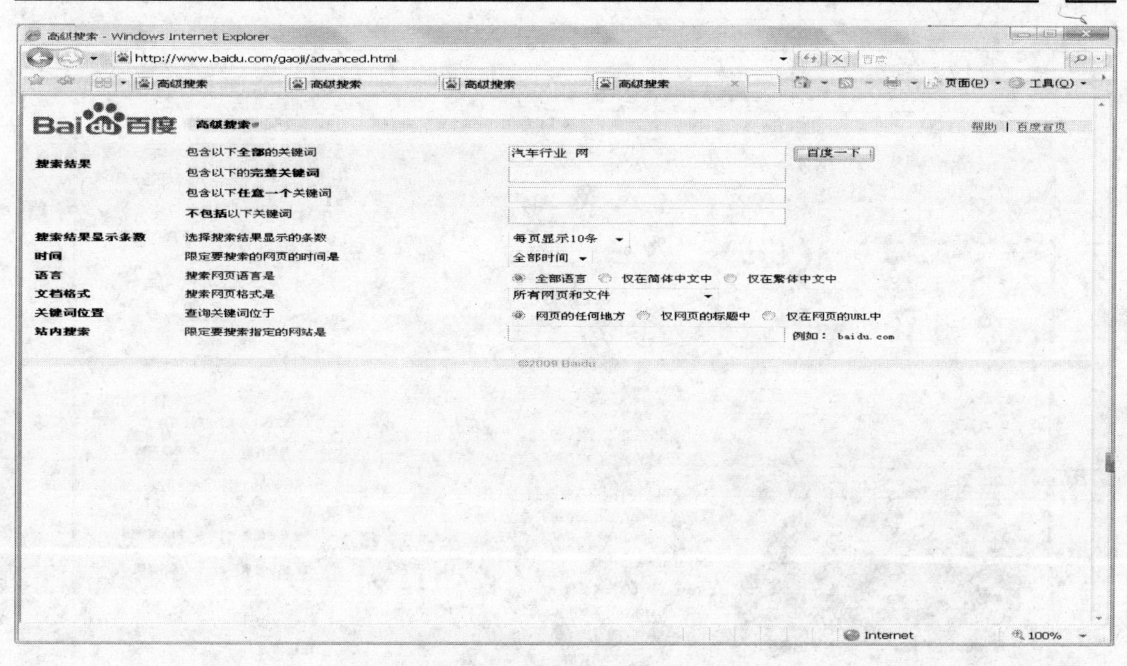

图 11-1　在百度中高级搜索“汽车行业 网”

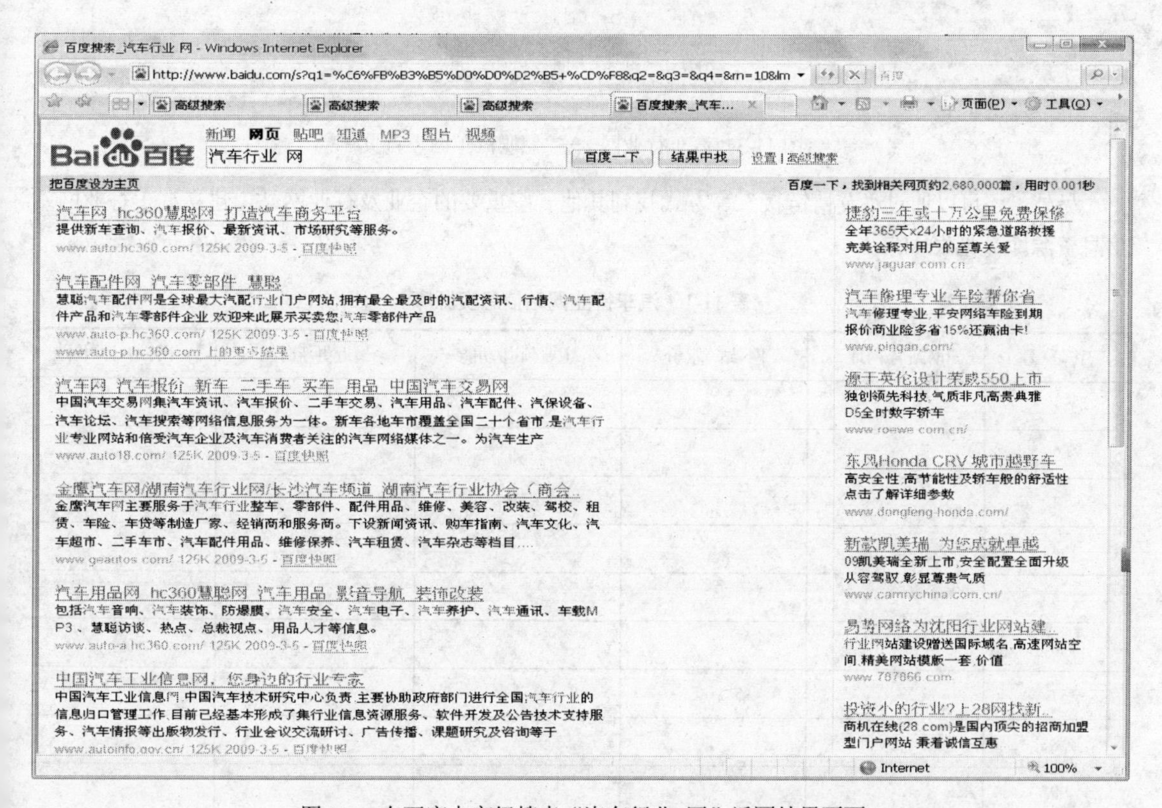

图 11-2 在百度中高级搜索“汽车行业 网”返回结果页面

在返回结果页面中，选择要访问的行业站点（如慧聪汽车网），打开网站的首页，如图 11-3 所示。

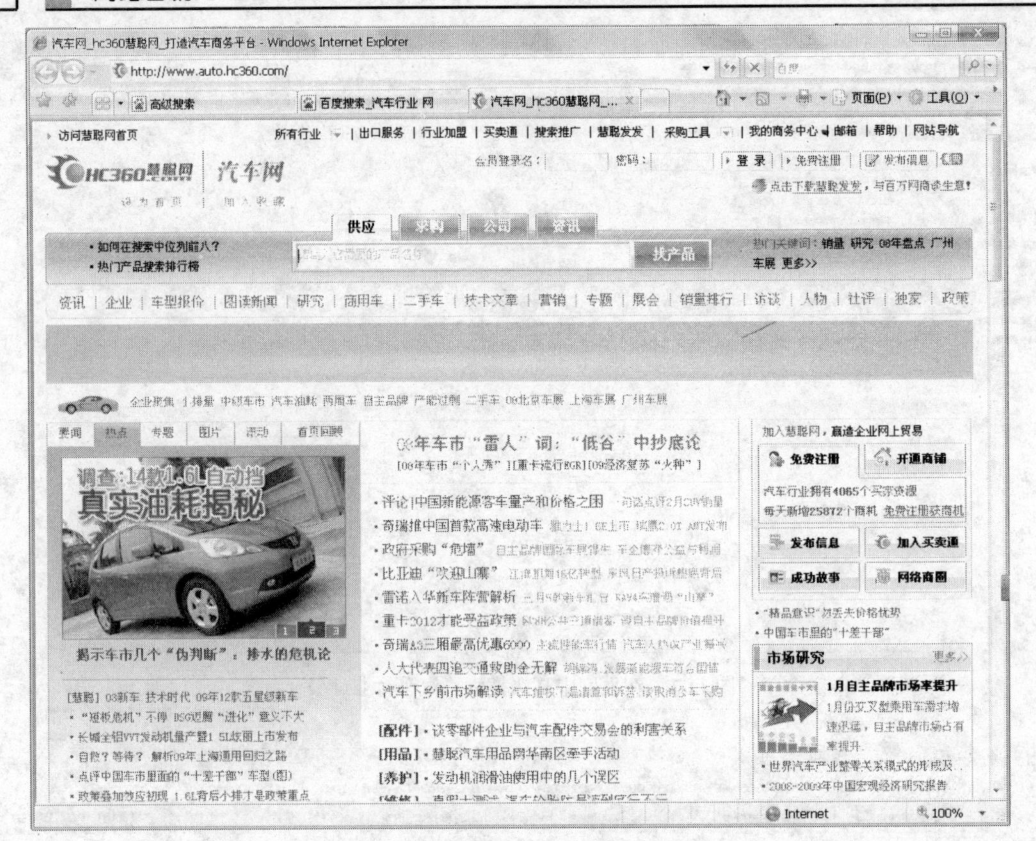

图 11-3　汽车行业网——"慧聪汽车网"首页

另外，还可以通过"友情链接"等方式找到其他一些重要的企业及行业网站，建立汽车行业网站信息资源库，见表 11-1。

表 11-1　汽车行业网站信息资源库

序　号	网站名/网址	网 站 简 介	主要频道/功能	最近更新时间	网 站 评 价
1					
2					
3					
4					
5					
6					
7					
8					
9					
10					

2. 搜集竞争对手详细资料

通过网络对竞争对手调研包括两方面内容：第一是找到竞争对手，包括汽车生产企业、贸易公司等；第二是掌握主要竞争对手的详细信息，了解其规模、实力、生产经营品种、价格水平等信息。在对竞争对手调研之前，分享一下关于竞争对手的一些新观点、新思维，是一件极有意义的事情。

通过网络对竞争对手调研可以有多条途径：其一是利用搜索引擎查找竞争对手站点；其二是通过行业网站找到竞争对手站点；其三是通过汽车新闻资讯中提供的线索进一步追踪竞争对手站点；其四是通过电子商务平台发现竞争对手。

（1）利用搜索引擎定位竞争对手　竞争对手的站点，应当在站点首页标题中包含“汽车”、“公司”等关键词，通过搜索引擎的高级搜索功能可以比较容易地找到这类站点。一般而言，商业性搜索都需要利用到搜索引擎的高级功能，所以在搜索之前，应仔细阅读搜索引擎的帮助说明，以真正掌握搜索引擎的规律。

第一步：在雅虎中搜索竞争对手站点。图 11-4 所示为在雅虎的高级搜索页面中，选择搜索标题中有“汽车”、“公司”等关键词，文档类型为网页文件（html/hml）的页面。

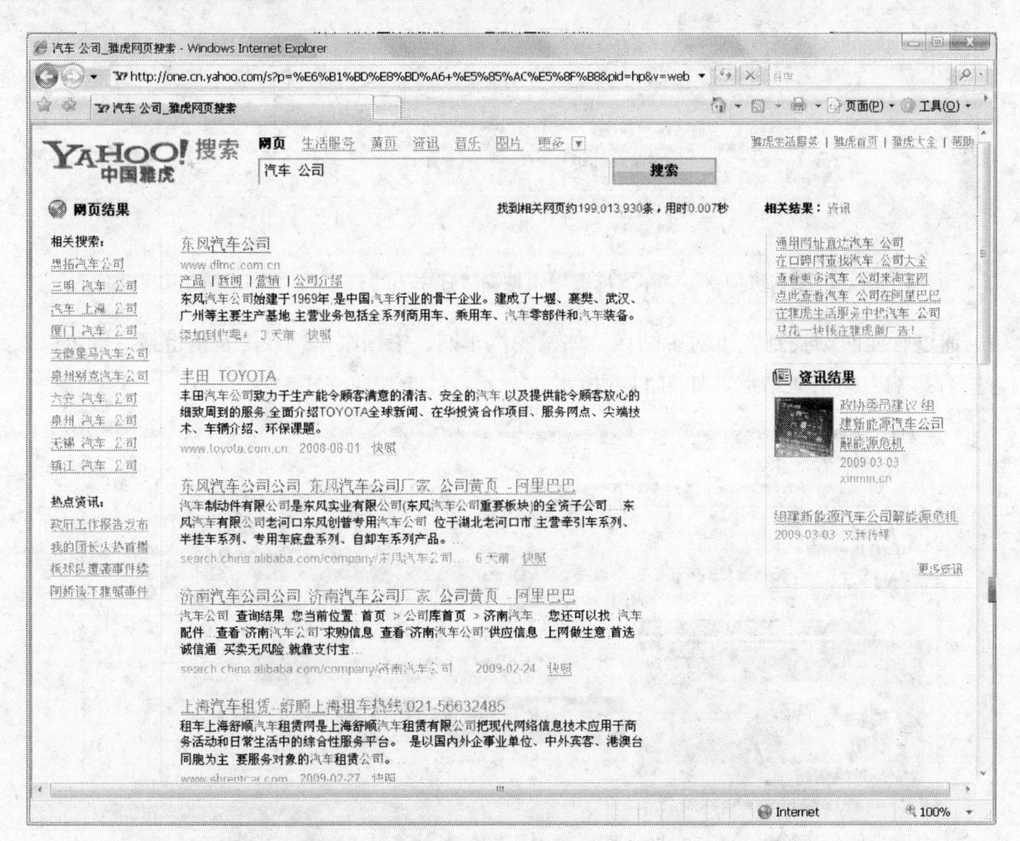

图 11-4　雅虎搜索返回的结果——在“标题”中搜索“汽车”、“公司”

从图中可见，返回结果相关度、价值度和有效性都比较高。但对企业而言，本地区竞争对手应当成为优先调研的对象，因此，可在关键词中增加“辽宁”。图 11-5 所示为搜索的结果页面。

返回页面的针对性很强了。但是，必须认识到，任何一个搜索引擎都有局限性，应当将多个搜索引擎结合起来使用，以求取得比较理想的效果。

雅虎是典型的人工分类目录搜索引擎，提供的信息精准，价值含量高，但由于需要人工的介入，所以信息的容量有限，更新的速度较慢。为了比较全面地搜集竞争对手的站点信息，至少应使用一个基于数据库的全文搜索引擎，如百度等。

图 11-5 雅虎高级搜索——在“标题”中搜索“辽宁”、“汽车”、“公司”的返回页面

（2）通过行业网站找到竞争对手站点 如慧聪汽车网、中国汽车网及“友情链接”等可以找到行业内一些有影响力的企业站点，如图 11-6 所示。

图 11-6 中国汽车网

（3）通过汽车新闻资讯或其他线索查找竞争对手站点　在对辽宁曙光汽车集团的前期调研中发现，它在 2005、2006 年世界客车博览亚洲展览会上连续两年荣获“最佳巴士制造商”奖；黄海翱龙 SUV 在“2006 中国（长春）汽车风云榜”评比中摘得“SUV 风云大奖”桂冠；黄海特种车可以满足机场、码头、军用和民用市场的需求；“曙光车桥”连续十一年在全国轻型车桥市场销量第一，被誉为中国“轻型车桥王”；“曙光零部件”大量出口国际 OEM 市场，并于 2005、2006 年连续两年获得世界 500 强某著名公司的“全球最佳供应商奖”等荣誉，根据这一线索，可以对其他企业搜索调研。这一信息应当是由相关机构评定后，然后在各主要网络媒体上发布的。如果是最新资讯，则可优先使用更新速度较快的基于数据库的全文搜索引擎，如百度等来查找。

（4）通过电子商务平台发现竞争对手　通过对阿里巴巴、慧聪等第三方 B2B 电子商务平台的调研，搜索产品供应信息，找到同类产品的竞争对手。

通过以上的操作，只是找到了一些主要的竞争对手的站点，还应当对主要对手的站点进行调研，调研的内容主要有公司站点名称/网址/联系方式、企业概况、经营范围、特色优势、主要品牌、价格信息、最近更新时间等。有些信息如产品价格等不是在网上可以直接找到的，可以通过电话调研等方式获得真实的第一手资料。最后将相关数据分类整理、登记入库，见表 11-2。

表 11-2　国内汽车生产企业信息资源库

序　号	企业概况	经营范围	规模特色	主要品牌	价格信息	更新时间
1						
2						
3						
4						
5						
6						
7						
8						
9						
10						

3．搜集潜在客户详细资料

在互联网上对潜在目标客户调研的方法和步骤与对竞争对手的调研大体相同，只是调研对象由竞争对手变成了消费者和目标客户，它们主要是一些贸易公司、汽车加工企业、组织消费者、个人等。任务是找到这些目标对象，并记录它们的详细信息，包括历史沿革、规模实力、经营范围、特色品种、联系方法、信誉评价等。

（1）在 B2B 电子商务平台上寻找汽车买家和加工企业　由于现在的市场是买方主导，因此，一般 B2B 平台只有付费用户才能获得比较详细的买家资料。通过链接了解买家信息。

（2）在行业网站上寻找合适的买家　通过采购信息的浏览找到买家的相关信息。一般行业网站上的买家信息往往只有注册用户才能浏览。还可以通过在各大搜索引擎上关键字的搜索企业网站或相关资讯进行搜索，以找到潜在目标客户的详细资料。

11.4　实战训练

工作任务 1：网络信息搜索体验

利用搜索引擎（百度、雅虎）搜索，比较电子商务与网络营销，填入表 11-3。

表 11-3 电子商务与网络营销对比分析表

	定义描述	特点	优势	劣势	应用
电子商务					
网络营销					

上网浏览表 11-4 中的网站并分类。

表 11-4 知名网站分类表

网站	BTB	BTC	CTC	BTG	BTE
卓越亚马逊					
当当书店					
携程-酒店机票预定					
八佰伴-礼尚往来					
搜易得 IT 数码商城					
云网					
戴尔					
海尔集团					
联想集团					
联华 OK 网					
淘宝网					
拍拍网					
易趣网					
eBay 网					
阿里巴巴					
慧聪网					
环球资源网易创化工网					
中国粮食贸易网					
中国机械网					
中国汽车网					
中国化工网					
中国家电网					
中华纺织网					
中国蔬菜市场网					
中国药网					
锦程物流网					

工作任务 2：搜索引擎比较与搜索技巧训练

1. 分别在搜索引擎（百度、雅虎）上搜索 Pagerank 和 Web2.0，归纳总结形成定义描述，比较两大搜索引擎，填写下表。

表 11-5 搜索引擎比较

搜索引擎	搜索引擎主要特点	提供信息相关性	提供信息价值度
百度			

（续）

搜 索 引 擎	搜索引擎主要特点	提供信息相关性	提供信息价值度
雅虎			
Pagerank			
Web2.0			

2. 搜索技巧训练

（1）文献图片搜索　选择最著名的我国四大名山，填入表 11-6。

表 11-6　中国四大名山描述

名山 1 名称	
图片 1	图片 2
名山概述（主要景点等）：	
名言名句：	
所属地区：	
资料来源及搜索时间	
名山 2 名称	
图片 1	图片 2
名山概述（主要景点等）：	
名言名句：	
所属地区：	
资料来源及搜索时间	
名山 3 名称	
图片 1	图片 2
名山概述（主要景点等）：	
名言名句：	
所属地区：	
资料来源及搜索时间	
名山 4 名称	
图片 1	图片 2
名山概述（主要景点等）：	
名言名句：	
所属地区：	
资料来源及搜索时间	

（2）将搜索范围限定到指定站点　在两大搜索引擎及 Seekle 元搜索引擎搜索框中键入关键词（辽宁汽车），寻找一个匹配度比较高的网站，如 www.sgautomotive.com，搜索该网站中标题含有汽车销售的网页（在擎搜索框中键入 intitle：汽车销售 site: sgautomotive.com），并抓图。

工作任务 3：网络市场调研

以辽宁曙光汽车集团为例，完成《辽宁曙光汽车集团网络市场调研报告》或《×××厂网络市场调研报告》，报告要求基于行业背景分析、行业现状、企业现状及产品特性分析基础上，通过调研，发现潜在目标客户、明确主要竞争对手，明确公司在网上有竞争优势的产品及产品价格，最后形成一个完整的调研报告，为企业进一步拓宽网络销售渠道提供必要的决策依据。

（1）上网搜集×××厂简介。

（2）到×××厂参观、调研，熟悉企业各部门情况。

（3）上网搜索调研报告范本，小组讨论，完成调研报告写作大纲。

（4）确定调研目标。

（5）确定调研内容及步骤，小组分工。

（6）依据所确定的调研目标及调研内容，按步骤完成调研报告。

（7）准备好 PPT，进行小组汇报。

第12章　网络推广

本章主要内容

- 常用的网络推广方式
- 网络公关
- 网络推广方案实施

现在，很多企业都想依靠网络来进行企业推广，提高知名度和销售能力，因此纷纷建立了自己的企业网站。然而，现在面临最大的问题是，建好的网站只有很少的点击量，所以企业在建立网站后应立即着手利用各种手段推广自己。

网络推广就是利用互联网进行宣传推广活动。被推广对象可以是企业、政府、个人等，也可以是产品。网络推广是企业整体营销战略的一个组成部分，是建立在互联网基础之上、借助于互联网的特性来实现一定营销目标的一种营销手段。

市场营销的研究对象是市场，而随着网络经济时代的到来，这一研究对象发生了巨大的变化，网络虚拟市场有别于传统市场，其竞争游戏规则和竞争手段发生了根本性的改变，不能简单地将传统的市场营销战略和市场营销策略搬入网络营销。传统市场营销中的一些具有优势的资源在网络市场营销中可能失去了优势。因此，企业必须重新审视网络虚拟市场，调整旧的思路，树立新的观念，开创新的思维，研究新的方法。网络推广不是市场营销的简单延续，它带给人们一个充满创造性和想象力的世界，它带给社会的效益目前还无法估量，它带给网络营销人员的机会和挑战丰富多彩而又充满诱惑。

12.1　网络推广基本知识

1. 网络推广和网络营销的区别

网络推广和网络营销是不同的概念。网络营销偏重于营销层面，更重视网络营销后是否产生实际的经济效益。而网络推广重在推广，更注重的是通过推广后，给企业带来的网站流量、世界排名、访问量、注册量等，目的是扩大被推广对象的知名度和影响力。可以说，网络营销中必须包含网络推广这一步骤，而且网络推广是网络营销的核心工作。

2. 网站推广与网络推广的区别

网站推广是网络推广极其重要的一部分。因为网站是网络的主体，所以很多网络推广都包含着网站推广。当然网络推广也还进行非网站的推广，例如线下的产品、公司等。这两个概念容易混淆是因为网络推广活动贯穿于网站的生命周期，从网站策划、建设、推广、反馈等网站存在的一系列环节中都涉及了网络推广活动。

网络广告则是网络推广所采用的一种手段。除了网络广告以外，网络推广还可以利用搜索引擎、友情链接、网络新闻炒作等方法来进行推广。

随着互联网的迅速发展，网民将会越来越多，网络的影响力也将会越来越大。如果不希望在互联网上做一个信息孤岛，就需要有效实现网络宣传。网络推广是目前投资最少、见效最快、效果最好的扩大知名度和影响力的形式，是被推广对象通过网络提高知名度，实现预期目标的最有力保证之一。对企业而言，做好网络推广，可以带来经济效益；对个人而言，可以让更多人了解自己，认识更多的朋友。

3．网络推广特点

网络推广具有以下特点：

1）信息传播范围广。网络的传播不受时间和空间的限制，国际互联网把信息 24 小时不间断地传播到世界各地，只要具备上网条件，任何人在任何地点都可以浏览，这是传统媒体无法达到的。

2）传递信息容量大。在互联网上所提供的信息容量是不受限制的。可以提供相当于数千页计的信息和说明，而不必顾虑传统媒体上每分每秒或增加版面所要增加的昂贵的广告费用。

3）视听效果的完美结合。由于网络以先进的网络科技作为依托，具有在影音、文字、动画、三维空间、虚拟视觉等方面的所有功能，真正实现了完美的结合。

4）网络与传统媒体相比，在传播信息的同时，可以在视觉、听觉，甚至触觉方面给广大客商以全方位的震撼。

5）实效性与持久性的统一。网络媒体具有随时更改信息的功能，可以根据需要随时进行网络信息内容或图像的改动，将最新的产品信息传播给消费者。

6）网络目标市场的准确性。网络实际是由各类具有共同爱好和兴趣的用户群体组成的，无形中形成了市场细分后的目标顾客群。

7）费用低且收费方式灵活。与传统其他媒体相比，网络行销的费用低廉并有多种收费方式，彻底迎合了不同状况企业的需要，真正节省了推广或宣传预算。

4．网络推广主要优势

网络推广的主要优势包括：

1）加速信息传递速度，时效性高，突破了传统媒体的推广方式。

2）扩展网站对外销售的渠道，增加销售量，提高经济效益。

3）发挥网络推广的最大效能。

4）网络媒体上投放广告的优势。

12.2 典型网络推广方式

随着网络科技发展的日新月异，网络推广手段也层出不穷。根据网络营销实践经验，当前企业应用较为典型的主要有以下几类：搜索引擎推广、网络广告推广、第三方电子商务平台推广、E-mail 营销推广等，下面对其中几种网络推广方式做简单介绍。

1．搜索引擎推广

搜索引擎推广是指利用搜索引擎、分类目录等具有在线检索信息功能的网络工具进行网站推广的方法。由于搜索引擎的基本形式可以分为网络蜘蛛型搜索引擎（简称搜索引擎）和基于人工分类目录的搜索引擎（简称分类目录），因此搜索引擎推广的形式也相应地有基于搜索引擎的方法和基于分类目录的方法。前者包括搜索引擎优化、关键词广告、竞价排名、固定排名、基于内容定位的广告等多种形式；后者则主要是在分类目录合适的类别中进行网站登录。随着搜索引擎形式的进一步发展变化，也出现了其他一些形式的搜索引擎，不过大多是以这两种形式为基础。

搜索引擎推广的方法又可以分为多种不同的形式，常见的有：登录免费分类目录、登录付费分类目录、搜索引擎优化、关键词广告、关键词竞价排名、网页内容定位广告等。

从目前的发展趋势来看，搜索引擎在网络营销中的地位依然十分重要，并且受到越来越多企业的认可。搜索引擎营销的方式也在不断发展演变，因此应根据环境的变化选择搜索引擎营销的合适方式。

2009 年 3 月 3 日，中文搜索引擎百度公司发布《中国中小企业生存现状调查报告》。报告显示，虽然此次金融危机对中国中小企业的影响范围较广，但是依然有 53.2%的企业预测 2009 年营业额将增加；而受金融危机影响很大的企业在自救方面，依然有高达 81.7%的企业选择继续保持或者加大搜索引擎的投入，进一步证明了广大企业对搜索引擎营销的接受程度和依赖度远远超过了其他推广方式。

在应对这场金融危机时，不同的企业有不同的对策，而在推广方式上，报告显示，搜索引擎营销已经成为广大中小企业最认可、最依赖的推广方式。在已经开展搜索引擎营销的企业中，91%的被访企业计划增加或保持对这一营销方式的投入，其中增加投入的企业比例高达 51.5%，远高于他们对其他推广方式的投入程度。大部分增加搜索引擎营销的企业主表示，增加投入主要是因为搜索引擎推广的性价比高、准确有效、可量化评估和不断优化。

利用搜索引擎推广可达到以下营销目标：

1）搜索引擎营销的存在层，其目标是在主要的搜索引擎/分类目录中被收录。搜索引擎登录包括免费登录、付费登录、搜索引擎关键词广告等形式。

2）在被搜索引擎收录的基础上尽可能获得好的排名，即在搜索结果中要有良好的表现。因为用户关心的只是搜索结果中靠前的少量内容，如果利用主要的关键词检索时网站在搜索结果中的排名靠后，那么还有利用关键词广告、竞价广告等形式作为补充手段来实现这一目标。

3）直接表现在访问量指标方面，也就是通过搜索结果点击率的增加来达到提高访问量的目的。从搜索引擎营销实际情况来看，仅仅做到被搜索引擎收录并且在搜索结果中排名靠前是不够的，这样并不一定能增加用户的点击率，更不能保证将访问者转化为顾客。要通过搜索引擎推广实现访问量增加的目标，则需要从整体上进行网站优化设计，并充分利用关键词广告等有价值的搜索引擎营销专业服务。

4）通过访问量的增加转化为企业最终实现收益的提高，这是前三个营销目标的进一步提升。从访问量转化为收益是由企业网站的功能、服务、产品等多种因素共同作用决定的。

5）营销中的较高境界，属于企业营销中的战略层，通过有效的营销策略维持好客户的关系，使他们成为企业的忠诚客户。

2．网络广告

网络广告是指利用互联网这种载体，通过图文或多媒体方式发布的赢利性商业广告。它是利用数字技术制作和表现的基于互联网的广告，其本质上还是属于传统宣传模式，只不过载体不同而已。

艾瑞咨询研究中国不同网络广告形式发展情况时发现，2008 年中国品牌图形广告增长迅速，市场规模达到 80.4 亿元，依然占据市场主体地位；搜索引擎广告营销收入规模达到 50.3 亿；而富媒体广告经过近两年的快速发展，市场规模达到 9.6 亿，如图 12-1 所示。

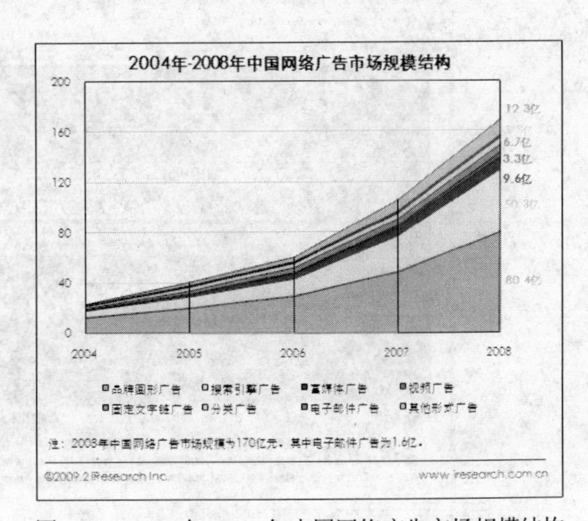

图 12-1　2004 年-2008 年中国网络广告市场规模结构

艾瑞咨询分析认为，2008 年各广告主将北京奥运会视为迅速提升企业品牌形象和影响力的良好机遇，纷纷加大对品牌网络广告的投放力度，促进品牌广告市场在 2007 年 48.7 亿的基础上，高速增长 65.1%，达到 80.4 亿元。

（1）网络广告的特点　网络广告与传统广告相比具有以下特点：

1）传播范围广。网络广告的传播范围广泛，不受时空限制，可以通过国际互联网把广告信息全天候、24 小时不间断地传播到世界各地。目前，中国网民达到了 2.98 亿，并且这些用户群还以较快的速度不断发展壮大。这些网民具有较高的消费能力，是网络广告的受众，他们可以在世界上任何地方的 Internet 上随时随意浏览广告信息。这些效果，传统媒体是无法达到的。

2）非强迫性传送资讯。众所周知，报纸广告、杂志广告、电视广告、广播广告、户外广告等都具有强迫性，都是要千方百计吸引受众的视觉和听觉，强行灌输到受众的脑中。而网络广告则属于按需广告，具有报纸分类广告的性质却不需要彻底被浏览，它可让网络用户自由查询，并将所需的资讯集中呈现给用户，这样就节省了用户的时间，避免无效的、被动的注意力集中。

3）受众数量可准确统计。利用传统媒体做广告，很难准确地知道有多少人接受到广告信息。以报纸为例，虽然报纸的读者是可以统计的，但是刊登在报纸上的广告有多少人阅读过却只能估计推测而不能精确统计。至于电视、广播和路牌等广告的受众人数就更难估计。而在 Internet 上可通过权威公正的访客流量统计系统精确统计出每个客户的广告被多少个用户看过，以及这些用户查阅的时间分布和地域分布，从而有助于客商正确评估广告效果，审定广告投放策略。

4）灵活的实时性。在传统媒体上做广告发布后很难更改，即使可改动往往也需付出很大的经济代价。而在 Internet 上做广告能按照需要及时变更广告内容，当然包括改正错误。这样，经营决策的变化也能及时实施和推广。

5）强烈的交互性与感官性。网络广告的载体基本上是多媒体、超文本格式文件，只要受众对某样产品感兴趣，仅需轻按鼠标就能进一步了解更为详细、生动的信息，从而使消费者能亲身"体验"产品、服务与品牌。如果能将虚拟现实等新技术应用到网络广告，让顾客如身临其境般感受商品或服务，并能在网上预订、交易与结算，将大大增强网络广告的实效。

（2）网络广告的主要形式　网络广告按形式不同可分为以下几种：

1）弹出式广告。也称为"间隙广告"、"插入式广告"、"弹出式广告"，即在用户点击进入某些网页时会弹出一个窗口。这个窗口往往会吸引人们去点击，如图 12-2 所示。

图 12-2　弹出式广告

2）旗帜广告（Banner）。又名“横幅广告”，是互联网上最常见、最有效的广告形式。最常用的广告尺寸是 468×60（或 80）或 400×40 像素（pixels），以 Gif、Jpg 等格式建立的图像文件，定位在网页中，大多用来表现广告内容，同时还可使用 Java 等语言使其产生交互性，用 Flash 等工具增强表现力。随着网络技术的发展，旗帜广告经历了静态、动态以及富媒体（Rich Media）的演变过程。

目前，绝大多数站点应用的横幅广告尺寸如下，它们一般反映了客户和用户的双方需求和技术特征。

尺寸（pixels）类型：

468×60 全尺寸 Banner

392×72 全尺寸带导航条 Banner

234×60 半尺寸 Banner

125×125 方形按钮

120×90 按钮#1

120×60 按钮#2

88×31 小按钮

120×240 垂直 Banner

3）按钮广告（Button）。也称为“图标广告”，它显示的是公司或产品/品牌的标志。最常用的按钮广告尺寸有 5 种，分别是：125×125（方形按钮），120×90，120×60，100×30，88×31，单位：像素（pixels）。定位在网页中，由于其尺寸偏小，所以表现手法较简单。

4）浮动广告。浮动广告是网上较为流行的一种广告形式。当拖动浏览器的滚动条时，这种在页面上浮动的广告，可以跟随屏幕一起移动或者自行移动。这种形式对于广告内容的展示有一定的实用价值，但妨碍了浏览者阅读，影响了浏览者的阅读兴趣，因此不能滥用浮动广告。

5）流媒体（Streaming Media）广告。过去人们想从网络上观看影片或收听音乐，必须先将影音档案下载至计算机储存后，才可以点选播放，不但浪费下载时间、硬盘空间，也无法满足消费者使用方便及确切的需要。

所谓流媒体是指采用流式传输的方式在 Internet 播放的媒体格式。流媒体又称流式媒体，它是指商家用一个视频传送服务器把节目当成数据包发出，传送到网络上。用户通过解压设备对这些数据进行解压后，节目就会像发送前那样显示出来。

这个过程的一系列相关的包称为“流”。流媒体实际指的是一种新的媒体传送方式，而非一种新的媒体。流媒体技术全面应用后，人们在网上聊天可直接语音输入；如果想彼此看见对方的容貌、表情，只要双方各有一个摄像头就可以了；在网上看到感兴趣的商品，点击以后，讲解员和商品的影像就会跳出来；更有真实感的影像新闻也会出现。

6）文字链接广告。通过一般性的简短文字链接，直接链接到客户的广告内容页面上。广告简单明了，直接涵盖主题，对访问者而言具有较强的针对性和引导性。

7）全屏广告。这类广告将全屏覆盖，具有强烈的感召力。

8）画中画广告。画中画广告是在新闻、娱乐、数据、研究等各频道文本窗口中，它的篇幅较大，信息蕴含量丰富，视觉冲击范围较大。在页面中有比较大的吸引力，加上使用 Flash 的动态与声音效果，点击率比 Banner 高。

9）对联广告。在页面两侧空白位置呈现对联形式广告，此种形式广告因版面所限，仅表现于 1 024×768 及以上分辨率的屏幕上，800×600 分辨率下无法观看。它的特点是不干涉使用者浏览，注目焦点集中。提高网友吸引率，并有效传播广告相关信息。

除了以上广告形式，还有电子邮件广告、邮件列表广告、墙纸式广告、互动游戏式广告、竞赛推广式广告等。

（3）网络广告新形式　随着互联网技术的不断优化，网络广告又添加出许多新的广告形式，如富媒体（Rich Media）网络广告、网络游戏广告等。

1）富媒体网络广告。融视频、音频、文字及互动于一体的新型视频网络广告正逐渐成为网络广告商们的新宠。它赋予多媒体广告互动性的功能，可以在网络广告播放过程中控制播放内容、角色和环境。未来网络广告形式趋于丰富化，视频及富媒体广告将会有更大的发展空间。网络视频广告的成本相对于电视广告来说是很低的，特别是一些热门视频节目，不论是中间插播广告还是利用其节目内容软性宣传某产品，其效费比将是非常高的。并且，相对于粗糙的电视广告，趣味性的宣传会更加加强人们对于产品的记忆。在这一方面，中国的视频网站土豆网（http://www.tudou.com/）已经身体力行了，土豆网全新改版后，在用户打开视频的观赏页面上加入了制作精美的宽幅广告，在等待视频的缓冲期可以让广告毫无障碍地出现在客户面前，有着巨大流量的视频网站，再加上与网友很好地互动沟通，视频广告潜力无限。

2）网络游戏广告。随着 Web2.0 的更新换代，除了视频网络广告的火热外，网络游戏广告也同样受到网络广告商的青睐。网络游戏广告是一种以游戏为传播载体的网络广告新形式。网络游戏广告的出现，正是利用了人们对游戏的天生爱好心理，从而以游戏为载体来进行广告宣传，并借此来吸引消费者。而广告游戏特有的互动性又使它成为名副其实的个性化媒体，很容易迎合新兴消费者的需求和口味。

在传播过程中，消费者对广告不会产生抵触和反感情绪，可以达到一种很理想的广告传播效果。可以预见，随着全球游戏市场的繁荣发展和广告主对游戏广告优越性的认识，游戏广告作为一个非常有前途的互动广告的新方向，必将在互动营销中扮演越来越重要的角色。而且有别于一般电视、户外或印刷传媒，Web2.0 的广告能与消费者有更多的互动，而广告客户也可以从这些互动中得到目标消费群的资料。

3. 第三方电子商务平台推广

（1）第三方电子商务平台推广的概念　所谓第三方电子商务平台推广，就是以第三方提供的公共电子商务平台（如阿里巴巴、慧聪网等）为基础，通过第三方电子商务平台提供的发布供求信息、在线交易及网上支付等手段来实现中小企业间或中小企业与顾客间的普通商务活动。

基于第三方电子商务平台的网络推广服务对象主要是中小型企业，也就是那些急需拓展市场，但又缺乏资金实力和技术力量的企业。对于大型企业，他们可以凭借自己资金、技术实力建立以自己为主导的，服务更贴切的企业间网络推广系统。中小企业利用第三方平台的网络推广服务实现网上交易，给企业带来的好处是市场范围拓宽，可以将市场覆盖到原来难以覆盖的地区，同时向国外延伸，因为网上市场是无国界的，这样就增加了企业的商业机会。与此同时，也增强了企业之间的竞争，因为利用网上第三方平台的网络推广服务，买卖双方可以不再受到地理位置的限制，在原来的市场竞争格局中还可能出现网上来的新竞争对手。因此，网上第三方平台的网络推广市场对中小企业既是机会也是挑战，中小企业必须不失时机地上网参与网上交易。

（2）第三方电子商务平台的主要类型　根据提供服务的层次不同，可以将第三方电子商务平台区分为简单信息服务提供型和全方位服务提供型。前者一般主要是提供买卖双方的信息，通过中介服务，买卖双方可以在全球范围内选择成交对象，选定交易对象后并不直接在网上交易，而是另外接触和签订合同。这种第三方网络推广方式无法全面深入参与交易，提供的只是简单的信息服务。后者是指在网上不但提供信息服务，而且还提供全面配合交易的服务，如网上结算和配送服务等，这类站点要求中介机构对贸易特别熟悉，特别是对国际贸易业务更要非常熟悉。

（3）第三方电子商务平台的特点和作用　第三方电子商务平台一般由相关机构或中介建设，主要面向各类企业提供产品的采购、信息和销售等方面的服务。独立、公平是第三方电子商务平台最突出的特点。在我国，应用比较成熟的第三方电子商务平台的主要代表有阿里巴巴网、慧聪网等。第三方电子商务平台具有强大的信息功能、交易功能和管理功能，其主要作用体现在下面几个方面：

1）提供专业化的应用服务。专业化的应用服务可以节省企业建设电子商务系统的大笔投资，减少招聘专业人才和降低企业培训成本，提高企业运作效率，减轻应用系统的后续维护与升级，并提供更安全的环境。借助第三方电子商务平台的中小企业可以以较低的成本、较短的周期整合核心业务和信息系统，共同形成核心竞争力。

2）提供电子认证和电子公证服务。第三方电子商务平台在买卖双方交易过程中实现网络公证机构的功能。确认信息发送人的身份，对交易者身份真实性、合法性予以确认；确认交易者的意思表达是否真实无误；确认交易方的能力与交易相匹配的资金实力、生产能力、合同履行能力和信用水平等，能够有效控制中小企业实施电子商务所带来的信用风险。

3）提供信息发布、收集、整理服务。第三方电子商务平台通过利用互联网，给每个参与的企业提供了一个平等的信息发布的公共平台，不但能更加准确地反映市场的供求关系，提高企业开拓市场、寻找新客户的能力，同时协助买卖双方达到最佳的采购和销售绩效。

（4）中小企业选择第三方电子商务平台的方法　中小企业利用第三方平台服务实现企业间网络推广的应用时，在选择第三方平台服务时要慎重。特别要注意以下几点：一是要选择提供的服务与自己行业比较相近的第三方平台服务；二是要选择有一定品牌形象和知名度的第三方平台型网站，企业可以选择几个第三方平台网站提供服务，但不宜过多，如果选择过多可能影响到企业所收集到商业机会信息的质量，有的网站提供的服务信息缺乏有效控制，导致虚假商业信息过多，反而给企业带来负面的影响。

4. E-mail营销

（1）E-mail营销概述　E-mail营销是在用户事先许可的前提下，通过电子邮件的方式向目标用户传递有价值信息的一种网络营销手段。E-mail营销有三个基本因素：基于用户许可、通过电子邮件传递信息、信息对用户是有价值的。三个因素缺少一个，都不能称之为有效的E-mail营销。

因此，真正意义上的E-mail营销也就是许可E-mail营销（简称“许可营销”）。基于用户许可的E-mail营销与滥发邮件（Spam）不同，许可营销比传统的推广方式或未经许可的E-mail营销具有明显的优势，比如可以减小广告对用户的干扰、增加潜在客户定位的准确度、增强与客户的关系、提高品牌忠诚度等。根据许可E-mail营销所应用的用户电子邮件地址资源的所有形式，可以分为内部列表E-mail营销和外部列表E-mail营销（或简称内部列表和外部列表）。内部列表也就是通常所说的邮件列表，是利用网站的注册用户资料开展E-mail营销的方式，常见的形式如新闻邮件、会员通讯、电子刊物等。外部列表E-mail营销则是利用专业服务商的用户电子邮件地址来开展E-mail营销，也就是以电子邮件广告的形式向服务商的用户发送信息。许可E-mail营销是网络营销方法体系中相对独立的一种，既可以与其他网络营销方法相结合，也可以独立应用。

1）E-mail营销的定义。E-mail营销是指把文本、HTML或多媒体信息发送到用户的电子邮箱，以达到营销目的。具体一点就是在电子邮件平台上发布电子信息，该平台专门用于：①使用户认识某一品牌，形成对某一产品或服务的兴趣或偏好；②使用户能与广告方取得联系，获取信息或购买产品、服务；③管理客户关系或实现其他相关的营销目标。

2）E-mail 营销的许可原理。从发送邮件是否首先得到用户许可来区分，可将 E-mail 营销分为许可营销和未经许可的垃圾邮件。真正意义上的 E-mail 营销是指许可 E-mail 营销。垃圾邮件不仅不符合网上商业伦理，违反有关的法律法规，同时也会对用户造成极大的伤害。

许可营销的原理很简单，企业在推广产品或服务时，事先征得顾客的“许可”，得到顾客许可之后，通过 E-mail 的方式向顾客发送产品或服务信息。例如，一些公司在要求用户注册为会员或者填写在线表单时，会询问用户“是否希望收到本公司不定期发送的最新产品信息”，或者给出一个列表让用户选择自己希望收到的信息。许可营销的主要方法是通过邮件列表、新闻邮件、电子刊物等形式，在向用户提供有价值信息的同时附带一定数量的商业广告。在传统营销方式中，许可营销很难行得通，但是互联网的交互性使得许可营销成为可能。

（2）E-mail 营销的主要优势　与传统的营销方式相比，E-mail 营销表现出明显的优势，尤其是在与顾客进行一对一的沟通方面更是如此。

1）将信息提供给愿意接受的顾客。企业可以通过 E-mail 将产品和服务方面的信息直接传送到对此感兴趣并愿意接受该信息的顾客手中。

2）与顾客建立更为紧密的在线关系。企业可以通过收集用户的需求信息，然后“投其所好”，向用户发送定制化邮件，介绍企业的产品与服务。由于这种颇有针对性的主动式营销迎合了顾客需求，企业同顾客之间的关系也就潜移默化地得到了改善。

3）低成本。E-mail 营销的费用比传统直邮方式大大降低。

4）快捷、方便。美国 Gartner 公司的分析表明，完成一个营销活动所需要的时间，邮递广告平均为 4～6 个星期；而电子邮件平均只需 7～10 个工作日。在获得市场反应方面，邮递广告平均为 3～6 个星期；而电子邮件平均为 3 天。如果采用 E-mail 营销方式，从开始制作、发行以及获得反应所需的时间只有过去邮递广告的 1/10 左右。

5）易于测试、跟踪和评价。许可 E-mail 营销活动能实时跟踪其效果。它能测试企业不同的列表来源（List Source）、受众选择（Audience Selection）、提议（Offer）、方法创新（Creative Approach）、及时性（Timing）、产品吸引力（Product Appeal）等。

（3）企业开展许可 E-mail 营销的基本形式　企业开展许可 E-mail 营销的形式主要有以下两种：

1）通过专业邮件列表服务商投放邮件广告。邮件列表（Mailing List）起源于 1975 年，是互联网上最早的社区形式之一，也是互联网上的一种重要工具，用于各种群体之间的信息交流和信息发布。

专业的邮件列表服务商通常提供某些类型的电子杂志、新闻邮件、商业信息等吸引用户参与，然后在邮件内容中投放广告主的商业信息。广告主可借助邮件列表服务商的用户资源开展宣传、促销等活动。它的好处体现在以下几个方面：

企业不需要配备专业的 E-mail 营销队伍。

可以利用比较丰富的潜在用户资料。

可以在最短时间内将信息发到订户的电子信箱中，而不像自己经营邮件列表那样需要长时间的积累过程。

这种方式的不足之处有两点：

不可能完全了解潜在客户的资料，以及邮件接收者是否是公司期望的目标用户，也就是说定向选择受众的程度有多高，事先很难准确判断。

要支付相应的广告费，邮件列表服务商拥有的用户数量越多，或者定位程度越高，通常收费也越高。目前，几乎所有的邮件列表服务商都承接邮件列表广告。希网（http://www.cn99.com/）是国内知名的邮件列表服务商。

2）建立自己的邮件列表。拥有自己的邮件列表始终是企业追求的目标，越来越多的传统企业意识到使用电子邮件和互联网来维系顾客关系的边际成本是相当低的，而越来越多的人开始使用电子邮件，所以经常可以看到网站上充满了“请订阅本站 E-mail 通告”等要求访问者留下电子邮件地址的文字。一般而言，企业或者网站建立自己的邮件列表主要有以下目的：

作为公司产品和服务的促销工具；

方便和顾客交流，增进顾客关系；

获得赞助或出售广告空间；

提供收费信息服务。

前面两种的目的是作为营销或公关工具，可间接达到增加销售收入的目的。后面两种模式则直接反映了网站希望通过邮件列表获得利润的目的。就目前环境来看，大部分网站的邮件列表主要是上述前两个目的。因为一般网站的邮件列表规模都比较小，靠出售广告空间获利的可能性较小，所以收费信息服务的条件还不太成熟。不过，这些目的也不是相互孤立的，有时可能是几种目的的组合。

12.3 网络公关

公共关系在中国属于一个新兴行业，从 1984 年美国伟达公关公司进入中国市场算起，至今仅二十几年的历史。目前中国的公关行业，尤其是近几年，无论是从数量还是规模上，发展速度都十分惊人。网络媒体的出现是最近几年的事情，它比公关行业在中国的历史还要短。但是，网络媒体在传播上的影响力是以惊人的速度在增长，成为公共关系一个新平台，二者逐渐整合形成了一个新的子学科——网络公共关系（以下简称“网络公关”）。

网络公关的兴起缘于互联网和电子商务的发展、网络传播方式较之传统传播方式的创新，以及公关业发展的需要。网络公关的定义根据网络媒介的三种不同类型，分为狭义和广义两种定义：广义上的网络公关是指网络化组织以电信网络、有线电视网络以及计算机网络为传播媒介，来实现营造和维护组织形象等公关目标的行为。狭义上，网络公关是指组织以计算机网络即互联网为传播媒介，来实现公关目标的行为。我们主要使用的是狭义上的网络公关概念。

世界营销大师科特勒说，“过去，企业提高竞争力靠的是高科技、高质量，而现在则要强调高服务和高关系。”信息化的高速发展使产品的科技含量日益趋同，生产管理的规范化和程序化则导致同类产品在质量上难分高下。“高服务、高关系”主要指的是公共关系，是社会组织建设和公关的主要方向，企业的竞争已由有形资产的竞争转变为品牌、形象、商誉等无形资产的竞争。此外，一直处于营销优势地位的广告的影响力正在下滑，据统计，“世界上约有近 80%的人口对广告开始失去信任甚至产生反感，只有大约不到 20%的人口还对广告存在着不同程度的信任。”而与此同时，公关业却受到更多的垂青，各企业、机构甚至政府都开始开展公关，因此，公关业的发展势在必行。

网络公关除了具有传统媒体所具有的公关作用之外，还具有以下优势：

（1）交互性　企业通过在网站上以 E-mail、网上广告等形式吸引顾客参与公关活动。庞大的数据库可以实现企业与顾客“一对一”对话的要求，而 E-mail 还可以实现企业与顾客的双向沟通，并通过网络公关活动继续补充数据库内容。

（2）超越时空，高度开放　一天二十四小时、一周七天在线，网络无时不在的优势可以保证网络公关的不间断运作，而不必受到传统公关朝九晚五的限制。网络浏览者职业、习惯各异，上网时间也不尽相同，全天在线可以确保浏览者随时参与公关活动。

（3）高效率　传统公关活动中，公关人员需要面对顾客所提出的诸多类似的问题。而网络公关则可以把常见的问题汇总解答，专门为之设立一个 FAQ 网页或在线服务，并将其导航按钮放在显眼的位置，使顾客可以自主解决问题。

（4）大范围　网络技术的发展和我国网络基础设施的完善，为网络公关提供了条件，使得网上公关可以直接面对全国的消费者，而不必像传统的公关活动一样，分区域分城市进行。

12.4 其他网络推广方式

1. 病毒性营销

1996 年，Sabeer Bhatia 和 Jack Smith 率先创建了一个基于 Web 的免费邮件服务，即现在为微软公司所拥有的著名的 Hotmail.com。Hotmail 是世界上最大的电子邮件服务提供商，在创建之后的一年半时间里，就有了 1200 万注册用户，而且还在以每天超过 15 万新用户的速度发展。在申请 Hotmail 的邮箱时，每个用户被要求填写详细的人口统计信息，包括职业和收入等，这些用户信息具有不可估量的价值。

令人不可思议的是，在网站创建的 12 个月内，Hotmail 花在营销上的费用还不到 50 万美元，而 Hotmail 的直接竞争者 Juno 的广告和品牌推广费用却是 42000 万美元。在提供用户注册资料时，有些用户担心个人信息泄密，因此比较谨慎，也就是说，邮件的推广也有一定的障碍，那么，Hotmail 是如何克服这些障碍的呢？答案就在于：病毒性营销。

病毒性营销（Viral Marketing，也可称为“病毒式营销”）是一种常用的网络营销方法，常用于进行网站推广、品牌推广等。病毒性营销利用的是用户口碑传播的原理，在互联网上，这种“口碑传播”更为方便，可以像病毒一样迅速蔓延，因此病毒性营销（病毒式营销）成为一种高效的信息传播方式，而且，由于这种传播是用户之间自发进行的，因此几乎是不需要费用的网络营销手段。

正是由于被称为“病毒性营销”的催化作用。Hotmail 给自己的免费邮件做推广，在邮件结尾处附上：“Please Get your free E-mail at Hotmail”，每一个用户都成了 Hotmail 的推广者，这种信息于是迅速在网络用户中自然扩散。这种营销手段其实并不复杂，下面是其基本程序：

1）提供免费 E-mail 地址和服务；

2）在每一封免费发出的信息底部附加一个简单标签：“Get your private，free E-mail at http://www.homail.com”；

3）然后，人们利用免费 E-mail 向朋友同事发送信息；

4）接收邮件的人将看到邮件底部的信息；

5）这些人会加入使用免费 E-mail 服务的行列；

6）Hotmail 提供 E-mail 信息将在更大的范围扩散。

尽管由于受语言因素的限制，Hotmail 的用户仍然分布在全球 220 多个国家。在瑞典和印度，Hotmail 是最大的电子邮件服务提供商，尽管没有在这些国家做任何的推广活动，但其独特的营销方式取得了滚雪球般的效应。

经历了 40 年，收音机用户数量才达到 1000 万；用了 15 年的时间电视机用户也才达到 1000 万；Netscape 在 3 年内就拥有了 1 000 万用户；然而，到了互联网时代，Hotmail.com 和 Napster.com 用了不到一年的时间就拥有了 1000 万用户，可以说这是互联网造就的奇迹。

在这些神奇的背后，隐藏着互联网的独特魅力：在互联网上，每个人都可以是信息的发布者，每个人信息传播的范围比传统方式下要大许多倍。因此，病毒性营销并不神秘，只要有创造性的点子，抓住上网者的注意力，依靠公众的力量在网络上传播需要发布的信息，营销就能成功。

2．资源合作推广

网站之间的资源合作也是互相推广的一种重要方法。通过网站交换链接、交换广告、内容合作、用户资源合作等方式，在具有类似目标网站之间实现互相推广的目的。其中最常用的资源合作方式为网站链接策略，利用合作伙伴之间的网站访问量资源合作互为推广。

每个企业网站均可以拥有自己的资源，这种资源可以表现为一定的访问量、注册用户信息、有价值的内容和功能、网络广告空间等，利用网站的资源与合作伙伴开展合作，实现资源共享，共同扩大收益的目的。在这些资源合作形式中，交换链接是最简单的一种合作方式，调查表明也是新网站推广的有效方式之一。交换链接或称互惠链接，是具有一定互补优势的网站之间的简单合作形式，即分别在自己的网站上放置对方网站的 LOGO 或网站名称并设置对方网站的超级链接，使得用户可以从合作网站中发现自己的网站，达到互相推广的目的。交换链接的作用主要表现在几个方面：获得访问量、增加用户浏览时的印象、在搜索引擎排名中增加优势、通过合作网站的推荐增加访问者的可信度等。交换链接还有比是否可以取得直接效果更深一层的意义，一般来说，每个网站都倾向于链接价值高的其他网站，因此获得其他网站的链接也就意味着获得了与合作伙伴和一个领域内同类网站的认可。

3．Web2.0 推广

Web2.0 是 2003 年之后互联网的热门概念之一，不过目前对什么是 Web2.0 并没有很严格的定义。一般来说 Web2.0（也有人称之为互联网 2.0）是相对 Web1.0 的新的一类互联网应用的统称。Web1.0 的主要特点在于用户通过浏览器获取信息，Web2.0 则更注重用户的交互作用，用户既是网站内容的消费者（浏览者），也是网站内容的制造者。

Web2.0 模式具有几个显著的特点：

（1）用户分享　通过它可以不受时间和地域的限制分享各种观点。用户可以得到自己需要的信息，也可以发布自己的观点。

（2）信息聚合　信息在网络上不断地积累，不会丢失。企业和个人可以在网络上便捷地得到各种信息。而且，信息量大，可信度高。节约了收集信息的成本，提高了效率。

（3）以兴趣为聚合点的社群　在 Web2.0 模式下，聚集的是对某个或者某些问题感兴趣的群体。可以说，在无形中已经产生了细分市场。

（4）开放的平台，活跃的用户　平台对于用户来说是开放的，而且用户因为兴趣而保持比较高的忠诚度，他们会积极地参与到其中。Web2.0 并不是一个具体的事物，而是互联网发展的一个阶段，是促成这个阶段的各种技术和相关的产品与服务的一个总和。

到目前为止，对于 Web2.0 概念的说明，通常采用 Web2.0 典型应用案例介绍，加上对部分 Web2.0 相关技术的解释。这些 Web2.0 技术主要包括：博客（Blog）、RSS、百科全书（Wiki）、网摘、社会网络（SNS）、P2P、即时信息（IM）等。由于这些技术有不同程度的网络营销价值，因此 Web2.0 在网络营销中的应用已经成为网络营销的崭新领域。国内典型的 Web2.0 网站主要包括一些以博客和社会网络应用为主的网站，尤其以博客网站发展最为迅速，影响力也更大。例如，博客网（www.bokee.com）、DoNews IT 社区（www.donews.com）、百度贴吧、新浪博客（blog.sina.com.cn）等。图 12-3 是中文 Web2.0 站点一览。

图 12-3　中文 Web2.0 站点一览

4．博客营销

博客，英文为 Blog（Web Log 的缩写），意为网络日记。博客营销是利用博客这种网络应用形式开展网络营销的工具，是公司、企业或者个人利用博客这种网络交互性平台，发布并更新企业、公司或个人的相关概况及信息，并且密切关注并及时回复平台上客户对于企业或个人的相关疑问以及咨询，并通过较强的博客平台帮助企业或公司零成本获得搜索引擎的较前排位，以达到宣传目的的营销手段。

博客内容通常是公开的，人们可以发表自己的网络日记，也可以阅读别人的网络日记，是一种个人思想在互联网上的共享，是网络媒体进入 Web2.0 时代最风光的先行军。对等的交流，广泛的传播，这些特质是 Web2.0 时代的基本精神，也是精明的商人所需要开拓的商业潜质。随着索尼、亚马逊、耐克、通用电气、奥迪等大公司利用博客做广告的风潮渐劲，博客营销的概念随之被广大企业所接受，并有愈演愈烈之势。经研究显示，多达 64%的广告主对在博客上做广告有兴趣。

索尼 Cyber-Shot DSC-F828 数码相机面对习惯于使用传统相机的高端用户就大力运用博客营销手段进行渗透。这些高端用户专业、权威、自信，而且极富判断力，在摄影领域扮演着意见领袖的角色，很难用传统的传媒对其进行撼动。如何促使这些高端的意见领袖改变长时期形成的习惯就成为博客传播面对的一大挑战。面对这些“慢热”型的喜欢尝试新鲜事物的人，博客成了最佳选择。他们明显拥有共同的兴趣，这正是与其进行有效沟通的良好基础。博客营销具有明确的企业营销目的，博客文章中或多或少带有企业营销的色彩。

博客营销具有以下优势：

1）细分程度高，定向准确；

2）互动传播性强，信任程度高，口碑效应好；

3）影响力大，引导网络舆论潮流；

4）与搜索引擎营销无缝对接，整合效果好；

5）有利于长远利益和培育忠实用户。

博客营销常采用的主要策略有：

1）选择博客托管网站、注册博客账号。选择功能完善、稳定，适合企业自身发展的博客系统和博客营销平台，并获得发布博客文章的资格。选择博客托管网站时应选择访问量比较大而且知名度比较高的博客托管网站，可以根据全球网站排名系统等信息进行分析判断。对于某一领域的专业博客网站，不仅要考虑其访问量而且还要考虑其在该领域的影响力，影响力较高的博客托管网站，其博客内容的可信度也相应较高。

2）选择优秀的博客。在营销的初始阶段，用博客来传播企业信息的首要条件是拥有具有良好写作能力的博客。博客在发布自己的生活经历、工作经历和某些热门话题的评论等信息的同时，还可附带宣传企业，如企业文化、产品品牌等，特别是如果发布文章的博客是在某领域有一定影响力的人物，那么他所发布的文章更容易引起人们关注，吸引大量潜在用户浏览，使读者通过个人博客文章内容了解企业信息。这说明具有营销导向的博客需要以良好的文字表达能力为基础。因此企业的博客营销需要以优秀的博客为基础。

3）创造良好的博客环境。企业应坚持长期利用博客，不断地更换其内容，只有这样才能发挥其长久的价值和应有的作用，吸引更多的读者。因此进行博客营销的企业有必要创造良好的博客环境，采用合理的激励机制，激发博客的写作热情，促使企业博客们有持续的创造力和写作热情。同时应鼓励他们在正常工作之外的个人活动中坚持发布有益于公司的博客文章，这样经过长期的积累，企业在网络上的信息会越积越多，被潜在用户发现的机会也就大大增加了。可见，利用博客进行营销是一个长期积累的过程。

4）协调个人观点与企业营销策略之间的分歧。从事博客写作的是个人，但网络营销活动是属于企业营销活动。因此博客营销必须正确处理两者之间的关系，如果博客所写的文章都代表公司的官方观点，那么博客文章就失去了其个性特色，也就很难获得读者的关注，从而失去了信息传播的意义。但是，如果博客文章只代表个人观点，而与企业立场不一致，就会受到企业的制约。因此，企业应该培养一些有良好写作能力的员工进行写作，他们所写的东西既要反映企业，又要保持自己的观点性和信息传播性。只有这样才会获得潜在用户的关注。

5）建立自己的博客系统。当企业在博客营销方面开展得比较成功时，则可以考虑使用自己的服务器，建立自己的博客系统，向员工、客户以及其他外来者开放。博客托管网站的服务是免费的服务。服务方是不承担任何责任的，所以服务是没有保障的，如果中断服务，企业通过博客积累的大量资源将可能毁于一旦。如果使用自己的博客系统，则可以由专人管理，定时备份，从而保障博客网站的稳定性和安全性。而且开放博客系统将引来更多同行、客户来申请和建立自己的博客，使更多的人加入到企业的博客宣传队伍中来，在更大的层面上扩大企业影响力。

博客营销的价值主要表现在以下几个方面：

1）博客可以直接带来潜在用户。博客内容发布在博客托管网站上，如博客网 www.bokee.com 属下的网站（www.blogger.com）等，这些网站往往拥有大量的用户群体，有价值的博客内容会吸引大量潜在用户浏览，从而达到向潜在用户传递营销信息的目的。用这种方式开展网络营销，是博客营销的基本形式，也是博客营销最直接的价值表现。

2）博客营销的价值体现在降低网站推广费用方面。网站推广是企业网络营销工作的基本内容。大量的企业网站建成之后由于缺乏有效的推广措施，因而网站访问量过低，降低了网站的实际价值。通过博客的方式，在博客内容中适当加入企业网站的信息（如某项热门产品的链接、在线优惠券下载网址链接等）达到网站推广的目的，这样的“博客推广”也是极低成本的网站推广方法，降低了一般付费推广的费用，或者在不增加网站推广费用的情况下，提升了网站的访问量。

3）博客文章内容为用户通过搜索引擎获取信息提供了机会。多渠道信息传递是网络营销取得成效的保证，通过博客文章，可以增加用户通过搜索引擎发现企业信息的机会。其主要原因在于，一般来说，访问量较大的博客网站比一般企业网站的搜索引擎友好性要好，用户可以比较方便地通过搜索引擎发现这些企业博客内容。这里所谓搜索引擎的可见性，也就是让尽可能多的网页被主要搜索引擎收录，并且当用户利用相关的关键词检索时，这些网页出现的位置和摘要信息更容易引起用户的注意，从而达到利用搜索引擎推广网站的目的。

4）博客文章可以方便地增加企业网站的链接数量。获得其他相关网站的链接是一种常用的网站推广方式，但是当一个企业网站知名度不高且访问量较低时，往往很难找到有价值的网站给自己链接，通过在自己的博客文章为本公司的网站做链接则是顺理成章的事情。拥有博客文章发布的资格增加了网站链接主动性和灵活性，这样不仅为网站带来新的访问量，也增加了网站在搜索引擎排名中的优势，因为一些主要搜索引擎把一个网站被其他网站链接的数量和质量也作为计算其排名的因素之一。

5）可以实现用更低的成本对读者行为进行研究。当博客内容比较受欢迎时，博客网站也成为与用户交流的场所。有什么问题可以在博客文章中提出，读者可以发表评论，从而可以了解读者对博客文章内容的看法，作者还可以回复读者的评论。当然，也可以在博客文章中设置在线调查表的链接，便于有兴趣的读者参与调查，这样就扩大了网站在线调查表的投放范围，同时还可以直接就调查中的问题与读者进行交流，使得在线调查更有交互性，其结果是提高了在线调查的效果，也就意味着降低了调查研究费用。

6）博客是建立权威网站品牌效应的理想途径之一。作为个人博客，如果想成为某一领域的专家，最好的方法之一就是建立自己的 Blog。如果坚持不懈地博客下去，那么所营造的信息资源将带来可观的访问量，在这些信息资源中，也包括收集的各种有价值的文章、网站链接、实用工具等，这些资源为持续不断地写作更多的文章提供很好的帮助，这样形成良性循环，这种资源的积累实际上并不需要多少投入，但其回报却是可观的。对企业博客也是同样的道理，只要坚持对某一领域的深度研究，并加强与用户的多层面交流，对于获得用户的品牌认可和忠诚提供了有效的途径。

7）博客减小了被竞争者超越的潜在损失。2004 年，博客（Blog）在全球范围内已经成为热门词汇之一，不仅参与博客写作的用户数量快速增长，浏览博客网站内容的互联网用户数量也在急剧增加。在博客方面所花费的时间成本，实际上已经由其他方面节省的费用所补偿，比如为博客网站所写作的内容，同样可以用于企业网站内容的更新，或者发布在其他具有营销价值的媒体上。反之，如果因为没有博客而被竞争者超越，那种损失将是不可估量的。

8）博客让营销人员从被动的媒体依赖转向自主发布信息。在传统的营销模式下，企业往往需要依赖媒体来发布企业信息，不仅受到较大局限，而且费用相对较高。当营销人员拥有自己的博客园地之后，就可以随时发布所有希望发布的信息。只要这些信息没有违反国家法律，并且信息对用户是有价值的。博客的出现，对市场人员营销观念和营销方式带来了重大转变，博客为每个企业、每个人自由发布信息提供了权力。如何有效地利用这一权力为企业营销战略服务，则取决于市场人员的知识背景和对博客营销的应用能力等因素。

5. RSS 营销

RSS 营销就是指通过利用 RSS 技术向用户传递有价值的信息来实现网络营销目的的活动。在网络营销活动中，企业利用 RSS 技术可以及时地把最有价值的信息（如商业机会、商品价格、某些关键词的搜索结果等）“推”向用户，使用户不必每天去访问成百上千的网站，就可以获取这些网站最新的信息，从而使企业更为有效地开展网络营销活动。

（1）RSS 的概念　RSS 是“Really Simple Syndication”（简易信息聚合）或“Rich Site Summary”

（网站内容摘要）的英文首字母缩写，中文一般称为“简易信息聚合”。

RSS 是站点用来和其他站点之间共享内容的一种简易方式（也叫聚合内容），通常被用于新闻和其他按顺序排列的网站，例如 Blog。一段项目的介绍可能包含新闻的全部介绍，或者仅仅是额外的内容或者简短的介绍。这些项目的链接通常都能链接到全部的内容。网络用户可以在客户端借助于支持 RSS 的新闻聚合工具软件，在不打开网站内容页面的情况下阅读支持 RSS 输出的网站内容。

（2）RSS 应用现状　订阅 Blog（Blog 上，你可以订阅工作中所需的技术文章；也可以订阅与你有共同爱好的作者的日志，总之，Blog 上你对什么感兴趣就可以订什么）。

订阅新闻（无论是奇闻怪事、明星消息、体坛风云，只要你想知道的，都可以订阅）。

只要将需要的内容订阅在一个 RSS 阅读器中，这些内容就会自动出现在阅读器里，不用一个网站一个网站，一个网页一个网页去逛了。也不必为了一个急切想知道的消息而不断地刷新网页，因为一旦有了更新，RSS 阅读器就会自动通知你。

（3）企业应用 RSS 营销的方法　建设一个高质量的网站，准备要用 RSS 发布的网站内容不仅是大型 ICP（Internet Content Provider，互联网内容提供商）网站的生命源泉，而且对于企业站点 RSS 营销的效果同样是至关重要的。同其他网络营销方法一样，RSS 营销取得成功的基础是其能否提供大量的、对用户具有较大吸引力的信息源，来吸引用户的眼球、增加网站点击率。因此，RSS 营销必须把高质量的网站内容策略放在首位。同时，要研究确定欲发布的信息内容，为下一步做准备。

设计 RSS Feeds，建设 RSS 频道 RSS Feeds（即 RSS 信息源）是与用户连接的纽带，所以进行 RSS Feeds 设计也是比较关键的一步。设计时要对 RSS Feeds 做适当分类，比如分为通用性的 RSS Feeds（如论坛、市场活动等）、按照服务对象分类提供的 RSS Feeds（如会员、员工、商业伙伴或媒体等）、按照产品类别提供的 RSS Feeds 等，以方便用户进行选择订阅。RSS Feeds 设计完成后，就可以在网站页面上建立 RSS Feeds 频道（即 RSS 发布），频道要细分为若干项目，应分别放置各类的 RSS Feeds，并相应地加上标准的橙色订阅按钮及订阅的直接链接进行 RSS Feeds 推广。推广的渠道有两种：一是利用自己的渠道进行推广，这是指在其网站上创建一个 RSS 描述页，包括诸如什么是 RSS，采用 RSS 订阅方式的益处，哪里有免费的 RSS 阅读器可供下载，以及如何订阅 RSS Feeds 等，以帮助用户了解 RSS 的基本知识，解答所遇到的疑难问题。二是采用网站联盟（比如专门讨论旅游的网站系列），通过互相调用彼此的 RSS Feeds，自动地显示网站联盟中其他站点上的最新信息，这就叫做 RSS 的联合。有了这种联合，一个站点的内容更新越及时、RSS Feeds 被调用得越多，该站点的知名度就会越高，从而形成一种良性循环。

评价 RSS 订户数量和效果，对所提供的 Feeds 定期进行评估并进行改进、优化等。

12.5　实战训练

工作任务 1：网络推广方案制订

网络推广方案是在企业营销战略的指导下，对网络推广活动的实施进行初步的安排，明确网络推广活动的目标和确定大致的网络推广方式，它是企业营销活动的重要组成部分。网络推广方案的制订主要包括：

1. 规划网络推广的主要目标

与传统推广一样，网络推广同样首先需要明确营销目标。只有确定了明确的营销目标，网络推广才有行动的方向，才能对网络营销活动做出及时的评价。一般情况下，企业通过网络推广的目标分为整体目标和具体目标两类。网络推广的整体目标，就是确定开展网络推广后达到的预期目的，以及制订相应的步骤，组织有关部门和人员参与。网络推广的具体目标是指通过相应的网络推广之后，企业应该实现的各个具体营销指标。

（1）规划网络推广的整体目标包括：

1）通过网络推广提升品牌；

2）通过网络推广来拉动销售。

（2）规划网络推广的具体目标包括：

1）面对众多竞争对手，使网站更有吸引力和价值；

2）使目标受众可以再次浏览企业的网站，增加网站粘着度；

3）培养消费者的忠诚度、拉近产品与消费者之间的距离，促进销售；

4）搭建完善的专属在线营销系统，实现在线销售功能；

5）进行网络传播，提升企业品牌。

利用前面学过的技能知识，为你所选定的企业规划网络推广主要目标。

2．分析竞争对手的网站及推广方式

企业要制定正确的竞争战略和策略，就要深入地了解竞争者，就必须明确谁是自己的竞争者，它们的战略和目标是什么，它们的优势与劣势，它们的反应模式是什么，从而确定自己的战略。因此企业必须认清及监视当前的竞争对手，了解其网络推广所采用的策略。

为所选定的企业选择三个竞争对手，分析其网站结构、风格、品牌、内容、服务等，并分析其所采用的网络推广方式，完成表 12-1：

表 12-1 企业网络推广方式分析

竞 争 者	1	2	3
竞争者网站分析			
竞争者网络推广方式分析			
所选定企业拟采用哪些网络推广方式			

3．确定网络推广的目标市场

目标市场是企业打算进入并实施营销组合的细分市场，或打算满足的具有某一需求特征的顾客群体。正如企业在进行传统营销时要确定目标客户，同时选择和目标客户一致的平面媒体一样。在做网络推广时，也要明确目标客户是哪些人，他们经常会浏览哪些网络媒体，然后再对门户网站、行业网站进行选择，这些都是在做网络推广时必须关注的。

企业进行网络推广时，必须做到深刻了解客户习惯，并采取不同的策略进行推广。如果目标顾客最喜欢去聊天论坛，就应去聊天论坛宣传企业信息和产品信息，也可以在聊天论坛里做网络广告；如果目标顾客最喜欢去淘宝这样的第三方电子商务平台，就应选择淘宝去发布相关的信息。此外，除了根据客户习惯针对性营销外，还必须了解各类网站的功能特点。

在目标市场中，产品购买者是决定产品购买的关键因素，同时，产品购买的影响者会对产品购买者产生相当大的购买影响，下面就来分析一下企业主要购买者、购买影响者以及他们的网上行为。

1）确定产品购买者；

2）分析产品购买影响者；

3）分析目标客户在互联网上的行为，明确目标客户的网上行为，就可以为接下来的网络推广市场定位提供依据；

4）明确网络推广的市场定位。

4．选择恰当的网络推广方式

网络推广方案的制订，是对各种网络推广工具和资源的具体应用。在科技发展日新月异的今天，网络推广的方法也层出不穷。根据网络营销实践经验，以及中国互联网信息中心（CNNIC）发布的《中国互联网络发展状况统计报告》等，可知用户获得网络信息的主要途径包括搜索引擎、网站链接、口碑传播、电子邮件、媒体宣传等方式。分析所选企业的实际情况为企业确定网络推广目标市场，并进行网络推广市场定位，并完成表 12-2。

表 12-2　企业网络推广目标市场和市场定位分析

确定企业目标客户	
分析目标客户网上行为	
明确企业网络推广市场定位	
结论	

工作任务 2：网络推广方案实施

1．登录搜索引擎

把所选定的公司网站登录到相应的搜索引擎。

（1）登录分类目录式搜索引擎　输入 http://site.yahoo.com.cn/feedback.html，登录雅虎网站，进行页面登录，如图 12-4 所示。

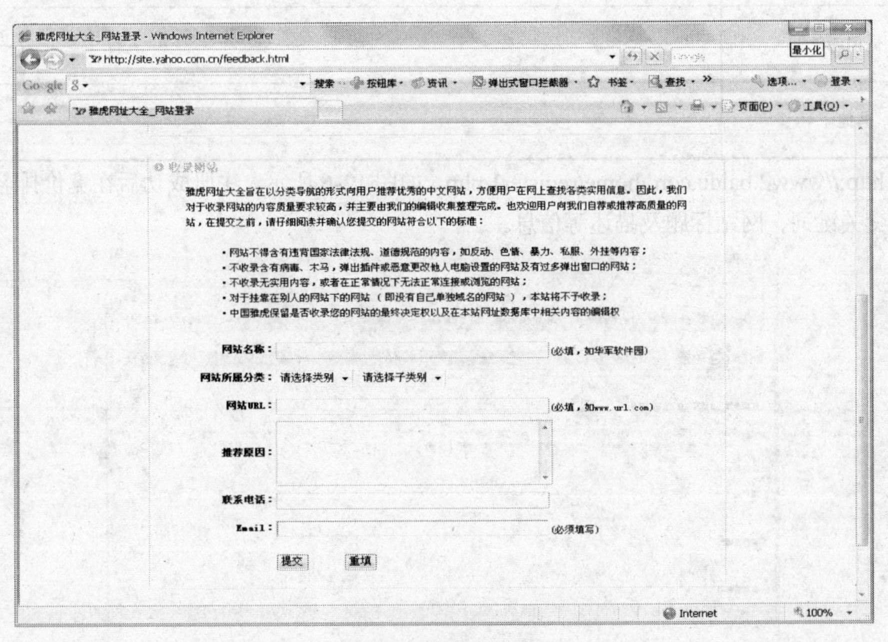

图 12-4　雅虎网站登录

（2）机器搜索引擎注册　目前机器搜索引擎登录网站是免费的，如百度提交网站的网址是 http://www.baidu.com/search/url_submit.html，打开的网站登录界面如图 12-5 所示。

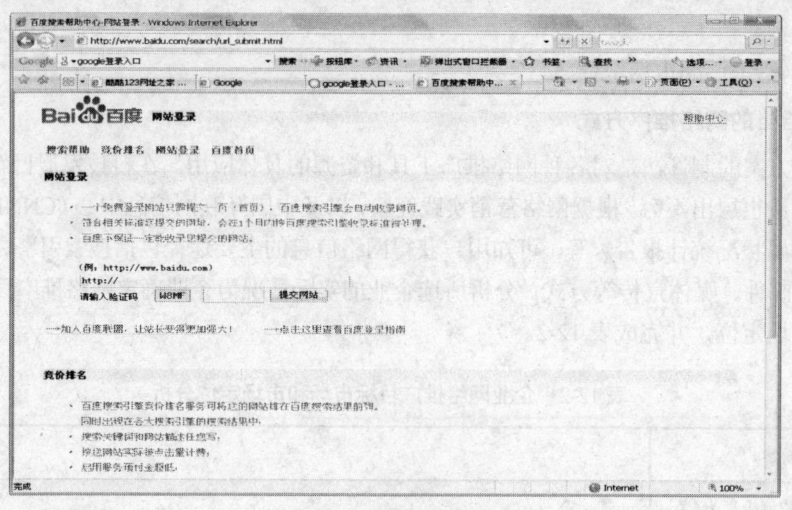

图 12-5 百度网站登录

2．参与关键词竞价排名

根据公司的产品特色，确定相应的搜索关键词，查看公司网站在搜索引擎中的表现，并做出判断该公司是否应参与关键词竞价。如果要参与关键词竞价，请设计参与竞价的关键词。

产品词	
品牌词	
促销词	
其他	

进入 http://www2.baidu.com/home/register1.php，如图 12-6 所示。注册成功后在竞价排名用户管理系统中提交关键词、网站标题及描述等信息。

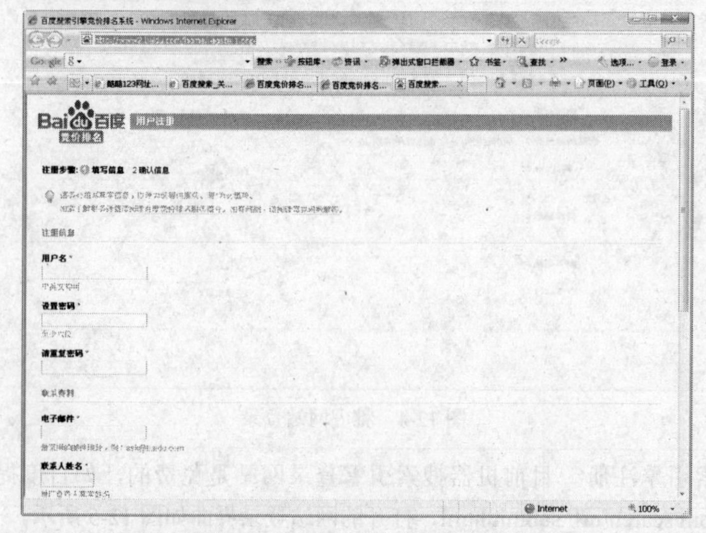

图 12-6 百度“用户注册”界面

进入 http://jingjia.baidu.com，如图 12-7 所示，注册相关信息后就可以购买百度火爆地带的关键词广告。

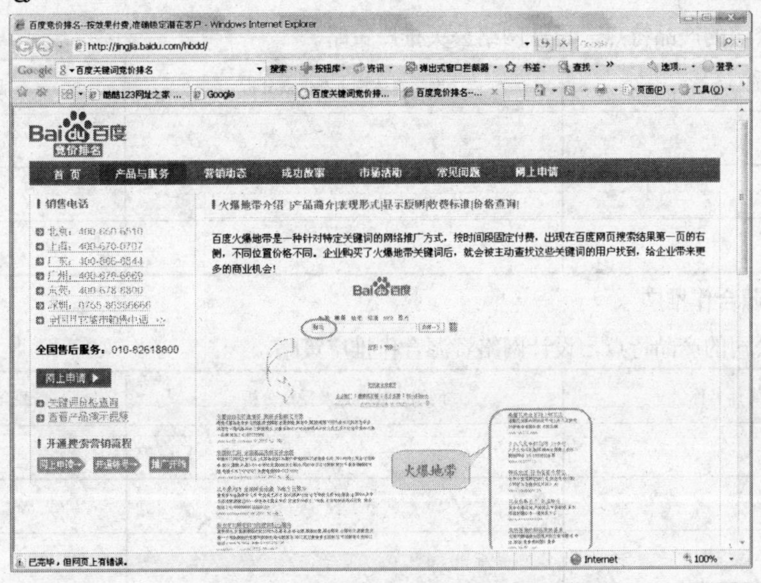

图 12-7　百度竞价排名界面

3. 网络广告推广

根据所选公司的产品特点，确定发布网络广告的网络媒介，并列出相应的网络广告形式。

网络媒介类型	网络广告媒介选择及理由	广 告 形 式
综合门户类站点		
行业门户类站点		
其他媒介		

4. E-mail 营销推广

根据所选公司的产品特点，设计邮件营销推广策略。

通过哪些网站获取潜在客户的邮件列表	
确定邮件主题	
确定邮件内容	
结论	

5. 第三方电子商务平台推广

根据所选公司的产品特点，设计第三方电子商务平台推广策略。

第三方电子商务平台名称	第三方电子商务平台特点及受众分析	具体推广方式

6. 网络公关推广

根据所选公司的产品特点，设计网络公关推广策略。

网络媒体名称	网络媒体特点及受众分析	活动简介

7. 网络资源合作推广

根据所选公司的产品特点，设计网络资源合作推广策略。

网络媒体名称	网络媒体特点及受众分析	资源合作具体形式

8. 以小组为单位，为所选公司写一份完整的网络推广方案

12.6 案例

案例一："大堡礁"用一次"招聘"撬动全球

2009 年 05 月 06 日　作者：徐一　来源：现代广告

"从 7 月 1 日起，做一个幸福的人——喂鱼，潜水，周游列岛；从 7 月 1 日起，关心烧烤和海鲜——我有一所别墅，面朝大海，冬暖花开"。

这首改编的小诗，将属于 7 月 1 日起在澳大利亚大堡礁担任哈密尔顿岛看护员的那个人。这名"岛主"不但尽享诗中的一切，还将获得半年 15 万澳元（约 65 万元人民币）的薪水。

——《申江服务导报》

当地时间 4 月 2 日晚 11 时，澳大利亚昆士兰州旅游局在全世界几千万人的期待中公布了入围"世上最好的工作"的 16 位候选人，此前入围 50 强的三位中国候选人，除来自中国台湾的女孩王秀毓以 151 676 份投票，在 3 月 25 日就提前以"外卡候选人"身份晋级外；今年 31 岁，在广州一家世界 500 强企业从事信息化管理工作的姚逸也成功入选。

昆士兰州旅游局的彼特·拉威尔称，由于入选的前 50 名候选人的才能非常出色，官员们把最后入围人员的人数由计划的 10 人扩大至 15 人。拉威尔称："最后入围人员来自 15 个国家，年龄在 20～28 岁之间，包括 10 名男子和 6 名女子。他们的职业分别是学生、记者、电视主持人、摄影师、接待、电台 DJ、教师、慈善活动经理、演员。"

然而，这波从今年 1 月 9 日开始掀起的全球"大堡礁"风波并不会马上消停。

现在，当地旅游局已经承认活动的实质旨在提升大堡礁的国际知名度。昆士兰旅游局的 Desley Boyle 表示，全世界对此次耗资 170 万澳元的活动反响热烈，其所带来的公关价值已达 7000 多万美元。她在一份声明中说："这次活动很大程度上依靠的是公共关系和社交网络活动。"

目前，这一由澳大利亚机构 CumminsNitro 设计的事件，已经被包括英国路透社在内的知名媒体评为 2009 年堪称经典的网络营销案例。

案例分析

1. 这确实是一份工作

尽管实质是精心策划的市场策略和公关手段，但它确实是一份真实的工作，让人无法质疑其动机。

金融风暴席卷全球，在这个人心惶惶的时刻谁能够拥有一份稳定的、高薪的工作是很惬意的事情，澳大利亚昆士兰旅游局恰当其时地推出这个职位。

这份“全世界最好的工作”到底要做什么？昆士兰旅游局要求应聘者必须具备良好的沟通技巧，良好的英语听写能力，喜欢探索、冒险的态度，乐意尝试新鲜事物，热爱大自然，良好的游泳技巧及热爱浮潜或潜水，以及至少一年以上相关经验等。

在澳大利亚，年薪 5 万～6 万澳元已经算是中产阶级了。而在金融危机之下，现在很多澳大利亚人没有全职工作，而是同时拥有几份按小时计工资的兼职。因此，工作半年 15 万澳元，算是“金领”了。于是在报名期内，这份工作就吸引了包括 11 565 名美国人、2 791 名加拿大人、2 262 名英国人和 2 064 名澳大利亚人、503 名中国人报名参与。

不过，主办者的最终目的是“宣传”两字，如何向世界各地游客宣传大堡礁，才是这个“岛主”的最终职责。这份工作要通过自己的冒险经历，替旅游局宣传大堡礁岛屿。这是一次别出心裁的市场战略，旨在提升大堡礁群岛在国际上的知名度，但候选者必须经历真实的招聘过程。

2. 最好的旅游策划

表面看，赢家是最终入选的大堡礁护岛人，实际上，最大赢家是昆士兰旅游局。

大堡礁尽管久负盛名，但因为随着海洋升温以及游客增多，一度大堡礁的珊瑚虫濒临灭绝，经过一段时间的休养生息，大堡礁生态环境得到了恢复，知名度却已大不如从前。哈密尔顿岛素有澳大利亚“大堡礁之星”的美誉，岛上终年气候舒适宜人，活动多姿多彩，但由于当地旅游受金融危机冲击，旅客量大减。于是，通过这样一个精心策划的活动来推广其旅游产业并创收成为最直接的目的。澳大利亚昆士兰州旅游局上海办公室的市场推广经理沈俐说，这个计划酝酿了一整年。

澳大利亚的前五大客源国分别为新西兰、英国、日本、美国和中国，于是在昆士兰旅游局招聘网站“世界上最好的工作”上，建立了 7 个版本的网站，覆盖面极广；这次招聘中，虽然面向的是广大人群，但因为中国的游客是近年来增长最快的，而此次护岛人将“定居”的汉密尔顿岛又是中国旅游团尚未开辟的旅游路线。中国作为重中之重的客户，自然也受到了额外的待遇，昆士兰旅游局甚至在北京进行了现场招聘。而针对第一客源的英国市场，还为大堡礁配套推出了“世上最好的蜜月目的地”、“世上最好的度假目的地”等系列活动。

3. 没有网络哪来疯狂

如果没有网络，这次招聘绝对不会如此疯狂。“世界上最好的工作”所有关键环节都在网上展开，昆士兰旅游局从一开始就建立了活动网站。旅游局在全球各个办公室的员工则纷纷登录各自国家的论坛、社区发帖，让消息在网友中病毒式扩散。

此次活动的参赛规则是全世界任何人都可通过官方网站报名，“申请者必须制作一个英文求职视频，介绍自己为何是该职位的最佳人选，内容不可多于 60 秒，并将视频和一份需简单填写的申请表上传至活动官方网站。”很多人即使没有希望获得这份工作，也录制一段视频来参加或自娱自乐。

而官方网站的合作伙伴是 Youtube，借助 Youtube 在全球的巨大影响，活动本身又得到了进一步的口碑和病毒传播。

环环相扣的互联网应用层出不穷。为了“挑起群众斗群众”，主办方又设计了经网络投票决出“外卡选手”环节，入选 50 强的选手会不断拉票，而关注活动的人会为心仪选手投票，还有人会持续关注包括投票在内的活动进展。据悉，截止到3月10日，网站的PV（页面浏览量）总量达到了4 000万。在这一环节中，中国台湾的王秀毓以151 676票成为“外卡”的唯一候选人，她的票数比得票最接近的对手高出了近三倍。

除此之外，主办方在投票过程上也进行了精心设置，跟国内常见的点一个按钮不一样，要先输入邮箱地址，然后查收一封来自“昆士兰旅游局（Tourism Queensland）”的确认件，确认后再行使投票权。

其实通过确认，参与投票的网民都会好好浏览这个做得很漂亮，实质上是旅游网站的招聘网站，大堡礁的旖旎风光、万种风情，马上就开始让人心旷神怡。更重要的是，投票者的邮箱未来都会定期不定期地收到来自大堡礁的问候。试想，在有钱又有闲的情况下，难保没有人不会动心。

在发布招聘信息、选秀、确定人员这几轮营销活动之后，估计新的营销高潮就是“护岛人”不断更新的博客、相簿、视频了。正如一位网友在博客中写道：“7 月 1 日，护岛人公布了，你会不会有想去看他/她的冲动？护岛人怎么上下班？工作餐怎么办？能不能一起合个影？……”

案例二："少林寺"网络营销秘籍

来源：金融界

任何新事物的诞生，都很难得到一边倒的赞美或一边倒的抨击，比如少林寺网上开店。撇开争议，少林寺结合互联网发展进行的一系列尝试，至少让我们看到了其与时俱进的风采，以及传统文化与创意经济结合的多种可能性。

2008年5月22日，继河南少林寺宅院内一个名为“少林欢喜地”的店铺开业之后，淘宝网的同名虚拟店铺也开始运营，其中《少林武功医宗秘籍》和《中国少林寺》更被以9 999元的高价叫卖。如此高的定价，其底气源于少林文化在人们心中高山仰止般的地位。而谈到少林文化的影响力，自然要在很大程度上归功于20世纪80年代问世的电影《少林寺》。这部电影不仅捧红了“功夫之王”李连杰，更大的价值是令少林寺走出深山，名扬天下。一时间，去嵩山少林寺学习武艺成为无数热血少年的梦想，全球的游客也蜂拥而至。电影《少林寺》成为少林寺走向复苏的第一个拐点，也正是基于此，少林寺认识到了现代媒介的巨大作用。

从电影到网络，一切都很自然。互联网提供了一个更有影响力的传播途径，少林寺自然不会错失。“少林寺”作为一个文化品牌，不同于一般的企业，它具有足够响亮的品牌及特殊的身份。少林寺走上网络营销之路，反映了在网络信息时代，传统文化产业希望从不同的角度去探索新营销之路。

案例分析

其实，在淘宝网开店，并非少林寺首次“触网”。在此之前，少林寺已经表现出在网络运用方面的先知先觉和老道。

1996年：少林寺网站开通

1996 年，少林寺在中国寺院中率先建立了中文网站。在少林寺掌门人释永信看来，网络是必须利用的新交流方式：“我们过去与世隔绝，与外界的接触仅仅是通过耕作与土地打交道。如今，我们必须与人打交道。我们需要获取知识，学习新技能，比如学习英语、外事接待、出国访问等，都要利用网络。”

少林寺网站的开通是少林寺融入网络信息时代的第一步。网站作为一个信息传播的载体，是少林寺全面展示自身形象和第一时间发布新闻动态的理想通道。因此，建立了少林寺网站，就相当于拥有了一个强有力的宣传工具和对外交流平台。

网民访问网站的主要目的是对网站主推的信息进行深入了解，少林寺建设网站的主要目的也是灵活地向用户展示少林寺的信息甚至多媒体信息，利用网络媒体带来的便利性让网民全面了解少林寺，从而服务少林文化的弘扬和传播。

2004 年：少林秘籍上网

2004 年 7 月，中断 700 余年的“少林药局”得以恢复，少林寺将《易筋经》、七十二绝技、点穴功等少林武功秘籍及修炼方法通过网站向全世界公开，引起社会的广泛关注。

1997 年，河南少林寺实业发展有限公司成立，专门进行少林寺知识产权保护。2004 年少林寺品牌负责人钱大梁表示：公司成立 7 年来，虽取得一定成效，但与全球“少林产业”相比仍然难如人意，从今年起，少林寺将用音像、文字等方式，将少林武术、禅宗的精髓记录下来，以期流传后世，并通过网站、国内外巡演等形式，让全世界领略到真正的少林功夫的文化底蕴。

思想文化的价值在于交流，在于传播。少林秘籍上网是少林寺利用网络媒体，全球传播少林文化，推动少林文化的全球化发展，从而促进少林文化的繁荣和发展。

2008 年：“少林欢喜地”网店问世

2008 年 5 月 22 日，少林寺实业有限公司下属公司少林欢喜地有限公司入驻网店，这是少林寺正式在网上开设的第一家专卖店。

网店上销售的商品不仅包括禅修所用的禅修服、禅修鞋、禅香、烛台，还包括注入少林僧人元素的 T 恤、烛台、手表等年轻人喜爱的文化创意产品。其中，一套由中华书局特别编辑出版的《少林武功医宗秘籍》售价 9999 元，加上邮寄费价格已经突破万元。

供和尚修禅练功的过去只出现在深山寺庙中的禅香、禅台、功夫鞋、护具等用品，竟在淘宝网店上叫卖，这意味着少林寺下属的少林智业，继拍电影、出国演出、开发少林寺产品等一连串商业行为后，又带领少林寺迈入互联网电子商务领域。

在网上开店的目的主要是向更多人介绍少林寺的文化特色，让更多人了解少林寺。长期以来，人们对少林寺的了解只是一个旅游景点，实际上少林寺本身更具魅力的是其数千年的文化底蕴。

少林寺的营销“禅宗”解读

少林寺的一系列运作，为我们展示了如何结合时代环境，在传统文化、文化创意产业、互联网之间做有效的衔接和文化创意产业的核心价值挖掘。

文化广义指人类社会历史实践过程中所创造的物质和精神财富的总和。文化产业是在全球化的消费社会背景中发展起来的一门新兴产业，它被公认为“21 世纪全球经济一体化时代的‘朝阳产业’或‘黄金产业’”。

文化创意产业是在传统文化产业基础之上，依靠创意人才的智慧、灵感和想象力，借助于高科技对传统文化资源的再创造、再提高，从而为文化产业创造更多附加值。

少林文化源远流长，以少林文化为核心的少林文化创意产业最重要的是宣扬一种文化。在“少林欢喜地”网店上，“禅”、“武”、“创”、“礼”、“食”、“心”每一类产品都包含着少林文化这一独特文化的底蕴，就像网店的口号所说的“将少林禅武还原于行、住、坐、卧的生活”，把少林文化融入人们的日常生活。

随着社会化大生产的发展，商品同质化程度严重。在同质化的产品市场上，文化营销是和受众建立一种独特的精神交流。文化代表的是一种生活态度，带给消费者的是一种精神满足，所以在目前的市场环境下，文化产业营销的出发点是挖掘文化的核心价值，通过文化营销建立消费者对文化的认同和认可，从而实现消费行为从物质消费到精神消费的提升。

产品可以复制，文化难以克隆，因此文化创意创业就是建立在独特的文化内涵根基之上，通过文化创意产品的开发，实现文化的传承和消费者的精神满足。

少林寺商标的注册以及开展的一系列市场营销行为，是少林寺作为一个文化创意品牌进行市场化运作的开始。而“少林欢喜地”网店的开张，是少林寺品牌全方位开展品牌营销的发轫，是其“抓住信息化的历史机遇，用网络的力量推动中国传统文化”的开端，也是传统文化在文化创意产业热潮中进行的有益探索和尝试。

借力新媒体的意识和魄力

互联网是人类历史发展中的一个伟大的里程碑，它正在对人类社会的文明悄悄地起着越来越大的作用。也许会像瓦特发明的蒸汽机引发了一场工业革命一样，互联网将会极大地促进人类社会的进步和发展。随着现代科技的不断进步、计算机的普及，网络越来越成为人们日常生活中不可缺少的工具。而以即时、互动为特点的网络传播方式，更为公众提供了一个方便快捷的信息传播平台。

近几年互联网在我国发展迅速。截至 2008 年 2 月份，我国网民总数达 2.21 亿，超过美国居全球首位。除了网络用户数量与日俱增外，网络媒体本身的媒介属性决定了网络媒体正在逐渐成为社会信息环境中的一种主要媒介平台。

首先，网络媒体传播范围最广。互联网作为新型的媒体通路，其传播的最大特色为不受任何时间与地域的限制，通过国际互联网把各类信息全天候不间断地传播到世界各地。少林寺从建立官方网站到公布少林秘籍，再到最近开设少林欢喜地网店，其出发点就是运用网络媒体传播范围广泛的特点，向全世界广泛传播少林文化，让对少林文化有兴趣但是没有机会亲临少林寺的人，通过网络平台全方位了解少林寺。

其次，网络媒体交互性强。交互性强是网络媒体的最大优势，它不同于传统媒体的信息单向传播，而是信息互动传播，在互联网上，既能进行大众传播，又能进行个人传播、人际传播、群体传播和组织传播。少林寺通过建立官方网站、实现少林秘籍的上线以及启动网店，充分发挥网络媒体信息传播交互性的特点，让少林文化走向世界，让世界了解少林文化，通过少林寺与少林文化认同者的互动，实现少林文化的弘扬和扩散传播，从而带动少林文化创意产业的发展。

再次，网络信息传播针对性强。据《第 21 次中国互联网络发展状况统计报告》统计，在中国 2.1 亿网民中，35 岁以下的网民占 80%，也就是说网络媒体在年轻态消费者群体中具有重要的普及率和影响力。少林寺的网络化历程就是少林寺与年轻态受众互动的一个过程。年轻态消费者是网络用户的主体，是少林文化的核心“粉丝”，也是文化创意产业的核心消费群体。少林寺的网络化过程，就是少林寺运用网络通道接近和影响核心消费群体的过程。

最后，网络信息传播形式丰富。网络广告的载体基本上是多媒体、超文本格式文件，受众可以对某些感兴趣的信息了解得更为全面，能亲身体验产品、服务与品牌，并能在网上预订、交易与结算。

少林网站的建立，为少林寺提供了一个宣传自身形象的网络平台；少林秘籍的上线，进一步促进了少林文化的传播和普及，提升了社会公众对少林文化的认知和理解；“少林欢喜地”网店的开张，为人们提供了一个便捷的体验、消费少林文化创意产品的平台。因此少林寺网络化发展的三个不同阶段，运用网络信息传播形式丰富的特点，在不同层面上实现了少林文化与社会大众的互动。

案例三：大众汽车“只有 20，只有在线”的互动营销活动

来源：艾瑞网 作者：刘庆

2007 年 5 月 4 日，大众汽车在自己的网站上发布最新两款甲壳虫系列——亮黄和水蓝，首批新车一共 20 辆，均在线销售。这是大众汽车第一次在自己的网站上销售产品。网站采用 Flash 技术来推广两款车型，建立虚拟的网上试用驾车。将动作和声音融入活动中，让用户觉得他们实际上是整个广告的一个部分。用户可以自由选择网上试用驾车的不同环境，高速公路，乡间田野或其他不同场景。

网上试用驾车使得网站流量迅速上升。每天独立用户平均为 470 个，每个用户花费时间翻了倍，达到 19 分钟，每页平均浏览 1.25 分钟，并最终成功生成了 25 份在线订单。

案例四：东风日产树营销经典“骊威连连看”

在全球经济危机的大背景下，精品小车骊威 2009 年一季度却爆发出令人瞩目的销量成绩——从去年 9 月至今，连续 7 个月蝉联细分市场榜首，并以绝对的领先优势荣膺 2009 年第一季度“三冠王”，三月份更以逼近九千台的销量，冲上历史新高。

据全国乘联会统计，骊威 2009 年第一季度 3 个月销量分别为 5372 台、6525 台和 8577 台，均名列细分市场榜首，尤其三月以接近九千的销量创下了小车历史新高，也是骊威上市来的销量新纪录，同比增长 61%、环比增长 30%。

除精确的产品定位和产品实力，火爆两季的“骊威连连看”网络营销，也为骊威市场表现如虎添翼，成为擅长营销创新的东风日产又一经典案例。

“连连看”是互联网上最热门、最普及的小游戏之一，深受都市白领一族的喜爱。而东风日产骊威同样是获得这一族群青睐的“全时多能”之车，其时尚外观、宽适空间、配置先进等先天优势，被分割成精致的局部图案，被“移植”到“连连看”游戏当中。两者的巧妙结合，为东风日产在营销理念和方式的创新上提供了最佳结合点，2008 年六、七月间的“骊威连连看 I”曾以 16 万的网上注册人数、7600 万的点击量成就了东风日产跨界营销新经典。

业内人士认为，“骊威连连看实际上是连接了车型优势与车主们的消费好感，以创新务实的方式，实现了消费者体验式营销的新高度。”它将一款深受白领喜爱的网上小游戏和骊威车型紧密结合起来，骊威车型身上的各种部件都被充分融合到游戏过程中，不少参与者都表示，自己是被这一游戏所吸引，继而产生深入了解骊威的兴趣。

2009 年初，Adworld2009 互动营销年度盛典举行，郑州日产汽车公司获得了年度互动营销十佳案例中唯一的汽车奖项，东风日产汽车公司获得了汽车类奖项中的“创新营销奖”。

案例五：汉堡王 Burger King 的“听话的小鸡”视频互动游戏

来源：艾瑞网　作者：刘庆

Burger King 在美国是仅次于麦当劳的快餐连锁店，他们认为过去的市场推广有严重问题，于是，在 2005 年的 4 月 7 日推出了首创的视频互动线上游戏——“听话的小鸡”，来推广新的鸡块快餐。“听话的小鸡”这个互动广告极为简单，有一个视频窗口站立着一个人形小鸡，下面有一个输入栏，供参与者输入英文单词。当你输入一个单词时，视频窗口里的小鸡，会按照你输入的单词的意思做出相对应的动作，比方说你输入“JUMP”，小鸡会马上挥动翅膀，原地跳起，然后恢复到初始的画面，又比如你输入“RUN”，小鸡就会扬起翅膀，在屋子里疯跑一气，与 Burger King 的定位“Have it your way”配合得天衣无缝，通过一种互动游戏式的体验传递出来。Burger King 不会在这个页面中让你接触到它的促销信息，但是在搜索栏下面，Burger King 提供了 4 个按钮，其中一个按钮是 Photo，也就是收藏了一些小鸡的照片，类似拍摄花絮。一个按钮是 Chicken's Mask，这个按钮提供了一个可以制作成小鸡面具的图像，可以把这个图像打印然后沿虚线剪下，制作出与这个小鸡一样的面具。还有一个按钮是 Tell a Friend，可以发邮件给把这个网址告知给朋友。最后一个按钮才是可以直接链接到 Burger King 网站的按钮。

汉堡王通过这个成功的病毒营销事件，让自己的新产品鸡块汉堡快餐获得了巨大的成功。据调查，至少有 1/10 曾经浏览过这个网站的网民，都去享用了汉堡王的鸡块快餐。

案例六：可口可乐+腾讯的营销威力

来源：中国营销传播网

可口可乐+腾讯——品牌联合+病毒营销

什么活动，可以在短短一周之内，吸引一亿双眼球，让1 100万人参加并为之传播？

当所有的奥运合作伙伴都在为奥运临近的营销和传播绞尽脑汁的时候，可口可乐再次亮剑，而且，这一次是全方位的传播。火炬传递活动的赞助行为不谈。我们就看可口可乐如何利用网络媒体去寻找自己的第六罐可乐。

当QQ的用户习惯地打开QQ，会惊奇地发现若干个网友已经为自己争取了一个奥运的火炬，并且获得了火炬手的资格，QQ秀上也戴上了可口可乐颁发的丰功伟业勋章。越来越多的QQ用户，参与到争夺奥运火炬在线传递大使中，鼠标轻轻一点，便与两个品牌一起，实现了自己参与奥运的愿望。这的确是一次精心策划的活动，正如可口可乐所说，让消费者有全方位的奥运体验。

当所有人认为网络媒体只是投放形象广告的时候，聪明的可乐，还是找到了自己的机会，与腾讯合作，进行在线火炬传递活动。

随着越来越多的火炬在QQ网友中点亮，可口可乐和腾讯的这次合作，已经不可避免地走进了中国人的心中，形成了又一个身边的巨大焦点。

而腾讯网，作为非奥运赞助商和合作伙伴，这次却利用媒体优势，充分地借用了可口可乐的奥运合作伙伴资格，在奥运借势营销上找到了自己的“第六罐可乐”。而可口可乐换来的是腾讯的充分配合，以及腾讯目前足以撼动中国年轻一族的客户资源。

双方充分实现了价值的最大化。而且，最大优势在于，这是一场持续半年的合作，在资源上，没有任何浪费，充分共享网络媒体的平台资源。

品牌联合，这一未来品牌发展的越来越重要的发展趋势，从没有像今天这样被充分演绎，从中国建设银行借助VISA发行“明卡”（将姚明与中国建设银行品牌形象联合，却由VISA付费），到今天的可口可乐和腾讯。

两个价值取向相同的品牌借助于同样的奥运资源，创造巨大的合力的同时，充分实现了双方的共赢和品牌价值的最大化。

当伊利几度与酷六合作，推出奥运系列视频大赛，微软与酷六和土豆网一起合作，推出“2008不能没有你”视频创意大赛之后，可口可乐再一次证明了自己对商业推广真谛的充分理解，无论是合作伙伴的找寻以及快速制造影响力，切入网络平台的方式。情感营销、公益营销以及病毒营销，还是品牌联合，这一切合了诸多营销要素的营销行为，必将引起对网络营销的新的焦点讨论和关注。

最关键的是，可口可乐与腾讯充分地利用了大众想充分参与奥运，祝福奥运的热诚。

尽管知道这是一场精心策划的商业秀，但是谁又愿意错过这样一个真心祝福的表达呢？

案例七：茅台的病毒式营销

来源：世界品牌实验室

《食品商》2007年第六期“财富前沿”栏目刊登了《真假快品牌》一文，文中指出，真正的快品牌追求的是价值创新而非技术创新，努力的重点不是广告、营销，而是将工作重心落在那些对品牌有非凡影响力的人物、行为和活动上，于是这些具有非凡影响力的人物、行为和活动成为快品牌的引爆点，比如茅台就是靠针对特殊人群服务和绿色健康概念传播这两个引爆点的引爆来实现品牌快速成长的。

通过茅台的案例为行业提出了引爆点的见解，可以帮助同行从品牌着力点思索新的方向，但即使有了引爆点，如果不进一步分析引爆的方法，所谓引爆点也就只是镜中月，水中花。那么，茅台是靠什么引爆这两个引爆点的呢？

首先，如果进一步分析茅台这两个引爆点——针对特殊人群服务和绿色健康概念传播，我们可以发现，绿色健康概念的传播更为重要，甚至可以说针对特殊人群服务和绿色健康概念传播是一码事，其核心工作是把绿色健康概念传播给这些特殊人群。为什么呢？因为茅台所谓的针对特殊人群服务，就是为党政军要员服务，而绿色健康又是这些特殊人群十分看重的。所以，在其他竞争品牌只会在公关层面与茅台竞争的博弈下，一旦茅台将绿色健康的概念深入特殊人群的心里深处，茅台的特殊人群的工作即基本宣告成功并远远地将竞争对手抛在后面，茅台品牌的快速引爆也就势不可挡了。

那么，茅台是如何传播绿色健康概念的呢？业内人士有目共睹——靠口碑传播，靠大众媒体软文引导口碑传播。从2003年以来，茅台季克良连续亲自撰写和发表的《茅台酒与健康》、《世界上顶级的蒸馏酒》、《告诉你一个真实的陈年茅台酒》、《国酒茅台，民族之魂》等文章就是为了达到这个目的。通过简单的几篇软文为什么能够释放巨大的引爆力？这正是本文要揭示的病毒营销的奇特效果。

美国纽约哥伦比亚大学社会学教授邓肯·沃茨对病毒式营销进行了深入研究并这样评价：病毒营销是你只需选择一小群人作为种子，把你的想法、产品或信息传递给这些人，启动病毒式的繁殖蔓延，然后你就会看到星火燎原之势——这正是茅台所做的。

他提出病毒式营销工具要和传统的大众媒介结合使用，其效果要比单一的病毒式营销（如口碑营销）的效果更易掌握，因为他认为大众媒介的报道可以使用标准化的语言和统一的广告语，有助于口碑传播的标准化和达到预期的效果——这也是茅台所做的。

他说，标准化的“病毒”会像传染病一样传播，从一个特定的人群开始，然后向这些人的朋友群传播。每个“传染源”预期传染的人数就是“繁殖率”，如果每个“传染源”可以平均将信息传递给一个以上的受众，后者如法炮制，将信息传递下去，那么，信息受众的人数将呈指数级增长。也就是我们俗话所说的“一传十，十传百”——茅台确实完成了这种传播。

季克良通过特殊人群与媒体传播的“病毒”是茅台健康功能和护肝功用，他几年前就曾亲自撰写《世界上顶级的蒸馏酒》，告诉读者一些虽然枯燥难懂但引人关注、易于传播的要点。比如，茅台酒含有大量的酸类物质，酸物质含量是其他白酒的3～4倍，而以乙酸、乳酸和不饱和脂肪酸为主，有利于人体健康；天然吡嗪和呋喃类是茅台酒的骨架成分，其中四甲基吡嗪具有止咳平喘作用，苯并呋喃具有改善胃肠功能，吡嗪酮具有提高睡眠质量的作用；茅台酒中可能有保肝物质存在。北京医科大学一位内科肝病和病毒分子学家亲临茅台考察后说：“茅台酒具有保肝功能的说法有一定道理，人们所用的一些药品、保健品等相当一部分就是微生物发酵的产物。茅台酒通过科学的、自然的发酵过程，可能产生一些非常复杂的生物活性物质，这些物质很可能对人体的健康有益处。”这些权威论述结合一些权威人士在权势阶层的酒桌上的言传身教，“传染源”和“繁殖率”数值均十分可观，转眼间蔚然成风也就不奇怪了。

口碑传播是病毒营销的一种方式，当然病毒营销的方式还有很多，因为茅台在传播上只借用了口碑和媒体软文这两种病毒营销方式，所以，姑且在此只以口碑传播为例。有了病毒营销的理论支持，让我们更加理解了茅台的先进。寻找到引爆点，然后用科学的病毒式营销传播方式潜心慢工出细活，是茅台快速成长的法宝，也应该成为行业的共同财富。在当前软文满天飞的情境中，特别需要提醒的是，能够有把握地将带有病毒性的信息设计出来是极其困难的，而预见哪些人能够尽心尽力地传播这些信息更非轻而易举。这同时是邓肯·沃茨在研究病毒营销时特别提醒大家的，也是茅台的最高明之处，更是每个正在寻求品牌快速提升和决心树立自身品牌形象的经销商值得关注的。

第 13 章　客户关系管理策略

本章主要内容

- 客户关系管理的定义和内涵
- 客户关系管理的作用
- CRM 的客户服务
- CRM 应用系统的结构
- CRM 应用系统的功能模块
- 呼叫中心的涵义、组成及其应用
- 设计客户体验

21 世纪是网络营销产生和发展的时代，研究客户关系管理（CRM）对企业开展网络营销具有十分重要的作用。CRM 是英文“Customer Relationship Management”的缩写，其核心思想就是以客户为中心，其宗旨就是改善企业与客户之间的关系。CRM 通过搜索、整理和挖掘客户资料，建立和维护企业与顾客之间卓有成效的“一对一”关系，使企业在提供个性化的产品、更快捷周到的服务和提高客户满意度的同时，吸引和保持更多高质量的客户，并通过信息共享和优化商业流程，有效地降低企业的经营成本，从而提高企业的绩效。

案例：泰国的东方饭店

泰国的东方饭店堪称亚洲饭店之最，几乎天天客满，不提前一个月预定是很难有入住机会的，而且客人大都来自西方发达国家。泰国在亚洲算不上特别发达，但为什么会有如此诱人的饭店呢？大家往往会以为泰国是一个旅游国家，而且又有世界上独有的人妖表演，是不是他们在这方面下了功夫。错了，他们靠的是真功夫，是非同寻常的客户服务，也就是现在经常提到的客户关系管理。

他们的客户服务到底好到什么程度呢？我们不妨通过一个实例来看一下。

一位朋友因公务经常出差泰国，并下榻在东方饭店，第一次入住时良好的饭店环境和服务就给他留下了深刻的印象，当他第二次入住时几个细节更使他对饭店的好感迅速升级。

那天早上，在他走出房门准备去餐厅的时候，楼层服务生恭敬地问道：“于先生是要用早餐吗？”于先生很奇怪，反问“你怎么知道我姓于？”服务生说：“我们饭店规定，晚上要背熟所有客人的姓名。”这令于先生大吃一惊，因为他频繁往返于世界各地，入住过无数高级酒店，但这种情况还是第一次碰到。

于先生高兴地乘电梯下到餐厅所在的楼层，刚刚走出电梯门，餐厅的服务生就说：“于先生，里面请”，于先生更加疑惑，因为服务生并没有看到他的房卡，就问：“你知道我姓于？”服务生答：“上面的电话刚刚下来，说您已经下楼了。”如此高的效率让于先生再次大吃一惊。

于先生刚走进餐厅，服务小姐微笑着问：“于先生还要老位子吗？”于先生的惊讶再次升级，心想“尽管我不是第一次在这里吃饭，但离最近的一次也有一年多了，难道这里的服务小姐记忆力那么好？”看到于先生惊讶的目光，服务小姐主动解释说：“我刚刚查过计算机记录，您在去年的 6 月 8 日在靠近第二个窗口的位子上用过早餐”，于先生听后兴奋地说：“老位子！老位子！”小姐接着问：“老菜单？一个三明治，一杯咖啡，一个鸡蛋？”现在于先生已经不再惊讶了，“老菜单，就要老菜单!”于先生已经兴奋到了极点。

上餐时餐厅赠送了于先生一碟小菜，由于这种小菜于先生是第一次看到，就问：“这是什么？”，服务生后退两步说：“这是我们特有的某某小菜”。服务生为什么要先后退两步呢？他是怕自己说话时口水不小心落在客人的食品上，这种细致的服务不要说在一般的酒店，就是在美国最好的饭店里于先生都没有见过。这一次早餐给于先生留下了终生难忘的印象。

后来，由于业务调整的原因，于先生有三年的时间没有再到泰国去，在于先生生日的时候突然收到了一封东方饭店发来的生日贺卡，里面还附了一封短信，内容是：亲爱的于先生，您已经有三年没有来过我们这里了，我们全体人员都非常想念您，希望能再次见到您。今天是您的生日，祝您生日愉快。于先生当时激动得热泪盈眶，发誓如果再去泰国，绝对不会到任何其他的饭店，一定要住在东方饭店，而且要说服所有的朋友也像他一样选择。于先生看了一下信封，上面贴着一枚六元的邮票。六块钱就这样买到了一颗心，这就是客户关系管理的魔力。

东方饭店非常重视培养忠实的客户，并且建立了一套完善的客户关系管理体系，使客户入住后可以得到无微不至的人性化服务。迄今为止，世界各国约 20 万人曾经入住过那里，用他们的话说，只要每年有十分之一的老顾客光顾，饭店就会永远客满。这就是东方饭店成功的秘诀。

13.1　客户关系管理概述

13.1.1　客户关系管理的产生和发展

客户关系管理（CRM）思想与理论最早产生于 20 世纪 80 年代初，由于市场竞争的加剧和以开发新顾客为主的销售成本的不断提高，企业开始注意到长期客户关系对于企业的重要性。企业销售人员所扮演的角色及其作用也随之发生一些变化，从单纯追求销售额转向发展客户关系。在此阶段，服务营销、关系营销等成为营销理论和实践的发展重心，并得到企业的广泛重视和推广。

进入 20 世纪 90 年代，美国及欧洲市场竞争和企业营销的变化支持了这样一种观点：在工业品市场和组织市场上，营销战略制定者最关心的应该是长期客户关系的管理。这就要求经理们必须认识到，战略优势的获得源自于互动关系方法的采用，即对客户关系生命周期的管理，而不是对产品生命周期的管理。此外，在这一时期，一个重要的变化是许多企业销售工作的中心开始转向大客户的管理。

在重视客户关系的管理的同时，企业维持客户关系所耗费的资源和成本也呈现快速增长的趋势，即随着企业与客户人际接触和人际沟通的频繁，企业的工作强度和难度日益增加，费用提高。这时，如果没有一个根据企业战略导向和客户销售潜力建立的专门化的管理方法、手段或系统，客户关系管理的提升、企业竞争优势的获得和企业成长及企业经营效果与效益之间的矛盾则无法解决。在计算机信息技术发展的 21 世纪 90 年代末，依靠计算机技术的支持，为了解决存在的上述问题和提高工作的效率，数据库营销出现并发挥了重要的作用。

在以“客户的管理”、“客户关系的管理”、“服务营销”、“关系营销”、“大客户的管理”和“数据库营销”等相关概念、营销思想、理论及方法和手段不断出现和应用的背景下，随着电子商务时代的到来，借助 IT 技术的发展，国外许多专业软件商相继推出了以客户关系管理（CRM）命名的管理软件系统，有一些企业开始实施以客户关系管理（CRM）命名的信息系统。至此，在新的营销理念、企业管理的实际需要、IT 技术发展等因素的推动下，现代意义上的企业客户关系管理（CRM）正式开始兴起。

目前，对客户关系管理的认识和研究可以从三个层面进行：一是从营销哲学的角度，认为客户关系管理是把客户置于决策出发点，企业营销活动的实质是真正“满足客户需要”，要求企业必须重视和加强与客户的互动关系，并在此基础上，获得企业和客户的双赢；二是从企业战略管理的角度来理解，认为客户关系管理是企业战略管理中重要的组成部分，它旨在通过企业对客户关系的引导和维护，以获得某种战略优势，并最终达到企业最大盈利的战略目标；三是从技术系统开发角度，认为客户关系管理是在IT时代产生的一种技术和应用软件，通过这一管理应用软件的运用，可以帮助企业建立和落实现代市场营销最新理念，实现企业战略管理思想和规划，提高企业核心竞争力。

从总体上看，客户关系管理（CRM）发展到今天，既是一种商业哲学或营销观念，又是一个新型的管理信息系统，同时，也是一套实用的管理应用软件。

13.1.2 客户关系管理的定义、内涵及其作用

1. 究竟谁是我们的客户

自20世纪40年代后期以来，“客户就是上帝”一直被奉为圣旨，但经过几十年的变迁，其实质已发生了根本性的变化。针对目前正在迅速发生变化的商务活动模式而言，“客户是谁？”的问题，对于目前的大多数企业来说都会比较困难。究其原因主要有以下几点：首先，界定客户的范围或以消费类型区别客户的原有方法已不再有效，因为这种方法将客户外延范围无限扩张，最终将导致“客户泛化”现象。其次，如果从传统意义上对这种“客户泛化”现象做出反应，即把一切有需求的对象都划入客户之列，短期内可能体现出企业服务或产品提供的全面性，但最终造成的难题是企业会迷失客户的真正需求。最后，随着服务意识的空前改观和质量概念的全新扩展，对企业而言，要求供应商和分销商都必须成为服务于客户链条上的合作方。因此，在一定意义上他们也成为企业的客户。

那么，对于企业来讲，客户到底是谁？传统意义上，“客户”是指向本企业购买产品或服务的人或组织。翻开英文字典，对“Customer”的中文翻译有两种，即“顾客”和“客户”，前者主要指“逛商场的人”，也是传统上的意义；而后者的意义则更为广泛。显然，将“Customer”一词译为“客户”可能更为准确。过去买过或正在购买的客户为“现有客户”，还没有购买但今后有可能购买的人或组织为“潜在客户”。

今天，客户到底如何变化？谁是真正的客户？他们是你的雇员、合作伙伴或产品及服务购买者，同时他们也是你的供应商、分销商。其实，客户包括你以任何方式与其发生商务关系的任何人或实体。可以说，到底什么是客户并没有什么明显的差别，关键在于如何对待不同类型的客户。在一个价值链条中分属不同公司的员工要实现高质量的业绩，就不应只关注该体系中的某个人、部门或组织，而应该关注其流程中的全部客户。新竞争时代，如何实践客户满意战略，如何满足不同客户群，并不断适应变化着的客户需求将成为企业成长和发展的长远大计。

2. 客户关系管理的定义和内涵

客户关系管理（CRM）的概念，是由美国著名的研究机构Gartner Group在20世纪90年代最先提出的。Gartner Group指出，CRM是迄今为止规模最大的IT概念，它将看待客户的概念从独立分散的单个部门提升到了企业的层面，虽然与每个客户的具体交互行为是由每个部门来完成的，但是企业要对客户负全面的责任。为了实现CRM，企业与客户联系的每一个环节都应实现自动化管理。营销自动化在此扮演着重要的角色，它是连接企业前台和后台办公以及企业级共享客户信息的最根本环节。它与销售、客户服务以及后台办公一起构成了企业CRM。

有关客户关系管理的定义有很多。几乎每个CRM系统提供商都有其自己的定义，不同的人从不同的角度总会有不同的看法，目前尚无一个统一的、能让各方都接受的定义。下面简要介绍目前国内外CRM业内比较流行的几种有关CRM的定义。

定义一：CRM是触及企业内许多独立部门的商业理念，它需要一个新的“以客户为中心”的商业模式，并被集成了前台和后台办公系统的一整套应用系统所支持。此定义指出，CRM是指导企业

经营的一种商务管理理念，还指出整合的应用系统能够确保更令人满意的客户体验，而客户满意度直接关系到企业能否获得更多的利润。

定义二：CRM 是企业在营销、销售和服务业务范围内，对现实的和潜在的客户关系及业务伙伴关系进行多渠道管理的一系列过程和技术。此定义指出，CRM 的业务领域为营销、销售和服务；其目的是为了管理客户以及伙伴关系，并指出 CRM 的管理手段，即过程和技术。其缺点是将 CRM 弱化为过程和技术。

定义三：CRM 是企业的一项商业策略，它按照客户的分割情况有效地组织企业资源，培养以客户为中心的经营行为以及实施以客户为中心的业务流程，并以此为手段来提高企业的获利能力、收入以及客户满意度。此定义明确指出，CRM 是企业的一种商务应用模式，而不是某种 IT 技术。同时，指出以客户为中心的经营机制的建立是实现 CRM 目的的重要手段。其不足之处是只字不提技术的概念，好像 CRM 与技术毫无关系。

其实，还有很多 CRM 的定义，都强调了 CRM 的某个侧面，综合现有各种观点，在此给出的客户关系管理定义为：客户关系管理（CRM），是企业为提高核心竞争力，贯彻“以客户为中心”的发展战略，利用现代通信技术和先进的计算机网络信息技术，通过优化企业组织结构和业务流程，开展系统的客户研究，进行富有意义的交流沟通，最终实现提高客户获得、客户驻留、客户忠诚和客户创利的目的而进行的一整套管理活动过程。

以上从不同角度定义了 CRM，理解客户关系管理应重点把握其下列内涵。

其一：核心理念—— CRM 是一种管理理念。其核心思想是将企业的客户（包括最终客户、分销商和合作伙伴）作为最重要的企业资源，通过完善的客户服务和深入的客户分析来满足客户的需求，保证实现客户的终生价值。

其二：管理模式—— CRM 是一种新型的商务模式。客户关系管理作为一种改善企业与客户之间关系的新型管理机制，与传统的静态商业模式存在着根本区别。客户关系管理系统的建立意味着企业在市场竞争、销售及支持、客户服务等方面形成动态协调的全新关系实体，从而实现企业客户资源的最优化管理。这种新型管理机制的变革集中地体现在市场营销、销售实现、客户服务和决策分析等与客户关系有关的重要业务领域。

其三：应用系统、方法和手段—— CRM 是一种管理软件和技术。它将最佳的商业实践和数据挖掘、数据仓库、一对一营销、销售自动化以及信息技术紧密结合起来，为企业的销售、客户服务和决策支持等领域提供了一个业务自动化的解决方案。

3. 客户关系管理的作用

当今，以“客户为中心”的理念已成为主流，并形成了一整套经营模式，其精髓的完美体现就是客户关系管理（CRM）。

客户关系管理（CRM）的出现，使得以客户为中心的经营理念从空洞的口号走向了能够进行量化的操作，并把抽象的理论运用到企业的实际运营中来。近 20 年来，IT 技术尤其是互联网的飞速发展，给客户关系管理添上了翅膀，借助于先进技术，人人都能够成为营销高手。

在客户关系管理（CRM）环境下，从整个市场的商机预测、获得和管理，到营销流程的管理以及实时营销等，传统营销行为和流程正不断得到优化和实现自动化。个性化和“一对一”成为营销的基本思路和可行做法，而最初在与客户接触中企业需要实际测量客户的需求，并针对具体目标受众开展集中的营销活动。实时营销的方式转变为电话、传真、Web 网站、E-mail 等的集成，它旨在使客户以自己的方式、在方便的时间获得所需要的信息，并形成更好的客户体验。营销人员在获取商机和客户需求信息后，及时与销售部门合作以激活潜在的消费行为，或与相关职能人员共享信息，改进产品或服务，从速从优满足客户的需求。

可以说，客户关系管理（CRM）的应用无论是在竞争力提升方面，工作效率改进方面，还是在经营成本的控制方面，都给企业带来了显著的好处。客户关系管理（CRM）的实施成果经得起销售额、用户满意度、用户忠诚度、市场份额等“硬指标”的检测，它为企业新增的价值是看得见、摸得着的。在网络营销时代，客户关系管理的主要作用和效果如下：

1）完善的客户关系管理（CRM）系统可用来创建和改善企业与客户之间的关系，并通过相关技术来知晓客户的特殊偏好，从而维持与客户的长期关系，进而为其提供量身订制的产品和服务。

2）完善的客户关系管理（CRM）系统能更有针对性地对目标客户开展营销活动，避免盲目性，提高营销活动的目的性和有效性，从而降低营销花费。

3）完善的客户关系管理（CRM）系统能提供个性化的在线购物体验，通过分析客户过去的在线和离线交互活动，根据相关数据交付产品和提供相应服务。

4）完善的客户关系管理（CRM）系统能判断客户的价值，判断利润的来源，判断相关的客户业务流程，从而改进相关的营销策略，提高最有价值客户和潜在价值客户的满意程度。

简言之，引进先进的信息技术，实施高效的客户关系管理（CRM）系统，实现“一对一”和交互式的客户服务、大规模的客户化定制服务、客户关怀和亲密接触服务等真正意义上的客户关系管理，已成为企业应对各种冲击和挑战、全面提升自身竞争优势，并在日益激烈的竞争环境中胜出的利器。

13.2 CRM 中的客户服务

客户服务是 CRM 系统的基本功能之一，是实现以“客户为中心”的核心思想的具体体现。因此，企业必须分析客户服务的特点，了解企业与客户之间的关系，掌握客户服务的策略，只有这样才能更好地实现客户服务，才能留住更多的高价值客户，发展更多的新客户。

13.2.1 客户服务的特点及客户服务新理念

营销大师科特勒（Kotler）曾对服务下的定义是：“服务是一方为实际上无形的另一方提供的任何行为或工作，它不会导致任何事物的所有权的产生，它的产生可能会或可能不会受到事物的限制。”

可见客户服务具有一定的无形性，或者说是非实体性。这表现在两方面：首先，生产过程与消费过程同步，不存在质量检验后销售的问题，这就给服务质量提出了高要求；其次，不可储存性。基于服务与消费同步进行，使得其使用价值不能脱离生产者和消费者而固定在一个耐久的物品上。心理综合感知代替了有形的具体感受。

另外，由于服务是双方的协作过程，因此还具有差异性。这表现在两方面：首先，接受服务的客户由于年龄、文化、生活背景等的差异导致了个体的消费偏好具有多样性。也就是说，对同一服务不同个体的感受和体验具有差异性。其次，提供服务的人员同样由于上述原因也具有个体化特性。因此提供与被提供服务双方的个性化特点给服务工作带来了很大的困难。

上述的分析表明，传统意义的客户服务作为无形的产品其主要特点有非实体性、不可分离性、差异性、同步性、易逝性等。但随着互联网技术的发展，客户服务的手段不断提高，市场竞争导致客户服务竞争的升级，客户消费心理的变化，要求提供个性化的服务等，都对客户服务提出了许多新的要求，客户服务也增添了新的内涵。CRM 正好迎合了市场的需要，提出了新的客户服务的理念，体现了客户服务的新变化，因此越来越受到企业的重视。客户服务的新变化具体表现在以下几方面。

1. 增加顾客的感性认识

服务的最大局限在于服务的无形性和不可触摸性，因此在进行服务营销时，经常需要对服务进行有形化，通过一些有形方式表现出来，以增强顾客的体验。如 FedEx 在为人们提供快递服务时，人们可以实时在网上查询包裹的状态、行程，只要在到达目的地之前，客户可以随时更改包裹的投递，使得人们通过网络服务提升了感性认识。

2．突破时空不可分离性

服务的最大特点是生产和消费的同时进行，因此服务受到时间和空间的限制。顾客为寻求服务，往往需要花费大量时间去等待和奔波。而互联网的远程服务则可以突破服务的时空限制。如现在的远程医疗、远程教育、远程培训、远程订票等，通过互联网都可以实现，尽管存在着消费方和供给方的空间分离。

3．提供更高层次的服务

顾客的消费需求是有层次的，当一个层次的需求得到满足后，高一层次的需求就产生了。传统服务的不可分离性使得顾客寻求服务受到限制，互联网的出现突破了传统服务的限制。顾客可以通过互联网得到更高层次的服务，顾客不仅可以了解信息，还可以直接参与整个过程，最大限度地满足顾客的个人需求。

4．顾客寻求服务的主动性增强

顾客通过互联网可以直接向企业提出要求，希望得到更多的自助服务，他们需要的不只是好的网站，而是能够让他们自行寻找所需信息、进行交易、查询订单处理进度等整合完善的渠道。企业必须针对顾客的要求提供特定的一对一服务，而且企业也可以借助互联网降低成本来满足顾客的一对一服务的要求。当然企业必须改变业务流程和管理方式，实现柔性化服务。

5．服务成本降低，效益提高

一方面，企业通过互联网实现远程服务，扩大服务市场范围，创造了新的市场机会；另一方面，企业通过互联网提供服务，可以增强企业与顾客之间的关系，培养顾客忠诚度，减少企业的营销成本费用。

6．个性化服务成为服务的主要特色

个性化服务是指通过不断调整用户档案的内容和服务，达到基于客户的喜好或行为来确定客户的兴趣的目的。在基于客户的喜好和行为的基础上组建经营规则、搜寻相关信息内容，进而以一个整合的、相互联系的形式将这些内容展示给客户。个性化服务可以归纳为服务时空、服务方式和服务内容的个性化。

13.2.2　企业与客户关系

随着市场竞争的日益激烈，无论哪一个行业，企业对顾客关系的重视程度将越来越高，以顾客为中心的经营理念被越来越多的企业所接受。企业在掌握客户服务的特点后，还必须了解企业与客户的关系，只有这样才能更好地与客户建立、维持、加强关系，才能发现和留住高价值的客户，提高客户的忠诚度。

1．企业与客户关系的类型

根据顾客忠诚度的高低，可以对“企业—客户”关系水平做如下划分：

（1）基本型　客户只与企业进行一次或不定期的业务往来，企业完成产品销售后，不再或很少再与客户接触。在基本型关系下，客户是非常不稳定的，任何风吹草动都有可能使客户随时转向别的供应商。

（2）被动型　指企业在销售产品时，会同意或鼓励客户在使用产品中有问题或不满时及时与企业联系。在被动型关系下，客户可能对企业持中立态度甚至否定态度。或许客户和企业间有多次业务往来，之所以没有转换供应商只是因为惰性，而非忠诚。

（3）负责型　企业的销售人员在产品销售完成后，及时地通过各种方式向客户了解产品是否能达到其预期，收集客户有关改进产品的建议以及对产品的特殊要求，并把得到的信息及时反馈给企业，以便不断地改进产品。在负责型关系下，客户开始愿意和企业保持联系，并选择企业为优先考虑的供应商。

（4）主动型　企业的销售人员不断地、主动地与顾客沟通，不时地打电话与消费者联系，要他们提出改进产品的建议，或者提供有关新产品的信息，促进新产品的开发和销售。在主动型关系下，客户会与企业保持经常性的沟通，并将其推荐给其他客户。

（5）伙伴型　企业与客户持续地合作，使客户能更有效地使用其资金或帮助客户更好地使用产品，并按照客户的要求来设计新的产品。客户与企业成为合作伙伴，一起进一步寻找办法以便双方都从关系的保持中获取更大利益。

以上五种程度不同的客户关系类型并不是一个简单的从劣到优的顺序。企业所能采用的关系类型是由它的产品和客户决定的，而且关系的建立是企业与客户之间互动的结果。

2．客户关系的选择

在实际的经营管理活动中，企业应该建立何种类型的客户关系往往取决于它的产品和客户特征。科特勒认为，企业可以根据其客户规模和产品的边际利润水平来选择合适的客户关系类型，如图13-1所示。

	高边际利润	中边际利润	低边际利润
大量客户	责任型	被动型	基本型
适量客户	主动型	责任型	被动型
少量客户	伙伴型	主动型	责任型

图 13-1　客户关系类型的选择

大多数企业在客户规模很大但产品边际利润很小时，基本上会采用“基本型”客户关系，否则它可能会因为售后服务成本过高而导致亏损。例如，宝洁公司就不可能给每一位买主打电话，以表示对顾客购买本公司一次性尿布、洗发水等产品的关注，企业所要做的只是建立客户抱怨机构，以便处理客户的投诉，对客户在使用产品中提出的问题进行解答并帮助解决。但如果企业面对的是少量客户，而且产品的边际利润很高时，那么它就应当采用“伙伴型”的客户关系，支持客户的成功，同时获得丰厚的回报。例如，波音公司（Boeing）密切地同马来西亚航空系统合作，设计并保证波音飞机能充分满足马来西亚航空系统的要求。除了这两种比较极端的情况外，其余类型的关系也同样可以根据企业的客户和产品特性进行选择或组合。

13.2.3　客户生命周期与客户终生价值

1．客户生命周期

客户生命周期是客户关系生命周期的简称，是指客户关系水平随着时间的变化而变化的发展轨迹，它直观地揭示了客户关系发展从一种状态向另一种状态运动的阶段性特征。

客户生命周期理论是从动态角度研究客户关系的重要理论工具，它将客户关系的发展过程划分为若干个典型的阶段，并对每一个阶段的客户关系特征进行描述。随着对客户动态关系特征重要性认识的不断加强，对客户生命周期的理论研究也越来越多。其中比较具有代表性的观点认为，可以将企业与客户的关系发展划分为考察期、形成期、稳定期和退化期四个阶段。

（1）考察期——关系的探索和试验阶段 在这一阶段客户会下一些尝试性的订单。

（2）形成期——关系的快速发展阶段 双方关系能进入这一阶段，表明在考察期双方相互满意，并建立了一定的相互信任和交互依赖。在这一阶段，随着双方了解和信任的不断加深，关系日趋成熟，双方的风险承受意愿增加，因此双方交易不断增加。

（3）稳定期——关系发展的最高阶段 在这一阶段双方对对方提供的价值高度满意，而且为了能长期维持稳定的关系，双方都做了大量有形和无形的投入，形成了大量的交易。双方关系处于一种相对稳定状态。

（4）退化期——关系发展过程中关系水平逆转的阶段 关系的退化并不总是发生在稳定期后的第四阶段。实际上，在任何一个阶段，关系都可能退化，有些关系可能越不过考察期，有些关系可能在形成期退化，有些关系则越过考察期、形成期而进入稳定期，并在稳定期维持较长时间后退化。引起关系退化的可能原因很多，如一方或双方经历了一些不满意事件、发现了更适合的关系伙伴或需求发生变化等。

2. 客户终身价值

客户终身价值（Customer Lifetime Value，CLV）是指企业在与某客户保持客户关系全过程中从该客户处所获得的全部利润现值。对现有客户来说，其终身价值可分成两个部分：一是当前利润，即到目前为止客户为企业创造的利润总现值；二是未来利润，即客户在将来可能为企业带来的利润总现值。由于从客户获得的当前利润是一个定值，所以企业更加关注的是客户未来利润。

客户的未来利润主要来自以下四个方面：①客户重复购买，指的是客户增加已购产品的交易额；②客户交叉购买，指的是客户购买已购产品的相关产品；③客户向上购买，指的是客户购买已购产品的升级品、附加品；④推荐新客户，是指企业的忠诚客户把一些潜在客户推荐给本企业，也包括为企业传递好的“口碑”。可以根据客户历史利润与以往客户利润曲线案例的拟合情况，预测客户未来利润模式，进而预测客户未来利润。

13.2.4 识别高价值的客户

不知道客户的身份是不可能与之建立良好的客户关系的，因此，在选择客户关系类型之前还要识别真正的客户。大部分企业的客户记录可以从内部账目、客户服务系统和客户数据库中找到，其他客户的身份可能需要从市场营销活动中得到。一些企业通过成功的频繁营销方案和会员卡来了解其客户群，也可选择来自用户群、分支机构、战略合作伙伴或者第三方的数据资料。识别过程通常可以分为以下步骤：

1. 知道企业的现有顾客与潜在顾客是谁

企业必须设法辨别并招揽客户，可以通过网站、电子邮件、会员卡等深具成本效益的科技手段，清楚地界定目标顾客群。提供诱因（例如特别优惠）可以使顾客愿意透露他们的身份。一旦顾客认为你真心实意，他们甚至会主动地提供更多资料。但重要的是，千万不要违约，特别是不要主动寄给客户未曾索取的资料。虽然这些信件原为善意的提醒服务，但是顾客却可能因为企业的疲劳轰炸而生气，甚至认为是侵犯了他们的隐私权。所以千万要小心运用顾客资料；在顾客留下资料的同时，必须让顾客知道这些资料可能的用途；千万不要做出会破坏顾客对企业信赖的事。

2. 找出让企业赚钱的客户

总有些客户会让企业多赚钱，因此必须找出最能让企业获利的客户。以美国航空为例，大部分的机票销售量与获利均来自常客—— 不单是因为他们常常搭乘飞机，更因为他们比一般乘客更熟悉飞行的一切，所以不太需要服务人员的解说，从而使美国航空得以降低顾客服务成本。

在这里，客户固然重要，这可能是主要销售收入的来源。但是客户往往需要比较大的折扣和更为苛刻的服务，因此利润率通常不会很高。所以企业应该根据以往的销售记录和获利水平，找出最能让自己赢利的那部分客户。

3．决定要吸引哪些新客户和留住哪些老客户

当时代变化时，客户的需求偏好也会随之改变。企业不可以秉承一成不变的销售策略，而应该审时度势地灵活改变服务重点，去吸引更多的潜在客户和留住老客户。

4．了解谁是购买决策的影响者

在客户购买企业产品和服务的过程中，影响是否购买的决策者将起到至关重要的作用，他们往往左右着客户的行为，进而影响到企业的产品销售和服务的提供。因此，客户不一定非得是打电话下订单或付款的人，真正的顾客往往是位居幕后、掌握采购大权的人。所以，了解对产品的采购具有决策力的人，与他们建立直接关系，并确保这些人能够获知最新与最正确的产品信息，这些都是企业应该做到的。

5．锁定网络推荐人

满意的顾客往往是企业最好的推销员，因此要了解能够给企业带来新客户的推荐人。FedEx 在对新的在线服务系统进行测试时，首先就是选定一部分客户，然后给他们发送电子邮件让他们试用新的系统，最后结果是试用人员大大超过原来名单上的客户数，可见在网络营销中推荐人具有很高的价值。

13.2.5 加强客户关系策略

在互联网时代，客户比以前有了更多的选择，而且只需轻轻点击鼠标就可以贴近你或离你而去。对于企业来说，识别了高价值的客户，仅仅满足客户的需求已远远不够，更重要的是如何能让服务给高价值的客户留下深刻的印象，并不断地满足其可预见的需求以及提供的个性化服务而带给他们惊喜。因此企业的生存越来越依赖于与客户建立长期稳定的业务关系，为客户提供良好的服务，正迅速成为企业业务增长和提高竞争力的有效途径。为此企业必须掌握加强客户关系的各种策略，如建立专门从事顾客关系管理的机构、实施个人接触计划、实施频繁市场营销计划、实施俱乐部营销规划、实施客户化营销、实施数据库营销计划、客户流失管理及分析等。

1．设立顾客关系管理机构

建立顾客关系管理机构，选派业务能力强的人任部门总经理，下设若干关系经理。总经理负责确定关系经理的职责、工作内容、行为规范和评价标准，考核工作绩效。关系经理负责一个或若干个主要客户，是客户所有信息的集中点，是协调公司各部门做好顾客服务的沟通者。关系经理要经过专门训练，具有专业水准，对客户负责。其职责是制定长期的年度的客户关系管理计划，制定沟通策略，定期提交报告，落实公司向客户提供的各项利益，处理可能发生的问题，维持同客户的良好业务关系，建立高效的管理机构是关系营销取得成效的组织保证。

2．实施个人接触计划

个人接触计划即通过营销人员和顾客的亲密交流增进友情，强化客户关系。比如，有的市场营销经理经常邀请客户的主管经理参加各种娱乐活动，如滑冰、野炊、打保龄球、观赏歌舞等，双方关系逐步密切；有的营销人员记住主要顾客及其夫人、孩子的生日，并在生日当天赠送鲜花或礼品以示祝贺；有的营销人员设法为爱养花的顾客弄来优良花种和花肥；有的营销人员利用自己的社会关系帮助顾客解决孩子入托、升学、就业等问题。如果每次接触都很愉快，企业则可能很快发掘出客户的潜在需求，从而

促进交叉销售。在实施个人接触计划时要注意：一是倾听客户意见；二是及时处理客户投诉。

实施个人接触计划的缺点在于企业有可能会过分依赖长期接触顾客的营销人员，增加了管理的难度。

因此该策略运用应注意适时地将企业联系建立在个人联系之上，通过长期的个人联系增强企业亲密度，最终建立企业间的战略伙伴关系。

3．实施频繁市场营销计划

频繁市场营销计划也称老主顾营销规划，主要通过向经常购买或大量购买的顾客提供奖励。奖励的形式有折扣、赠送商品、奖品等来鼓励重复购买，是零售业经常采用的一种关系营销策略，如航空公司、酒店和信用卡公司经常采用累积消费奖励。

频繁市场营销计划通过长期的、相互影响的、增加价值的关系来促进最佳客户的购买频率的提高。

频繁市场营销计划具有以下缺陷：

（1）容易被竞争者模仿　频繁市场营销计划只具有先发优势，当竞争者反应迟钝时，最先采用此策略的企业可以吸引一大批客户，但随着更多竞争者采用此策略，竞争趋势会转向成本导向和服务导向。

（2）客户忠诚度低　由于只是单纯依靠价格折扣的吸引，客户很容易受到竞争者类似促销方式的影响而转移购买。

（3）服务水平较低　频繁市场营销计划主要依靠价格竞争吸引客户，容易忽视顾客的其他需求。

4．实施俱乐部营销规划

俱乐部营销规划指建立顾客俱乐部，吸引购买一定数量产品或支付会费的顾客成为会员。企业不但可以借此赢得市场占有率和顾客忠诚度，还可提高企业的美誉度。如海尔俱乐部为会员提供各种亲情化、个性化服务，广受欢迎，2000 年底已达 7 万名会员和 800 万名准会员，为企业建立了庞大的顾客网。

5．实施客户化营销

客户化营销也称为定制营销，它提供能满足每个客户的不同需求的定制产品并开展相应的营销活动。通过提供特色产品、优秀质量和超值服务满足客户需求，提高客户忠诚度，依托“大规模定制”的先进制造理念和现代最新科学技术建立的柔性生产系统，可以大规模高效率地生产非标准化的或非完全标准化的客户化产品，成本增加不多，却使得企业能够同时接受大批客户的不同订单，并分别提供不同的产品和服务，在更高的层次上实现“以销定产”。

客户化营销要求企业高度重视科学研究、技术发展、设备更新和产品开发；建立完整的客户购物档案，加强与客户的联系；合理设置售后服务网点，提高服务质量。

6．实施数据库营销计划

数据库营销通过进行个性化的交流和交易，具有极强的针对性。数据库中的数据应包括以下几个方面：现实客户和潜在客户的一般信息，如姓名、地址、电话、传真、电子邮件、个性特点和一般行为方式；交易信息，如订单、退货、投诉、服务咨询等；促销信息，即企业开展了哪些活动，做了哪些事，回答了哪些问题，最终效果如何等；产品信息，即客户购买了何种产品，购买频率和购买量如何等。数据库维护是数据库营销的关键要素，企业必须经常检查数据库的有效性并及时更新。企业一方面要设计获取这些信息的有效方式，另一方面还必须了解这些信息的价值以及处理加工这些信息的方法。

7．客户流失管理及分析

客户流失是指顾客不再购买本企业的产品或服务，终止与本企业的业务关系。客户流失管理是指分析顾客流失的原因，相应改进产品和服务以减少顾客流失。

按照客户流失的原因可将流失者分为这样几类：价格因素流失者，指顾客为了较低价格而转移购买；产品因素流失者，指顾客找到了更好的产品而转移购买；服务因素流失者，指顾客因不满意企业的服务而转移购买；市场因素流失者，指顾客因离开该地区而退出购买；技术因素流失者，指顾客转向购买技术更先进的替代产品；政治因素流失者，指顾客因不满意企业的社会行为或认为企业未承担社会责任而退出购买，如抵制不关心公益事业的企业，抵制污染环境的企业等。企业可绘制顾客流失率分布图，显示不同原因的客户流失比例。

企业应经常性地测试各种关系营销策略的效果、营销规划的长处与缺陷、执行过程中的成绩与问题等，持续不断地改进规划，在高度竞争的市场中建立和加强顾客忠诚度。

从上述的分析可见，加强客户关系管理是一个系统工程，它要求企业的各个部门形成“以客户为中心”的经营理念，同时对企业现有业务流程、组织结构进行重组，使得各部门能够协同工作满足客户的需求。基于此，CRM 系统越来越受到企业的重视，它正好把加强客户关系管理的理念和策略整合在一起，使得企业能够借助于 CRM 更好地建立、维护和加强客户关系。

13.3 CRM 应用系统

13.3.1 CRM 应用系统的结构

从逻辑模型的角度来讲，一个完整的客户关系管理系统可以分为界面层、功能层和支持层三个层次：

（1）界面层 界面层是客户关系管理系统同用户进行交互、获取或输入信息的接口。通过提供直观的、简便易用的界面，用户可以方便地操作。

（2）功能层 功能层由执行 CRM 基本功能的各个功能模块构成，如销售自动化功能模块、营销自动化功能模块、客户支持与服务功能模块、呼叫中心功能模块、电子商务功能模块以及辅助决策功能模块。

（3）支持层 支持层则是指 CRM 系统所用到的数据库管理系统、网络通信协议、操作系统等，是保证整个 CRM 系统正常运行的基础。

13.3.2 CRM 应用系统的功能模块

不同的企业对客户关系管理系统有不同的要求，不同的开发商所提供的客户关系管理系统的功能也有所不同。从大的方面划分，客户关系管理系统的功能主要包括销售、营销、客户服务与支持、呼叫中心、电子商务和辅助决策等。

1. 销售功能模块

（1）客户管理　主要功能包括客户基本信息的搜集，与客户相关的基本活动和活动历史的记录和查询，联系人的选择，以及销售合同的生成等。

（2）联系人管理　主要功能包括识别并评价客户的联系人，联系人概况的记录、存储和检索，以及跟踪同联系人的联系，如时间、类型、任务描述等。

（3）潜在客户管理　主要功能包括业务线索的记录、升级和分配，销售机会的升级和分配，以及潜在客户的跟踪。

（4）销售管理　主要功能包括组织和浏览销售信息，产生各销售业务的阶段报告，对销售业务给出策略上的支持，根据利润、领域、优先级、时间、状态等标准，辅助用户制定关于将要进行的活动、业务等方面的报告，销售费用管理，销售佣金管理，以及销售技巧查询。

（5）产品管理　主要功能包括产品批号管理，产品序列号管理，产品有效期管理，产品规模和型号管理，客户组合产品配置管理，以及产品组合分析。

（6）订单管理　主要功能包括订单的处理，订单的确认，订单状态管理（包括取消、付款、发货等多种状态）以及订单出库和订单查询等。

（7）移动销售　主要功能是辅助专业销售人员连接到企业的客户数据库中，完成销售现场的工作。同时，它还使用大量的同步技术，全面支持掌上型计算设备的使用。

（8）电话销售　主要功能包括电话本与生成电话列表；把电话号码分配到销售员；记录电话细节并安排回电；电话录音同时给出书写器，用户可做记录；电话统计和报告；自动拨号。

（9）销售伙伴　主要提供销售技术和应用系统，支持企业同第三方销售伙伴（中间商、代理商、分销商和增值业务销售商）的业务联系。

2．营销功能模块

（1）营销活动管理　主要是支持企业的营销活动，辅助营销人员完成市场研究以及营销策略的制定等活动。例如营销资料管理、市场分析模型、市场预测模型、产品和价格配置器和渠道管理系统等。

（2）营销内容管理　主要是用来记录营销活动的具体内容，检查营销活动的执行情况，评估营销活动收益。

（3）营销分析　主要是用来分析营销的活动和方式、方法，支持营销数据库的整理、控制和筛选，就结果及特别问题及时做出报告和分析，以便进一步改进营销策略。

3．客户服务与支持功能模块

（1）客户合同管理　用来创建和管理客户服务合同，主要目的是保证客户服务的水平和质量，并可使企业跟踪保修单和合同的续订日期，安排预防性的维护活动。

（2）客户服务管理　主要是用来对客户意见、问题或投诉以及售后服务等信息进行管理，记录客户的所有意见、问题或投诉情况，对每项意见、问题或投诉的全过程进行处理跟踪，对售后服务的全过程进行记录，包括上门服务、电话支持等，并将一些标准的解决方案存入数据库，予以共享。

（3）客户关怀管理　主要用来记载客户关怀的基本情况，并能提醒业务人员按时实施客户关怀，另外还能提供相关的参考意见。

（4）现场服务管理　主要包含现场服务派遣、现有客户管理、客户关系生命周期管理、服务工程师档案和地域管理等功能。

（5）移动现场服务管理　这一功能提供了一个移动的服务解决方案，以支持移动计算、网络计算和数据信息同步。利用无线设备可实现现场服务分配，保证服务工程师能实时地获得关于服务、产品和客户的信息，并可与派遣总部保持密切联系。

4．呼叫中心功能模块

（1）电话管理员　主要包括呼入呼出电话处理、互联网回呼、呼叫中心运营管理、图形用户界面软件电话、应用系统弹出屏幕、友好电话转移、路由选择等。

（2）语音集成服务　支持大部分交互式语音应答系统。

（3）报表统计分析　提供了很多图形化分析报表，可进行呼叫时长分析、等候时长分析、呼入呼叫汇总分析、坐席负载率分析、呼叫接失率分析、呼叫传送率分析、坐席绩效对比分析等。

（4）管理分析工具　进行实时的性能指数和趋势分析，将呼叫中心和坐席的实际表现与设定的目标相比较，确定需要改进的区域。

（5）代理执行服务　支持传真、打印机、电话和电子邮件等，自动将客户所需的信息和资料发给客户。可选用不同配置使发给客户的资料有针对性。

（6）自动拨号服务　管理所有的预拨电话，仅接通的电话才转到坐席人员那里。

（7）市场活动支持服务　管理电话营销、电话销售、电话服务等。

（8）呼入呼出调度管理　根据来电的数量和坐席的服务水平为坐席分配不同的呼入呼出电话，提高了客户服务水平和坐席人员的生产率。

（9）多渠道接入服务　提供与 Internet 和其他渠道的连接服务，充分利用话务员的工作间隙，收看 E-mail、回信等。

5．电子商务功能模块

（1）电子商店　使企业能建立和维护网上商店，从而在网络上销售产品和提供服务。

（2）电子营销　使企业能建立和维护营销网站，实施基于 Internet 的营销方案。

（3）电子支付　支持企业和客户实现在线支付环节。

（4）电子服务支持　允许客户通过网络提出服务请求、查询常见问题、检查订单状态，实现网上的自助服务。

6．辅助决策功能模块

（1）一般统计分析功能　销售管理统计；营销管理统计；客户服务与支持管理统计。

（2）决策支持系统—— CRM 中的决策支持系统（Decision Support System，DSS）是建立在数据仓库技术、数据挖掘技术以及联机分析处理技术基础之上的。客户关系管理中的决策支持系统并不能够替代决策者本身，它的主要功能是提高决策者的决策效率，帮助企业的决策者强化洞察力。

此外，在 CRM 的解决方案中，用计算机模仿人的思考和行为来进行商业活动，即商业智能的应用（Business Intelligence，BI）非常普遍。它实质上是一种帮助企业进行自动化集成管理的决策支持软件。它可以把企业的销售数据、财务数据、客户数据和库存数据等所有数据包容到一起，利用专家系统、神经网络、遗传算法以及智能代理等工具进行不同层次的数据挖掘，以提取决策支持信息。

13.3.3　CRM 应用系统的特点

一个完整的 CRM 应用系统应当具有如下特点：

1．综合性

客户关系管理应用系统必须综合企业客户服务、销售和营销行为优化和自动化的要求，能够在统一的信息库下开展有效的客户交流管理，使得交易流程管理成为综合性的业务操作方式。完整意义上的 CRM 系统不仅使企业拥有灵活有效的客户交流平台，而且使企业具备综合处理客户业务的基本能力，从而实现基于 Internet 和电子商务应用的新型客户管理模式。

2．集成性

在电子商务背景下，CRM 系统应该具有与其他企业级应用系统（ERP、SCM 等）的集成能力。对于企业来说，只有实现了前后端应用系统的完全整合，才能真正实现客户价值的创造。例如，CRM 的销售自动化子系统能够及时向 ERP 系统传送产品数量和交货日期等信息，而营销自动化和在线销售功能则使 ERP 的订单与配置功能发挥出最大潜力，使客户可以真正按需配置产品，并实现现场订购。因此，CRM 解决方案必须具备强大的工作流引擎，以确保各部门、各系统的工作流程无缝衔接。

3．智能化

成熟的客户关系管理系统不仅能完全实现商业流程的自动化，而且还能为管理者决策提供强大的支持。CRM 系统拥有大量有关客户的信息，通过数据仓库的建设和数据挖掘，可以对市场和客户进行深度分析，使企业具备商业智能的动态决策和分析能力，从而提高管理者经营决策的有效性。

4．高技术含量

先进的客户关系管理系统必须充分借助现代信息技术，实现对各种客户关系的有效互动和优化管理。从技术应用的角度看，客户关系管理应用系统是一个多技术的复杂集成体。它所涉及的技术不仅包括各种功能应用所需要的数据仓库、网络、语音、多媒体等多种先进信息技术，而且这些不同的技术标准和不同规则的功能模块要被整合成为一个统一的客户关系管理应用环境，还需要不同类型的资源和专门的技术支持。

13.4　呼叫中心

13.4.1　呼叫中心（Call Center）的发展史

1．国外呼叫中心的发展史

国外呼叫中心的出现很难有一个确切的时间表，因为呼叫中心这个词并不是从刚开始就有的。30多年以前，一些更多的需要人性化服务的行业，如航空公司的机票预订中心、旅馆饭店业的房间预订中心、商品目录销售商、跨国公司的全球客户服务支持中心等实际上已经具有了一定的规模，我们现在称之为呼叫中心系统。银行业也在 20 世纪 70 年代初开始建设自己的呼叫中心。不过那时的呼叫中心还远远没有形成产业，企业都是各自为战，采用的技术、设备和服务标准都依据自身的情况而定。一直到 20 世纪 90 年代初，都只有很少的企业能够有财力在技术、设备上大规模投资，建设可以处理大话务量的呼叫中心。所以可以将 20 世纪 80 年代后期到 20 世纪 90 年代初作为一个分水岭，在这之前，是零散规模的应用，而从 20 世纪 90 年代初期开始，呼叫中心真正进入了规模性发展，尤其是800 号码的被广泛认同和采用，更加剧了这一产业的繁荣。

目前国外的呼叫中心已经形成为一个巨大的产业。据有关的调查显示，仅在美国和加拿大呼叫中心的数量就已达 14 万个左右，分散在世界各地的呼叫中心有 2 万多个。如果再加上那些小型的具备一般处理呼叫能力的系统，这个数量还要大得多。美国劳动力人口的 3%在呼叫中心工作，大约在 700万人左右。在欧洲这个数字是 1%。美国整个呼叫中心市场有 155 万个话务坐席，到 2002 年已达到197 万个。

此外，更为重要的是，呼叫中心在国外已经确确实实是一个产业，不仅有呼叫中心各种硬件设备提供商、软件开发商、系统集成商，还有众多的外包服务商、信息咨询服务商、专门的呼叫中心管理培训学院、每年举办有大量的呼叫中心展会和数不清的呼叫中心杂志、期刊、网站等，从而形成一个庞大的、在整个社会服务体系中占有相当大比例的产业。

2．国内呼叫中心的发展史

相比国外，国内在呼叫中心方面要落后十年左右，并且离形成一定规模的产业化还有一段距离。

国内的发展轨迹与国外相似，如果在 30 多年前，甚至更早的时候，要找到呼叫中心的影子，那非 110 和 119 莫属。这两个家喻户晓的号码实际上是我们接触到的最早的呼叫中心。虽然那时根本就没有计算机，但也不能因为设备简陋就不把它称为呼叫中心，因为按照上面给出的呼叫中心定义，它们是完全符合的。

在 20 世纪 90 年代初或更早的时候也有一些公司在开发属于计算机和通信范畴内的产品，不过那时并不知道这就是 CTI，因为还没有人将这一概念引入国内。这以后，随着一些信息台的出现逐渐地将人们的视线引到这一类型的产品上。如果把寻呼业也纳入到呼叫中心的范围，那么可以说在 20 世纪 90年代中期伴随着寻呼业走入黄金时期，呼叫中心曾经有过一段辉煌。但是不管是信息台、寻呼台还是后来的一些相类似的产品，都不能称得上是完整的呼叫中心，因为它们只是简单地接收呼叫，提供一般的信息服务，而并没有存储客户的信息和数据，也不能为客户提供广义上的服务功能。

我国 1997 年呼叫中心的市场规模为 62 000 个坐席左右，销售额达到 10 亿元；1993 年～1997 年的平均增长率为 46%。按照国外呼叫中心市场的发展情况来看，一个成熟的呼叫中心市场，比如美国，其电信部门的市场仅占全部市场份额的 10%。而我国电信部门现在却占有 2/3 的市场份额，可见未来的市场潜力还是很大的。所以，从 1999 年底开始，国外公司就纷纷进入中国呼叫中心市场，而且国内各通信厂商、系统集成厂商在呼叫中心的开发与推广方面也已取得了很大的成绩。

根据电信部门 1999 年在全国各省会以上城市和部分有条件的地市建设统一特服号码的移动通信客户服务中心的统计，2000 年中国移动通信用户将超过 6 000 万，至少需要 13 000 个坐席，仅此一项的市场规模就约为 20 亿元人民币；对于固定电话网来说，其用户已超过 1 亿，客户服务中心的需求量也在 1 万个以上，市场规模超过 15 亿元人民币。所以从以上两个方面来看，仅电信部门的市场规模就超过了 35 亿元人民币。再加上银行、航空、邮政、铁道、航运、保险、股票、房地产、旅游、商厦及迅猛出现的电子商务等各行各业的应用，市场规模将会超过 50 亿元。可见，呼叫中心正以矫健的步伐，走进了全新的时代。

13.4.2 呼叫中心的涵义

呼叫中心（Call Center）最初的目的是为了能更方便地向乘客提供咨询服务，以及有效处理乘客的投诉。早期的呼叫中心就是现今的热线电话，顾客只要拨通电话就可以与企业专门负责处理各种咨询和投诉的话务员进行沟通。随着通信和计算机技术的发展，如 CTI（Compute Telephone Integration）和互联网等技术在呼叫中心的应用，它已经被赋予了新的内涵。

呼叫中心是以 CTI 技术为核心的一种新型的服务方式，它将计算机网络与通信网络紧密结合，通过有效利用现有的各种通信手段，如电话、传真、电子邮件及 Web 浏览等，为用户提供高质量的多种响应服务的信息系统。它是一个集语音技术、呼叫处理、计算机网络和数据库技术于一体的系统。

13.4.3 呼叫中心在 CRM 系统中的应用

呼叫中心是企业面向客户的接触平台，它通过电话、传真、电子邮件、网页等各种手段，将客户接入企业，通过 CTI 应用调取企业内部的客户数据库，使企业市场、销售、服务、人力资源、财务等各个部门都能得到客户的全部资料，因此呼叫中心是 CRM 的一个工具，为 CRM 建立了一个集成的、自动化的沟通平台。从图 13-2 可见呼叫中心在 CRM 系统中的重要作用。

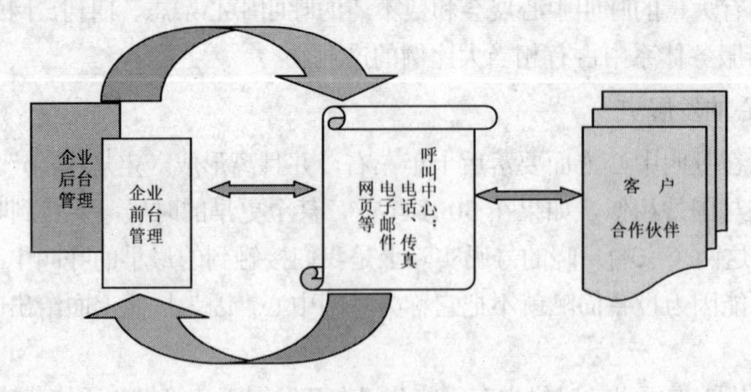

图 13-2 呼叫中心的地位

呼叫中心在客户关系管理中的重要应用主要体现在下列方面：

1. 呼叫中心在 CRM 中的集成

企业要实现 CRM 系统的功能，为客户提供实时、准确的服务，必须在制定 CRM 整体解决方案时，考虑呼叫中心所应用的 CTI 客户信息系统是否与原有的客户信息系统相兼容，甚至是否可以直接利用原有的客户信息系统。无论是通过网络、电话还是与销售人员面对面的交谈，一个客户可以选择不同的交流方式与企业发生联系。但是这些联系反映到企业的信息系统中，应该是在同一个客户账户之下，成为连贯性的记录。这样在任何时候，客户无论通过什么渠道与客户接触平台联系，服务接待人员都能通过网络系统了解客户的所有已经在册的信息，为客户提供针对性的服务。因此，呼叫中心与 CRM 系统的集成有利于 CRM 系统各功能模块之间信息的一致性。

2. 呼叫中心是 CRM 的信息交互平台

首先，呼叫中心实现了 CRM 的数据采集功能，能为企业提供与外界沟通的多种渠道，在为客户提供服务的过程中自动记录客户信息及访问特点，CRM 软件对这些记录的信息进行分析，搜索出潜在的客户线索并进行登记、追踪和管理，通过客户价值模型等分析工具，发现重要客户，并运用到企业的决策中去。

其次，呼叫中心实现了 CRM 系统对客户的快速反应。当客户通过呼叫中心访问时，呼叫中心的 CTI 技术可以识别客户的电话按键信息和主叫号码，确认客户的身份，然后由 CRM 软件调用相关的客户资料，这样在接通客户电话之前，可以完成对客户的初步认识，以使实现个性化的服务。

再次，利用呼叫中心能实现 CRM 系统的一对一服务。呼叫中心通过 CTI 技术可以识别重点客户、重点业务。通过 CRM 软件查询客户访问、接待记录，自动将曾经接待过的服务人员分配给指定的重要客户，实现一对一的服务。同时将重要的业务分配给相应的负责部门处理，或按具体要求（业务分工），将外部的访问自动分发给对应小组。这样能够提高服务的准确性和高效性，赢得客户的满意和忠诚。

另外，呼叫中心能使 CRM 以相同的方式处理不同形式的客户访问。外部访问的电话留言、传真、电子邮件、语音邮件可以经过呼叫中心的统一消息服务转换为统一的电子邮件格式，由 CRM 软件自动进行统一管理、分析、分发、跟踪，由专门人员阅读、处理，大大简化了 CRM 软件的信息收集流程。

3. 呼叫中心实现了客户互动和业务营销

呼叫中心除了发挥信息交互平台的功能以外，越来越被应用到客户的互动和业务营销上，从单向的信息收集、服务到主动为用户提供各类服务，使得企业与客户真正地实现互动。这种互动增强了 CRM 系统的营销功能，如通过呼叫中心可以经常性地进行调查，系统将提供调查表动态生成界面，企业可以定制调查表，系统能将调查的数据直接录入数据库，以供企业分析调查结果，指导营销；还可以主动地进行业务销售，利用呼叫中心主动呼出功能，向客户介绍、销售企业的产品；还可以进行营销管理，根据产品宣传和主动销售中客户的态度、意向、满意度以及订单销售额等指标并结合实际销售的变化情况等，分析评估营销活动的实际效果，对营销效果进行跟踪和控制。

13.4.4　呼叫中心在各行业中的应用

呼叫中心可广泛应用于电信、银行、证券、航空、商业、制造等各行业的 CRM 系统中。例如，建立电话银行服务中心，银行可以 24 小时为用户提供利率查询、转账、交费等交互式服务；应用于证券公司，可以进行电话委托交易，并根据客户特征做出相应推荐；应用于航空和铁路运输公司，可进行电话订票。

以银行业为例，我国银行业至 20 世纪 90 年代中期的很长一段时间里，主要是通过面对面的方式为用户提供诸如存款、信用卡、代收代付等金融业务。这种面对面的方式使得银行方储蓄网点多、成本高、技改缓慢，用户方也并不方便。随着社会生活方式的变化，这种方式的缺点日益显现。自 20

世纪 90 年代中期以后，国内银行业在部分大中城市推行了电话银行业务，用户乐意通过拨打电话的方式，进行部分原营业厅的业务，如查询、指定账户转账、某些缴费业务等。但是由于电话银行采用的技术较为简单，存在不能对客户信息进行管理分析，不能对客户进行个性化服务，无法完成主动服务，媒体手段单一，不能有效结合人工服务，开发周期长，可伸缩性、可扩展性差等缺点，没有引起广大用户的使用热情。而随着竞争的加剧以及新的基础技术的涌现，建设一个高效的与用户沟通的以 CRM 为核心的运营体系势在必行，呼叫中心因此将得到了广泛的应用。

呼叫中心不是简单的电话银行，它提供了比电话银行更多的服务。它可以为银行提供多种与客户保持联系的便捷渠道，实质上实现了网上银行、电话银行、移动银行等多种银行业务在一个平台上的完全融合；除提供了像电话银行机器语言应答的服务方式以外，还具备随时转到人工坐席的功能，而且能够根据客户级别的高低，进行分级处理；提供每周 7 天、每天 24 小时的不间断服务，提高了服务质量和客户满意度；可以帮助银行了解客户的需求，进行市场调查，推销新的业务和服务；可以对呼叫中心产生的客户信息进行分析，对不同类别的客户区别对待，为市场策略提供决策支持；可以进一步降低运营成本，树立银行品牌形象。这些实用的功能都充分说明了呼叫中心在提高银行竞争能力上所具有的价值。

13.4.5 引入思路

信息时代的竞争使企业越来越关注自己的核心竞争力，呼叫中心的运用自然成为企业的选择，然而，实现呼叫中心强大的功能是需要相应的软硬件作为支撑的。对于超过 100 个代表坐席的大型呼叫中心，一般需要庞大的配置，投资很大，它至少需要有足够容量的大型交换机自动呼叫分配器、自动语音应答、CIT 系统、呼叫管理系统、业务代表坐席、终端和数据仓库等。并且，建立呼叫中心还要考虑许多其他方面，譬如地点、人力配备等。对一些大型的企业如航空公司、大型家电企业、汽车行业、证券业、保险业等可以考虑自建呼叫中心，但对一般厂商、公共事业、旅游促销、互联网服务等而言，就没有必要花费大笔资金建立呼叫中心，而且呼叫中心还有后期技术更新、软件升级等投入。因此，大企业建立内部呼叫中心是比较合适的，而对于中小企业而言，在打算建立呼叫中心时，一定要核算清楚建立呼叫中心的投入和可能获得的利益，切忌盲目跟风。

现在，国际上非常流行呼叫中心外包的业务，也叫“外包型”呼叫中心。“外包型”呼叫中心通常由第三方公司投资建立，采用出租“虚拟呼叫中心”的服务手段，使得每个租用服务的企业拥有一个能够提供企业独特的接入服务的、个性化的客户服务平台。企业可以和一个专门提供呼叫服务的呼叫中心运营商签订协议，将自己的应用服务器与第三方呼叫中心相连，一般的问题由该中心直接处理，特殊问题则快速转入相应公司，由相应的人来解决。这样做的好处是减轻小公司的负担，而呼叫中心又可采用最先进的通信技术和计算机网络技术，为所有入网的小公司提供高质量的对外服务，提供每周 7 天、每天 24 小时的服务，使各个小公司的用户都能获得满意的服务。

但是企业在选择外包服务时要注意，外包服务商的业务设计是否灵活适用，有没有自己的专业特色，是否提供开发环境供企业开发新业务；设备支持平台是否稳定、规范；内部管理、话务服务人员的素质如何等情况，通过综合评价选择合适的外包服务商。

13.5 实战训练

工作任务 1：设计网站客户体验

网站良好的客户体验是企业营销型站点建设的基本要求，也是提高企业网站访问客户转化率的一个非常重要的要素。网站的客户体验设计是一项全面的、具有统领性的工作。网站的客户体验设计涵盖到企业网站设计的每一个细节。这里将从客户咨询、常见问题答疑和导航设计三个方面来分析网站客户体验的设计。

1. 设计网站客户咨询

网站客户咨询设计是为网站访问客户提供及时沟通的工具，网站可以借助一些工具来实现这些功能：

（1）QQ 在线服务　将自己的 QQ 标识挂在网上，如果对方登录了自己的 QQ，就可以直接点击你的 QQ 图标和你联系。

步骤一：访问 http://freeqqm.qq.com/，申请一个 QQ 号码；

步骤二：访问 http://imis.qq.com，单击“在线状态”命令，进入在线状态的“在网页中打造互动工作 QQ”界面；

步骤三：选择在线图片风格，输入 QQ 号码和网站，最后生成网页代码。

步骤四：将网页代码插入到网站中放置 QQ 咨询窗口的地方，就可以在网页中看到 QQ 咨询的标识了。在打开自己 QQ 码号的时候，访问网站的客户在 QQ 在线的状态下就可以点击它直接向网站值班人员咨询信息。

（2）设置阿里旺旺“旺遍天下”　如果企业是阿里巴巴的会员，而且潜在客户中阿里巴巴会员比例也很大的话，企业网站中也可以加入阿里旺旺的“旺遍天下”功能来设置在线旺旺业务咨询服务。

步骤一：访问 http：//alitalk.alibaba.com.cn/tese/index.html#；

步骤二：选择风格，输入阿里旺旺的号码并生成网页代码；

步骤三：复制代码并插入到网页源代码中放置阿里旺旺——旺遍天下的地方就可以实现利用阿里旺旺来进行网站在线咨询服务了。

（3）使用网眼工具（www.webeye.net.cn）　QQ 在线咨询和阿里旺旺——旺遍天下是在客户主动咨询的时候企业被动服务客户，网眼是一款广州市资源软件有限公司公司开发的直接面向网站在线客户提供的一种主动服务的工具。网站如果安装了该软件，在网站有客户访问的时候就可以通过该工具直接向客户发出问候信息并接受客户的及时咨询，客户也可以通过它拨打企业提供的免费电话。

2. 设计网站的 FAQ

FAQ 的意思是常见问题解答。在网站建设过程中，要充分地站在客户的角度，分析在网站访问过程可能对企业网站操作或者企业业务存在的疑问，并为这些疑问设计详细的说明资料，然后通过常见问题解答、知识库、留言和在线咨询等方式来解答这些问题，并在每一个可能存在疑问的网站区间中都设计一个解答问题的链接，让客户随时随地获取帮助、消除疑虑。

3. 设计网站导航

网站导航设计是网站用户对于网站感受最直接的一个因素，一个网站导航设计对提供丰富友好的用户体验起着至关重要的作用。简单直观的导航不仅能提高网站易用性，而且能够方便用户找到想要的信息，从而提高用户转化率。要让企业网站的导航设计能够给客户良好的体验，就应该站在用户的角度，分析用户在访问每个信息节点时希望获取的相关信息，并设计相应的链接，使得用户能直观地找到进一步要了解的信息。同时还应该设计好页面的回路，使得用户不会在众多信息页面中迷失。

工作任务 2：制作网站客户体验设计诊断书

以所选定的企业网站为例，为该网站设计客户体验或（已有客户设计体验的）分析该网站在客户体验设计方面的优点和不足，并为该企业做一份网站客户体验设计诊断书。

13.6 案例

案例一："区别对待"挖掘客户价值

来源：财华网 沈沂

莎士比亚说："闪光的不一定都是金子"。同样，客户也不一定都是上帝。一项研究表明，企业在客户开发工作上，平均有38%的潜在客户白白浪费了企业的时间和精力，最终企业还是放弃了这些客户。

因此当"小康之家"邮购公司的系统中"库存"了800万客户信息的时候，他们并没有盲目地让800万邮购目录"倾巢出动"，而是明确意识到，在庞大的数据库中，并不是所有人都能成为客户，都能够为公司带来利润。相反，很可能其中一大部分是在消耗着公司的成本而不创造任何利润。企业要做的就是将"海量"客户中最有价值的那部分筛选出来，并让他们的价值最大化。

筛选价值型客户

美国管理学大师唐·佩珀斯和马莎·罗杰斯根据顾客对于企业的价值，将顾客划分为三类：最有价值顾客（Most Valuable Customer，MVC），最具增长性顾客（Most Growable Customer，MGC），负值顾客（Below Zero Customer，BZ）。一家企业必须坚守住其MVC，尽快地将其MGC转化为MVC，同时最为重要的就是尽快抛弃掉BZ，因为BZ不会给企业带来任何价值，只会耗用企业资源。

理解客户价值，不能简单地以销售收入为基础，而要以成本为基础，更关注服务于每个客户所耗费的成本。如果从某个客户身上获得的销售收入很高，但服务于该客户的成本也很高，两项相抵，最后公司获得的利润则很小，这样最终客户的价值就不一定很高了。

在"小康之家"的ERP系统中，这三种价值的客户被形象地分为热、温、冷等区域，并标注上不同颜色。每次发放邮购目录前，系统都会根据顾客购物时间的远近、购物次数、金额、种类等指标，进行目标客户的筛选与分析。

对客户资料进行深入分析是打开客户管理成功之门的钥匙。没有了它，行动就是盲目的——所有客户在企业眼中就都是一样的，没有价值高低之分，没有潜在价值高低之分，也没有服务成本高低之分。

如何进行客户分析呢？"小康之家"会分析客户循环消费的频度，客户是每月邮购一次，还是每季或一年一次。循环消费的频度越高，客户潜在的价值增长就越大。再比如增量消费额及购买率，客户每次购买某种产品或服务的金额是多少，增量购买率有多高，这都关系着客户的潜在价值增长状况。

另外，除了以客户的消费额度做参考之外，"小康之家"还特别注意到，理解客户持续价值，不仅要分析客户为本公司带来的实际货币收入，还要考虑客户给予公司的其他形式的回报。比如，如果客户向其亲朋好友主动宣传和推荐"小康之家"，由于客户的义务宣传，使公司的销售费用降低、营销效率提高，因此即使推荐者本身光顾的频率不高，但由于推荐购买率的增加，使"小康之家"销售额和利润有所增加，"转介绍"的重要角色使得这种客户的忠诚度所形成的口碑效应会更大，那么这类客户也属于价值型客户。因此，"小康之家"对这类为企业口碑传播带来影响的客户也非常重视。

基于客户分析，"小康之家"每期发放的目录对象既不是它所有数据库的800万份，也不是14年来累积的250万有实际购买行为的有效客户。每期的数量是不一样的，从几万份到几十万份都有，每年至少有50万名客户能收到一次目录，这样就大大降低了因无效发放目录而带来的印刷成本、邮递成本，尤其是高端产品目录。高端产品目录制造成本高，因此发放多少本、发放给哪些客户、什么时候发放，要控制好都很重要。"小康之家"会在系统中选出以前曾有过高端产品消费记录的客户发放。

从客户的角度来说，客户对分类管理也存在着潜在要求。客户需求呈现出日益多样化、差异化和个性化的特点，客户希望自己的个性化需求能够得到满足，而不仅是希望能够满足自己的基本需求，他们认为这是企业对自己的一种尊重。另外，不同客户对增值服务的需求也不同。对于与企业建立深层次合作关系的客户来说，客户还希望自己能够比其他客户多得到一些增值服务。其实，客户个性化需求和增值服务需求的满足程度，对客户满意度和忠诚度有着巨大的影响。

此外，对于处在“热”带的客户，“小康之家”更会给予额外的优惠政策，比如除了折扣和赠品，更重要的是根据长期分析购物记录得出的结果，为他们提供“专属”目录。因为如果企业仅仅以折扣和赠品拉拢客户，那么他们就不具备与其他公司的差异性，客户也同样可以被其他公司拉拢。而“专属”目录中每一件为“这一个”而不是“所有人”选出的产品，则显示出公司对客户的高度重视，客户会因这种“区别待遇”对公司不离不弃。

让“老客户”价值最大化

大多数公司通常会把目光盯在寻找新的客户上，而对维持已有客户的忠诚度关心不够，丹尼尔·查密考尔（Daniel Charmichael）曾用“漏水桶”来形象地比喻这种客户流失现象。为了保证原有的营业额，企业必须有“新客户”源源不断地从桶顶注入；但同时也因此会无暇顾及老客户，导致服务不周，大量的客户从“粗鲁”、“没有存货”、“劣质服务”、“未经训练的员工”、“质量低劣”、“选择性差”等“洞”中流失。公司为了保住原有的营业额，必须从桶顶不断注入“新顾客”来补充流失的顾客，这是一个昂贵的、没有尽头的过程。

目前研究资料得出的一个普遍性结论是：通常来说，企业获得一个新顾客的成本是保留一个老顾客的5倍；客户满意度如果提高5%，企业的利润将会加倍增加。因此，封住桶上的漏洞，企业赢得的不仅仅是顾客数量的维持，更多的是基于满意度和忠诚度提高后带来的顾客质量的上升。

基于此，“小康之家”倾注了更多的心力关怀客户、“笼络”客户以保留住他们。要维系顾客，让其变为自己的终身客户，首先要提供超越期望的服务。消费者要对某一公司产生真正忠诚、信赖直至留下来，必须对产品或服务提供的过程维度和结果维度所涉及的各个要素感到超级满意。公司只有提供给顾客超出预期的产品或服务，不仅仅满足于其期望值，动之以情并触及其心灵深处，才有可能在顾客心中建立起真正的忠诚度。如果经营者对此毫不在乎，漫不经心，长此以往，顾客就会渐行渐远。

在“小康之家”，当用户电话打进呼叫中心时，坐席员前的计算机会立刻根据来电号码查询出该客户的来电历史记录，并显出其“颜色”，以提示坐席员用适宜的语气与用户交谈。面对忠实的老顾客，客服人员还会主动询问客户对以前购买的产品是否满意。

2001年，“小康之家”开始给顾客寄送新年贺卡和生日信。这种贺信并不是简单地在“通稿”上换个名字，而是针对不同的顾客各不相同。2004年，“小康之家”还在服务中增加了电话祝福生日快乐的服务，顾客在自己生日当天会收到“小康之家”员工打来的热情洋溢的生日祝贺电话。紧接着，“小康之家”推出了生日目录专刊，专门寄给要过生日的顾客，并对顾客进行特别的生日礼品优惠和免费小礼物赠送。2004年8月，“小康之家”又尝试在进行电话生日祝福的同时增加提醒服务，如提醒顾客为生日准备的特别优惠礼品的购买期限还有多少天等。这种服务措施使顾客在第一时间就心情愉快地下了订单，生日目录的反馈率也因此大大提高。

在“小康之家”董事长康保乐（Paul Condrell）看来，维系客户就像交朋友，如果长时间不理他了，他自然也不会理你，就不是朋友了。尤其是处于“温”带的客户，再次接触很可能让他们变为“热”带客户。这种接触“小康之家”会通过信件和电话方式进行。

“小康之家”的信件从来都如同一个老朋友写来的信：“亲爱的某某，您好，如果我没有记错，您最近的一次购物在一年前，虽然您已经有一段时间没有‘回家’，但是没有关系，我们依然是朋友，您知道我叫康保罗，在广州，我知道您在深圳*6*8*6*8有空回家看看”，随信寄出的是一份封面为“回家”的邮购目录。客服人员给“温”带客户打电话的时候，往往会先说一句“祝您周年快乐”，摸不着头脑的客户在听到客服人员解释“去年的今天是你在‘小康之家’的最近一次购物”后，不但不会产生反感，反而会被这种独特的问候方式所吸引而再次购物。这种“回家”营销法行之有效，让为数不少的“温”带客户变为了“热”带客户。

降低客户购买风险

电子商务时代的来临，使得企业有机会通过多种渠道获得更多客户，但同时，也使得客户忠诚度越来越难以维持。在搜索成本越来越低的情况下，网络上的海量信息让客户拥有了足够分辨能力并能迅速做出决定——在一秒内选择或放弃某个企业的商品，或在下一秒再更换成另一家企业。企业一点点的偏差就有可能流失客户。

康保乐认为，邮购业本身是信用经济，客户在目录上看到的是产品照片和说明，而非实物，这首先就存在着购买风险。因此，在产品的选择上，“小康之家”十分谨慎，要求除了新鲜独特外，更注重产品的可信度。当供货商向“小康之家”提供产品，将产品的市场前景、预期利润描绘得十分美妙的时候，康保乐通常会问一句“你会不会卖给你的妹妹？”只有能出售给亲人的产品，可信度才是最高的。同时，康保乐自然不会只听供货商的一面之词，几乎所有产品都会先由“小康之家”的员工试用，试用后，公司各个部门会用一个综合的眼光对产品进行判断，判断这个产品到底适合不适合出售给“小康之家”的客户。

与其他公司邮购目录显著不同的是，“小康之家”目录上的说明文字十分详细。这些说明并非来自厂家的说明书，而是文案部门二次创作而成。康保乐要求产品文案无需辞藻华丽，只要平实无华，好像在和亲朋好友说话那样，用最直观的词语描述产品的优点，让客户感觉到“小康之家”是在帮他分析，而不是在为厂家做推销。

说起来容易，做起来难。中国的广告文案喜欢用虚化的形容词，比如“品质卓越”、“尊贵享受”等，但究竟“卓越”在何处、如何“享受”，客户区分不出来，这就完全等于传递了无效信息。“小康之家”在目录上描述一支小型手电筒时，尽量不会出现“轻盈”、“小巧”等模糊词语，也不会呆板地用数字标出长度或重量，而是会说“这个手电筒和你的小手指差不多长，和铅笔差不多轻”，这样客户就更容易拥有最直观的感受。

为了进一步降低客户的购买风险，“小康之家”还承诺长达60天的无理由、无任何附加条件的退货。这一业界退货保证期最长的政策，让客户毫无负担地在“小康之家”购物。

“小康之家”还为200多家供应商开放了数据端口，供应商可以实时查看“小康之家”的库存情况及产品需求，及早安排生产。让客户在订货时，不会碰到缺货的“扫兴”时刻。

“小康之家”从来不短视地看待客户今天的购买行为、购买数量和支付金额。“小康之家”认为，也许你今天瞧不起或怠慢的客户，明天的消费需求会爆炸式增长，但届时客户消费增加量的支出，可能因你昔日无礼地待客，已转入竞争对手的钱袋里了。“小康之家”重视的是，用情感牢牢地拴住那些有价值的或具潜在价值的客户，提高他们对企业的满意度和忠诚度，尽可能延长客户的生命周期，最终实现客户价值的倍增。

案例二：盖茨发出公开信激励客户和股东

来源：中国营销传播网　作者：林俊

美国微软集团创办人兼主席比尔·盖茨星期日向客户和股东发出一封公开信。信中说微软被美国政府控告触犯反垄断法一案中，他深信微软最终能取得胜利。不过，业内人士仍然为微软的前途感到担心。

联邦法官杰克逊最近做出初步裁决，“事实认定”微软运用其权力垄断市场，打击竞争对手。比尔·盖茨星期日在《华盛顿邮报》刊登一封致股东及客户的公开信，说法官所做出的“事实认定”只是初步裁决，而不是最后裁决。

他说："这只不过是持续不断的法律程序中的其中一步，将来还有很多步骤，微软甚至有权向较高级的法庭提出上诉。"他指出："微软愿意以公平和负责任的态度处理此次事件，并确保消费者权益和创作人员的意念受到保障。"

比尔・盖茨说："我们相信，美国的司法制度最终会确定微软的行动和创新业务，是公平和合法的，为消费者、我们的行业和美国经济，带来莫大好处。"

业内人士认为，微软正面临该公司成立以来最灰暗的时刻。微软的团队士气已大幅滑落，许多核心职员纷纷辞职，而微软一向以重金收购竞争对手，以吸取对方技术的手法也不似昔日顺利。

案例解析：

在经营中，企业自身难免会有些困难或者危机，如何化解这些因素对企业发展的影响，就需要企业运用适当的手段激励他的客户、股东和员工，只有这样才能解决问题，维系企业经营发展。此外，在销售过程中，由于客户对企业信息的不完全掌握或者曲解，必定会对购买产品产生一定的疑虑，如何促进销售的进程，就需要企业来激励它的大客户了。

同时，从以上案例可以看出：影响客户的不仅仅来自于你的主观意愿，有时也是客观形势逼不得已的。因此，在激励客户的同时，需要注意有哪些外界因素对你的客户产生了影响，并及时采取有效措施，化解各方面来的危机。

案例三：花旗银行用服务赢得顾客

来源：中国客户管理网

花旗银行迄今已有近 200 年的历史。进入 21 世纪，花旗集团的资产规模已达 9 022 亿美元，一级资本 545 亿美元，被誉为金融界的至尊。时至今日，花旗银行已在世界 100 多个国家和地区建立了 4000 多个分支机构，在非洲、中东，花旗银行更是外资银行抢滩的先锋。花旗的骄人业绩无不得益于银行服务营销战略的成功实施。

花旗服务营销的新内涵

花旗银行能成为银行界的先锋，关键在于花旗独特的金融服务能让顾客感受并接受这种服务，进而使花旗成为金融受众的首选。多年以来，银行家们很少关注银行服务的实质，强调的是银行产品的盈利性与安全性。随着银行业竞争的加剧，银行家们开始将注意力转移到银行服务与顾客需求的统一性上来。银行服务营销也逐渐成了银行家们考虑的重要因素。

自 20 世纪 70 年代花旗银行开创银行服务营销理念以来，就不断地将银行服务寓于新的金融产品创新之中。而今，花旗银行能提供多达 500 种金融服务。花旗服务已如同普通商品一样琳琅满目，任人选择。1997 年，花旗与旅行者公司的合并，使花旗真正发展成为一个银行金融百货公司。在 20 世纪 90 年代的几次品牌评比中，花旗都以它卓越的金融服务位列金融业的榜首。在全球金融市场步入竞争激烈的买方市场后，花旗银行更加大了它的银行服务营销力度，同时还通过对银行服务营销理念的进一步深化，将服务标准与当地的文化相结合，在加强品牌形象的统一性时，又注入当地的语言文化，从而使花旗成为行业内国际化的典范。

金融产品的可复制性，使银行很难凭借某种金融产品获得长久的竞争优势，但金融服务的个性化却能为银行获得长久的客户。著名管理学家德鲁克曾指出："商业的目的只有一个站得住脚的定义，即创造顾客"，"以顾客满意为导向，无疑是在企业的传统经营上掀起了一场革命"。花旗银行深刻理解并以自身行动完美地诠释了"以客户为中心，服务客户"的银行服务营销理念。在营销技术和手段上不断推陈出新，从而提升花旗服务。

通过变无形服务为有形服务，提高服务的可感知性。花旗银行在实施银行服务营销的过程中，以客户可感知的服务硬件为依托，向客户传输花旗的现代化服务理念。花旗以其幽雅的服务环境、和谐的服务氛围、便利的服务流程、人性化的设施、快捷的网络速度以及积极健康的人员形象等传达着它的服务特色，传递着它的服务信息。花旗在银行服务营销策略中，鼓励员工充分与顾客接触，经常提供上门服务，以使顾客充分参与到服务生产系统中来。通过"关系"经理的服务方式，花旗银行建成了跨越多层次的职能、业务项目、地区和行业界限的人际关系，为客户提供并办理新的业务，促使潜在的客户变成现实的"用户"。同时，花旗还赋予员工充分的自主服务权，在互动过程中为客户更好地提供全方位的服务。

通过提升服务质量，提升花旗的新形象。花旗在引导客户预期方面决不允许做过高或过多的承诺，一旦传递给客户的允诺就必须按质按量地完成。如承诺"花旗永远不睡觉"，其实质就是花旗服务客户价值理念的直接体现。花旗银行规定并做到了电话铃响 10 秒之内必须有人接听，客户来信必须在两天内做出答复。这些细节都是客户满意的重要因素。同时，花旗还围绕着构建同顾客的长期稳定关系，提升针对性的银行服务质量。通过了解客户需求，针对客户需求提供相应的产品或服务，缩短员工与客户、管理者与员工、管理者与客户之间的距离，在确保质量和安全的前提下，完善内部合作方式，改善银行的服务态度，提高银行的服务质量，进而提高客户的满意度，提高服务的效率并达到良好的效果。

提升花旗服务的技术平台

对于开展服务营销的企业来说，数据库的建立是非常重要的，于是先进的数据库在花旗应运而生。创建数据库当然是为了更好地了解客户，以便为客户提供产品设计和金融服务。花旗银行正是借助于智能的 CRM 系统，使得与客户的关系更加密切。

信息化了的 CRM 软件系统，首先是一个庞大的信息库，可以说是花旗银行的"百宝囊"。它的信息主要包括：客户的基本信息，如姓名、性别、职业、职位、偏好、交易行为、什么时候使用了他们的产品、交易时间有多久等。统计分析资料，包括客户对银行的态度和评价、信用情况、潜在需求特征等。银行投入记录，包括银行与客户联系的方式、地点、时间，客户使用产品的情况等。数据库的基本资料不仅靠人工输入，它还在客户使用银行产品的过程中，自动被数据库记录下来，减少了信息调研所付出的人力资源。

CRM 软件系统还具有智能挖掘功能，这也是 CRM 最重要的功能。CRM 根据所储存的客户信息，综合进行分析，从而发现客户，并与客户进行良好沟通。由于实现了数据化，这种分析和沟通相对于人的大脑来说，在速度和准确度上都有很大的提高，这就为花旗银行的营销节省了大量的人力、物力。

从你在花旗存第一笔款或者更早的时候，你就是 CRM 系统中的一名客户了，你的一举一动都难逃它犀利的眼睛。你刷卡了、刷了多少次、取钱了、取了多少钱、贷款了、贷款做什么用了，甚至你三个月后想买什么，CRM 都一清二楚。

每个人都有一些消费习惯，这些习惯也会被花旗的 CRM 系统捕捉到。它可以根据一点点蛛丝马迹，分析预测出你将来的消费倾向，以便及时跟进营销活动，选择合适的产品推荐给你。"如果我们看到某个客户在分期付款购买汽车时很快就要付最后一笔款时，我们就可以根据客户的消费模式预测出这位客户很可能在六个月之内再购买一辆汽车。于是，我们便可以及时、准确并且抢先让这位客户知道，我们银行会有特别优惠的汽车贷款利率给他。我们马上便会寄去我们银行购买汽车分期付款的宣传品。"花旗总是在你想到时或在你想到之前，为你想到一些事情。所以，你在花旗的监控之下，但你却有一种被监控的幸福感。你受到的监控越多，就表明你获得的服务越多，你的生活质量就会越高，你获得的精神满足就越多。

花旗银行的“高门槛”决定了它是一个“嫌贫爱富”的人，而 CRM 就是它最得力的“帮手”。靠着那双“神眼”，它透视到你口袋里有多少钱，或者将来会有多少钱，凭此它可以判断你的钱会给银行生出多少利润。根据这个判断，CRM 会帮助银行进行取舍。当你不再为花旗创造利润的时候，你会恨它，也会感激它，因为受到“冷落”，你会为了成为一个富人而努力拼搏。当有一天你真地成为富翁的时候，花旗自然会向你大献殷勤。识别客户是否盈利，盈利多少，由此来区分庞大的客户群，只有 CRM 才能做得到。作为盈利客户，你一直忠贞不贰地与花旗保持关系，CRM 同样也会了解到这一情况，它会通知银行给你折扣、奖励等优惠，这会让你感到忠诚对于客户来说同样是有益的，尤其是在你还没有感到这一点的时候，花旗的做法会带给你一个惊喜。你有些感动了，你会觉得欠了银行一笔感情债，于是反过来，你会“投其所好”，用更多的业务来报答银行。温柔的“陷阱”就这样形成了，银行盯住了你，而你也离不开银行了。

内部营销是基础

以人为本的服务文化，是花旗银行通过内部营销提升服务的基础。花旗银行自创业初始就确立了“以人为本”的战略，十分注重对人才的培养与使用。它的人力资源政策主要是不断创造出“事业留人、待遇留人、感情留人”的亲情化企业氛围，让员工与企业同步成长，让员工在花旗有“成就感”、“家园感”。客户至上是花旗企业文化的灵魂。花旗银行企业文化的最优之处，就是把提高服务质量和以客户为中心作为银行的长期策略，并充分认识到实施这一战略的关键是要有吸引客户的品牌。经过潜心探索，花旗获得了成功。目前花旗银行的业务市场覆盖全球 100 多个国家的 1 亿多客户，服务品牌享誉世界，在众多客户眼里，“花旗”两个字代表了一种世界级的金融服务标准。追求服务创新，是花旗企业文化的升华。在花旗银行，大至发展战略、小到服务形式都在不断进行创新。它相信，转变性与大胆性的决策是企业突破性发展的关键。如果谁能预见未来，谁就拥有未来。这就是说，企业必须永无止境、永不间断地进行创新。

与此同时，为了让服务营销有坚实的基础，花旗银行在营销中适时导入了“银行内部关系营销”理念，根据与客户的关系接触的程度，把员工分为四类：与客户直接接触者、间接干涉者、施加影响者和隔离无关者，每一类员工都被作为营销组合中的一个因素。在营销中，花旗银行的管理者首先将银行推销给员工，先吸引员工，再吸引客户，让员工主动地去营销和服务客户，效果极佳。

花旗银行的内部关系营销计划分为两个层次：策略性内部关系营销和战术性内部关系营销。策略性内部关系营销，是指通过科学的管理、人员职位的合理升降、企业文化方向、明确的规划程序，激发员工主动向客户提供优质服务的积极性。战术性内部关系营销主要是采取一系列措施提高员工素质和技能，如经常举办培训班、加强内部沟通、组织各种性质的集会、加快信息的交流和沟通等。在内部关系营销中，花旗银行建立了低成本、高效能的供应链和具有高度凝合力的服务利润链。在供应链中，营销人员、部分联络人员、客户服务代表以及分行经理的工作就是发现未满足的潜在客户并为其提供产品，而不是将产品强加于不需要或不想要的客户。利润链的作用是把银行的利润与员工和客户的满意连在一起。利润链有五个关节点。

1）内部服务质量：高级职员的挑选和培训、高质量的工作环境、对一线服务人员的大力支持。

2）满意的和干劲十足的服务人员：更加满意、忠诚和为客户工作的员工。

3）更大的服务价值：效力更大和效率更高的客户价值创造和服务提供。

4）满意和忠诚的客户：感到满意的客户，他们保持忠诚，继续购买和介绍其他的客户。

5）强盛的服务利润和增长：优质服务企业的表现。

在花旗银行内部，客户经理们能够得到银行各协作部门的支持和尊重，客户经理部门与其他协作部门紧紧相联，各部门协作共同完成一笔业务，同时体现在各部门的业绩上，形成了各个部门之间密切的利益制约关系，强化了团队精神。

案例四：施美文仪办公用品商城CRM应用案例

施美文仪办公用品商城（以下简称“施美文仪”）是专营办公设备和办公用品销售的大型零售企业。主要经营的办公用品多达上万个品种，主要销售方式以门店零售、大客户直销、代理销售三种经营模式为主。在日益激烈的办公用品市场竞争环境中，施美文仪采用先进的客户关系管理与供应链管理相结合的整体信息化解决方案，分阶段地实现企业内部流程规范和外部管理信息化的企业发展目标。

为什么施美文仪要采用CRM？

施美文仪的高层管理者通过一次去中国香港同行进行考察的机会，亲身体会到了CRM系统在办公用品行业是如何应用的：针对客户已购买产品的特征，通过定期服务和回访记录，CRM系统能够自动判断客户潜在的销售机会和相关耗材类产品的需求。这样，就可以通过CRM系统从被动式的营销方式变为主动式的营销方式。由于施美文仪的物流管理系统已经应用多年，所以对系统的适用性、实用性、方便性、稳定性、安全性和可扩展性等特点非常看重，特别是前端客户管理和后台供应链管理的整合非常重要。通过分析和比较，最终选择了TurboCRM客户关系管理系统。

CRM让施美文仪知道客户需要什么

对于办公用品来说，一旦获得了一个忠诚客户，它的后续销售价值非常之大。而要让客户不断地、定期地从商城购买，最重要的一点就是要了解它们的需求，并且服务到家。为了做到这一点，TurboCRM的消费特征分析、潜在购买分析和定期提醒功能能够有效地根据老客户的办公用品消耗量制定定期主动型销售计划。

另外，施美文仪通过实施TurboCRM系统，建立起了自己的市场活动流程。对于零售型企业来说，“二八法则”尤为明显。能够持续提升大客户对于施美文仪的客户获取是至关重要的。以施美文仪开展的定期目录发送作为契机，利用系统的市场活动功能，实现了定期客户电话拜访，目录确认和进行老客户联谊等扩展型的市场活动，改变了原有的自发型市场行为和被动等待客户的局面。

对于门店直销客户，TurboCRM与施美文仪管理层共同制定了客户信息记录流程，利用灵活的分类方式和与分类关联的属性设置，尽可能全面地保存客户信息，例如联系人姓名、联系方式、联系办法、地区、购买方式、期望的维修、供货方式、购买频率等，为将来的客户多维度分析打下良好的数据基础。

供应商也是施美文仪的“重要客户”。供应商虽然是商品的提供者，但供应商提供产品的质量、供货的及时性及对所提供产品的技术支持都将影响到零售型企业与客户之间的关系，所以处理好与供应商的关系和处理好与直接销售对象关系同等重要。施美文仪的供应商大致上可以分为两种：一是具有很好的品牌价值的知名供应商，这类供应商提供的产品出货周期短，客户群稳定，但是相对价格较高，客户对服务的要求也比较高；另一类供应商的品牌相对较弱，但是价格优惠，对施美文仪的依赖性较高。施美文仪对第一类供应商的目标是获得优惠的采购价格，以销售额支持供应商持续以优惠价格向施美文仪供货；对第二类供应商则需要通过全面的分析，了解客户对于哪一种品牌的产品比较认同，属于容易出货类型，并且应当尽量采用代销方式，避免资金占用。这些都要求完善的客户关系管理系统能够提供销售额和供应商的比较分析，为施美文仪选择供应商和进货周期、进货量等提供决策参考。

TurboCRM 帮助施美文仪提升盈利能力

TurboCRM 已经成为施美文仪最重要的业务平台，实现了客户信息的收集手段与方法的建立，梳理了施美文仪的内部流程，这些流程包括：市场活动流程、零售业务流程、非店面销售流程、维修服务流程、进货流程、销售退货流程和供应商结算流程等。TurboCRM 的实施将客户服务和订单延伸到网络上，为施美文仪创造更广泛的客户接触平台。在施美文仪和 TurboCRM 的共同努力下，一个适用于办公行业的前后端整合的客户关系管理平台将带来更大的客户价值，推动施美文仪的进一步发展，为主要以传统物流管理为主的商业贸易企业提供了成功的借鉴。

TurboCRM 系统不仅为施美文仪搭建了一个整合内外部资源的业务平台，而且帮助施美文仪从观念上树立起以客户为中心的思维方式。现在，施美文仪在处理业务的时候不再只考虑物流，更多地考虑到了客户。施美文仪专门成立了客户管理中心，客户经理可以通过电话或上门拜访的方式展开主动式的营销活动。通过应用 TurboCRM 系统施美文仪的办公设备和相关消耗用品的销售量明显提高。（摘自 www.chinabyte.com）

案例五：索尼互动服务之道

来源：中国客户管理网

位于上海市漕溪路的一座不起眼的楼房里，索尼互动中心宛如一座大型雷达，日夜不停地运转，收集来自全国的用户信息。面对不断变化的用户需求，索尼互动中心依靠信息化带来的一体化操作模式，通过自身的出色演绎，提升了索尼的服务品牌。

听 MP3、玩最流行的 DV、习惯于网上购物，上海某高校女生小夏的生活做派被父母和老师们称为“新新人类”。在小夏的交际圈里，不少同龄人和她有着同样的兴趣爱好。数字化时代的大部分特征已经完全融入他们的生活方式。后天就是周末，小夏与朋友们约好了到郊外春游，今天小夏特意在 Sony Style 网站订购了一台最新上市的 SONY 数码相机，很快索尼互动中心就从网站收到了相关的信息，并且给小夏打来了电话。服务小姐在电话中首先报出了小夏网上订购的时间、单号和订购的产品型号，在得到小夏的确认后，服务小姐告诉小夏，她订购的这台数码相机很快会从物流中心发出，预计明天小夏就可以收到。

尽管这是一个虚拟的个例，但类似的服务对于索尼互动中心来说，却是再普通不过。作为索尼在全球最先进的客户服务中心之一，位于上海的索尼互动中心（简称：CCC）承担着向中国的用户提供及时、专业、便捷、规范化服务的任务。

随着索尼在中国业务的不断扩大，来自用户的信息成倍增长，而且这些用户信息不仅来自热线电话，还来自包括传真、E-mail、网页等在内的多种渠道。而要把这些信息及时、准确地进行集中、快速有效的管理，并且在收集信息的同时提高用户满意度，还要对信息进行分析归纳使其发挥效用，这既涉及“服务效率”问题，还涉及“服务质量”问题。面对不断变化的用户需求，索尼互动中心依靠信息化带来的一体化操作模式，通过自身的出色演绎，提升了 SONY 的服务品牌。

服务集中化

索尼公司 1978 年开始进入中国市场，经过 20 多年的耕耘，在中国国内已经建立了庞大的用户群，无论是家电产品，还是广播电视专业器材及电子元器件，SONY 产品在中国市场都拥有极高的知名度。提起索尼，人们往往会首先联想到其拥有的高科技内涵和高品质的各类产品，然而，作为索尼品牌不可分割的一部分，“索尼服务”却一直“藏在深闺人未识”。索尼互动中心正是“索尼服务”的缩影。

在互动中心成立之前，索尼中国的顾客咨询服务工作分布在北京、上海、广州和成都 4 个地区性中心，以一个数据库平台实施操作。“当时的数据库相对简单。”索尼网络部一直负责互动中心 IT 规划和建设的汪宏回忆说。随着索尼在国内业务量的增长，以及索尼对用户服务重视度的提高，原有的分散式的呼叫中心模式越来越不能满足需求。

2001年，索尼（中国）有限公司决定将其客户服务业务集中化，于是计划成立索尼互动中心。作为规划中的索尼在中国唯一的客户服务中心，索尼对互动中心的建设提出了很高的要求。它不仅要有完善呼叫中心系统所应具有的各项电话及报表功能，而且由于索尼互动中心在业务上有大量的定制要求，它还要包括投诉跟进流程的定制，以及建造有效的客户数据库等。这些具体的要求都必须寻求合适的供应商的合作。

当时索尼选择了在呼叫中心建设上有丰富经验的汇卓科技。汇卓科技此前实施过不少大型的呼叫中心，他们针对索尼的实际需求，提出利用汇卓科技的第四代呼叫中心 CIC 帮助索尼实现统一的多媒体平台操作，并且把电话、传真、电子邮件等一系列操作集成起来。索尼对中国市场的重视程度从其推出新产品的速度可以看出。近两年，索尼在中国发布新品几乎与全球同步，其在中国销售的产品线也不断扩充；另一方面，伴随着新产品的推出，配套的市场活动也是层出不穷，新的服务项目不断推陈出新。因此，在建立索尼互动中心之初，索尼就考虑到中心的 IT 系统必须能够根据业务变化进行便捷的更新，能够平滑地设立新业务和应用。汇卓第四代呼叫中心 CIC 比较好地解决了这个问题：其动态 IVR 支持的功能保证了当业务更新时，无需重新启动系统就能使新的设置生效，从而满足 SONY 产品更新频率的需要。此外，由于汇卓第四代呼叫中心具有“All-in-One”高度融合的特性，无需第三方 PBX、CTI 中间件等的支持，降低了索尼互动中心的搭建、维护成本，而且使管理和未来应用的开发也更容易。

汇卓最终为索尼互动中心搭建的呼叫中心系统包括客户服务系统、数据库以及信息库三部分。在成立之初，其客户服务系统为民用视听家电产品和 VAIO 分别设立了 2 个“800”服务号码，系统采用 HA 热切换的双机热备，除了本地坐席（上海总部），系统还支持分布于北京、上海、成都、广州的远程坐席。此外，系统中还集成了 Intercation Center v2.2，Interaction Recorder v2.2，CRMeasy 三个应用软件分别提供电话系统平台、录音系统平台和 CRM 功能。

价值显现

索尼互动中心于 2001 年 10 月在上海成立并开始运营，现在，当记者走进索尼互动中心，从坐席代表接电话忙碌的场面到墙上售后服务的全国地图；从屏幕上各色数字所显示的电话应答记录到滚动更新的产品信息、热点消息；从墙上的服务承诺到各项表彰记录，在平静的场面背后，员工的有序业务实施使得互动中心的真实价值正在逐渐显现出来。

随着索尼（中国）有限公司业务量的不断增长，索尼互动中心在公司各部门的大力支持配合下，为不断提高用户的满意度，在运营方面也做了相应的调整。互动中心的全国免费热线从中心刚刚建立之初的两个代表号码，发展到现在拥有五个代表号码，涵盖 SONY 各类产品和服务的热线互动中心的业务量也从建立初的月平均处理 3 万件用户的咨询、投诉、订购等发展到现在的月平均 7 万多件。

成立之初包含的索尼互动中心的业务主要是咨询、投诉、订单等，目前，索尼互动中心主要实现的业务包括：产品咨询、购物、维修登记、订单和维修状态查询、主动营销、市场调研等。索尼互动中心开通了多媒体的客户联系方式，包括电话、网页、E-mail 等。尤其是充分利用了网上资源，开通了网上反馈信息处理、网上下订单/订单确认/修订、网上保修注册登记，以及网上市场调研等功能。

业务内容的增多和业务量的膨胀，早已在索尼互动中心设立时的预期之中，汇卓呼叫中心系统的按需动态更新的特性得到了发挥。在硬件平台的准备上，早期已经预留了充足的扩容空间，在应用系统上，每项新业务和新功能的设立，由于呼叫中心系统高度融合，经过一定的应用开发，就可以把新业务和新功能集成到系统中。

呼叫中心系统的应用提高了索尼互动中心的工作效率，但是，中间的过程也并非一帆风顺。最初，坐席代表反映，在记录热线电话时，由于录入速度慢而不能及时往系统中录入信息，只能暂时记在书面上，空闲的时候再加班录入，工作效率并没有得到明显的提高，于是，工程师对系统程序做了一定的调整，使坐席代表能够便捷地录入信息。还有的坐席代表反映，系统的界面不够友好，查找功能浪费了一定的时间，后来经过调整，把比较常用的功能改为点击进入的方式，解决了这个问题。

两年多来，整个互动中心的呼叫中心系统经历了两次升级以及一些细节上的调整。每次索尼互动中心和汇卓科技都根据业务和用户不断变化的新需求，共同根据涉及的新流程调整系统进行升级。在这个过程中，汪宏深刻地体会到，在设计阶段详尽地调研需求，就能避免系统在实施时做方向性的修改。

双“库”联动

服务质量和工作效率提高的两大支撑是呼叫中心系统中的信息库和数据库。

由于业务的需要，索尼互动中心的坐席代表们必须在第一时间，提供给对某一产品有兴趣的客户以详尽的产品信息，而且能满足各类客户的查询习惯，包括电话、网上、电子邮件、传真等。当新品推出，或是有促销活动时，他们还必须以高强度的重复劳动应对信息查询的电话应答服务；此外，坐席代表还必须迅速掌握更新的产品信息，从而为顾客提供专业咨询应答。互动中心的职责还包括通过电话、E-mail、传真等媒体形式，主动将新产品、促销信息传递给目标客户。所有这些工作的完成都依赖于完善的信息库。

目前，索尼互动中心有专门的人员对信息库进行维护，产品信息、促销信息等最新的信息不断地补充进信息库，从而为坐席代表在面临咨询或进行主动营销时提供了充足的“弹药”。

索尼（中国）的产品线庞大、销售渠道复杂，而客户售后服务也一直是 SONY 非常关注的环节。同时，在已经拥有了大量对 SONY 品牌偏好且忠诚的客户的基础上，SONY 希望能够开展主动营销攻势，并对巨大的客户数据库进行有效管理，发掘其最大可利用价值。这时，索尼互动中心的用户数据库以及信息库就起到了重要的作用。

索尼互动中心首要的任务是了解目标客户群、区分客户类型，然后配合应用程序规划客户数据库结构。袁瑛介绍说，索尼（中国）的客户数据库力图做到唯一客户号，使得每个客户的历史交易都记录在同一客户下以便于跟踪。在调用数据库时，利用应用程序根据客户特征（电话、姓名、电子邮件）判断是否是同一客户，以保证坐席代表将新的交易记录在同一客户名下，并利用应用程序保证某些关键字段为必填项以保证数据完整。

数据库的充分使用改变了传统的客户服务流程。比如说，传统的保修注册程序，一直都是由传统邮政传递、手工录入进行的，而在索尼互动中心启用以后，客户可以在线进行网上保修注册登记，快速准确，且数据可以直接自动存入索尼（中国）客户数据库；注册客户可以立即得到注册成功与否的反馈信息；客户通过电话、网站提出保修请求时，客户服务人员在处理服务请求时，客户的相关信息就自动从数据库中调出，帮助客服人员迅速掌握客户信息；维修信息将直接进入数据库，对产品和服务进行监控；而客户数据的不断动态更新和充实，还为精确营销创造条件。

准确庞大的有效客户数据，还成为索尼（中国）进行新产品市场调查、主动营销的资源库。辅助制定营销策略，索尼互动中心可以进行强针对性的、多媒体形式的主动营销。记者在互动中心坐席大厅的入口处发现有一块名为“CCC REPORT”的布告栏，袁瑛告诉记者，这都是索尼互动中心根据自己的数据库做出的研究报道。“一般是根据要求进行程序设定，提取数据，然后由相关人员对数据进行进一步的分析，进而为各部门的决策提供支持。”汪宏透露。尽管这样的操作相对还比较简单，不过汪宏认为，虽然目前有很多比较热门的智能软件，但上面的方法对于索尼的目前的需求而言“已经足够了”。

据了解，SONY 的客户关系管理分为三个步骤：寻找潜在客户，通过沟通交流，进而培养成为忠实客户。索尼互动中心通过自身的数据网络将生产、制造、销售和服务体系有机地联成一体，拉近了与用户之间的距离，达到了更高的顾客满意度。

习题答案

第1章

一、填空题

1. 跨时空性、多媒体、交互式、人性化、成长性、整合性、超前性、高效性、经济性、技术性
2. 1994
3. 企业外部的宏观因素、企业内部的微观因素
4. 保持顾客、产品、服务价值
5. 动态更新、顾客主动加入、改善顾客关系

二、选择题

1. B、C 2. A 3. A、B、C、D 4. A、C、D

三、判断题

1. 对 2. 错 3. 错 4. 对

第2章

一、填空题

1. 政治法律环境、经济环境、科技环境、社会文化环境
2. 企业内部环境、供应商、营销中介组织、顾客或用户、竞争者
3. 消费者的收入
4. 搜索引擎
5. 商人中间商、代理中间商、服务商、市场营销机构

二、选择题

1. D 2. B 3. C 4. C 5. C

三、判断题

1. 对 2. 错 3. 错 4. 对 5. 错

第3章

一、填空题

1. 简单型、冲浪型、接入型、议价型、定期型、运动型
2. 文化因素、社会因素、个人因素、心理因素
3. 商品的价格、购物的时间、购买的商品、商品的选择范围、商品的新颖性
4. 生理需要、自我实现需要
5. 浏览、搜索、寻找

二、选择题

1. C 2. B 3. A 4. B 5. B

三、判断题

1. 错　2. 错　3. 错　4. 错　5. 对

第4章

一、填空题

1. 个性化
2. 消费者、潜在消费者、市场细分
3. 产品—市场集中化
4. 产品专业化
5. 市场专业化
6. 产品的差异化
7. 网上产品定位
8. 竞争性定位策略
9. 产品使用者
10. 利益定位法

二、单项选择题

1. B　2. D　3. A　4. C　5. B　6. B　7. C

三、多项选择题

1. ABCD　2. ABD　3. ABCDE　4. ABCDE　5. ABC

四、判断题

1. 错　2. 错　3. 错　4. 对　5. 对

第5章

一、填空题

1. 现代市场营销观念、经营目标、总体设想和规划
2. 成本领先战略、差异性战略、集中性战略
3. 密集性发展、一体化发展、多角化发展
4. 同心多角化、水平多角化、综合多角化

二、选择题

1. ACD　2. ABCD　3. ABC　4. ACD

三、判断题

1. 对　2. 对　3. 错　4. 对

第6章

一、填空题

1. 确定定价目标、分析与测定市场需求、计算或估计产品成本、分析竞争对手的价格策略、选择定价方法、确定最终价格、价格信息反馈
2. 价格的全球性、价格的趋低性、定价的顾客主导性
3. 购买者认知价值定价法、需求差异定价法
4. 招标、投标、开标

二、选择题

1. C　2. C　3. ABC　4. ABD　5. ABCD

三、判断题

1错　2. 错　3. 错　4. 对　5. 错　6. 对

第7章

一、填空题

1. 核心产品、有形产品、延伸产品
2. 以消费者为中心
3. 产品品牌、网络品牌
4. 核心利益、有形产品、延伸产品、 期望产品、潜在产品
5. 全新、换代、改进、仿制新产品
6. 新产品
7. 试销阶段
8. 网络双向互动

二、单项选择题

1. C　2. A　3. A　4. C　5. A　6. D　7. B　8. C

三、多项选择题

1. ABCD　2. ABC　3. ABCD　4. AB　5. ABC
6. CD　7. ABC　8. ABCD

四、判断题

1. 对　2. 对　3. 错　4. 错　5. 对　6. 错　7. 错　8. 对　9. 错

第8章

一、填空题

1. 分销渠道
2. 网络分销渠道
3. 物流
4. 订货、结算、配送
5. 直接分销渠道、间接分销渠道

二、选择题

1. AB　2. ABCD　3. ABC　4. ABCD
5. ABCD　6. ABCD　7. ABCD

三、判断题

1. 错　2. 对　3. 对　4. 错　5. 错　6. 对

第9章

一、填空题

1. 单向、双向　2. 产销者　3. 互利合作　4. 双赢
5. 个性化网络营销、网络营销个性化　6. 全天候、即时、互动

二、选择题

1．ABC　2．ABC　3．C　4．ABC

三、判断题

1．错　2．错　3．对　4．对　5．错　6．错

第10章

一、填空题

1．中介人模式、担保人模式、网站经营模式、委托授权模式

2．网络安全技术措施、网络安全管理和信用体系、国家的有关法律法规

二、判断题

1．错　2．对　3．错　4．对

参 考 文 献

[1] Philip Kotler．营销管理[M]．梅汝和，等译．北京：中国人民大学出版社，2002．

[2] 赵乃真．网络营销[M]．北京：中国劳动社会保障出版社，2003．

[3] Bud Smith，等．网上营销指南[M]．王思宁，等译．北京：电子工业出版社，2000．

[4] Martha McEnally．消费者行为学案例[M]．袁瑛，等译．北京：清华大学出版社，2004．

[5] 刘红强．DELL 营销[M]．北京：经济科学出版社，2003．

[6] 杜明汉．市场营销知识[M]．北京：中国财政经济出版社，2002．

[7] 孙秉申．企业市场营销实务[M]．北京：地震出版社，1999．

[8] 范明明．市场营销学[M]．北京：科学出版社，2004．

[9] 兰苓．市场营销学[M]．北京：中央广播电视大学出版社，2000．

[10] 范明明．市场营销与策划[M]．北京：化学工业出版社，2003．

[11] 彭纯宪．网络营销[M]．北京：高等教育出版社，2003．

[12] 梅绍祖，等．网络营销[M]．北京：人民邮电出版社，2001．

[13] 钱东人，等．网络营销[M]．北京：高等教育出版社，2004．

[14] 刘光峰，等．实战网络营销——理论与实践[M]．北京：清华大学出版社，2000．

[15] P M 奇兹诺尔．营销调研[M]．乔慧存，等译．北京：中信出版社，1999．

[16] 菲利普·科特勒．营销学导论[M]．愈利军，译．北京：华夏出版社，1998．

[17] J Cataudella, B Sawyer, D Greely. 网上商店行销指南[M]．孙昕，等译．北京：清华大学出版社，2000．

[18] 瞿鹏志．网络营销[M]．2 版．北京：高等教育出版社，2004．

[19] 冯英健．网络营销基础与实践[M]．北京：清华大学出版社，2004．

[20] 钱旭潮，汪群．网络营销与管理[M]．北京：北京大学出版社，2002．

[21] 尚晓春．网络营销策划[M]．南京：东南大学出版社，2002．

[22] 祖强，李宇红，等．网络营销[M]．北京：清华大学出版社，2004．

[23] 吕英斌，储节旺．网络营销案例评析[M]．北京：清华大学出版社，北方交通大学出版社，2004．

[24] 周游，赵炎．网络市场营销[M]．北京：中国物资出版社，2002．

[25] 刘兴根．现代企业市场营销[M]．北京：经济管理出版社，1997．

[26] 马绝尘．本土市场营销[M]．北京：企业管理出版社，2003．

[27] 罗莉．现代市场营销策略[M]．北京：现代出版社，1998．

[28] 杜明汗．市场营销知识[M]．北京：中国财政经济出版社，2002．

[29] 陈放．企业病诊断[M]．北京：中国经济出版社，1999．

[30] 方光罗．市场营销学[M]．2 版．大连：东北财经大学出版社，2003．

[31] 孔伟成，陈水芬．网络营销[M]．北京：高等教育出版社，2002．

[32] 薛辛光．网络营销学[M]．北京：电子工业出版社，2003．

[33] 沈凤池．网络营销[M]．北京：清华大学出版社，2005．

[34] 曲学军，刘喜敏．网络营销[M]．大连：大连理工大学出版社，2003．